亚麻籽
深加工技术

任广跃　朱文学　主编
张振山　刘丽莉　副主编

化学工业出版社
·北京·

亚麻籽是全球第七大油料作物，是一种营养成分高、黏度大、吸水性强、乳化效果好的天然植物胶，可在食品、化工、高档化妆品等领域作为增稠剂、黏合剂、乳化剂和发泡剂使用。本书主要包括概述、亚麻籽油制备技术、亚麻籽油功能产品的开发、亚麻蛋白的开发与利用、亚麻籽胶的开发与利用、亚麻木脂素的开发与利用、亚麻籽的脱毒、亚麻籽壳仁分离共8章，系统地探讨了亚麻籽的深加工技术问题，对亚麻籽的综合开发利用具有重要的指导意义。

本书可作为油料加工企业职工的技术培训教材，也可作为农林、食品、化工等专业高校师生的学习、研究指导用书，还可供从事亚麻籽领域相关科技人员参考。

图书在版编目（CIP）数据

亚麻籽深加工技术/任广跃，朱文学主编．—北京：化学工业出版社，2015.6

ISBN 978-7-122-23351-6

Ⅰ.①亚…　Ⅱ.①任…②朱…　Ⅲ.①亚麻-籽粒-加工
Ⅳ.①S563.2

中国版本图书馆CIP数据核字（2015）第053844号

责任编辑：魏　巍　赵玉清　　文字编辑：张春娥
责任校对：王　静　　装帧设计：关　飞

出版发行：化学工业出版社（北京市东城区青年湖南街13号　邮政编码100011）
印　　刷：北京永鑫印刷有限责任公司
装　　订：三河市胜利装订厂
710mm×1000mm　1/16　印张22　字数407千字　2015年7月北京第1版第1次印刷

购书咨询：010-64518888（传真：010-64519686）　售后服务：010-64518899
网　　址：http：//www.cip.com.cn
凡购买本书，如有缺损质量问题，本社销售中心负责调换。

定　　价：**88.00元**

前言

亚麻籽又称胡麻子，是亚麻科、亚麻属一年生或多年生草本植物亚麻的种子，是最古老的作物之一。近年来，经研究和临床试验，证实亚麻籽有降低胆固醇、减低心脏负荷、促进细胞健康、促进大脑发育、改善关节炎、减轻哮喘、减轻过敏反应、改善肾功能、提升抗压力、改善女性经前综合征及减肥等功效。此外，亚麻籽油富含α-亚麻酸，α-亚麻酸是ω-3系列脂肪酸的母体，是必需脂肪酸，人体不能合成，只能通过食物补充。ω-3系列脂肪酸属于多不饱和脂肪酸，对人体有多种生理保健功能。人体只有摄入α-亚麻酸，才能在体内合成EPA和DHA（深海鱼油的主要成分）。缺乏α-亚麻酸将影响人体的正常发育和健康，导致各种疾病的发生。适量食用亚麻籽油是补充亚麻酸的最有效方法。

随着亚麻籽种植业的发展，亚麻籽深加工技术在亚麻籽产业中的地位日益突出，如从亚麻籽中提取亚麻籽油、亚麻蛋白、亚麻籽胶、亚麻木脂素等功能性成分。亚麻籽产业链的发展急切需要一部对实际生产加工具有明确指导作用的技术专著。

亚麻籽深加工技术实用性很强，辐射面很宽，属于交叉性应用学科，既属于生命科学的范畴，又涉及工程技术领域，同时还与环境工程、食品工业、农业科学等有密切的关系。本书的编写坚持科学研究与推广普及二者有机融合，在内容上充分考虑亚麻籽生产加工的实用性，紧密结合市场和生产企业的实际需求。

全书共分八章，由河南科技大学任广跃、朱文学主编，河南工业大学张振山、河南科技大学刘丽莉为副主编。全书具体分工如下：第一章、第二章由河南科技大学任广跃编写，第三章由河南科技大学刘丽莉、段续编写；第四章由河南科技大学刘丽莉、朱文学编写；第五章由河南科技大学陈俊亮编写；第六章由河南工业大学张振山、河南科技大学任广跃编写；第七章由河南科技大学尤晓颜编写；第八章由河南科技大学毛爱霞、任广跃编写；全书由任广跃、朱文学教授统稿定稿。本书除获得河南科技大学学术著作出版基金资助外，还获河南省重大科技专项（121199110110）的支持。在本书的撰写过程中也得到了河南科技大学食品与生物工程学院同事和河南科技大学科技处领导的大力支持和帮助，在此一并表示由衷的谢意!

本书可作为广大亚麻籽加工企业职工的技术培训教材，可供农、林、食品专业的大专院校师生学习参考，还可供从事与亚麻籽产业相关的科技人员参考。

限于编者水平，书中不免有疏漏之处，欢迎广大读者批评指正。

编者

2015年2月

目录

▶ 第三章 亚麻籽油功能产品的开发 45

第五章　亚麻籽胶的开发与利用　163

第一章

概　述

亚麻籽（flaxseed 或 linseed）又称胡麻子，是亚麻科、亚麻属一年生或多年生草本植物亚麻的种子（图1-1）。亚麻是世界上最古老的作物之一。国际上现在通常认为亚麻原产于波斯湾、黑海及里海等地区，在埃及、印度和西欧各国均有悠久的栽培历史。这一点可以从 5000 年前古埃及木乃伊所用亚麻织成的衣料及古牌上所绘的图形得到证明。

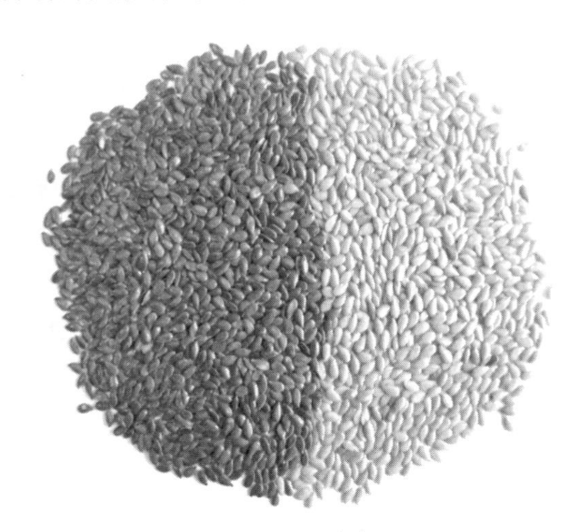

图 1-1　亚麻籽

亚麻在我国最早出现在汉代，由特使张骞于公元前 2 世纪从西域带回，并在陕西、山西等地种植。初始亚麻籽主要作药用，公元 11 世纪苏颂《图经本草》中载："亚麻籽出兖州，味甘，微温，无毒……治大风疾。"说亚麻仁有养血祛风、补益肝肾的功效，用来治疗病后虚弱、眩晕、便秘等症。又据《滇南本草》所载，亚麻的根"大补元气，乌须黑发"，茎"治关风痛"，叶"治病邪入窍，口不能言"。之后，人们又对亚麻进行了多种开发利用，16 世纪，在

《方土记》一书中曾这样评价亚麻的用途："亚麻籽可榨油，油色青绿，燃灯甚明，入蔬香美，秸可作薪，粕可肥田。"由此可见，当时人们对亚麻的应用已非常普遍。20世纪初期，当时的清政府从日本引进了由俄国培育的纤维亚麻品种，并在东北进行了种植，与棉花、羊毛相比，亚麻纤维柔软性和弹性不足，但强力高，而特殊的纺织技术可将亚麻纤维纺成高织纱并织成精美的织物，从此，亚麻开始在我国用于棉纺织业。

第一节　亚麻籽的分类和分布

亚麻的品种较多，大致可分为3类：油用亚麻、纤维用亚麻和油纤两用亚麻，其种子均可榨油。油用亚麻结籽多，含油高，每株结蒴果40～100个，纤维用亚麻结蒴果1～10个，油纤两用亚麻结蒴果10～40个。亚麻籽是亚麻蒴果内的种子，每个蒴果含种子6～10粒。油用亚麻，又称胡麻，种子中富含油脂，通常作为油料作物栽培。纤维用亚麻，即通常所说的亚麻，茎秆中富含纺织行业所需的高品质纤维，通常作为麻类栽培。油用亚麻和纤维用亚麻在我国均有大量种植。根据种植面积和产量的统计，油用亚麻是我国5大油料作物之一，而纤维用亚麻是我国4大麻类之一。亚麻在生物学特性方面喜欢凉爽湿润气候，耐寒、怕高温，因此亚麻在我国主要分布于东北、华北以及西北地区。其中，东北主要种植纤维用亚麻；西北和华北以种植油用亚麻为主。2000—2008年中国亚麻的种植面积和产量如表1-1所示。

表1-1　中国亚麻的种植面积和产量（2000—2008年）

年份	油用亚麻		纤维用亚麻	
	种植面积/10^3hm^2	总产量/t	种植面积/10^3hm^2	总产量/t
2008	339.9	268 301	66.7	283 908
2007	353.9	368 853	86.6	414 771
2006	397.6	362 136	157.7	694 604
2005	413.6	425 987	152.9	669 241
2004	448.7	450 497	155.1	464 746
2003	452.8	408 906	138.5	524 281
2002	402.2	252 645	141.3	345 175
2001	497.87	343 748	96.22	214 377
2000	551.62	403 534	53.70	169 628

在世界范围内，亚麻籽平均年产量为240万吨左右，居世界油料产量的第七位，1960年以来，油用亚麻的收获面积逐渐减少，1964年收获面积为8.05×

$10^6 hm^2$，到了2004年降为$2.52\times10^6 hm^2$，降低了69%。20世纪60年代世界总产量在$3.5\times10^6 t$左右波动，其中最高为1970年的$4.23\times10^6 t$，进入70年代后产量始终在$2.5\times10^6 t$上下波动，显示了世界对亚麻籽的稳定需求（见图1-2）。

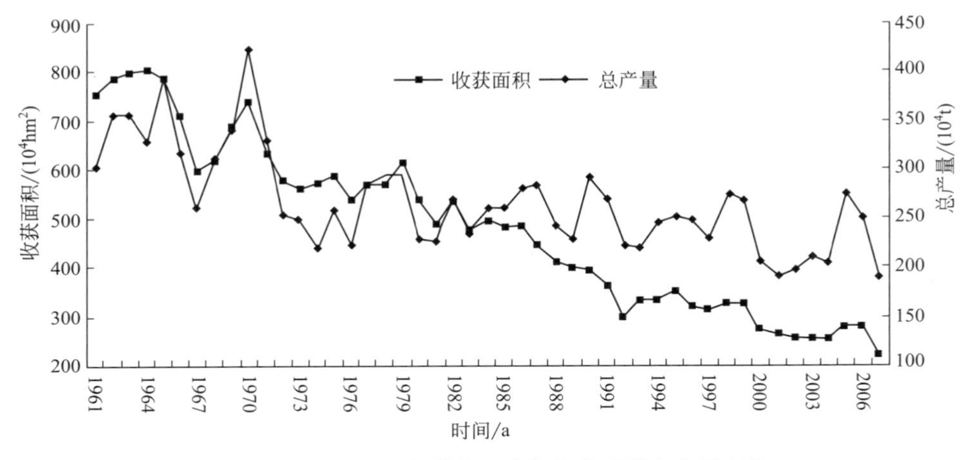

图1-2　1961—2007年世界亚麻籽收获面积和产量变化

亚麻籽主产区为加拿大、阿根廷、美国、中国、印度等国家。20世纪60年代美国的产量名列世界第一，加拿大和印度紧随其后；进入70年代，美国的产量明显降低，加拿大成为世界第一生产国，印度第二；20世纪80年代中期以后，中国的产量明显增加，超过印度成为世界第二生产国，美国生产萎缩落到世界第四；进入21世纪后，由于人们发现了亚麻籽的各种新价值，美国的亚麻籽生产迅速恢复超越印度成为世界第三生产国（见图1-3）。2007年加拿大和中国的亚麻籽产量合计占到世界的60%（见表1-2）。

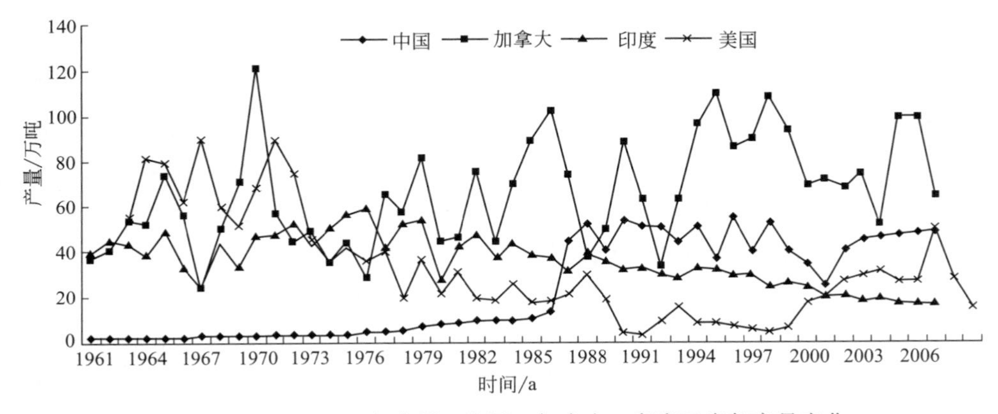

图1-3　1961—2007年中国、美国、加拿大、印度亚麻籽产量变化

表 1-2　2007 年亚麻籽生产世界排名前五位的国家

国家	产量/t	产量占世界比例/%	收获面积/hm^2	收获面积占世界比例/%	单产/(kg/hm^2)
加拿大	633500	33.79	524000	24.01	1208.9
中国	480000	25.60	480000	22.00	1000
印度	167000	8.91	426000	19.52	392
美国	149963	8.00	141235	6.47	1061.8
埃塞俄比亚	67000	3.57	100000	4.58	670

注：所有原始数据均来源于 FAO。

亚麻生产受经济因素的影响很大，包括与粮食作物的比价等。20 世纪 60 年代以来，国内亚麻籽价格总体趋势是上升的，在 1997 年达到最高（2200 元/t），随后价格迅速下降，到 1999 年的 1533 元/t，以后价格逐年回升，到 2005 年达到 2040 元/t，接近历史最高水平（见图 1-4），这与近几年国内总产量的波动相一致。世界粮食价格自 2004 年不断提高，特别是 2007 年上涨迅猛，对油用亚麻生产冲击较大。

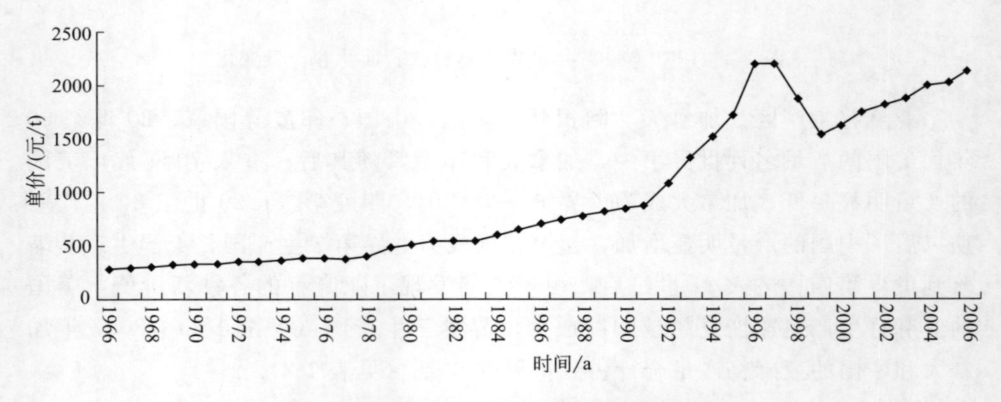

图 1-4　1966—2006 年国内亚麻籽价格变化

随着品种改良和栽培技术的不断进步，过去半个世纪世界亚麻籽单产不断提高。亚麻籽世界平均产量由 20 世纪 60 年代的每公顷 450kg，到 2005 年达到 850kg，单产提高一倍多，其中 20 世纪 80 年代后单产提高迅速，平均每年提高 10.6kg（见图 1-5）。中国、美国、加拿大三国 20 世纪 60 年代单产水平接近，但在随后的几十年间加拿大单产稳步提高，期间波动较小，90 年代单产达到最高值 1300kg，进入 2000 年后稍有回落（在 1200kg 左右）。美国与加拿大情况相似，但增长速率明显不及加拿大，同样也是在 90 年代出现了最高的单产 1200kg，并稳定至今。中国的单产水平在波动中有所提高，2007 年单产已超过世界平均水平达到 1000kg（见图 1-5、表 1-2）。目前埃及的亚麻籽单产位居世界首位（2004—2007 年平均 1757.4kg/hm²），其次是英国（1702.3kg/hm²）、瑞典（1631.4kg/hm²）、德国（1404.1kg/hm²）、加拿大（1204.5kg/hm²）。亚麻在埃及有数千年的种植历史，其育成的品种优良，适应当地气候，栽培手段先进，可保证其单产较高。由于世界单产的持续提高，在种植面积有所降低的同时，保证了世界亚麻籽产量的稳定。

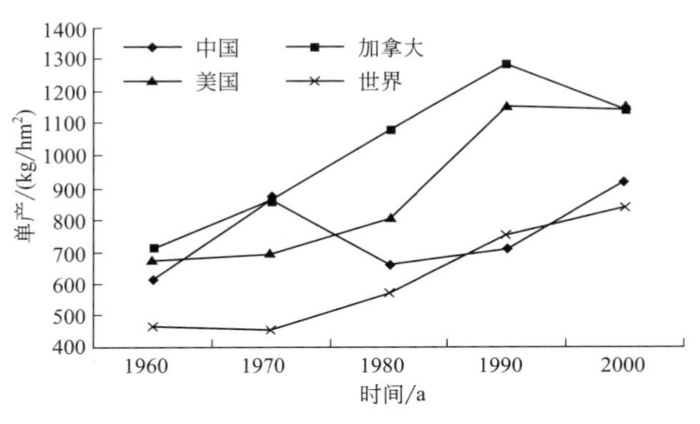

图 1-5　不同年代三个国家的单产变化

2006 年，亚麻籽主要净出口国是加拿大、俄罗斯联邦、乌克兰、英国和阿根廷，而主要净进口国是比利时、美国、德国、中国和意大利；亚麻油主要出口国是比利时、美国、加拿大、阿根廷和乌克兰，而主要进口国是荷兰、中国、日本、意大利和埃塞俄比亚（见表 1-3）。美国作为世界第四大生产国，仍然大量进口亚麻籽，占年产量的 70%，除了本国消费外，大量出口亚麻油；比利时本国产量有限，但是其加工能力很强，大量进口亚麻籽加工后出口亚麻油。中国作为世界第二的生产国，仍然要进口亚麻籽，同时大量进口亚麻油才能满足国内的需求，说明国内油用亚麻供不应求，有进一步发展油用亚麻生产的必要。日本亚麻油年进口量与中国相当，主要从加拿大进口。如果中国亚麻籽生产供过于求时，这应该是中国的潜在出口市场。

表 1-3　2006 年世界亚麻籽和亚麻油主要进出口国　　单位：t

国家	进口量	国家	出口量
亚麻籽			
比利时	419871	加拿大	642266
美国	100249	俄联邦	39842
德国	70919	乌克兰	24180
中国	32954	英国	16928
意大利	20831	阿根廷	11039

续表

国家	进口量	国家	出口量
	亚麻油		
荷兰	18362	比利时	65180
中国	10223	美国	38578
日本	10042	加拿大	9073
意大利	8937	阿根廷	5256
埃塞俄比亚	7401	乌克兰	2651

第二节　亚麻籽的结构和成分

亚麻籽由表皮、胚乳和子叶三部分组成。亚麻籽的横截面结构如图 1-6 所示。

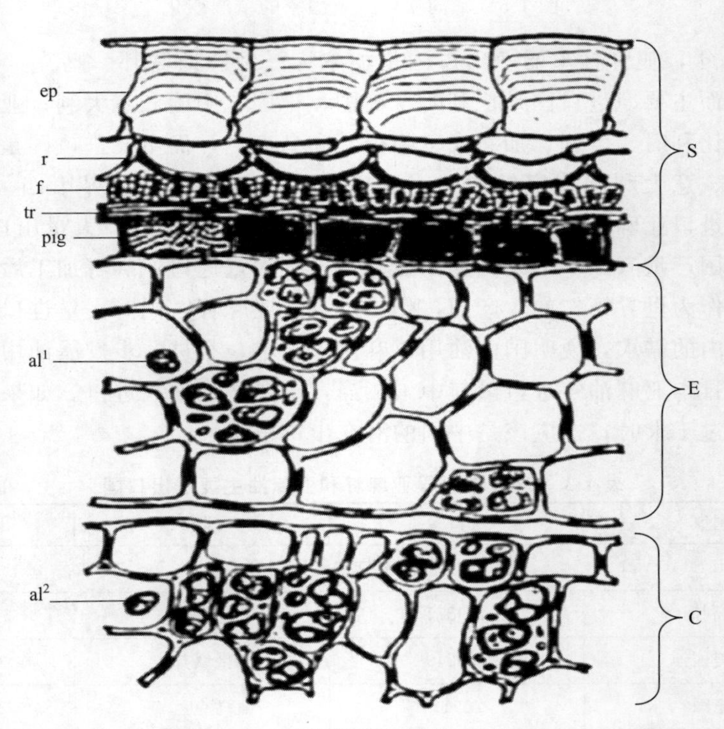

图 1-6　亚麻籽横截面结构（×300）

S—种子；ep—表皮；r—周边细胞；f—纵向纤维；tr—横向纤维；pig—色素细胞；E—胚乳；al[1]—胚乳中的糊粉粒；C—子叶；al[2]—子叶中的糊粉粒

亚麻籽外观呈现平椭圆形，一端圆滑，另一端尖锐，长 4～7mm，宽 2.5mm 左右，厚约 1.5mm。其表面平滑有光泽，色泽由淡黄至深红色，一般为褐色。千粒重为 3.5～11g，密度为 1.10～1.15g/mL。纤维用亚麻籽含油为 30%～44%，油用亚麻籽为 38%～45%。亚麻籽的种子由壳和仁组成，壳和仁均含油，籽壳占籽重的 20%～45%，壳和仁很难分离。亚麻籽除了含有丰富的油脂和蛋白质之外，还含有较高的食用纤维、矿物质、维生素 A、B 族维生素、维生素 D、维生素 E 以及酚酸类、黄酮、植酸、卵磷脂等营养成分。亚麻籽的成分及含量见表 1-4。

表 1-4 亚麻籽中的营养成分及含量

营养成分	单位	含量/%	营养成分	单位	含量/%
能量	kJ	2059	铁(Fe)	mg	8.3
蛋白质	g	19.5	铜(Cu)	mg	1.1
总脂质	g	34.0	锌(Zn)	mg	4.2
膳食纤维	g	27.9	锰(Mn)	mg	3.3
灰分	g	3.5	维生素 A(VA)	IU	0.0
水	g	8.8	维生素 E(VE)	mg	5.0
钾(K)	mg	681.0	维生素 B_6(VB_6)	mg	0.9
钙(Ca)	mg	199.0	维生素 B_{12}(VB_{12})	mg	0.0
镁(Mg)	mg	362.0	维生素 C(VC)	mg	1.3
磷(P)	mg	498.0	维生素 B_1	mg	0.2

亚麻籽含油 30%～45%，亚麻籽油中的亚麻酸在动物体内可以转化为更长链的 *n*-3 高不饱和脂肪酸，如二十碳五烯酸（EPA）、二十二碳五烯酸（DPA）和二十二碳六烯酸（DHA）等。*n*-3 高不饱和脂肪酸在动物机体内起着重要的生理功能，是维持大脑和神经系统正常功能必需的因子，具有降血脂，改善心脑血管疾病以及预防风湿、类风湿、糖尿病、肿瘤等功能。

亚麻籽含蛋白质一般在 10%～30%，主要由白蛋白和球蛋白组成，是优质植物蛋白。亚麻籽中必需氨基酸组成相当理想，含较多的天门冬氨酸、谷氨酸、精氨酸等。亚麻籽蛋白对人体的免疫功能具有增强效果，用于患有癌症、烧伤、外伤和肝炎等营养不良的病人。Dev 和 Quensel 证实，与大豆蛋白相比，亚麻蛋白产品具有更好的持水性、乳化性和亲油性。

亚麻胶又称富兰克胶（flaxseed gum），存在于亚麻籽壳中。亚麻籽中胶的含量约占种子重量的 2%～10%，随品种和栽培区域不同而不同。亚麻胶作为膳食纤维，具有营养作用，在降低糖尿病和冠状动脉心脏病的发病率、防止结肠癌和直肠癌以及减少肥胖病的发生率等方面起到一定作用，可以制成营养保健食品。

亚麻籽含木脂素为 2～3mg/g，脱脂亚麻粕含木脂素 20mg/g，它是植物雌激素的一种形式，是二酚类化合物，其结构类似于雌激素，具有一种温和的酷似人体性激素的功能。亚麻木脂素具有多种生物活性。近些年研究表明，亚麻木脂素有抗有丝分裂、抗真菌、抗氧化等特性，最引人关注的是其抗激素敏感癌，如乳腺癌、卵巢癌和前列腺癌等的特性，亚麻木脂素在抗肿瘤、降低血清胆固醇、提高机体免疫力等方面均有重要意义。

亚麻籽中也含有一些抗营养因子，如植酸、生氰糖苷、抗吡哆醇因子（抗维生素 B_6）和致甲状腺肿素等。亚麻胶因影响饲料中营养成分的吸收，同样被归为抗营养因子。这些抗营养因子，尤其是生氰糖苷和抗维生素 B_6 的存在限制了亚麻籽在食品和家禽饲料配方方面的应用。然而，抗维生素 B_6 的反面作用可通过补充维生素 B_6 而得到抑制，因此，人们做了许多的尝试以去除亚麻籽粉中的生氰化合物。

第三节　亚麻籽开发的现状和前景

一、亚麻籽油

亚麻籽油，又称亚麻油或胡麻油。亚麻籽油是一种典型的干性油，很容易在空气中氧化变质，并形成致密的、有光泽的氧化膜。鉴于此，亚麻籽油最初主要应用于化工方面，如油墨、印染、油毡、涂料、油漆和化妆品等。近年来，国外已培育出 α-亚麻酸含量低于 3%的新品种（如加拿大的 Linela 947 号），使之成为性质稳定的食用油，为亚麻籽油的利用开辟了一条新途径。

亚麻籽油主要由亚麻酸、亚油酸、油酸、硬脂酸、棕榈酸等脂肪酸构成，其中亚麻酸含量高达 55%以上，是世界上亚麻酸含量最高的植物油之一。亚麻籽油中的亚麻酸属于 α-亚麻酸，α-亚麻酸是一种“必需脂肪酸”（EFA），是一种生命核心物质，是构成人体脑细胞和组织细胞的重要成分，是人类一生中每天都需要的一种营养素。人类自身不能合成亚麻酸，必须从食品或营养品中获得。α-亚麻酸在肠道内经过酶（脱氢酶和碳链延长酶）的作用转化成二十二碳六烯酸（docosahexaenoic acid，DHA）和二十碳五烯酸（eicosapentaenoic acid，EPA）两种不饱和脂肪酸，这样才能被吸收。α-亚麻酸、EPA 和 DHA 统称为 ω-3 系列（或 n-3 系列）脂肪酸，α-亚麻酸是前体或母体，而 EPA 和 DHA 是 α-亚麻酸的后体或衍生物。世界卫生组织（WHO）和联合国粮农组织（FAO）于 1993 年联合发表声明，并建议人体摄入各种脂肪酸的适宜比例为饱和脂肪酸∶单不饱和脂肪酸∶多不饱和脂肪酸为 1∶1∶1。多不饱和脂肪酸中 n-6/n-3 的比例为（4∶1）～（6∶1）。但传统饮食中 n-6/n-3 的比例为 14∶1左右。世界许多国家，如美国、英国、法国、德国、日本等国都立法规定，在指定的食品中必须添加亚麻酸及其代谢物方可销售。亚麻籽油含有大量的 α-亚麻酸，因此，通过食用亚麻籽油可以弥补人体摄入 α-亚麻酸不足的缺憾。现已证实，在食品中添加亚麻籽油或者直接服用亚麻籽油可以预防和抑制多种疾病的发生。

2005 年，加拿大的 S. L. Cohen，等人用老鼠模拟了人类肠炎及伴随的骨物质异常，并通过饲喂亚麻籽油来考察其对上述疾病的影响。研究发现，亚麻籽油通过改变血清中的肿瘤坏死因子而改善股骨的骨矿物质含量、骨矿物质密度以及最大载荷。2010 年，Z. El-Khayat 等人也认为服用亚麻籽油有益于动物骨质的改善和骨质疏松症的预防。

2005 年，美国的 C. Dwivedi 等人为了考察服用亚麻籽油对结肠肿瘤的影响进行了如下研究，他们用皮下注射氧化偶氮甲烷（azoxymethane）的方法使老鼠体内产生肿瘤，然后让分成两组的老鼠分别服用亚麻籽油和玉米油，35 周后抽取血样并截取胃肠道用于分析。研究发现，服用亚麻籽油的老鼠体内的肿瘤发病率、大小、数量均低于服用玉米油的老鼠。服用玉米油的老鼠结肠和血清中的 ω-6 脂肪酸水平有所增加，而服用亚麻籽油的老鼠结肠和血清中的 ω-3 脂肪酸水平有所增加。研究表明，服用富含 ω-3 脂肪酸的亚麻籽油可以有效地抑制结肠肿瘤的发展。

2006 年，加拿大的 J. Chen 等人让接种了人类乳腺癌细胞的裸鼠切除肿瘤后分别食用亚麻籽、亚麻木脂素、亚麻籽油，以及亚麻木脂素和亚麻籽油的混合体，以考察亚麻籽及其成分对乳腺肿瘤的影响。研究发现，服用亚麻籽、亚麻木脂素、亚麻木脂素和亚麻籽油混合体的试验组肿瘤转移明显减少。在肿瘤小于 0.9g 时切除，服用亚麻籽或亚麻籽油可以更加显著地减少肿瘤的转移。研究表明，亚麻籽及其成分在肿瘤切除后虽然不能阻止肿瘤的复发，但是可以抑制肿瘤的转移、数量以及大小。相似的结论同样被其他学者报道。

2006 年，印度的 K. Vijaimohan 等人考察了亚麻籽油对摄取高脂肪食物的老鼠生长参数和油脂代谢的影响。研究发现，高脂肪食物的摄取会导致老鼠出现脂肪肝、肥胖症、脂蛋白代谢不良等症状。在膳食中添加亚麻籽油可以显著地降低老鼠体重、肝重、血清胆固醇、高密度脂蛋白等指标。同时亚麻籽油的添加还减少了肝脂和血脂的水平。研究表明，亚麻籽油可以参与调节肝脏中血脂浓度和胆固醇代谢，服用亚麻籽油可以作为一种治疗高血脂的有效方法，随后其他学者在各自的研究中也得到了与此相似的结论。

2008 年，加拿大的 N. D. Riediger 等人研究了不同的 n-3 脂肪酸来源对心血管疾病的影响。他们以老鼠为实验对象，并对随机分成三组的老鼠分别饲喂 n-6/n-3 脂肪酸为 2∶1 的鱼油和亚麻籽油，以及 n-6/n-3 脂肪酸为 25∶1 的红花籽油。研究发现，亚麻籽油和鱼油都可以降低老鼠体内的血清胆固醇含量和肝组织中的花生四烯酸的水平，并且都可以显著增加肝磷脂中的EPA和DHA含量。试验表明，亚麻籽油在抑制心血管疾病方面与鱼油具有相似的效果。

此外，其他的研究也表明，服用亚麻籽油可以预防和抑制癌症、血栓症、动脉粥样硬化、心脏病、脂肪肝、肺炎、风湿性关节炎等多种疾病的发生，并具有保护肝脏、促进大脑发育、保护和改善皮肤以及保护眼睛等效果。

鉴于亚麻籽油的营养价值和医疗保健价值，目前以亚麻籽油为基础的保健品和健康食品在欧洲和北美市场非常流行。然而，我国除了西北部分地区有食用亚麻籽油的传统外，市场上几乎没有亚麻籽油产品销售。

二、亚麻胶

亚麻胶最初应用于石油钻井业。文献报道，在非黏土型钻井液中加入亚麻胶，同时加入钾盐或铵盐可使井壁页岩稳定从而防止坍塌。近年来，随着对亚麻胶性质的逐步了解，人们发现，亚麻胶是一种以多糖为主，含有少量蛋白质和矿物元素的天然高分子植物胶，具有黏性、高持水性、优良的乳化性、发泡性以及稳定性等多种功能特性，可广泛应用于食品、日用化工以及制药等行业。

在食品中，亚麻胶主要用作功能性食品添加剂，如用作增稠剂、稳定剂、乳化剂或发泡剂等。比如，亚麻胶具有与阿拉伯胶类似的特性，可以取代阿拉伯胶作为乳浊液的稳定剂；在焙烤食品中，可作为糕点、面包等的改良剂，增加保水性和膨胀性，并延长货架期；在香肠、罐头鱼沙司或肉糜中起保水、乳化及提高黏弹性等作用；在汽水中可作为泡沫稳定剂，在果汁饮料中作增稠剂，在蛋白饮料中作为乳化稳定剂，如葵仁乳；在冰激凌中可起到增稠、乳化及稳定等作用，在冰激凌中加入0.3%的亚麻胶，冰激凌样品起泡性能很好，组织状态细腻，形体润滑松散，有一定的膨胀率，脂肪、乳化稳定剂和蛋白质分布均匀；亚麻胶还可与其他凝胶剂复配制成糖块，如亚麻胶琼脂复合软糖。此外，亚麻胶还是一种良好的膳食纤维，具有减肥美容及营养保健等作用，在降低糖尿病和冠状动脉心脏病的发病率、防止结肠癌和直肠癌、减少肥胖病的发生率等方面也有一定作用，可以用于制作营养保健食品。作为一种新型的食品添加剂，亚麻胶不仅是一种无毒、无刺激的天然制品，符合绿色食品的要求，还对敌杀死、氯化汞、氟乙酰胺、三氧化二砷、敌百虫等五种毒物有显著的解毒作用，具有广泛的潜在用途。

亚麻胶在医药领域同样具有广泛用途。疾病或服用某种药物会导致人的口腔、咽喉、食管及呼吸道干燥，对辛辣食物或某些饮料敏感，说话及吞咽困难。而亚麻胶在浓度为0.2%、黏度为1～30mPa·s时可以作为唾液替代物，减轻口腔干燥，缓解说话和吞咽困难，并能减少因口腔黏膜损伤而引起的味觉下降，改善口腔卫生状况；可添加到活性治疗物质中制成人工黏液或润滑剂治疗干眼病、口腔干燥以及由于放射治疗引起的内分泌失调；含有亚麻胶的软膏或糊剂对疥疮、痈、脓疤病及腮腺炎均有疗效；亚麻胶作为硫酸钡的乳化剂，用于X射线钡餐配方中，效果优于阿拉伯胶。

亚麻胶是纯天然植物产品，对人体和环境无毒无害，是典型的“绿色”产品，它的使用符合环保要求，利于人体健康，能满足人们回归自然的愿望，因而在化妆品领域有着广阔的潜在应用前景。初步实验表明，亚麻胶可用于配制头发定型剂，改善头发定型剂的性质，使用后可使头发弹性好、光亮、定型时间长；在面膜中使用亚麻胶，可增强面膜对皮肤的吸污效果，利用亚麻胶的黏性，与面膜中其他主要材料很好地配伍，可增强面膜的韧性和附着力，改善成膜效果；在洗涤剂和含有保护胶体的护肤霜中，亚麻胶可使乳液稳定，增加其黏度，促进其延展，并可增强皮肤的光滑性，易形成皮肤保护膜；高纯度的亚麻胶用于护肤、润肤产品中，由于其优越的保湿性能、相对较低的成本，必然具有很强的竞争力。

近年来，我国对具有各种功能特性的天然植物胶的需求量日益增长，而亚麻胶可以替代进口的各种天然植物胶。所以，亚麻胶的研究和开发具有重要的实用价值，并将会产生巨大的经济效益。

三、亚麻蛋白

亚麻籽含蛋白质一般在10%～30%。亚麻籽中的蛋白质除了赖氨酸含量较低外，富含其他各种氨基酸。Dev等人研究发现，与大豆相比，亚麻籽中含有更多的天门冬氨酸、谷氨酸、亮氨酸和精氨酸，他们还发现pH值、亚麻籽粕与溶剂的比例、溶剂的组成、盐的浓度以及热处理等都影响脱脂亚麻粕中氮的提取。Sosulski等人对脱脂亚麻籽粉中提取的氮在不同溶剂中的溶解性进行研究发现，有42%～52%是水溶性的、34%～47%可溶于5%NaCl、1%～2%可溶于70%的乙醇、3%～3.5%可溶于0.2%NaOH。亚麻籽中的蛋白质主要由12S组分组成，它含3% α-螺旋、17%β-折叠、80%的自由转折；另外还含有一定量的2S组分。

由于亚麻籽壳中富含多糖胶，能妨碍蛋白质的沉淀和分离，因此采取碱提、酸沉、分离及干燥的工艺过程提取亚麻籽中的蛋白质是不可行的，为了克服这个问题，Smith等人采用筛分和风选的方法除掉壳可改进蛋白质的提取。

Dev和Quensel证实，与大豆蛋白相比，亚麻蛋白产品显示了更好的持水性、乳化性。亚麻蛋白的乳化性具有pH值依赖性，并受NaCl的强烈影响。亚麻蛋白也显示了较好的起泡性，NaCl能增加亚麻蛋白的泡沫稳定性。亚麻蛋白比大豆蛋白有更强的亲油性，其亲油性受蛋白中多糖胶存在的影响。亚麻籽中的胶能提高亚麻蛋白制品的黏度、持水性、乳化性和起泡性。热处理后的亚麻蛋白能明显提高持水性，但降低了产品的吸油性、氮溶性、起泡性和乳化性。

由于亚麻蛋白中含有不同程度的多糖胶，可用于食品加工，如罐藏鱼子酱、肉制品及冰激凌中。添加3%的亚麻蛋白产品，能制成光滑的、奶油色的鱼子酱，并除掉了不期望的风味，明显降低了红色。由于亚麻蛋白较弱的胶凝性，在肉制品中添加亚麻蛋白，可减少蒸煮过程中脂肪的损失，降低硬度，降低肉类风味的损失。在冰激凌中添加亚麻蛋白制品（添加量为0.5%～1%），可提高产品的黏度、密度、膨胀率，但降低了融化时间，因此，亚麻蛋白制品在食品工业中可作为潜在的乳化剂和稳定剂使用。

当前国内对于亚麻籽的开发还仅仅限于某种单一产品的生产。如，亚麻油厂仅仅榨油，榨油后的饼粕则作为饲料未进行进一步的精深加工。这种生产模式一方面直接导致资源的浪费，另一方面也不利于产品附加值的提升。随着我国城镇化建设的不断推进，我国耕地面积将会进一步减少，这必然会使得农产品的绝对量不会有显著的提升。从表1-1也可以看出，近几年我国的亚麻种子面积和产量都在不断减少，因此，在有限的亚麻资源基础上，如何有效地综合开发利用其有效成分至关重要。随着我国产业结构从劳动密集型到技术密集型的转变，亚麻籽的综合开发利用必然是未来的研究和发展方向。

第二章

亚麻籽油的制备技术

亚麻籽油是亚麻籽中的主要功能性成分之一，也是当前亚麻籽中利用率最高的成分。如何从油料中有效地获取更多的油脂，千百年来人们一直在不断地思考和探索这个问题，从最原始的击打，发展到后来的机械压榨，以及今天普遍应用的溶剂浸出。针对于亚麻籽中亚麻籽油的提取，当前，国内外已报道的提取方法主要有机械压榨法、有机溶剂浸出法、超临界二氧化碳萃取法以及水酶法等。

第一节　亚麻籽压榨法制油

一、生产原理

机械压榨法是人们提取油脂最先使用的方法，它是利用机械外力的作用，将油脂从油料中提取出来的方法。机械压榨法提取油脂的基本工艺流程为：

油料→预处理（清理、脱皮剥壳、粉碎）→制坯（轧坯、调质、蒸炒、膨化成型）→压榨或者预榨→毛油和饼粕

根据油料是否需要炒制，机械压榨法可以分为热榨法和冷榨法。热榨法是将油料蒸炒后，在高温下进行压榨制油的方法。该工艺具有出油率高的优点，但是油料饼粕变性比较严重。冷榨法是指油料不经过高温蒸炒直接进行压榨的一种制油方法。冷榨法最大限度地保全了油料中的生物活性成分，榨出的油脂具有较好的品质，饼粕变性也比较小，但是出油率比较低。

由于亚麻籽油中脂肪酸的不饱和程度较高，过高的生产环境温度会导致亚麻籽油的氧化变质，进而造成精炼后亚麻籽油的得率降低，并造成精炼过程中的原料浪费。因此，在用压榨法对亚麻籽油进行制取时，应尽量使用冷榨法。

根据榨油机的种类可分为土榨、水压机、螺旋榨油机三种类型。随着压榨法制油工艺的发展，撞榨、锤榨、人力丝杆榨等土榨和水压机基本已经淘汰。目前使用较为广泛的榨油设备是螺旋榨油机，它是近代国际上普遍采用的较为先进的连续压榨取油设备。与土榨、水压机等间歇式榨油设备相比，其优点是处理量大、生产连续、劳动强度小、出油率高。螺旋榨油机的工作过程，概括地说，即由于旋转的螺旋轴在榨膛内的推进作用，使榨料连续地向前推进。同时，由于螺旋轴螺距的缩小或根圆直径逐渐增大，使榨膛内空间体积逐渐缩小而产生压榨作用。在这一过程中，榨料被推进并被压缩，油脂则从榨笼的缝隙中挤压流出，同时残渣被压成饼块从榨轴末端不断排出。

目前国产的螺旋压榨机有 ZX-10 型（原 95 型）（图 2-1）、ZX-18 型（原 200A-3 型）、ZY-24 型（原 202-3 型）（图 2-2）和最新研制成功的 ZY-28 型等。

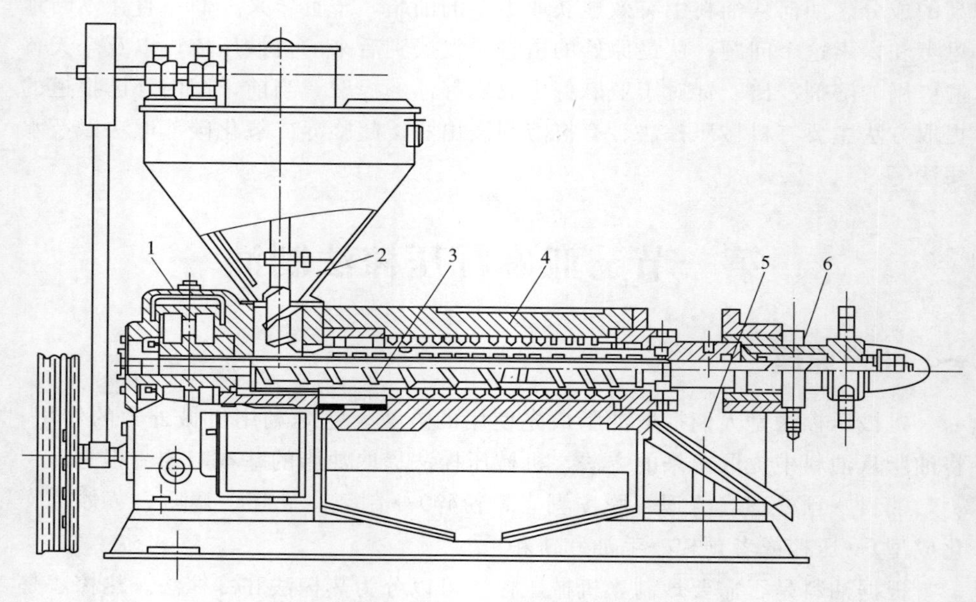

图 2-1　ZX-10 型螺旋榨油机

1—变速箱；2—进料斗；3—螺旋轴；4—榨笼；5—机架；6—出饼调节结构

二、生产工艺

压榨法制油工艺可分为：一次压榨法和预榨-浸出法。预榨-浸出法，即首先对油料进行预榨处理，取出一部分油脂（国内要求预榨饼残油率在 10%～12%，国外一般要求含油 16%～20%），然后把预榨饼再进行溶剂浸出取油的工艺。

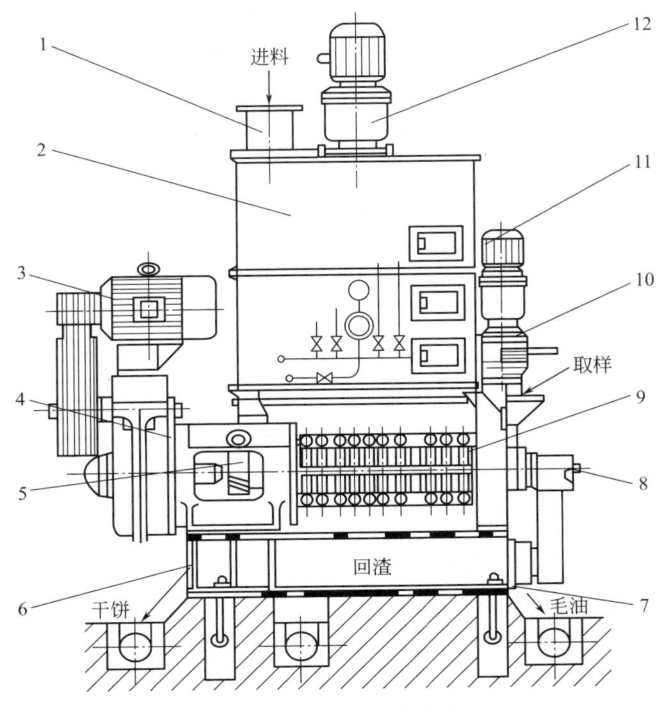

图 2-2 ZY-24 型预榨机

1—蒸锅进料口；2—蒸炒锅；3—主电动机；4—减速箱；5—校饼机构；6—机架；7—出油口；
8—榨轴；9—榨笼；10—进料装置；11—进料装置电动机；12—蒸炒锅搅拌轴电动机

1. 亚麻籽的一次压榨制油

(1) 基本工艺流程　如图 2-3 所示。

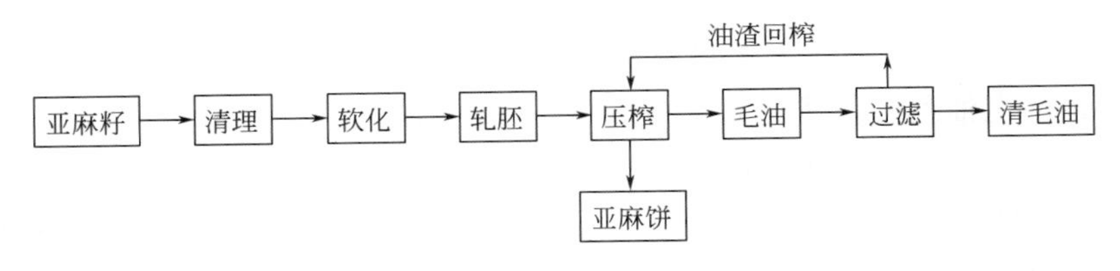

图 2-3　亚麻籽一次压榨工艺流程

(2) 工艺过程说明

① 清理　采用平面回转筛筛选后，再用立式圆打筛进行并肩泥的清选，使净亚麻籽中残留杂质不超过 0.5%。

② 软化　新收获亚麻籽无需软化，对含水分低于 8%的亚麻籽用层式软化锅进行软化，软化水分 9%，温度 50～60℃，软化时间 10min。

③ 轧坯　采用三辊轧坯机轧坯，生坯厚度为0.2～0.3mm。

④ 压榨　采用ZX-18型螺旋榨油机压榨的亚麻饼，尽量使干饼残油率达7%以下，榨出毛油经过过滤后送去精炼，过滤出油渣送回蒸炒锅与熟坯一起蒸炒后复榨。

2. 亚麻籽的预榨-浸出制油

(1) 基本工艺流程　如图2-4所示。

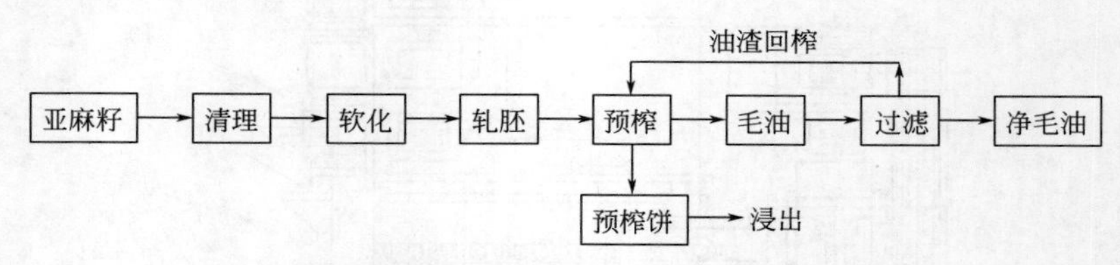

图2-4　亚麻籽预榨-浸出工艺流程

(2) 工艺过程说明

① 清理　采用平面回转筛筛选后，再用立式圆打筛进行并肩泥的清选，使净亚麻籽中残留杂质不超过0.5%。

② 软化　新收获亚麻籽无需软化，对含水分低于8%的亚麻籽用层式软化锅进行软化，软化水分9%，温度50～60℃，软化时间10min。

③ 轧坯　采用三辊轧坯机，轧成生坯厚度可放至0.35mm。

④ 预榨　采用ZY-24型预榨机预榨得亚麻籽预榨饼，干饼残油率为12%左右，然后送去进行溶剂浸出。预榨毛油过滤后送去精炼。

3. 两种压榨制油工艺的比较

预榨-浸出制油工艺较一次压榨制油工艺具有以下优点。

(1) 毛油质量好　如上所述，一次压榨的入榨温度为125～130℃，水分为1.5%左右，而预榨时入榨料温为110℃，水分为4%～5%；榨机内压力较低，制得的毛油色泽较浅，易于精炼成质量较高的油品。

(2) 操作方便　预榨对原料的预处理要求不像第一次压榨那么严格，这就使得操作更为简便、生坯厚度增加、蒸炒时间缩短，使轧坯机、蒸炒锅的处理量相应提高。

(3) 浸出有利　预榨饼含水分较高，不像一次压榨饼那样焦脆，输送中不易散碎，从而减少了入浸物料的粉末度，有利于溶剂渗透，提高浸出速率，降低破残油，也有利于湿粕的脱溶烘干，减少溶剂损耗。

(4) 延长榨机零件的使用寿命　预榨较一次压榨榨膛内压力小，榨螺、榨条等易损零件磨损程度降低，更换周期得以延长。

(5) 蒸汽消耗降低　预榨要求入榨料的温度较低、水分较高，这就相应地降低了蒸炒时加热蒸汽的消耗量。

三、国内外相关研究

1977年，W. Dedio等人研究了亚麻籽的水分含量、贮藏时间、产地和基因类型对压榨法提取亚麻籽油提取效率的影响。研究发现，随着水分含量由7.8%减少到2.3%，亚麻籽油提取率从31.4%增加到了49.6%。研究还发现，亚麻籽贮存时间越长，亚麻籽油越难提取。根据种植产地的不同，亚麻籽中油脂榨取得率分布为25.0%～41.4%。基因类型对亚麻籽油得率影响较小，为46.9%～54.2%。

2003年，Y. L. Zheng等人利用螺旋压榨方法对压榨整粒和脱壳亚麻籽制备有机亚麻籽油进行了研究。研究发现，与8mm的出油间隙相比，使用6mm的出油间隙，生产能力对水分含量的依赖程度较小。当出油间隙为6mm时，对整粒亚麻籽进行压榨，出油率（70.1%～85.7%）与亚麻籽水分含量（6.1%～11.6%）呈反比；对脱壳亚麻籽进行压榨，出油率峰值（72.0%）出现在水分含量为10.5%处（考察范围为7.7%～11.2%）。研究还发现，与整粒亚麻籽相比，对脱壳亚麻籽进行压榨，亚麻籽油提取率较低，但单位时间出油率却较高，且得到的亚麻籽油和饼粕的温度也较低。

2005年，Y. L. Zheng等人对螺杆挤压整粒和脱壳的亚麻籽进行了能量分析。对整粒亚麻籽和不同脱壳程度的亚麻籽在螺杆挤压过程中的单位机械能、净焓变、热量损耗进行了评估。研究得出水分含量和脱壳率的降低都会引起亚麻籽油和饼粕温度以及净焓变的显著上升。传导散失的能量占据了输入机械能的一半以上。当整粒亚麻籽的水分含量从12.6%减少到6.3%的时候，单位机械能从81.1kJ/kg显著上升为104.7kJ/kg。压榨整粒亚麻籽消耗的单位机械能显著高于压榨脱壳亚麻籽的。

2007年，孙东伟等人研究了采用传统榨油设备生产低温压榨亚麻籽油的方法，先将筛选好的亚麻籽轧坯，在40～50℃温度下蒸制，然后在58～60℃下炒坯，再在常温下将炒好的坯料放入普通榨油机中压榨1min，制得低温压榨亚麻籽油。然后按上述步骤进行复榨，最后进行无水脱磷得低温冷榨亚麻籽油，该发明实现了低温压榨且达到了一定的出油率。

2011年，中国农业科学院油料作物研究所杨金娥等研究了烤籽温度对压榨亚麻籽油品质的影响。研究表明，亚麻籽经不同温度烘烤处理，对压榨亚麻籽油的气味、色泽、氧化稳定性、维生素E含量、磷脂及总酚含量都有显著影响。随烘烤温度升高，压榨亚麻籽油的色泽呈加深趋势，气味从坚果清香味过渡到浓香味直至焦煳味，氧化稳定性先升高后降低，磷脂及总酚含量呈上升趋势，维生素E含量呈下降趋势。其研究还发现，亚麻籽经过不同温度烘烤处理，压榨亚麻籽油有两个较好的风味区间：在烘烤温度不超过 80℃压榨出来的亚麻籽油有良好的坚果香味；而在 120～140℃，压榨亚麻籽油呈现浓香味，超过 140℃压榨亚麻籽油焦煳味加重。利用风味的这种变化，可以对冷榨油和热榨油进行区分，可以作为评判的参考依据。次年，杨金娥等又针对冷榨亚麻籽油在储存过程中所存在的品质劣化等问题，采用冷冻脱蜡、固体吸附物理精炼方法对新鲜冷榨亚麻籽油进行处理，并进行 4℃和 35℃储存试验。研究结果表明，助熔剂煅烧硅藻土对新鲜冷榨亚麻籽油吸附处理并冷冻后离心，可以很好地避免冷榨亚麻籽油在储存过程中产生沉淀，并部分抑制苦味物质的生成；吸附精炼后获得的冷榨亚麻籽油各项质量指标满足 GB/T 8235—2008 一级油质量标准要求；存放温度对亚麻籽油品质有很大影响，低温存放大大延长了冷榨亚麻籽油的保质期。

2013 年，杨金娥等通过采用气相色谱-质谱联用技术（GC-MS）方法对冷榨和热榨亚麻籽油挥发性成分进行了比较分析。研究发现，采用不同的热处理温度，压榨亚麻籽油挥发性成分发生了明显变化。冷榨亚麻籽油中挥发性成分以醇类为主，主要挥发性化合物有正己醇、2-丁醇、戊醇、2-甲基丁醇、正己醛、2-乙基呋喃；热榨亚麻籽油挥发性成分中醇类化合物减少，糠醛和糠醇及杂环类化合物大量产生，这些化合物相对含量明显随温度升高而大幅增加，并形成热榨亚麻籽油特有的风味。通过对压榨亚麻籽油中挥发性成分中有害化合物的种类和含量进行研究得出，冷榨亚麻籽油挥发性物质中有害物质显著低于热榨亚麻籽油，冷榨亚麻籽油具有更高的食用安全性；而随着亚麻籽热处理温度升高，压榨亚麻籽油挥发性成分中有害化合物快速上升，影响到热榨亚麻籽油的食用安全性。同年，张雪娇等为了更好地开发利用具有保健作用的亚麻籽油，分别使用超临界提取法、溶剂提取法、冷榨法和热榨法提取亚麻籽油，比较油脂的提取率和感官性状，并进行了 GC-MS 分析。试验结果显示，大规模生产亚麻籽油以冷榨法为优；通过析因试验分析得出，物料含水量、压力和物料粒径对试验结果影响较大，温度影响不显著，物料含水量为负影响因素，压力和物料粒径均为正影响因素。利用 Box-Benhnken 响应面法对冷榨亚麻籽油工艺进行优化，其所获取的冷榨亚麻籽油最优条件为：压榨压力 32.30MPa，物料水分含量 5%，物料粒径 3.0mm，亚麻籽油提取率可达 23.05%，比优化前提高了 26.65%。

2014 年，张志霞为优化冷榨亚麻籽油冷析法脱胶工艺，在单因素实验基础上，根据 Box-Benhnken 中心组合实验设计原理，设计三因素三水平的响应面优化实验。在分析各个因素的显著性和交互作用后，得出冷榨亚麻籽油冷析法脱胶的最佳工艺条件为：冷析温度 7℃，冷析时间 3h，搅拌速度 25r/min。在最佳工艺条件下，脱胶冷榨亚麻籽油中磷脂含量为 0.122%。同年，刘昌盛等通过低温压榨亚麻籽获得冷榨亚麻籽油（cold-pressed flaxseed oil，CFO），并分析其主要理化指标，着重研究 CFO 的静态、动态流变特性，同时分别采用 Casson、Herschel-Bulkley 和 Bingham 模型对其流体行为进行拟合，并采用 Arrhenius 方程分析其黏度热动力学参数。研究结果表明，在剪切速率为 0.1～200s^{-1}下，CFO 由非牛顿流体逐渐转化为牛顿流体；当剪切速率大于 10s^{-1}时，CFO 呈牛顿流体；同时分析得出 CFO 的黏度活化能为 3095.4cal/mol（1cal＝4.1840J）；CFO 的黏度、剪切应力、损耗模量、塑性稠度系数、高剪切极限黏度和稠度系数随着温度升高而降低，但是温度变化对 CFO 的贮能模量影响不显著；另外，通过比较 3 个流变模型得出 Bingham 模型适用于 CFO。

第二节　亚麻籽浸出法制油

浸出法制油是一种较压榨法制油更为先进的方法，它具有出油效率高、粕的质量好的特点，粕中残油可控制在 15%以下。由于溶剂对油脂有很强的浸出能力，浸出法取油完全可以不进行高温加工而取出其中的油脂，使大量水溶性蛋白质得到保护，粕可以用来制取植物蛋白；易于实现生产自动化与大规模生产，加工成本低，劳动强度小。

然而，浸出法制油也存在一定的缺点，如毛油质量差、采用的溶剂易燃易爆，并具有一定的毒性等。实践证明，上述缺点完全可以克服，浸出毛油经过适当精炼即可得到符合质量标准的成品油，只要生产中加强安全技术管理，就能避免发生事故。该法作为一种先进的制油工艺，在我国已被普遍采用，随着我国油料作物的连年增产，浸出法制油将得到更大的发展。

一、基本原理

油脂浸出是利用油脂与某种有机溶剂的互溶以及它们之间所发生的相互扩散这一原理，使用溶剂把油料料坯或预榨饼中的油脂提取出来的方法。油脂浸出是在选定的溶剂和料粒之间发生相对运动的情况下进行的，因此它除了由于分子运动的扩散过程外，还决定于溶剂流动情况的对流扩散过程。

分子扩散是指以单个分子的形式进行的物质转移，是由于分子无规则的热运动引起的。当油料与溶剂接触时，油料中的油脂分子借助于本身的热运动，从油料中渗透出来并向溶剂中扩散，形成了混合油；同时溶剂分子也向油料中渗透扩散，这样在油料和溶剂接触面的两侧就形成了两种浓度不同的混合油。由于分子的热运动及两侧混合油浓度的差异，油脂分子将不断地从浓度较高的区域转移到浓度较小的区域，直到两侧的分子浓度达到平衡为止。对流扩散是指物质溶液以较小体积的形式进行的转移。与分子扩散一样，扩散物的数量与扩散面积、浓度差、扩散时间及扩散系数有关。在对流扩散过程中，对流的体积越大，单位时间内通过单位面积的体积越多，对流扩散系数越大，物质转移的数量也就越多。油脂浸出过程的实质是传质过程，其传质过程是由分子扩散和对流扩散共同完成的。在分子扩散时，物质依靠分子热运动的动能进行转移。适当提高浸出温度，有利于提高分子扩散系数。而在对流扩散时，物质主要是依靠外界提供的能量进行转移，一般是利用液位差或泵产生的压力使溶剂或混合油与油料处于相对运动状态下，促进对流扩散。

浸出法制油是应用萃取的原理，选用某种能够溶解油脂的有机溶剂，经过对油料的接触（浸泡或喷淋），使油料中的油脂被萃取出来的一种制油方法。其基本过程是：把油料坯（或预榨饼）浸于选定的溶剂中，使油脂溶解在溶剂内（组成混合油），然后将混合油与固体残渣（粕）分离，混合油再按不同的沸点进行蒸发、汽提，使溶剂汽化变成蒸气与油分离，从而获得油脂（浸出毛油）。溶剂蒸气则经过冷凝、冷却回收后继续使用。粕中亦含有一定数量的溶剂，经脱溶烘干处理后即得干粕，脱溶烘干过程中挥发出的溶剂蒸气仍经冷凝、冷却回收使用。

浸出法制油具有粕中残油率低（出油率高）、劳动强度低、工作环境佳、粕的质量好的优点。浸出法制油的缺点是油脂中会残留溶剂，对油脂的营养价值破坏较大。

二、浸出法制油工艺分类

（1）按生产操作方式划分

① 间歇式　间歇式是指油料投入至粕的卸出、溶剂投入至混合油排出都是分批进行的，呈一种间歇操作方式。如罐组式浸出器浸出就属于这种情况。

② 连续式　与间歇式相比，油料投入至粕的卸出、溶剂投入至混合油排出，均接连不断进行，呈一种连续操作方式。如平转式、履带式、环形浸出器浸出就属于这种情况。

（2）按溶剂对油料的接触方式划分

① 浸泡式　浸泡式又叫浸没式，即在浸出过程中油料完全浸没于溶剂之中。罐组式浸出器浸出即属于这种类型。

② 喷淋式　喷淋式是指在浸出过程中，溶剂经泵由喷头不断地喷洒在料坯的面层，再渗透穿过整个料层而滤出，形成混合油。履带式浸出器即属于这种类型。

③ 混合式　混合式是指浸泡与喷淋相结合的方式，既对油料不断进行喷洒，又保持油料被浸没于混合油中。属于这类浸出设备的有平转式浸出器、环形浸出器等。

(3) 按生产工艺划分

① 直接浸出　又称一次浸出，是指油料经预处理后直接进入浸出器进行浸出制得油脂的工艺。直接浸出工艺一般适用于含油率较低的油料加工，如大豆、米糠、棉籽等。

② 预榨浸出　预榨浸出是指油料经预处理后，用榨油机先榨出一部分油脂，然后再用浸出法取出榨饼中剩余部分油脂的一种工艺。这种工艺适用于含油率高的油料加工，如亚麻籽、油菜籽、花生、葵花籽等。

三、浸出设备

浸出工序的主要设备是浸出器，其型式很多，常用的有：平转式浸出器和环形浸出器等连续式浸出器。

(1) 固定栅底平转浸出器（简称平转）　其结构如图 2-5 所示。

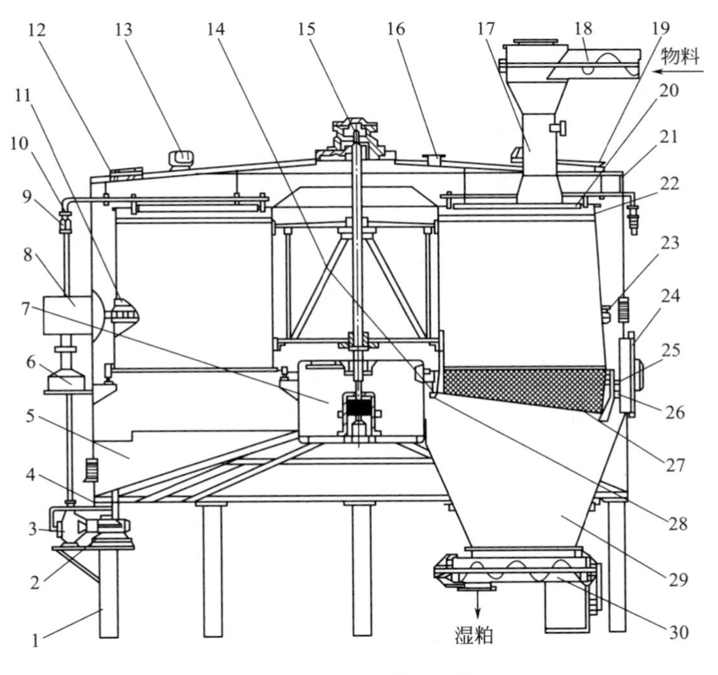

图 2-5　平转式浸出器

1—底座；2—电机；3—混合油循环泵；4,10—阀门；5—油斗；6—减速器；7—轴承；8—传动箱；9—管道视镜；11—齿条；12—平视镜；13—视孔灯；14—滚轮；15—主轴；16—自由气体管；17—进料管；18—封闭绞龙；19—人孔；20—喷液器；21—外壳；22—转子；23—链条；24—检修孔；25—托轮轴；26—外轨；27—假底；28—内轨；29—落粕斗；30—双绞龙

平转浸出器主要由密闭的外壳、转动体（转子）、假底、轨道、混合油收集格（油斗）、喷淋装置、进料和卸粕装置以及传动装置等组成。

在平转浸出器圆柱形的壳体内有上下两部分，上部是一个转动体即转子。转动体是由内外两个同心圆环（或正多边形）组成的环形体，将其用径向隔板等分成若干小格（格子的数量常为18个、20个、22个），这些小格即为浸出格。每个浸出格底部有一多孔板和筛网制成的假底。假底的一边用铰链与隔板连接，可绕铰链轴开闭；另一边装有两个滚轮，滚轮在内外轨道上滚动。轨道固定在壳体内侧四周。内外轨道在出粕斗处是中断的。当假底上的滚轮转到此处时失去支撑，假底绕铰链轴打开，浸出格中的湿粕落入出粕斗并由湿粕刮板输送机送往蒸脱机。浸出器壳体内下部是若干个混合油收集斗和一个出粕斗，油斗的底向浸出器外壁方向倾斜约12°，以便安装排出混合油的连接管。各混合油收集斗与相应的混合油循环泵及喷淋管相对应，按与浸出物料逆流方式进行混合油的循环，在引出浓混合油的油斗上装有一帐篷式过滤器，用于滤掉混合油中的饼屑和粉末。转动体中心有一直立的转动轴，转动体的自重及料坯质量主要支撑在主轴下端的轴承上。转动体外圈上装有齿条，整个转动体相当于一个大链轮，电机通过变速器驱动主动链轮，主动链轮通过链条带动转动体绕主轴做低速转动。

平转浸出器的进料采用具有料封作用的螺旋输送机，以防止浸出器中的溶剂气体进入预处理车间。同时在垂直下料管中喷入混合油，使混合油与料坯混合后一起落入浸出格，以避免料坯在浸出格中的自动分级现象。

平转浸出器的工作过程为：被浸出物料由封闭绞龙送入浸出格，装料的浸出格按照一定的方向转动，一次受到上方喷淋管喷下的不同浓度混合油的喷淋浸泡，最后再用新鲜溶剂喷淋冲洗，经最后滴干后转到出粕斗处落下，由湿粕刮板送往蒸脱机。喷管喷下的新鲜溶剂渗透过料层，进入料格下的混合油收集斗，再由循环泵抽出打到料格上进行循环，经若干次对料层的喷淋浸出后形成的浓混合油由泵抽出送往蒸发工序。

（2）环形浸出器　环形浸出器首先由美国皇冠公司在20世纪70年代研制并应用。图2-6是环形浸出器的结构示意图，其主要工作部件是输送浸出物料的框式拖链输送带，它被安装在呈环形的壳体内，由电机通过减速器带动拖链运转。外壳由进料段、下弯曲段、下水平段、上弯曲段、上水平段组成，外壳截面为矩形。

浸出物料通过安装有料位控制器的进料斗，连续进入浸出器内的拖链框架之间，并被拖链带动向左边移动。料位控制器用来控制浸出器的拖链速度，使料斗内的料层始终保持料封所需要的高度。物料被拖链带动进入下弯曲段，在下弯曲段，物料与混合油并流而下形成喷淋浸泡式浸出，随后物料和混合油一起沿导板进入下水平段。下水平段是主要工作段，中间有固定的V形栅板，将水平段隔开成为上、下两部分，栅板上承托物料，栅板下有5个混合油收集

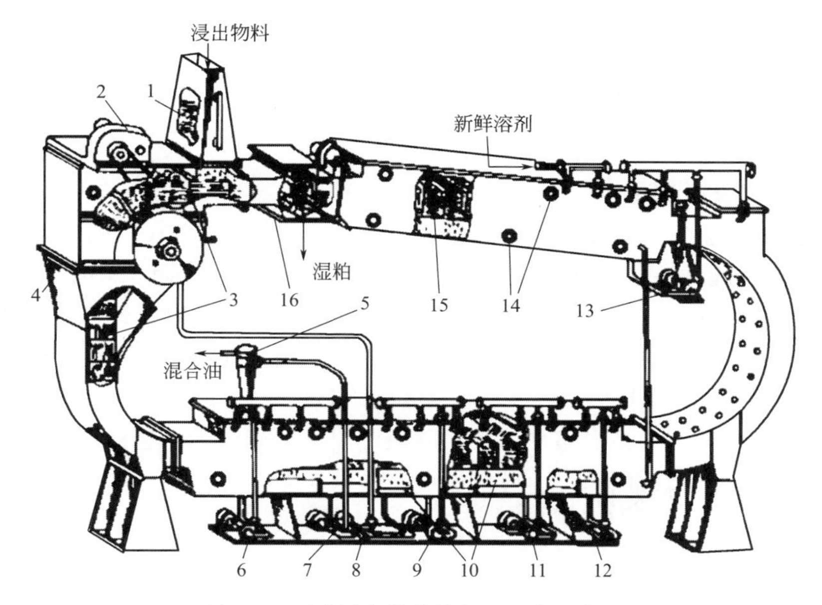

图 2-6 环形浸出器的结构和工作示意图

1—进料斗；2—减速器；3—拖链输送带；4—外壳；5—旋液分离器；6,8,9,11～13—循环泵；7—混合油；10—混合油油斗；14—视镜；15—固定栅板；16—卸粕口

斗，收集斗的混合油采用溢流方式实现逆流浸出。从第二个混合油收集斗抽出的浓混合油经旋液分离器除去粕沫后，被送往蒸发工序。物料运行至上弯曲段，稀混合油从上面喷下与料逆流接触后流入下水平段右边的收集斗内。上水平段与下水平段结构相同，不同点仅在于上水平段倾斜约 30°，使粕在此段有挤压作用，以降低湿粕含溶。栅板下面只有一个混合油收集斗，收集斗内的稀混合油一部分作为自循环用，另一部分用于下弯曲段的喷淋，多余的流到下水平段的收集斗中。经滴干的粕从出粕口排出被送往蒸脱设备。为了防止发黏的料粕卸料困难，在出粕口处还装有一个拖链振动装置以帮助卸粕。

环形浸出器的特点是：料层薄，混合油和溶剂对料层的渗透快，物料在浸出过程中两次翻转，使浸出更均匀充分，从而缩短浸出时间。料层沥干效果好，有利于降低粕残油和湿粕含溶。浸出器进料和落粕的连续均匀，使得浸出器内压力稳定。另外，环形浸出器便于成批生产、分段运输、现场安装。在浸出器上部卸粕省去了粕的垂直输送设备。

四、浸出法制油技术与工艺设计概要

1. 浸出器

（1）工艺流程　油料经过预处理后的料坯或预榨饼，由输送设备送入浸出器，经溶剂浸出后得到浓混合油和湿粕。

（2）浸出设备　浸出系统的重要设备是浸出器，其形式有间歇式浸出器（浸出罐）和连续式浸出器（平转式浸出器、环形浸出器、履带式浸出器、箱链式浸出器和拖链式浸出器等）。详见上述。

2. 湿粕脱溶烘干

（1）工艺流程　从浸出器卸出的粕中一般含有20%～30%的溶剂，为了使这些溶剂得以回收和获得质量较好的粕，可采用加热来蒸脱溶剂。

（2）脱溶烘干设备　对预榨饼浸出粕的脱溶烘干多采用高料层蒸烘机，对亚麻籽一次浸出粕的脱溶烘干，可采用DT蒸脱机（desoloventizer toaster）+DC烘干冷却机（driver cooler），先进的DT一般还包括VRS（virtual reference station，虚拟参考站）层。一般蒸脱机设计应用的是舒马赫原理。

3. 混合油的蒸发和汽提

（1）工艺过程

混合油过滤→混合油贮罐→第一蒸发器→第二蒸发器→汽提塔→浸出毛油

从浸出器泵出的混合油，须经处理使油脂与溶剂分离。分离方法是利用油脂与溶剂的沸点不同，首先将混合油加热蒸发，使绝大部分溶剂汽化而与油脂分离。然后，再利用油脂与溶剂挥发性的不同，将浓混合油进行水蒸气蒸馏（即汽提），把毛油中的残留溶剂蒸馏出去，但是在进行蒸发和汽提之前，须除去其中的固体粕末及胶状物质，为混合油的成分分离创造条件。

（2）粗过滤　让混合油通过过滤介质（筛网），其中所含的固体粕末即被截留，得到较为洁净的混合油。一般的平转式浸出器内，在第Ⅱ集油格上装有帐篷式过滤器，滤网规格为100目，浓混合油经过滤后再泵出。

（3）离心沉降　现多采用旋液分离器来分离混合油中的粕末，它是利用混合油各组分的质量不同，采用离心旋转产生离心力大小的差别，使粕末下沉而液体上升，达到清洁混合油的目的。

（4）精密过滤　在现代含油率高的油料浸出工艺中，一般是在混合油离心沉降后加一道精密过滤，目的是去除离心沉降无法去除的小密度杂质如粕末等，其过滤精度可达到50～500μm。设备一般是刮刀自清式过滤器。

（5）混合油的蒸发　蒸发是借加热作用使溶液中一部分溶剂汽化，使挥发性溶剂与不挥发性溶质分离的操作过程。混合油的蒸发是利用油脂几乎不挥发，而溶剂沸点低、易于挥发的特性，用加热使溶剂大部分汽化蒸出，从而使混合油中油脂的浓度大大提高的过程。在蒸发设备的选用上，油厂（设计公司）多选用升膜式蒸发器。其特点是加热管道长（一般为6m），混合油由下部进入加热管内，迅速沸腾，产生大量气泡并迅速上升。混合油也被上升的蒸气泡带动为一层液膜沿管壁上升，溶剂在此过程中蒸发。由于在薄膜状态下进行传热，故蒸发效率较高。有的油厂（设计公司）也选用降膜式蒸发器。

（6）混合油的汽提　通过蒸发，混合油的浓度大大提高。然而，溶剂的沸点也随之升高。无论继续进行常压蒸发或改成减压蒸发，欲使混合油中剩余的溶剂基本除去都是相当困难的。只有采用汽提，才能将混合油内残余的溶剂基本除去。

汽提的原理是：混合油与水不相溶，向沸点很高的浓混合油内通入一定压力的直接蒸汽，同时在设备的夹套内通入间接蒸汽加热，使通入混合油的直接蒸汽不致冷凝。直接蒸汽和溶剂蒸气压之和与外压平衡，溶剂即沸腾，从而降低了高沸点溶剂的沸点。未凝结的直接蒸汽夹带蒸馏出的溶剂一起进入冷凝器进行冷凝回收。其设备有管式汽提塔、层碟式汽提塔、斜板式汽提塔和筛板式汽提塔等。

4. 溶剂蒸气

（1）工艺流程　由第一蒸发器、第二蒸发器、汽提塔、DT-DC 出来的混合蒸气进入冷凝器，经冷凝后的溶剂、水混合液流入分水器进行分水，分离出的溶剂流入循环溶剂罐，而水进入蒸煮罐，在微负压下用蒸汽加热到 92℃以上，一般不超过 98℃，使其中所含的溶剂蒸发，蒸去水中微量溶剂后，废水进入水封池，再排入污水处理器。

（2）溶剂蒸气的冷凝　所谓冷凝，即在一定的温度下，气体放出热量转变成液体的过程。单一的溶剂蒸气在固定的冷凝温度下放出其本身的蒸发潜热而由气态变成液态。当蒸气刚刚冷凝完毕，就开始了冷凝液的冷却过程。因此，在冷凝器中进行的是冷凝和冷却两个过程。事实上这两个过程也不可能截然分开。两种互不相溶的蒸气混合物（水蒸气和溶剂蒸气），由于它们各自的冷凝点不同，因而在冷凝过程中，随温度的下降所得冷凝液的组成也不同。但在冷凝器中它们仍旧经历冷凝和冷却两个过程。

目前常用的冷凝器有列管式冷凝器、喷淋式冷凝器和板式冷凝器等。

（3）溶剂和水分离　来自 DT-DC 或汽提塔的混合蒸气冷凝后，其中含有较多的水。利用溶剂不易溶于水且比水轻的特性，使溶剂和水分离，以回收溶剂。这种分离设备就称之为“溶剂-水分离器”，目前使用较多的是分水箱或溶剂-水分离罐。

（4）废水中溶剂的回收　分水箱排出的废水要经蒸煮罐蒸煮溶剂回收后排入水封池处理。水封池要靠近浸出车间，水封池为三室水泥结构，其保护高度不应小于 0.4m，封闭水柱高度大于保护高度 2.4 倍，容量不小于车间分水箱容积的 1.5 倍，水流的入口和出口的管道均为水封闭式。

5. 自由气体中溶剂的回收

（1）工艺流程　空气可以随着投料进入浸出器，并进入整个浸出设备系统与溶剂蒸气混合，这部分空气因不能冷凝成液体，故称之为“自由气体”。自由气体长期积聚会增大系统内的压力而影响生产的顺利进行。因此要从系统中及时排出自由气体。但这部分空气中含有大量溶剂蒸气，在排出前需将其中所含溶剂回收。来自浸出器、分水箱、混合油贮罐、冷凝器和溶剂循环罐的自由气体全部汇集于最后的冷凝器。自由气体中所含的溶剂被部分冷凝回收后，尚有未凝结的气体，仍含有少量溶剂，回收后再将废气排空。

（2）回收工艺分类　采用石蜡油尾气回收法和低温冷冻法等。

6. 浸出车间设备设计需了解的技术条件

（1）工艺参数

① 进浸出器料坯质量要求　料坯厚度 0.3mm 以下，水分 10%以下；预榨浸出工艺，饼块最大对角线不超过 15mm，粉末度（30 目以下）5%以下，水分 6%以下。

② 料坯在平转浸出器中浸出，其转速一般不大于 100r/min；在环形浸出器中浸出，其链速一般不小于 0.3m/min。

③ 浸出温度 55～58℃。

④ 混合油浓度　入浸料坯含油 18%以上者，混合油浓度不小于 20%；入浸料坯含油大于 10%者，混合油浓度不小于 15%；入浸料坯含油大于 5%而小于 10%者，混合油浓度不小于 10%。

⑤ 粕在蒸脱层的停留时间，高温粕不小于 30min；蒸脱机气相温度为 74～80℃；蒸脱机粕出口温度，高温粕不小于 105℃，低温粕不大于 80℃。带冷却层的蒸脱机（DT-DC）粕出口温度不超过环境温度 10℃。

⑥ 混合油蒸发系统　汽提塔出口毛油（含总挥发）损失率在 0.2%以下，温度为 105℃，整体蒸发系统为负压蒸发。

⑦ 溶剂回收系统　冷凝器冷却水进口水温 32℃以下、出口温度 38℃以下，一般冷却水出进温差不超过 6℃，凝结液温度 40℃以下。

（2）产品质量

① 粕残油率 1%以下（粉状料 2%以下），水分 13%以下，引爆试验合格。

② 毛油标准　符合国标要求。

③ 预榨饼质量，在预榨机出口处检验，一般要求：饼厚度 15mm 以下，饼水分 6%以下，饼残油 12%以下，但根据浸出工艺需要，可提高到 18%～20%。

（3）有关设备计算采用的参数　料坯密度 400～450kg/m^3，膨化料密度 450～550kg/m^3，饼块密度 560～620kg/m^3，层式蒸炒锅总传热系数 628kJ/(m^2·h·℃)，汽提塔的总传热系数 500kJ/(m^2·h·℃)，蒸脱机的总传热系数 200kJ/(m^2·h·℃)，溶剂-水分离箱的总传热系数 300kJ/(m^2·h·℃)。

入浸出器料坯的容重，大豆料坯按 400kg/m^3、膨化料按 500kg/m^3 和预榨饼按 600kg/m^3。浸出时间 90min，其他较难浸出的物料如玉米胚芽和菜籽可适当延长浸出时间。

有关列管式传热设备的总传热系数，负压蒸发应不低于下列数据：第一蒸发器总传热系数 500kJ/(m^2·h·℃)，第二蒸发器总传热系数 200kJ/(m^2·h·℃)，溶剂冷凝器的总传热系数 500kJ/(m^2·h·℃)，溶剂加热器的总传热系数 200kJ/(m^2·h·℃)。

设备布置应紧凑，在充分考虑操作维修的空间后，可考虑车间主要通道为 1.2m，两设备突出部分间距如需操作人员通过则为 0.8m，如不考虑操作人员通过可为 0.4m。靠墙壁无人路过的贮槽与墙距离为 0.2m。如有管路经过，上述尺寸尚需考虑管子及保温层所占空间。

(4) 管路系统设计　对每条管线进行管径计算，同时按输送的原料选择所需管的型号材质。每条管线应进行编号，并编制管路、阀门、疏水器和仪表明细表。浸出车间管径计算，可选用流速数据如下：主蒸气管 25m/s，支蒸气管 20m/s，水管 1.5m/s，混合油溶剂管 1.0m/s。

五、溶剂选择

1. 油脂浸出对溶剂的要求

一般来说，对油脂浸出所用溶剂的要求是力求在浸出过程中获得最高的出油率和获得高质量的产品，尽量避免溶剂对人体的伤害，保证安全生产。因而对油脂工业用溶剂提出如下要求。

(1) 对油脂有较好的溶解度　所选用的溶剂应能够充分、迅速地溶解油脂，且与油脂能以任何比例相互溶解；不溶解或很少溶解油料中的脂溶性物质，更不能溶解油料中的其他非油组分。

(2) 化学性质稳定　溶剂的化学纯度越高越好（除混合溶剂之外）。溶剂在贮藏和运输中、在浸出生产各工序的加热或冷凝过程中，不发生分解、聚合等造成溶剂化学成分和性质改变的化学变化，不与油料中的任何组分发生化学反应。无论是纯溶剂、溶剂的水溶液、溶剂气体及溶剂蒸气与水蒸气的混合蒸气，对设备都不应有腐蚀作用。

(3) 易与油脂分离　溶剂能够在较低温度下从油脂或粕中充分挥发。它应具有稳定及合适的沸点，热容低，蒸发潜热小，易回收。与水不互溶，也不与水形成共沸混合物。

(4) 安全性能好　无论是溶剂液体、溶剂气体或是溶剂蒸气与水蒸气的混合气体，应对操作人员的健康无害。脱除溶剂后的油料不应带有溶剂的不良气味和味道，不会残留对人体有害的物质。

(5) 溶剂来源要广　浸出溶剂的供应量应能满足大规模工业生产的需求，溶剂的价格要便宜，来源要充足。

完全满足上述要求的溶剂可以称作理想溶剂。但是，到目前为止，这样的溶剂还没有找到。在实际的油脂浸出生产中，是将所选用溶剂的性质与理想溶剂的性质进行比较，力求其偏离程度为最小。目前油脂工业中所用溶剂能满足上述所列的多数要求。

2. 油脂在有机溶剂中的溶解度

两种液体的相互溶解度，取决于其分子极性的相似性。这两种液体的分子极性越相近，那么它们的相互溶解度就越大。通常用介电常数来表示分子极性的大小。

植物油属于分子极性很小的液体（蓖麻油例外）。大多数油脂在常温下的介电常数为3.0～3.2。大多数的植物油都能充分地溶解在介电常数与之相当的非极性溶剂中。植物油与己烷、轻汽油、苯和二氯乙烷等溶剂的介电常数很接近，因此可与这些溶剂以任何比例充分混合和溶解。随着丙酮、乙醇、甲醇与油脂介电常数差距的加大，室温时它们与油脂的相互溶解度减小，随着温度的升高其相互溶解度增加。

水的介电常数是81，油脂在溶剂中的溶解度随溶剂含水量的增加而降低。而水在溶剂中的溶解度随溶剂的极性而变化。溶剂在水中的溶解度不同于水在溶剂中的溶解度。虽然浸出轻汽油和己烷在水中的溶解度很小（常温下为0.014%左右），但在废水中会由于溶剂与水的乳化现象，使溶剂在水中的溶解度大大地超过这一数值。

油料中非油物质在溶剂中的溶解度也取决于溶剂的极性。溶剂对油料中各种组分的溶解具有选择性。

3. 浸出植物油脂所用的工业溶剂及其特点

溶剂的分类可根据它们的极性、黏度和沸点来进行。根据溶剂的极性可将其分成低极性的、中极性的和高极性的溶剂。根据溶剂的黏度大小，可将其分成低黏度的、中黏度的和高黏度的溶剂。根据溶剂的沸点高低，可将其分成低沸点、中沸点和高沸点的溶剂。作为工业应用的植物油溶剂应是低黏度、低沸点和低极性的。

亦可将溶剂分成这样两大类：第一类为工业纯溶剂；另一类为两种工业纯溶剂所组成的混合溶剂或有水的混合溶剂。

工业纯溶剂是化学化合物，包括如下各类：脂肪族烃类、氯代脂肪族烃类、芳香族烃类和脂肪族酮类。在国内外油脂浸出生产中，脂肪族烃类应用最广，它由若干化学性质相近的化合物和少量其他物质组成，浸出轻汽油或工业己烷是这类溶剂的主要代表。

（1）脂肪族烃类　脂肪族烃类的溶剂主要有己烷、戊烷、丁烷、丙烷及其混合物，尤以己烷混合物的溶剂为多。

① 6 号抽提溶剂油　6 号抽提溶剂油俗称浸出轻汽油，是石油分馏所得产品。其沸点范围较宽（60～90℃），这就要求混合油在蒸发、汽提和湿粕蒸脱溶剂时提高温度，而这将造成油和粕的质量指标有某些下降（增加了粕中蛋白质的变性作用，改变了油脂的酸值和色泽）。浸出轻汽油在水中溶解量很小，可忽略不计。

6 号抽提溶剂油的安全性质：6 号溶剂油的主要缺点是它的易燃性及与空气能形成爆炸性混合气体。当火花的温度达到 233℃（物体被加热到同样的温度）的情况下，例如由于与裸露蒸汽管道的接触等都能够产生着火。

因此，在浸出生产时，应用的过热蒸汽温度不应该高于 220℃。溶剂蒸气在空气中的浓度达到 1.2%～6.9%时，是有爆炸危险的。溶剂蒸气比空气重 2.79 倍，因而容易聚集于低凹地区，因此浸出车间内不要有负标高设施（排入水封池的明沟除外）。

6 号抽提溶剂油的毒理性质：6 号抽提溶剂油的蒸气主要对人的神经系统有影响。溶剂蒸气的连续吸入，能引起人头昏、头痛，直至失去知觉。较重的溶剂馏分比轻馏分的作用更强烈。溶剂中芳香烃（苯、甲苯）的存在，加强了它的毒性。在热的时候比在冷的时候更易中毒。

在浸出车间，为了降低溶剂在空气中的含量，应在适当的地方安装排风机，使车间内每升空气中的溶剂含量不超过 0.3mg。对局部的溶剂燃烧可采用饱和蒸汽进行灭火，比较现代的方法是利用车间内装备的雨淋-泡沫联动系统灭火。

② 工业己烷　工业己烷的主要化学组分是己烷（96%～98%）。它是目前我国油脂浸出的主要溶剂。其沸点范围为 66～69℃（纯己烷沸点为 68.74℃）。它对油脂的溶解性与 6 号抽提溶剂油无大差别，但其选择性比 6 号抽提溶剂油要好；工业己烷的沸点范围小，容易回收，浸出生产中的溶剂消耗小；生产工艺条件比较一致，有利于产品质量的提高。工业己烷的安全特性与 6 号抽提溶剂油相差无几。闪燃点为－32℃，易燃烧。自燃点为 250℃，易爆炸，当己烷气体与空气相互混合后己烷浓度达到 1.25%～4.9%时就会发生爆炸。其蒸气有毒，主要表现在对人的神经系统会产生影响。

以上两种溶剂理化指标与质量标准参见相关国家标准。

(2) 脂肪酮和醇

① 丙酮　丙酮与水能以任何比例互溶。化学纯的丙酮是中性的，不会对设备产生腐蚀。它不会与水形成共沸混合物，且沸点低、生产中容易回收。且由于丙酮在水中的无限溶解度，因此能够采用简单的洗涤方法进行回收。丙酮浸出所得产品质量较好。丙酮是亲油和亲水溶剂，所以在现代浸出法加工棉籽时不再使用。它的优点是在加工棉籽时棉粕的颜色极浅，棉酚浸出得也比较彻底。但缺点是它与油脂与水很难分离。现在已被 6 号油（正己烷）+甲醇所代替。但在其他物料浸出中还有应用。

② 乙醇　乙醇与甲醇是具有相同化学成分和固定沸点的溶剂。乙醇对油的溶解度随其含水量的不同呈现出很大差异。如使用 98%以上的乙醇，在达到其沸点以前，就可使油和乙醇完全互溶。但要使 95.92%的乙醇和油互溶就要在 88℃左右，这就超过了乙醇的沸点，也即必须在加压条件下，才能使乙醇和油互溶。其次，乙醇和水易形成恒沸溶液，此时乙醇的浓度为 92.97%。为此，在常压下，当温度在 60～70℃时，油在乙醇中的溶解度仅为 5%左右，这就需要大量的乙醇，才能将一定量的油从大豆中浸取出来，而且必须消耗较多的热量和动力。

已醇作为溶剂的优点有：温度达到 120℃时能够充分地溶解油脂，而冷却到 16～24℃时油脂与溶剂很易分层。用这样的方法，可以采用不经加热蒸发的方式，将混合油中的油脂与溶剂分离。

乙醇浸出毛油的颜色、酸值和油经加热后的沉淀物，均较其他溶剂的浸出油为佳。所得毛油可不需处理或略加处理即可食用。乙醇浸出粕的色浅、质量好，可用作食品原料。

乙醇对油脂的溶解度太低是它作为浸出溶剂的一大缺点。但乙醇能和蓖麻油以任何比例互溶。用乙醇作为油脂浸出工业用的溶剂还需作更多的研究。

六、影响浸出效果的因素

在浸出过程中，有许多因素影响浸出速率，现将主要的影响因素作一分析。

(1) 料坯和预榨饼的性质

① 对料坯内部结构的要求　料坯的细胞组织应最大限度地被破坏且具有较大的孔隙度，以保证油脂向溶剂中迅速地扩散。

② 对料坯外部结构的要求　料坯应该具有必要的机械性能，容重和粉末度小，外部多孔性好，以保证混合油和溶剂在料层中良好的渗透性和排泄性，提高浸出速率和减少湿粕含溶。

③ 料坯的水分　料坯入浸水分太高会使溶剂对料层的渗透发生困难，溶剂对油脂的溶解度降低，使料坯或预榨饼在浸出器内结块膨胀，造成浸出后出粕的困难、同时会使浸出毛油的酸价增高、不水化磷脂含量增多等。

料坯入浸水分太低，会影响料坯的结构强度，从而产生过多的粉末，同样削弱了溶剂对料层的渗透性，而增加了混合油的含粕沫量。

物料最佳的入浸水分量取决于被加工原料的特性和浸出设备的形式。例如，采用高料层的平转浸出器进行大豆的一次浸出，豆坯的水分一般控制在8%左右，预榨饼的入浸水分控制在4%以下。

料坯的水分可分为两种形式，一是料坯本身含有的水分，二是料坯表面的水分。表面水分是由于料坯在输送过程中，因温度降低而使料坯表面的水蒸气冷凝所形成。料坯表面水分使溶剂对料坯表面的湿润及对料层的渗透更为不利，故应尽量减少。生产中可采用对料坯输送过程保温和排潮等方法去除或减少表面水分。

(2) 浸出的温度　浸出温度对浸出速度有很大的影响。提高浸出温度，油脂和溶剂的黏度减小，分子热运动增强，因而提高了浸出速度。但若浸出温度过高，会造成浸出器内气化溶剂量增多，压力增高，生产中的溶剂损耗增大，同时浸出毛油中非油物质的量增多。一般浸出温度控制在低于溶剂馏程初沸点5℃左右，如用浸出轻汽油作溶剂，浸出温度为55℃左右。若有条件，也可在接近溶剂沸点温度下浸出，以提高浸出速度。

(3) 溶剂或混合油对料层的渗透量　溶剂或混合油对料层的渗透量是以每小时内每平方米的料坯面上流过的溶剂或混合油的质量（kg）来表示的。根据实际生产经验，渗透量必须保持在10000kg/(h・m^2）以上。渗透量愈大，说明溶剂或混合油通过料层的渗透速度愈高，对流扩散作用愈强，界面层厚度愈小，而且使料坯内外油脂的浓度差增大，分子扩散作用增强，这都有利于浸出速率的提高。溶剂对料层的渗透量取决于料坯的结构性能、浸出器假底的开孔率、混合油泵的流量等。当采用喷淋与浸泡混合的浸出形式时，还要保证在提高渗透量的同时，使料层上面有薄的溶剂或混合油层，保证浸泡成为可能。

(4) 溶剂比和混合油浓度的影响　浸出溶剂比是指使用的溶剂与所浸出的料坯质量之比。一般来说，溶剂比愈大，浓度差愈大，对提高浸出速率和降低粕残油愈有利，但混合油浓度会随之降低。

对于一般的料坯浸出，溶剂比多选用（0.8～1.0）∶1。混合油浓度要求达到18%～25%。对于料坯的膨化浸出，溶剂比可以降低为（0.5～0.6）∶1，混合油浓度可以更高。在浸出生产中，应在保证粕残油量小于1%的前提下，尽量提高混合油浓度。提高混合油浓度有利于减少浸出毛油中的残溶量，有利于降低混合油蒸发和汽提的蒸汽消耗及溶剂冷凝的冷凝水消耗，并由于减少了溶剂的周转量，而减轻了溶剂回收的负荷，使浸出生产的溶剂损耗降低。

(5) 浸出时间　根据油脂与物料结合的形式，浸出过程在时间上可以划分为两个阶段：第一阶段提取位于料坯内外表面的游离油脂，第二阶段提取未破坏细胞和二次结构内的油脂。浸出时间应保证油脂分子有足够的时间扩散到溶剂中。但随着浸出时间的延长，粕残油的降低已很缓慢，而且浸出毛油中非油物质的含量增加，浸出设备的处理量也相应减小。因此，过长的浸出时间是不经济的。在实际生产中，应在保证粕残油量达到指标的情况下，尽量缩短浸出时间，一般为90～120min。在料坯性能和其他操作条件理想的情况下，浸出时间可以缩短为60min左右。

(6) 料层高度　料层高度对浸出设备的利用率及浸出效果都有影响。一般来说，料层提高，同一浸出设备的生产能力提高，同时料层对混合油的自过滤作用也好，混合油中含粕沫量减少，混合油浓度也较高。但料层太高，溶剂和混合油的渗透、滴干性能会受到影响。高料层浸出要求料坯的机械强度要高，不易粉碎。

低料层浸出，如用环形浸出器，则料层的渗透性明显改善，浸出时间缩短，湿粕含溶也有所降低，但混合油中粕沫含量较高。

综上所述，油脂浸出过程能否顺利进行是由许多因素决定的，而这些因素又是错综复杂、相互影响的。所以，在浸出生产过程中要能辩证地掌握这些因素并很好地加以运用，提高浸出生产效率，降低粕中残油。

七、国内外相关研究

1994年，J. P. D. Wanasundara等人用由烷醇-氨水-水和正己烷构成的两相溶剂系统对亚麻籽粉进行了同时提取油脂和脱毒的研究。使用的烷醇包括甲醇、乙醇和异丙醇。研究表明，甲醇-氨水-水/正己烷构成的两相溶剂系统所得的饼粕蛋白含量最高。提取过程并没有显著地改变非蛋白氮的含量。甲醇-氨水-水/正己烷构成的两相溶剂系统除减少了饼粕中的生氰糖苷含量外，也显著减少了酚酸、缩合单宁酸、可溶性糖的含量，然而植酸并没有被去除。

1994年，T. K. Varga等人利用两相溶剂系统对亚麻籽油提取和脱毒进行了研究。研究发现，最有效的提取系统由正己烷和含水10%、含氨水2.5%的甲醇溶液构成，或者由正己烷和含水10%、含0.08%氢氧化钠的甲醇溶液构成。油脂提取后得到的饼粕具有高的蛋白质含量（40%～47%）和低的生氰糖苷含量（与初始物料相比减少了90%～100%）。甲醇-氨水提取系统减少了约20%的总酚含量。油脂提取后饼粕中的残油率约为1%。

1996年，B. D. Oomah等人对以甲醇、含水甲醇、含水甲醇-氨水为主要提取溶剂得到的亚麻籽油的质量和成分构成进行了研究。研究发现，含水甲醇

-氨水提取得到的亚麻籽油最少。甲醇优先提取了极性油脂和甘油一酸酯。当正己烷作为二次提取溶剂时，由含水甲醇-氨水作为一次提取溶剂得到的亚麻籽油的构成发生了改变。含水甲醇-氨水-正己烷提取系统显著改变了总油脂、极性油脂、甘油三酸酯、蜡和固醇酯等中的脂肪酸分布。

2006年，江南大学的李高阳等人采用正己烷-乙醇-水三元双液相体系进行了同时提取亚麻籽油和脱除生氰糖苷的研究。通过单因素试验和响应面分析优化确定的最佳提取条件为：料醇比为1∶3.4（W/V），料烷比为1∶5.4（W/V），提取时间为78.5min，NaOH浓度为0.12g/100mL，提取温度为55℃，乙醇浓度为85%。结果表明，正己烷-乙醇-水三元双液相体系对亚麻籽具有很好的提油和脱氰苷作用，在优化条件下亚麻籽油提取率达45.1%，生氰糖苷去除率为96.8%。

2012年，龙云飞等为提高亚麻籽油的提取率，以正己烷为提取溶剂，采用响应面法优化了亚麻籽油的提取工艺条件。试验选取提取温度、提取时间、液固比、搅拌速率作为影响因素，亚麻籽油提取率为指标，在单因素试验的基础上，通过4因素3水平Box-Behnken试验，建立亚麻籽油提取率的二次多项式回归方程，经响应面回归分析得到优化组合条件。结果表明，最佳提取工艺条件为提取温度56℃、提取时间2.2h、液固比8∶1（mL/g）、搅拌速度310r/min。在此条件下亚麻籽油提取率为98.12%，与理论值98.28%接近。

第三节　亚麻籽超临界法制油

一、超临界流体的定义

纯净物质要根据温度和压力的不同，呈现出液体、气体、固体等状态变化，如果提高温度和压力，来观察状态的变化，那么会发现，如果达到特定的温度、压力，会出现液体与气体界面消失的现象，该点被称为临界点（图2-7），在临界点附近，会出现流体的密度、黏度、溶解度、热容量、介电常数等所有流体的物性发生急剧变化的现象。温度及压力均处于临界点以上的液体叫超临界流体（supercritical fluid，SCF）。例如，当水的温度和压力升高到临界点（T_c=374.3℃，p_c=22.05MPa）以上时，就处于一种既不同于气态、也不同于液态和固态的新的流体态——超临界态，该状态的水即称之为超临界水。

二、超临界萃取的原理

超临界萃取（supercritical fluid extraction，SFE）的原理是利用压力和温

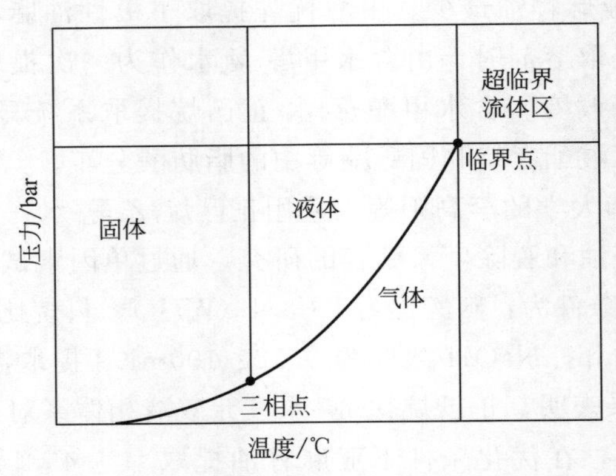

图 2-7　纯物质的温度-压力相图

1bar＝10^5Pa

度对 SCF 溶解能力的影响而进行的。将超临界流体与待分离的物质接触，有选择性地把极性大小、沸点高低和分子量大小不同的待分离成分依次萃取出来。可以控制条件得到最佳比例的混合成分，然后借助减压、升温的方法使超临界流体解压成普通气体，被萃取物质则完全或基本析出，从而达到分离提纯的目的。

超临界萃取（SFE）过程，大多数是在半连续装置上进行的，被萃取物装入萃取器中，SCF 压流经萃取器，将待萃取化合物溶解，经过分离器得以富集，为了使流体均匀通过，被萃取物往往事先经预处理，使其具有一定的粒度和湿度。超临界萃取的动力学过程由以下几点构成：①SCF 在颗粒外形成一滞留层（超临界流体膜）；②SCF 在颗粒内渗透扩散；③SCF 分子与溶质分子作用，使溶质分子溶解或脱吸附；④被溶解的溶质通过固体孔道，扩散到颗粒外表面；⑤溶质通过 SCF 膜扩散到超临界流体。

在一定条件下，溶质在流体中有一定的溶解度，当流体的浓度达到溶解度时，传质就达到动态平衡，因为流体的扩散系数较大，并且密度高，上述①和②很快达到平衡，不是萃取的速率控制步骤；当③为速率控制步骤时，称之为溶解控制或平衡控制；当④为速率控制步骤时，称之为内扩散控制过程；当⑤为速率控制步骤时称之为外扩散控制过程。

超临界萃取可设想为当溶质加于超临界溶剂中时，许多溶剂分子被“冷凝”到溶质分子周围，即围绕着溶质，在溶质和溶剂之间会组成一个集束（cluster），或意味着扩展了许多松散的配位。在溶质周围溶剂的分子密度比主体中的要大，或者说溶质周围的局部组成与主体中存在着分子密度梯度，因而产生了分子扩散势能，使得溶质分子脱离基体进入超临界流体。

三、超临界 CO_2 流体的特点

超临界流体通常分非极性和极性两大类。非极性流体包括最常用的 CO_2、一些低分子烃类溶剂，如乙烷、乙烯、丙烷、丙烯等，以及苯、甲苯、对二甲苯等芳烃化合物。迄今为止，约 90%以上的超临界流体萃取应用研究均使用二氧化碳为萃取剂。这主要是由它的如下几个优异特性决定的。

① 临界密度大，CO_2 的 ρ_c 高达 468kg/m^3，是所列流体中最高的，而且在临界区域 CO_2 流体密度可以在很宽的范围内变化（150～900kg/cm^3），也就是说，适当控制流体压力和温度可以使溶剂密度变化达到 3 倍以上，因而超临界 CO_2 具有很强的溶解能力；另一方面，在临界点附近压力或温度微小的变化，可显著改变 CO_2 密度，影响其溶解能力。可以通过改变操作参数调节溶解性能，以提高产品纯度，增加产率。

② 临界温度低，CO_2 的 T_c 仅为 31.1℃，可在接近室温下完成整个分离操作，特别适用于热敏性和化学性不稳定天然产物的分离。

③ 临界压力不高，CO_2 的 p_c 为 7.37MPa，与 H_2O 或 NH_3 比较不为高，就目前工业水平其超临界状态一般易于达到。

④ 无毒安全。由于 CO_2 无毒、无味、不污染环境；具有化学惰性，不燃、不腐蚀、不易参与化学反应；价格便宜、易于精制、易于回收等优点，被广泛应用于对药物、食品等天然产品的提取和纯化研究方面。

⑤ 超临界 CO_2 还具有防止氧化、抑制细菌等作用，有利于保证和提高天然物产品的质量。

⑥ 来源广，价格低廉，与有机溶剂相比有较低的运行费用。

另外，极性超临界流体包括甲醇、乙醇、异丙醇、丁醇、氨、水等。其中水是自然界中应用最广、最安全的溶剂。但超临界水的较高的临界压力和临界温度对设备材质的耐压、耐温及耐腐蚀性等的要求会更苛刻。由于甲醇、乙醇等极性有机溶剂临界温度较高，限制了它们单独作为超临界流体萃取热敏性天然产物的实际应用。因此，它们通常也可作为夹带剂加入到超临界流体萃取的主溶剂中，以改变超临界流体的极性，提高其对溶质的溶解度和选择性。

四、超临界流体萃取的基本流程

超临界流体萃取流程基本上由萃取阶段和分离阶段构成。萃取系统中的主要设备为萃取器、分离器和压缩机。其他设备包括贮罐、辅助泵、换热器、阀门、流量计以及温度、压力调控系统等。装在萃取器中的物料与通入的 SCF 密切接触，使被分离的物质溶解，溶有溶质的 SCF 经节流阀改变压力，或经换热器改变温度，使萃取物在分离器中从溶剂内析出，得到萃取

产品。分离后的溶剂流体再经压缩机等处理，循环使用。SFE根据采用的分离方法的不同，可以分为3种典型流程：变压分离、变温分离和吸附分离（图2-8）。

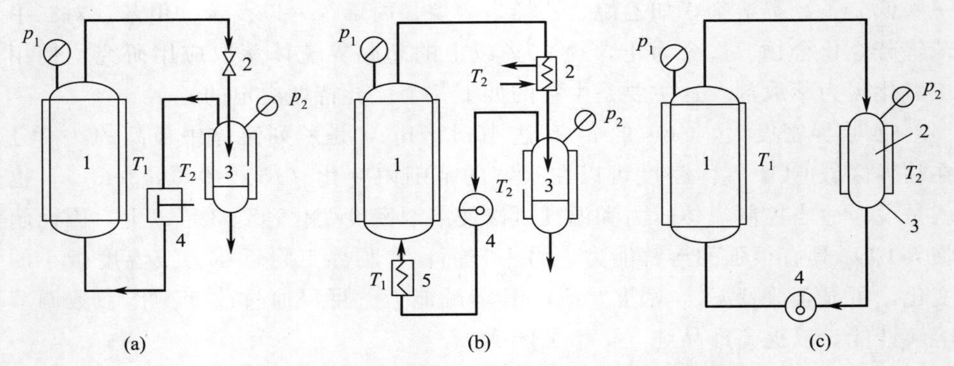

图2-8　超临界气体萃取的三种流程

(a) 等温法：$T_1=T_2$，$p_1>p_2$；1—萃取器；2—膨胀阀；3—分离槽；4—压缩机

(b) 等压法：$T_1<T_2$，$p_1=p_2$；1—萃取器；2—加热器；3—分离槽；4—泵；5—冷却器

(c) 吸附法：$T_1=T_2$，$p_1=p_2$；1—萃取器；2—吸收剂（吸附剂）；3—分离槽；4—泵

(1) 变压分离萃取流程　这种流程是应用最方便的一种流程。从萃取器引出的溶有溶质的SCF经节流阀降压，溶质溶解度显著下降，并在分离器中分离，从下部取出，溶剂由压缩机压缩，送回萃取器循环使用。

(2) 变温分离萃取流程　从萃取器引出的溶有溶质的SCF不是经节流阀而是经过一个换热器改变温度，使溶解度下降。析出的溶质在分离器中分出，溶剂再循环使用。

(3) 吸附分离萃取流程　在分离器中放置只吸附萃取物的吸附剂，脱掉溶质的溶剂返回萃取槽循环使用。这种流程适用于除去物料中的可溶性杂质，萃取器中的萃余物往往为所需的产品。

五、超临界CO_2萃取亚麻籽油的工艺

具体流程如图2-9所示。

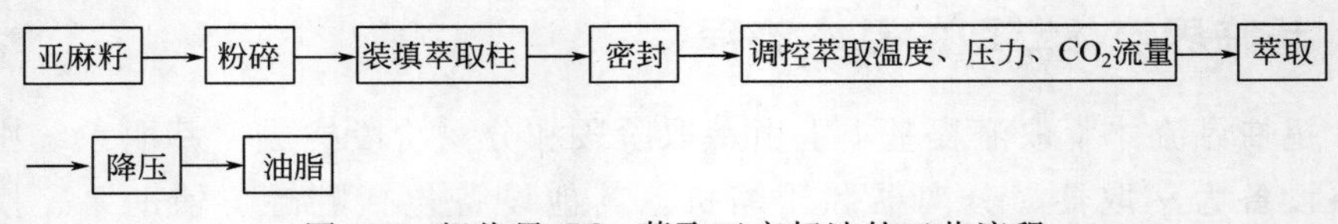

图2-9　超临界CO_2萃取亚麻籽油的工艺流程

在CO_2超临界萃取亚麻籽油的工艺中，常用到半连续超临界萃取装置，该装置结构如图2-10所示。

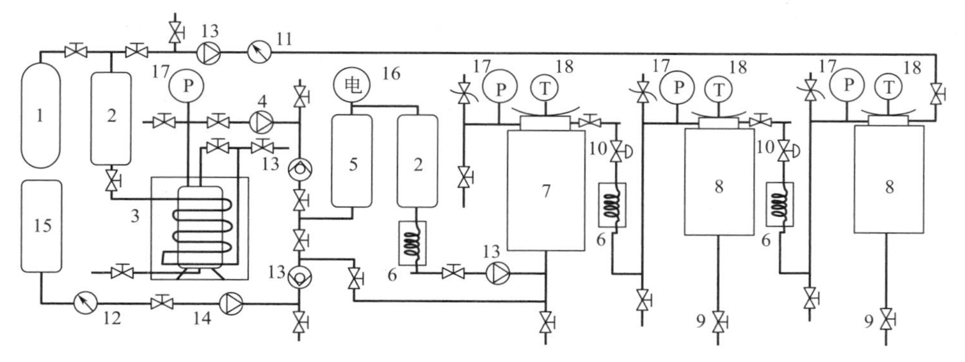

图 2-10　半连续超临界萃取装置

1—CO_2 气瓶；2—净化器；3—冷箱；4—高压泵 1；5—混合器；6—热交换器；7—萃取罐；8—分离罐；9—阀门；10—微调阀门；11—数字流量计；12—转子流量计；13—截止阀；14—高压泵；15—携带剂罐；16—电触点压力表；17—压力表；18—温控仪

六、国内外相关研究

2002 年，B. Bozan 等人研究了超临界二氧化碳萃取过程中萃取温度和压力对亚麻籽油溶解力和亚麻籽油得率的影响。研究发现，在萃取温度 70℃且萃取压力 55MPa 下，超临界二氧化碳流体对亚麻籽油具有最高的溶解力 11.3mg/g。在此条件下提取 3h，亚麻籽油得率为 25%，占亚麻籽含油量的 66%。将超临界法得到的亚麻籽油与有机溶剂浸出法得到的亚麻籽油进行对比发现，超临界法得到的亚麻籽油具有更高的亚麻酸含量。

2008 年，S. S. Jiao 等人利用二次回归正交旋转组合试验对超临界二氧化碳萃取法提取亚麻籽油所涉及的萃取温度、萃取压力，以及二氧化碳流速进行了优化研究。研究表明，在提取压力为 38.6～42.3MPa，提取温度 52.3～57.0℃，二氧化碳流速 27.8～31.2L/h 范围内，亚麻籽油得率有 95%的概率高于 29%。亚麻籽油最佳提取条件为：提取压力 41MPa，提取温度 56℃，二氧化碳流速 31L/h，这一条件下亚麻籽油得率为 29.96%。

2009 年，S. G. Özkal 考察了颗粒大小、萃取压力、萃取温度，以及二氧化碳流速对亚麻籽油提取得率的影响，并利用响应面法对萃取过程进行了分析和模拟。研究发现，亚麻籽油得率随萃取压力、温度以及二氧化碳流速的增加而增加。研究还发现，亚麻籽油得率可以用 Box-Behnken 设计得出的二次方程来表示，方程预测在颗粒直径小于 0.85mm，萃取压力 50MPa，萃取温度 70℃，二氧化碳流速 4g/min 下可以获得最高的亚麻籽油得率 26.7%。

2010 年，R. C. Pradhan 等人将超临界二氧化碳萃取技术与压榨法和有机溶剂浸出法进行了对比研究。研究发现，有机溶剂浸出法的亚麻籽油得率最高，超临界法其次，压榨法则为最低。亚麻籽油的品质分析表明，超临界法得到的亚麻籽油具有最高的亚麻酸和亚油酸含量，压榨法得到的亚麻籽油与超临界法得到的亚麻籽油具有相似的成分构成。有机溶剂浸出法得到的亚麻籽油具有最高的酸值和过氧化值，同时包含溶剂残留和蜡质成分，因此品质最差。

此外，国内的学者也利用超临界二氧化碳萃取法对亚麻籽油进行了提取工艺条件和油脂品质研究。如 2012 年，韩丹丹等采用超临界萃取技术优化了内蒙古亚麻籽油的提取工艺。其所获取的最佳萃取工艺条件为：萃取温度 60℃，萃取时间 150min，萃取压力 30MPa。

2013 年，孙益民等运用均匀设计法对亚麻籽油的提取工艺进行了研究，以亚麻籽油质量为试验指标，采用多因素多水平可视分析方法分析试验数据，最终找出最佳工艺范围为：萃取压力 20～30MPa、萃取温度 30～46℃、萃取时间77～90min、分离压力 4.0～4.7MPa 和 5.7～5.9MPa。根据优化工艺范围，选中范围中间值再做试验，萃取压力为 25MPa、萃取温度 40℃、萃取时间 83min、分离压力 4.3MPa 下重新试验得到 22.87%的得率，对应于质量为 34.3g，新的试验证明其效果超过优化前的情况，表明了可视化分析的实用性。

2013 年，张俊霞等研究了超临界 CO_2 萃取亚麻籽油过程中压力对亚麻籽油得率的影响，并使用 GC-MS 检测超临界 CO_2 萃取亚麻籽油和传统压榨法提取亚麻籽油的脂质组成和各组分的含量。结果发现，在 35MPa 下萃取 120min 亚麻籽油的得率最高，为 35.65%，可以达到实际应用的需求；超临界 CO_2 萃取亚麻籽油与压榨油在脂肪酸构成上基本相同，前者 α-亚麻酸含量略高。

超临界二氧化碳萃取法具有提取温度低、提取效率较高、生产出的油脂品质好、无污染等特点。但是，由于需要在较高的压力下进行，对设备的要求较高。因此，在现阶段还不能实现大规模生产。

第四节　亚麻籽超声波辅助制油

一、超声波辅助提取原理

超声波是一种振动频率高于 20kHz 的声波，它的方向性好、穿透能力强，易于获得较集中的声能，在水中传播距离远，可用于测距、测速、清洗、碎石、杀菌消毒、提取以及乳化等方面。

超声波辅助提取技术（ultrasound-assisted extraction，UAE）能够通过“空化”效应、搅拌效应、热效应等作用加速溶质和溶剂间的传热和传质过程。“空化”效应产生机理详见第六章“植物有效成分常用提取方法”部分。

二、超声波辅助提取特点

（1）提取效率高　超声波独具的物理特性能促使植物细胞组织破壁或变形，使中药有效成分提取更充分，提取率比传统工艺显著提高达50%～500%。

（2）提取时间短　超声波辅助提取通常在24～40min即可获得最佳提取率，提取时间较传统方法缩短2/3以上，药材原材料处理量大。

（3）提取温度低　对热不稳定、易水解或氧化的有效成分具有保护作用。超声提取最佳温度在40～60℃，温度低于65℃的情况下，植物中的有效成分基本不会受到破坏。

（4）溶剂用量小　超声波可以有效地破坏植物细胞结构，因此，相同处理量下，溶剂的使用量可以大大减少。

（5）减少能耗　超声提取无需加热或加热温度低，萃取时间短，因此大大降低了能耗。

（6）适应性广　超声波提取中原料不受成分极性、分子量大小的限制，适用于绝大多数种类植物性原料和各类成分的提取。

（7）常压萃取，安全性好，操作简单易行，设备维护、保养方便。

（8）萃取工艺成本低，综合经济效益显著。

三、国内外相关研究

2007年，Zhen-shan Zhang考察了超声波功率、提取温度、提取时间和液固比对亚麻籽油提取得率的影响，研究了超声波的引入对亚麻籽油的脂肪酸构成以及亚麻籽粉表观结构的影响，并得到如下主要结论：一是在超声波辅助提取过程中，亚麻籽油的提取得率随超声波功率、提取时间和液固比的增加而增加，随提取温度的升高而降低。二是在传统的浸出提取工艺中引入超声波技术，可以显著地缩短提取时间、减少有机溶剂的用量，并可以大大降低提取所需要的温度。超声波辅助提取技术可以在提取温度低于50℃的情况下进行。三是利用超声波辅助提取技术从粉碎后的亚麻籽中提取亚麻籽油比较理想的提取条件是超声波功率50W、提取温度30℃、提取时间30min、液固比6∶1。四是利用扫描电镜对脱脂前后亚麻籽粉的表观结构进行观察和分析发现，未脱脂的亚麻籽粉表面存在着大量由油脂构成的褶皱结构，褶皱结构随提取时间的延长不断减少。在提取过程中引入超声波技术可以有效地破坏物料的细胞结构，从而利于油脂的溢出，缩短提取所用的时间。五是利用气相色谱技术对超声波辅助提取法和浸出法得到的亚麻籽油进行脂肪酸成分分析，研究发现，超声波辅助提取法得到的亚麻籽油在亚麻酸、单不饱和脂肪酸、多不饱和脂肪酸等成分上均略高于浸出法得到的亚麻籽油，因此超声波的引入有利于改善亚麻籽油的品质。

2009年，许辉等人在单因素试验的基础上，通过二次正交旋转组合试验确定了超声波辅助提取亚麻籽油的较佳工艺条件。结果表明，在试验范围内各因素对亚麻籽油得率影响大小依次为提取时间>料液比>提取温度>超声波功率，以石油醚为溶剂提取亚麻籽油的较佳工艺参数为料液比10mL/g、提取温度60℃、提取时间35min、超声波功率60W，在该条件下提取三次亚麻籽油得率为45.75%，提取率达93.27%。

2010年，Khamis Ali Omar在超声辅助提取的条件下，采用$L_9(3)^4$正交设计对亚麻籽油得率、β-生育酚和γ-生育酚的得率以及总氧化值进行了优化，并将优化得到的结果同索氏提取得到的结果进行了比较。结果显示，在30℃、底物溶剂比为1∶10的条件下，采用超声辅助提取30min，亚麻籽油的得率为80.05%，而在60℃、底物溶剂比为1∶20的条件下，索氏提取8h，亚麻籽油的得率为100%。在20℃、底物溶剂比为1∶10的条件下，采用超声辅助提取30min，β-生育酚和γ-生育酚的得率为40.39mg/100g油，而通过索氏提取的得率为56.37mg/100g油。同索氏提取相比，超声辅助提取得到的油的总氧化值要低一些。两种提取方法得到的油在脂肪酸组成方面没有显著差异（$p<0.025$）。以上结果说明，同索氏提取相比，超声辅助提取能够提高效率，节约能源，而且对环境无害。

第五节　亚麻籽水酶法制油

一、水酶法的定义

水酶法是利用酶制剂（纤维素酶、半纤维素酶、果胶酶、蛋白酶、淀粉酶等）降解植物细胞壁的纤维素骨架，使包裹于细胞壁内的油脂游离出来，同时破坏与其他的碳水化合物、蛋白质等分子结合在一起的油脂复合体，使结合油脂充分释放。

水酶法提油工艺是一种新兴的提油方法，与传统工艺相比，水酶法提油工艺具有很多优点，它不仅能保证有较高的游离油得率，可以得到无有机溶剂残留的可直接食用油；而且由于温和的处理条件，使得所提取的油纯度高、色泽浅、酸值及过氧化物值低；操作时能耗低，污染少，整个工艺安全可行，适合于工业化生产，具有广阔的市场前景。

二、水酶法基本原理

植物油料中的油脂存在于油料细胞内部，并通常与其他大分子（蛋白质和碳水化合物）结合，构成脂多糖、脂蛋白等复合体。只有将油料组织的细胞结构及油脂复合体破坏，才能取出其中的油脂。水酶法是在机械破碎的基础上，采用能够对油料组织以及脂多糖、脂蛋白等复合体有降解作用的酶（如纤维素酶、半纤维素酶、果胶酶、淀粉酶、葡聚糖酶、蛋白酶等）处理油料，酶对细胞壁的破坏以及对脂多糖、脂蛋白的分解作用，可增加油料组织中油的流动性，从而提高出油率。利用非油成分对油和水的亲和力差异及油水密度不同，将油和非油成分分离。

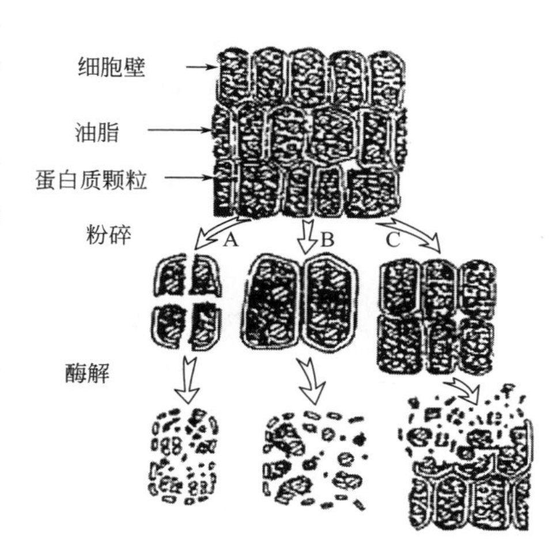

图 2-11　酶对油料细胞结构降解示意图
A—粉碎得非常充分；B—粉碎得较充分；C—粉碎得不充分

从图 2-11 可以看出，酶解前后油料细胞结构发生了显著变化，酶的添加可以使油料细胞更充分地得到降解，进而有利于细胞中油脂的释放。同时，从图中还可以看出，机械破碎的程度对最终的油脂得率也有显著的影响。

三、水酶法的工艺特点

水酶法提油工艺与传统工艺相比其优点主要体现在经济、环境和安全等方面，水酶法提油工艺有以下优点。

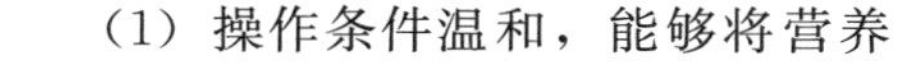

（1）操作条件温和，能够将营养物质尽可能保存。水酶法提油工艺与传统的压榨法相比，整个工艺都在较为温和的条件下进行，即使在酶解之前为破坏油料中的抗营养物质或灭酶对原料进行的热处理，一般采用蒸煮，而不是采用传统制油工艺中的蒸炒。

（2）在提取油的同时，能将非油组分如可溶性蛋白质和碳水化合物同时得到。采用水酶法提油工艺从油料中提油，油料经酶解离心后得到的酶解液营养丰富，含有大量的蛋白质及可溶性多糖，酶解液经超滤浓缩后喷雾干燥得到低脂的蛋白质和碳水化合物粉，可作为饮料和食品的配料。

（3）水酶法提油工艺与传统的浸出法相比，操作比较安全，污染少。水酶法提油工艺采用对细胞壁有降解作用的酶处理油料，破坏细胞壁，使油脂从细胞内释放。浸出法利用有机溶剂正己烷对油脂的溶解性，使油脂从细胞内提取出来，有机溶剂易燃易爆，对生产安全性要求高，而且对环境污染极为严重，采用浸出法生产食用油时释放的正己烷是食品工业废气的主要来源。

（4）水酶法提油工艺与传统的浸出法相比，投资较小。

四、国内外相关研究

2003 年，C. Gros 等人对水酶法提取亚麻籽油进行了研究。研究发现，由于亚麻籽中含有大量的亚麻胶，酶解之前如果不进行脱胶处理，将大大影响油脂提取效率。研究还发现，高压放电对脱胶具有很好的效果，并最终形成了一套有效提取亚麻籽油的方法，即：亚麻籽→粉碎→压饼→高压放电脱胶→离心分离（获得脱胶产物）→酶解→固液分离→油水分离→毛油。

2007年，宁夏大学的吴素萍等人对水酶法提取亚麻籽油的工艺条件进行了研究。他们在单因素实验的基础上，通过正交实验得出了最佳工艺条件，即20g研碎油料，加酶（纤维素酶）0.10g，酶解温度50℃，酶解时间1h，最适pH值为5.4，料液比1∶10，浸提温度90℃，浸提时间9h，并发现水酶法的提油率比水浸法高24.55%。

2007年，江南大学的陈晶等人采用水酶法对亚麻籽油的酶解提取工艺进行了优化研究，得到的最佳工艺条件为：将干法破碎的脱胶亚麻籽，以1∶5（*W*/*V*）的比例与水混合，调节温度为60℃，用NaOH调节pH值到9.0，然后添加1.5%的碱性蛋白酶，反应5h后，调节温度到50℃，用HCl调节pH值到5.0，然后添加1.5%的复合纤维素酶，继续反应5h后，以3000r/min的转速进行离心，最终游离油得率为82.26%。

第六节　亚麻籽的其他制油方法

除了以上几种研究比较多的提取技术之外，关于亚麻籽油的其他提取技术也有报道，如膜分离技术、微波辅助提取技术等。

一、膜分离技术

所谓“膜分离”技术，就是将被分离溶液或者流体混合物，透过某一合适的多孔膜，同时在一定的压力和室温条件下，分离出透过膜的较低分子产物和高压侧的截留浓缩物两部分。这些溶液可以是液态的，也可以是气态的。膜分离技术按使用膜的不同，一般分为电渗析与反渗透两大类。“电渗析”即在直流电场作用下，利用离子交换膜的选择透过性进行电渗析，将电解质从溶液中分离出来；而“反渗透”则是通过反渗透膜将溶液中的溶剂分离出来。前者用的是离子交换膜；后者则用的是半透膜，经压滤渗透而进行分离。两者相比反渗透具有透过率高、分离效果好、能耗低等特点，已成为最主要的分离技术。

虽然20世纪80年代以后，膜分离技术才应用于油脂工艺，但发展十分迅速，已经取得工业化成果的有大豆分离蛋白的制取、脱腥；油菜籽分离蛋白的制取和脱毒；油脂精炼；油厂污水处理等。至于在简化传统浸出制油工艺、节能方面的尝试，如“混合油预分离”、“尾气回收”等，以及应用于油脂副产品深加工方面的努力，正在走向成功。

二、微波辅助提取技术

（1）微波提取的原理　微波辅助提取机理是微波辐射高频电磁波穿透萃取介质，到达物料的内部维管束和腺胞系统。由于吸收微波能，细胞内部温度迅速上升，使其细胞内部压力超过细胞壁膨胀承受能力，细胞破裂。细胞内有效成分自由流出，在较低的温度条件下提取介质捕获并溶解。通过进一步过滤和分离，便获得提取物料。微波能是一种能量形式，它在传输过程中能对许多由极性分子组成的物质产生作用，微波电磁场使物质的分子产生瞬时极化。当用频率为2450MHz的微波能萃取时，溶质或溶剂的分子以24.5亿次/s的速度做极性变换运动，从而产生分子之间的相互摩擦、碰撞，促进分子活性部分（极性部分）更好地接触和反应，同时迅速生成大量的热能，促使细胞破裂，使细胞液溢出来并扩散到溶剂中。用溶剂提取中草药有效成分常用浸渍法、渗漉法、回流提取法及连续回流提取法等，从原理上来讲均可以加入微波进行辅助提取。

（2）微波辅助提取的特点

① 传统热萃取是以热传导、热辐射等方式由外向里进行，而微波辅助提取是里外同时加热。没有高温热源，消除了热梯度，从而使提取质量大大提高，有效地保护食品、药品以及其他化工物料中的功能成分。

② 由于微波可以穿透加热，提取时间大大缩短。据统计，常规的多功能萃取罐8h完成的工作，用同样大小的微波动态提取设备只需几十分钟便可完成。

③ 微波能有超常的提取能力，同样的原料用常规方法需两三次提净，在微波场下可一次提净，大大简化了工艺流程。

④ 微波提取没有热惯性，易控制，所有参数均可数据化，和制药现代化接轨。

⑤ 微波提取物纯度高，可水提、醇提、脂提。适用广泛。

⑥ 提取温度低，不易糊化，分离容易，后处理方便。节省能源。

⑦ 溶剂用量少（可较常规方法少50％～90％）。

⑧ 微波设备是用电设备，不需配备锅炉，无污染、安全，属于绿色工程。

⑨ 生产线组成简单，节省投资；目前已经开发出来的微波提取设备完全适应于我国各类大、中、小型企业的食品和制药工程。

微波辐射技术在食品工业、制药工业和化学工业上的应用研究虽然起步只有短短几年的时间，但已有的研究成果和应用成果已足以显示其优越性，在实验室中已经完成香料、调味品、天然色素、中草药、化妆品、保健食品、饮料制剂等产品微波萃取工艺的研究。目前微波萃取已经用于多项中草药的浸取生产线之中，如葛根、茶叶、银杏和甘草等。微波辅助提取已列为我国二十一世纪食品加工和中药制药现代化推广技术之一。研究机构用微波提取方法处理了上百种天然植物。无论是提取速度、提取效率还是提取得了品质均取得了比常规工艺优秀得多的结果。

(3) 国内外相关研究　2009 年，李栋等人利用微波技术对亚麻籽油的快速提取进行了研究。该方法包括如下步骤：

① 将亚麻籽进行微波处理。

② 对微波处理后的亚麻籽进行提取，得到亚麻油。利用此方法提取得到的亚麻油具备浓香味、棕黄色，亚麻油的提取率远高于传统方法。同时该方法具有方法简单可靠、操作方便、成本低、速度快、浸出率高等特点。与现有工艺相比，不仅提高了亚麻油的浸出效率，还使浸出的亚麻油得以脱毒处理，保证了亚麻油的品质，同时亚麻油得到了一定程度的熟化，简化了亚麻油的后续精炼过程。

第三章 亚麻籽油功能产品的开发

第一节　亚麻籽油胶囊的制备

一、概述

亚麻籽作为油料作物，通常含有30%～48%的油脂，在常温下压榨得到的亚麻籽油为黄色液体，有特异气味，在空气中质地逐渐变浓，颜色逐渐变深。亚麻籽油富含亚麻酸、亚油酸等不饱和脂肪酸，特别是富含人体必需的α-亚麻酸、γ-亚麻酸和维生素E、木酚素等营养成分，其中α-亚麻酸占到亚麻籽油脂肪酸的57%，比鱼油高2倍。此外，还含有多种甾类、三萜类、氰苷类等有机化合物。亚麻籽油受到了全球营养界的普遍重视，对人体保健有相当好的作用。亚麻籽油色泽金黄透明、气味浓香、食用范围广，用温火煎、炸，无烟无沫，炒菜、调味、凉拌以及各种糕点都可选用。亚麻籽油不论生、熟，都可食用，在冬季低温条件下都不凝固。亚麻籽油主要是用于涂料、油墨、油布、橡胶等的工业原料。少部分地区传统上用作食用油，有一定药用价值。

亚麻籽油是一种高级食用保健油，常食有抗衰老、美容、健体的功效，已证实作用有生肌、长肉、止痛、杀虫、消肿、下热毒等。亚麻籽油能降低人体血压、血清胆固醇、血液黏滞度，对癌症、心血管病、内脏病、肾病、皮肤病、关节炎、肺病、免疫系统病等有治疗效果。英国、法国等30多个国家已批准将亚麻籽油作为营养添加剂或功能性食品成分使用。

亚麻籽富含ω-3系多不饱和脂肪酸，其中的α-亚麻酸，也称作顺-9,12,15-十八碳三烯酸，是人体必需的脂肪酸，在人体代谢中具有重要的生理作用，如能降血脂、抗血凝、软化血管、补益大脑，对癌症、冠心病、糖尿病、前列腺癌等有预防和治疗的作用，所以如能长期食用亚麻籽油，就能给予身体充分的防范资源，能提升身体的免疫功能，所以纯亚麻籽油是人们食用中的最佳保健调味品。从医学角度看，亚麻籽油中含有对人体有益的不饱和脂肪酸，而且组成的比例适当，不容易氧化，尤其富含可促进新陈代谢、改善毛细血管循环、带给细胞营养的维生素E，是优异的抗氧化物质，能有效地防止老化。更重要的是，亚麻籽油中含有的油酸成分还被医学证实有抑制胃溃疡、气喘等疾病，防止肤质恶化，提高免疫力的作用，就护肤保养而言，亚麻籽油对于皱纹、黑斑、肌肤干燥等问题都有防范于未然的抑制作用。

二、微胶囊技术

微胶囊技术是一种用成膜材料把固体或液体包裹形成微小粒子的技术。由于形成微胶囊后物质有着许多独特的性能，所以引起了各国研究人员极大的兴趣。这种技术经过几十年的不断发展，已日趋成熟，在制药、食品、农业化学品、香料、饲料添加剂以及日用化学品等工业领域得到广泛应用。近年来，微胶囊技术在高附加值油脂产品制备领域是令人关注的热点之一。油脂被微胶囊化后，可降低油脂的热敏性、防止光敏性脂溶性成分受到破坏，从而提高油脂制品的营养性、风味稳定性及生物利用度。

亚麻籽油含α-亚麻酸约50%，可作为α-亚麻酸补给源。但亚麻籽油存在一些缺点：气味不佳；不饱和脂肪酸含量较高，易引起氧化酸败；作为食品中添加的油脂，不易混匀。采用微胶囊化技术将亚麻籽油加工成粉末油脂能克服上述缺点，使亚麻籽油成为一种取用方便、性质稳定、流动性好且营养价值高的保健品及优质原料。

将包在微胶囊内部的物质称为囊心（也有的称之为芯材、包容物、内核、封闭物）。囊心可以是固体，也可能是液体或气体。微胶囊外部由成膜材料形成的包覆膜称为壁材（也称为外膜、壳体、囊壁、包膜）。壁材通常是由天然的或合成的高分子材料形成，也可能是无机化合物。根据囊心的性质、用途不同，可采用一种或多种壁材进行包覆。

微胶囊技术的优势在于形成微胶囊时，囊心被包裹而与外界环境隔离，它的性质能毫无影响地被保留下来，而在适当条件下，壁材被破坏时又能将囊心释放出来。这给使用带来了许多便利。如液体形成微胶囊后，可变成固体粉末，这给它的使用、运输、贮存都带来了很大方便。液体黏合剂制成的微胶囊，摸起来是不黏手的干燥粉末，但微胶囊的内部仍是液态黏合剂，其使用性能并未改变。又如把密度比水小、不易稳定分散在水中的农药制成微胶囊后，密度加大，可悬浮在水中，使用起来极为方便。

如果选用的壁材具有半透性，则液体囊心或水溶性囊心可以通过溶解、渗透、扩散过程，透过膜壁而释放出来，而释放速度又可以通过改变壁材的化学组成、厚度、硬度、孔径大小等加以控制。这种具有控制释放速率功能的微胶囊在香水、医药、农药的应用方面特别有用。微胶囊技术已经受到各行各业的重视。

微胶囊粒子的形状也是多种多样的，多为球形，但也有的是豇豆、谷粒及无定形颗粒等形状。囊心可以由一种或多种物质组成，有单核、多核也有微胶囊簇和复合微胶囊。壁材有单层和多层。但通常液体囊心形成的微胶囊多为球形的。如图 3-1 所示是几种微胶囊状态的示意图。

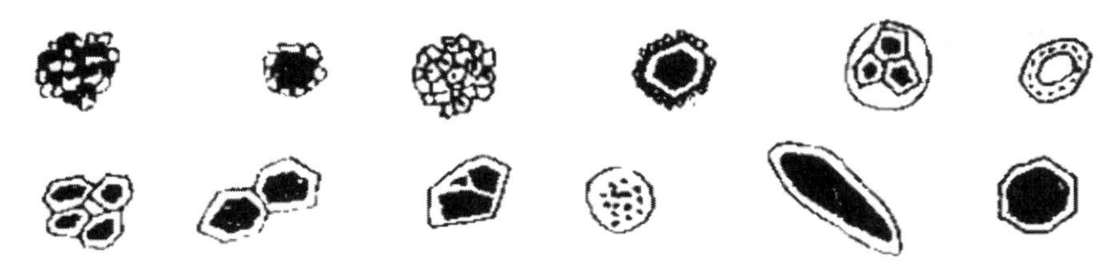

图 3-1　微胶囊状态

微胶囊化的方法有很多种，根据其原理主要可分为物理法、化学法和物理化学法。物理法主要包括喷雾干燥法、喷雾冷却法、喷雾冷凝法、空气悬浮法、挤压法、包合法、超临界流体法、多孔离心法、静电结合法、真空蒸发沉积法等，其中喷雾干燥法在工业化生产中应用最多。化学反应法制备微胶囊的工艺，主要是利用单体发生聚合反应，形成高分子壁材将芯材包裹。根据原料和聚合方式的不同，可以把化学法分为界面聚合法、界面配位法、原位聚合法和锐孔-凝固浴法。应用物理化学制备原理制备微胶囊的技术特点是通过改变条件使溶解状态的成膜材料从溶液中凝聚出来并将芯材包覆形成微胶囊。最有代表性的是相分离技术，其他还包括干燥浴法（复相乳液法）、熔化分散冷凝法、粉末床法等。

三、油脂的微胶囊技术

1. 应用化学原理制备

建立在化学反应基础之上的微胶囊技术，主要是利用单体小分子发生聚合反应生成大分子成膜材料并将囊心包覆，许多合成高分子的聚合反应都可利用到微胶囊制备上，通常使用的主要方法是界面聚合、原位聚合以及其他一些高分子化合物的反应。

（1）界面聚合法　制备微胶囊的界面聚合法是建立在合成高聚物的界面缩聚反应基础上的。界面缩聚反应的特点是：两种含有双（多）官能团的单体，分别溶解在不相混溶的两种液体中，缩聚反应在界面上接触，几分钟后即形成缩聚产物的薄膜或皮层。在向上抽拉这种薄膜或纤维时，可以得到连续的薄膜或长丝，而缩聚反应在界面上进行下去，直到单体完全耗尽为止。界面缩聚反

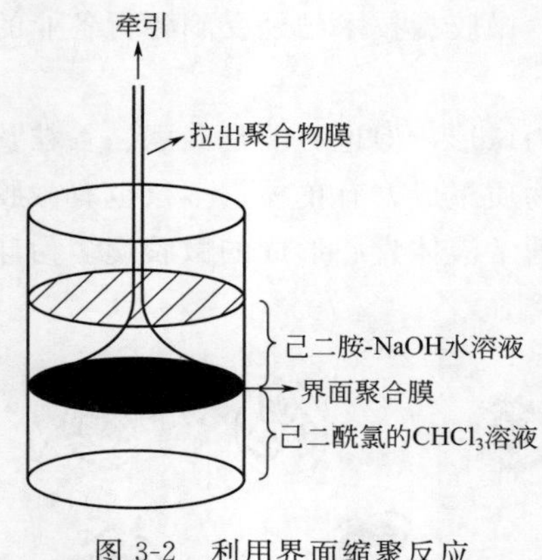

图 3-2 利用界面缩聚反应制备高聚物的过程

应制备高聚物的过程如图 3-2 所示。

① 界面多聚反应制备高分子化合物的优点

a. 反应速度快。缩聚反应甚至可以在几分钟内完成。b. 反应条件温和。在室温下即可进行反应，并且能得到相对分子质量很高的产物。有的缩聚反应产物的数均相对分子质量可达 50 万。c. 对反应单体纯度要求不高。单体中含有杂质也可得到相对分子质量很高的产物。d. 对两种反应单体的原料配比要求不严。e. 反应不可逆。所以界面缩聚反应无需像其他方法的缩聚反应那样用抽真空或其他方法去除反应产生的小分子副产物，以利缩聚反应正向进行。

② 界面聚合制备微胶囊的一般过程　界面聚合法被开发应用于制备各种微胶囊。利用这种方法既可制备含水溶性囊心，也可制备含油溶性囊心的微胶囊。在乳化分散过程中，要根据芯材的溶解性能选择水相与有机相的相对比例。数量较少的一种一般作为分散相，数量较多的作连续相。为使所得分散体系保持均匀稳定，在水-有机相体系中加入乳化剂并加以机械搅拌。当有机溶剂作为分散相时，常在水中加入高黏度、部分水解的聚乙烯醇作乳化剂（有时也可加明胶、甲基纤维素）。当水作为分散相时，常加非离子表面活性剂，如司盘 85（失水山梨醇三油酸酯）、卵磷脂或具有良好油溶性的脂肪酸盐类阴离子表面活性剂作为分散乳化剂。由于最终得到的微胶囊大小决定于乳化分散滴大小，因此要想得到微小颗粒的微胶囊，必须在反应之前加入适当乳化分散剂并进行充分的机械搅拌。

一般在反应前，把两种发生聚合反应的单体分别溶于水和有机溶剂中，并把囊心溶于分散相溶剂中。然后，把两种不相混溶的液体混入乳化剂以形成水包油或油包水乳液。两种聚合反应单体分别从两相内部向乳化液滴的界面移动，并迅速在相界面上反应生成聚合物将囊心包覆形成微胶囊。

由于水相溶解的聚合单体实际上在有机溶剂中也有一定溶解度，所以它倾向于通过相界面进入有机相一侧，因此聚合反应通常发生在相界面的有机相一侧。图 3-3 表示了界面聚合反应制备微胶囊的示意图。

③ 界面聚合反应制备微胶囊的生产流程　利用界面聚合反应制备微胶囊的生产工艺流程，既可以是间歇式操作，也可以是连续式操作。

a. 间歇式操作　这种操作方法是首先把囊心及溶于分散相的单体 A 溶于

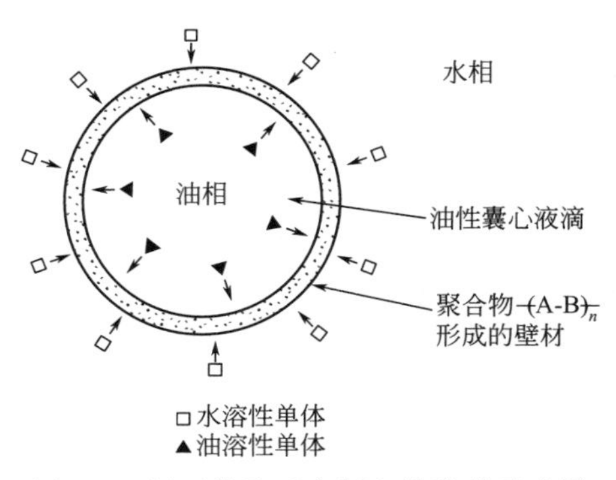

图 3-3　界面缩聚反应制备微胶囊示意图

分散相溶剂中，然后把分散相溶剂与连续相溶剂混合，在乳化剂和机械搅拌作用下形成乳状分散体系。在这种条件下容易控制得到所需大小的分散液滴。然后在乳化体系中加入溶于连续相溶剂的另一种单体 B。此时降低搅拌速度有利于微胶囊的形成。最后把得到的微胶囊过滤、洗涤、干燥。在乳化液形成后加入第二种聚合反应单体比两种溶剂直接混合的方法更有利于控制反应速度和保证得到的微胶囊粒子符合要求。如图 3-4 所示为间歇式操作流程。

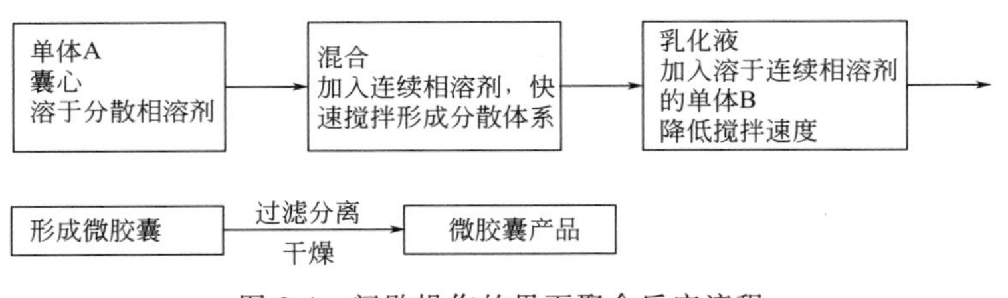

图 3-4　间歇操作的界面聚合反应流程

b. 连续操作过程　与间歇操作过程不同的是，反应体系是处于连续运动中的，把含有分散相与单体 A 的分散体系连续地加到连续相溶剂中，并与不断加入的连续相中的单体 B 反应。如图 3-5 所示为连续化操作过程。

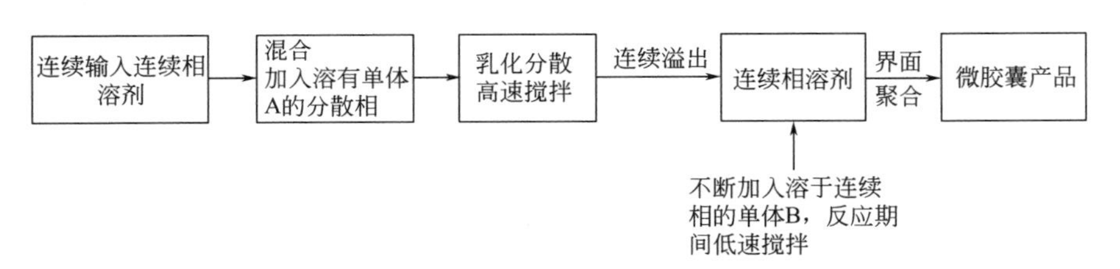

图 3-5　连续化操作过程

(2) 原位聚合法　原位聚合法中的单体和催化剂全部位于囊心的内部或外部，而且要求单体是可溶的，而生成的聚合物是不可溶的，聚合物沉积在囊心表面并包覆形成微胶囊。发生原位聚合所使用的原料包括气态、液态（水溶性或油溶性）的单体或单体混合物，有时用低分子量聚合物或预聚体作反应原料。

许多高分子合成反应，如均聚、共聚和缩聚反应都可用于原位聚合法制备微胶囊。

① 均聚反应　指由一种单体加成聚合形成高分子均聚物的反应。所用单体包括气态的，如乙烯；液态油溶性的，如苯乙烯、丁二烯、甲基丙烯酸甲酯；液态水溶性的，如丙烯腈、醋酸乙烯酯等。当均聚反应产物的相对分子质量超过一定值时，就不能溶解在原来的溶剂中。

② 共聚反应　指由两种以上单体加成聚合形成高分子共聚物的反应。共聚产物，特别是有规共聚，可发挥两种单体的不同特点，使共聚物较均聚物有更多的优点，更能适合生产实际的需要。共聚反应如乙烯-丙烯酸二元共聚、聚乙烯-顺丁烯二酸二元共聚及苯乙烯-丙烯酸-甲基丙烯酸甲酯三元共聚等。

为了加成聚合反应顺利进行，往往需要一定条件，如紫外线、α 射线照射，加热以及添加游离基聚合引发剂和催化剂（如过氧化苯甲酰、偶氮二异丁腈、过硫酸钾等）等。

③ 缩聚反应　与界面聚合中的缩聚反应不同，是由一种多官能团的单体或低聚合度的预聚体，自身缩合形成的高分子缩聚物。

① 单体在分散相囊心中　此时单体与囊心在同一相中，因此囊心必须是液态，而且能溶解单体和催化剂，聚合反应开始后，单体逐渐聚合，随着聚合物分子量逐渐加大，它在囊心中的溶解度逐渐降低，以致最后不能溶于囊心而从其溶液中分离并沉积在相界面形成包覆膜。随着聚合反应继续进行，包覆膜逐渐加厚，直至单体耗尽，形成微胶囊。这种情况如图 3-6(a) 所示。

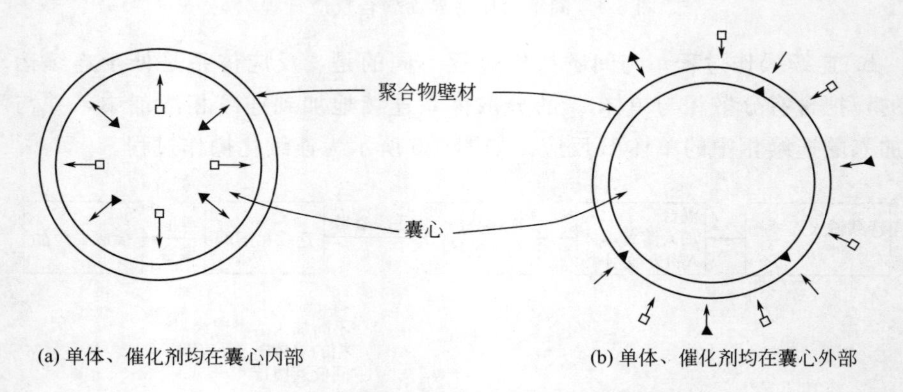

图 3-6　原位聚合反应中单体催化剂的位置

□代表单体；▲代表催化剂

② 单体在连续相介质中　作为分散相的囊心可能是液体也可能是固体粉

末，而此时溶解或分散在连续相中的单体是在囊心的外部。当单体在催化剂的作用下开始聚合或缩聚时逐步形成不溶性的高聚物，包覆在囊心表面形成微胶囊，如图 3-6(b) 所示。

这种情况下，往往要采取一些措施才能保证形成的高聚物能聚集和包围在囊心周围。如果设法把催化剂包覆在囊心表面以使聚合反应在囊心表面发生，或在溶有单体的溶剂介质中，加入单体的非溶剂，使单体在溶剂中的溶解度降低而聚集在囊心表面，促使聚合反应在囊心表面发生。

(3) 锐孔-凝固浴法　把褐藻酸钠水溶液用滴管或注射器一滴滴加入到氧化钙溶液中时，液滴表面就会凝固形成一个个胶囊，这就是一种最简单的锐孔-凝固浴法操作。滴管或注射器是一种锐孔装置，而氯化钙溶液是一种凝固浴。凡是利用锐孔装置和凝固浴制备微胶囊的方法都可归为锐孔-凝固浴法。与界面聚合法和原位聚合法所依据的化学反应不同，锐孔-凝固浴法不是以单体为原料通过聚合反应生成膜材料的，一般是以可溶性高聚物作原料包覆囊心，而在凝固浴中固化形成微胶囊的，固化过程可能是化学反应，也可能是物理变化。

采用锐孔-凝固浴法可把成膜材料包覆囊心的过程与壁材的固化过程分开进行，有利于控制微胶囊的大小、壁膜的厚度。因此，许多微胶囊是采用这种方法制备的。

在锐孔-凝固浴法中经常使用的壁材有褐藻酸钠、聚乙烯醇、明胶、酪蛋白、琼脂、蜡和硬化油脂。在油脂的微胶囊制备过程中使用最多的是明胶、酪蛋白以及琼脂等的胶类物质。明胶和酪蛋白都是可溶性动物蛋白质。明胶由动物皮、骨等熬制而成，酪蛋白可从牛奶中提炼。它们都是很好的成膜材料。明胶是微胶囊技术中经常使用的一种亲水高分子胶体。把热的明胶水溶液滴加到石油醚的冷溶液中就会凝固，而明胶溶液加热至 80℃也会发生凝聚，后一种使明胶凝固的方法称为热凝聚。明胶膜往往硬度不够，要再用甲醛或其他醛类对它进行固化处理。琼脂是从红藻中提炼的植物胶，它是聚半乳糖苷结构的多糖，含有约 90%的 β-D-吡喃半乳糖和 10%的 α-L-吡喃半乳糖，从不同制法得到的琼脂，有中性和酸性两种，都可以用于制备微胶囊。其中酸性琼脂含硫量低、透明性好、结胶强度高。琼脂在水中加热到 90℃以上可以形成溶胶，冷却到 40℃就形成凝胶。琼脂的溶胶、凝胶间相互变化是可逆的，把凝胶加热到 80℃以上又可形成溶胶。把琼脂液滴加到乙酸乙酯等冷的有机溶液中就会发生凝固，此时凝固浴中发生的并不是化学变化，而是乙酸乙酯的非溶剂作用。

由于在凝固浴中发生的固化反应一般进行得很快，因此必须使含有囊心的聚合物壁膜在加到凝固浴之前预先形成，这就需要锐孔装置。锐孔装置的作用是利用压力喷嘴的喷射或重力作用，把在细孔附近形成的聚合膜包覆小液滴送入凝固浴中。最早使用的锐孔装置有三种基本类型，如图 3-7 所示。

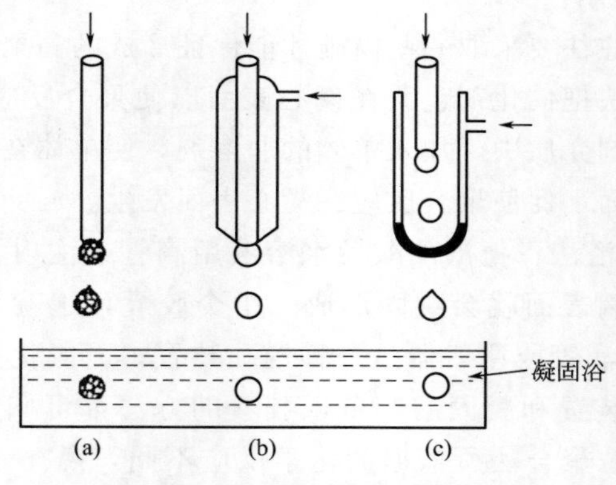

图 3-7　三种基本类型的锐孔

第一种结构如图 3-7(a) 所示，为单锐孔型，由一根可装液体的管子和细口喷嘴组成。囊心在成膜材料液中充分液化分散，在挤压或重力作用下，由喷嘴逐滴下落，形成的球形液滴进入凝固浴后很快固化。这种装置适合于包覆固体粉末或在聚合物溶液中较易稳定分散的液体囊心。这种装置也可以是一个连有毛细管针头的注射器，由于针孔很小可生成微小的液滴，靠气动压缩系统挤压形成，因此这种方法又称挤压-凝固浴法。

第二种结构如图 3-7(b) 所示，为双层锐孔型，由一根同轴的内外管组成。囊心液体由内管流下，壁材溶液从外管流下，并在管的下端，中央的囊心被壁材溶液包裹，一起从喷嘴中落下，通过改变内外管的孔径大小，可以控制囊心液滴的大小以及囊心和壁材在微胶囊中的比例。

第三种结构如图 3-7(c) 所示，是同轴双锐孔装置的改进型，与图 3-7(b) 不同之处在于内管末端在外管的内部，并不与外管直接接触，而在下落一段距离之后，囊心液滴才撞击到外管末端的壁材液膜上并被包裹。

2. 应用物理化学原理制备微胶囊技术

这里主要介绍水相分离法（包括复合凝聚法和简单凝聚法）、油相分离法、干燥浴法、熔化分散冷凝法、粉末床法等微胶囊制备技术。这些技术的共同特点是改变条件使溶解状态的成膜材料从溶液中聚沉出来，并将囊心包覆形成微胶囊。其中最有代表性的是凝聚相分离技术，即利用改变温度，或在溶液中加入无机盐电解质、成膜材料的非溶剂，或创造条件诱发两种成膜材料间互相结合等方法，使壁材溶液产生相分离，形成两个新相，一个是含壁材浓度很高的聚合物丰富相（又称包裹材料相、凝聚胶体相），另一个是含壁材很少的聚合物缺乏相（又称微型包裹介质相、稀释胶体相）。形成的聚合物丰富相是可以充分流动的，并能够稳定地逐步环绕在囊心微粒周围。这一相分离步骤是制备微胶囊获得成功的关键。

下面用图 3-8 来说明凝聚相分离法制备微胶囊的具体过程。

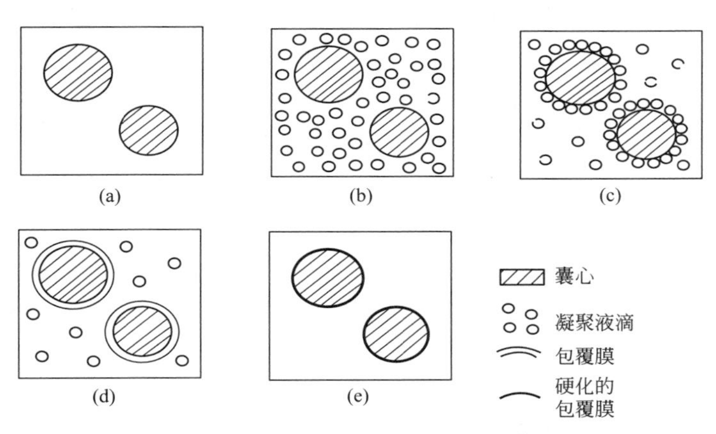

图 3-8 凝聚相分离法制备微胶囊具体过程

首先把囊心分散在含有壁材的胶体溶液中，通过机械搅拌等方法形成一个稳定的、分散相呈细小微粒的分散体系，见图 3-8(a)。其中分散相是囊心的溶液或固体颗粒，连续相是壁材的胶体溶液。然后根据壁材胶体溶液的性质改变各种条件，如在连续相中加入电解质无机盐、壁材的非溶剂或者改变胶体溶液的温度、浓度、pH 值等方法使连续相发生相分离，形成两个新相，见图 3-8(b)。这一步骤是整个制备过程的关键。由于体系存在降低表面自由能的自发倾向，可以自由流动的聚合物丰富相会在囊心分散相表面聚集，见图 3-8(c)，并逐渐把囊心包裹。最后使沉积在囊心周围的壁材形成连续的包膜再经固化而形成微胶囊，见图 3-8(d)、图 3-8(e)。

凝聚相分离法根据分散介质而分为水相分离法和油相分离法。水相分离法又按成膜材料不同而分为复合凝聚法和简单凝聚法。

（1）复合凝聚法　复合凝聚法的特点是使用两种带有相反电荷的水溶性高分子电解质做成膜材料，当两种胶体溶液混合时，由于电荷互相中和而引起成膜材料从溶液中凝聚产生凝聚相。这是一种具有高效率和高产量的实用方法。

利用明胶-阿拉伯树胶复合凝聚法制备胶囊，具有材料无毒、易生物降解以及使用简便等优点。从 1954 年起已被广泛应用于制备压敏复写纸的隐色染料微胶囊，也用于压敏黏合剂、热敏黏合剂、热敏颜料、静电印刷复印调色剂、热敏变色胆甾型液晶、磁性材料以及香料等微胶囊。由于这种微胶囊固化处理后密封性能很好，特别适合于对非极性易挥发油性液体的包覆，以降低其挥发释放率。而未经固化处理的壁膜有一定半透性，也有人用它制备有缓释功能的香料微胶囊，但强度低，温水中会溶解。

用这种方法制备的微胶囊，囊心和壁材用量比例可在较大范围内调节。当壁材用量固定时，逐渐加大囊心量，只要乳化得好，在一定范围内形成的微胶囊平均粒径并未加大，只是形成微胶囊数目增加，而每个微胶囊的壁厚减少。但囊心相对比例过大，将使微胶囊壳壁变薄而不稳定，干燥之后易破裂。

(2) 简单凝聚法　如果从水相分离的凝胶中只含有一种水溶性高分子，则这种水相分离法被称为简单凝聚法。能溶于水的高分子化合物既可能是高分子电解质，也可能是高分子非电解质。无论是高分子电解质或高分子非电解质溶解在水中后，在高分子链周围会结合许多水分子形成水化层，使其稳定地分散在水中。如向高分子溶液中加入一些物质破坏了高分子与水的结合，就会使高分子在水中变得不稳定而浓缩聚沉。能使水溶性高分子发生聚沉的物质包括水溶性高分子非溶剂、易溶于水的无机盐、酸碱以及具有良好亲水性的亲水高分子等。亚麻籽油微胶囊的制备过程中，主要是采用无机盐的简单凝聚法。它是把无机盐溶液加入到聚乙烯醇、羧甲基纤维素、明胶等水溶性高聚物溶液中，就会引发凝聚相分离。无机盐电解质的这种作用叫盐析。用这种方法可以使明胶、聚乙烯醇、高分子电解质、羧甲基纤维素发生凝聚，用于制备微胶囊。以明胶为例对其制备过程进行介绍。

明胶与无机盐的反应是蛋白质的盐析反应。蛋白质溶液中加入无机盐会使蛋白质的溶解度降低并从溶液中析出。这种作用是可逆的，加水后蛋白质又可溶解，而且盐析并不改变蛋白质的性质。如果要得到硬化不再溶解的明胶壁膜，则必须进行固化处理。

例如把10g油性囊心加入到1kg 5%明胶水溶液中，搅拌形成乳化分散体系。保持体系温度为50℃，然后向体系缓缓加入20%浓度的硫酸钠溶液0.4kg，再缓慢降温到10℃，体系将逐渐变得不透明，并在分散的油滴周围形成凝胶。或者把制得的乳化分散体系倒入10kg 7%浓度、温度约19℃的硫酸钠溶液中，也会取得同样效果，得到的微胶囊如果经过甲醇固化处理，则可使壁膜不再溶于水。研究表明，不同粒子的凝聚能力是不同的，阳离子凝聚能力顺序为 $Li^+ > K^+ > Na^+ > NH_4^+ > Mg^{2+}$，阴离子凝聚能力顺序为：柠檬酸根 $\left(\begin{array}{c} CH_2COO^- \\ | \\ HO—C—COO^- \\ | \\ CH_2COO^- \end{array}\right)$ >酒石酸根 $\left(\begin{array}{c} HO—CH—COO^- \\ | \\ HO—CH—COO^- \end{array}\right)$ >硫酸根(SO_4^{2-})>醋酸根(CH_3COO^-)>氯离子(Cl^-)。

(3) 油相分离法　以水为介质的水相分离法适用于以疏水性囊心分散成水包油乳液并用水溶性壁材进行包覆形成微胶囊。而水溶性固体或液体囊心不能用水作介质进行分散，只能用有机溶剂把它们分散成油包水的乳液，再用油溶性壁材进行包覆形成微胶囊。高分子壁材具水溶性的只是少数，因此使用有机溶剂作介质时，许多线性合成高聚物都因具油溶性而可作壁材。为使溶解在有机溶剂中的壁材发生相分离则需加入非溶剂。所谓非溶剂是一种可溶解在溶剂介质相中而具有使壁材不再溶解在溶剂介质中发生凝聚作用的溶剂。比如在提纯聚乙烯时，首先把它溶解在溶剂苯中，此时聚乙烯中不溶于苯的物质可被分离掉，然后缓缓地向苯溶液中加入甲醇，当甲醇加到一定量时，聚乙烯就从溶液中析出与其他可溶的物质分开而得到提纯。甲醇在此过程中起的就是非溶剂的作用。而要利用这种方法制备微胶囊，必须控制好壁材高聚物在有机溶剂中的浓度，当其浓度较低时容易在加入非溶剂时发生相分离，并产生一个含有壁材较多的聚合物凝聚相和一个含壁材较少的聚合物缺乏相。而聚合物凝聚相是可以随意流动的，能够逐渐环绕在囊心周围形成包覆的液相。浓度过高时加入非溶剂会引起壁材从溶液中立即沉淀分层，不能对囊心很好地形成包覆。只有控制好反应条件引发凝聚相分离，在体系中首先形成可以充分流动的聚合物凝聚相，并能使其稳定地环绕在囊心微粒周围，才能很好地形成微胶囊。

（4）干燥浴法（复相乳液法） 在干燥浴法中用作微胶囊化的介质是水或液体石蜡、豆油之类等。把壁材或芯材形成的乳化体系以微滴状态分散到介质中，然后通过加热、减压搅拌、溶剂萃取、冷却或冻结等方式使壁材溶液中的溶剂逐渐去除，壁材从溶液中析出并将囊心包覆形成囊壁。根据使用的微胶囊化的介质不同，把干燥浴法分为水浴干燥浴法和油浴干燥浴法。

① 水浴干燥法 具体的做法是：首先选择一种与水不相混溶的溶剂，一般要求它是沸点比水低的易挥发有机溶剂，把成膜聚合物溶解在这种溶剂中，然后把囊心水溶液分散到上述溶液中，通过搅拌、加入表面活性剂等手段形成油包水型（W/O）乳液。另外，单独制备一种含有保护胶体稳定剂的水溶液作微胶囊化的介质溶液。在搅拌作用下将油包水乳液加到介质溶液中并分散形成水包（油包水）乳液的复相乳液［(W/O)/W 型乳液］。由于在制备微胶囊过程中便要形成这种复相乳液，因此这种方法称为复相乳液法。

② 油相干燥法 如果用液体石蜡或豆油作分散介质，使水包油型（O/W）乳液分散到其中得［(O/W)/O］型复相乳液，再用加热或冷却鼓风等方式使溶剂水蒸发去除并使水溶性壁材凝聚将囊心包覆形成微胶囊，这种方法叫油浴干燥法。与水浴干燥法相似，在操作中特别应注意使复相乳液保持稳定，防止破乳形成油包水型（W/O）单一乳液。一般为保持初形成的水包油乳液稳定要加入表面活性剂作乳化剂，用作壁材的水溶性高分子溶液都应保持高浓度和高黏度。如图 3-9 所示。

（5）熔化分散冷凝法 这是利用蜡状物质在受热时的独特性质来实现微胶

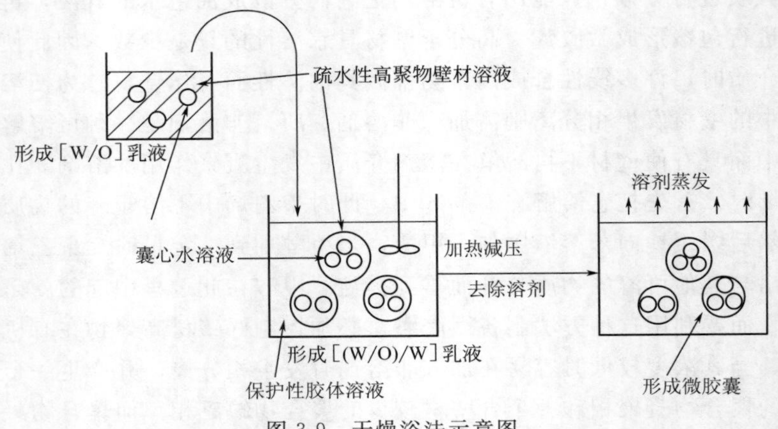

图 3-9　干燥浴法示意图

囊化的一种方法。典型的蜡状物质是疏水、白色、有光泽、热稳定的、在常温下为固态的物质，具有较低的软化点和熔点，受热时易熔化成液态并使囊心分散在其中形成微粒，冷却后蜡状物质围绕囊心形成固体壁膜产生微胶囊。根据形成微胶囊使用的介质的不同，分为液态介质中形成微胶囊、气态介质中形成微胶囊和应用锐孔形成微胶囊几种形式。

（6）粉末床法　粉末床法是利用液滴可以湿润细小的固体粉末并在液滴周围形成一定厚度的壁膜的原理来制备微胶囊的。由于液滴一般是从粉末层的上方落下来，通常将此法命名为“粉末床法”。用这种方法制得的微胶囊颗粒在毫米级范围，不像其他方法可以制得较小的微胶囊。

根据形成微胶囊时的情况，具体使用的粉末床法可分为以下几种：囊心液滴落入壁材粉末组成粉末床；溶剂液滴落入由壁材、囊心细粉组成的粉末床或落入壁材、囊心和其他惰性粉末组成的粉末床；囊心在壁材溶液的分散液滴入壁材细粉末的粉末床；囊心受热熔化形成的液滴加入到惰性粉末的粉末床。

在粉末床中使用的成膜材料有邻苯二甲酸醋酸纤维素酯（CAP）、硬脂酸钙、明胶、酪蛋白、糊精、葡萄糖等，都是可以成细粉末状态存在的壁材。惰性粉末包括石膏粉、二氧化硅、淀粉和滑石粉等无机或有机粉末状物质，它们一般不溶于壁材溶剂，而是作为填料嵌入壁壳中起增强壁膜的作用，有时惰性粉末也有吸收溶剂加速液滴干燥的作用。

3. 利用物理和机械原理制备微胶囊的方法

利用物理和机械原理的方法制备微胶囊具有设备简单、成本低、易于推广、有利于大规模连续生产等优点，在药品、食品工业中常用这种方法来制备微胶囊。

（1）锅包法　是利用糖衣锅对囊心进行滚制，用壁材包覆形成微胶囊的方法。糖衣锅是国内外至今仍在广泛使用的，在医药界制备片剂、微丸的包衣设备。它可以使制剂在恒速翻动的情况下，被包衣液雾滴均匀润湿，干燥成衣，这是一种设备简单、低廉、易于推广的方法。糖衣锅在电机驱动下做旋转运动，而且方向可以变动。用管道向糖衣锅输入热空气或冷空气，可回收蒸汽和粉尘。颗粒在糖衣锅中运动时，由于重力作用克服了离心力和摩擦力，造成颗粒转动、起落和分散，并使壁材包覆均匀。形成的微胶囊固体颗粒一般大于500μm，多为球形、易流动、有适当硬度、低脆性的粉末。微胶囊的囊心很少用纯物质，往往含有糖和淀粉等惰性基质。壁材可用硬脂酸单甘油酯、白蜂蜡等蜡质物质，也可用明胶等高分子物质，溶解在极性或非极性有机溶剂中形成壁材溶液。

(2) 喷雾法　喷雾法包括喷雾干燥、喷雾冻凝、喷雾包覆和喷雾缩聚四种情况，都是利用喷雾装置把液体分散成细小液滴，再形成微胶囊的。在油脂类的微胶囊制备过程中最常用的是喷雾干燥法。

利用喷雾干燥制备微胶囊，所使用的设备通常如图 3-10 所示，由喷雾干燥室和旋风分离器组成。喷雾干燥制备微胶囊时，首先制备好囊心与壁材溶液形成的乳化分散液，并保证不出现破粒、过早固化或干燥等情况，通过雾化装置使乳状液形成小液滴并很快变成均衡的圆球状态。当其与以逆流方式通入的热空气接触时，液滴开始干燥，壁材将囊心包覆并形成固化的微胶囊。然后微胶囊被气流携带离开干燥室在旋风分离器中被分离。

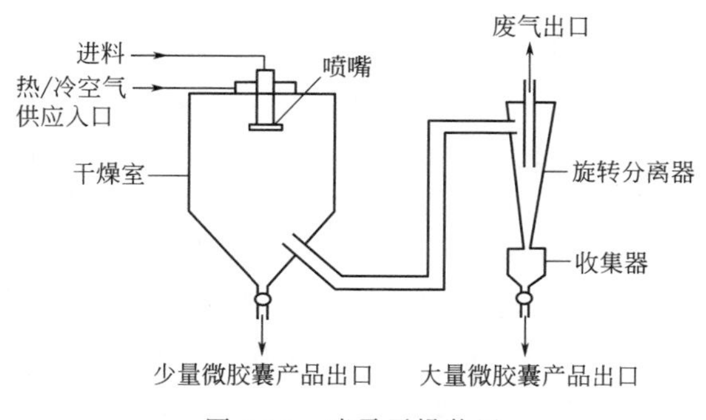

图 3-10　喷雾干燥装置

喷雾干燥既可以间歇操作，也可以连续操作，有利于大规模生产，特别适合对耐热性差的囊心和易于相互粘合的微胶囊进行干燥，得到性能良好的粉末状微胶囊。

(3) 包结络合法　这是用β-环糊精作微胶囊包覆材料的，一种在分子水平上形成的微胶囊，也是近年来应用较广的制备微胶囊的一种物理方法。

环状糊精通常简称为环糊精，是利用生物酶法合成的一种分子结构呈环状

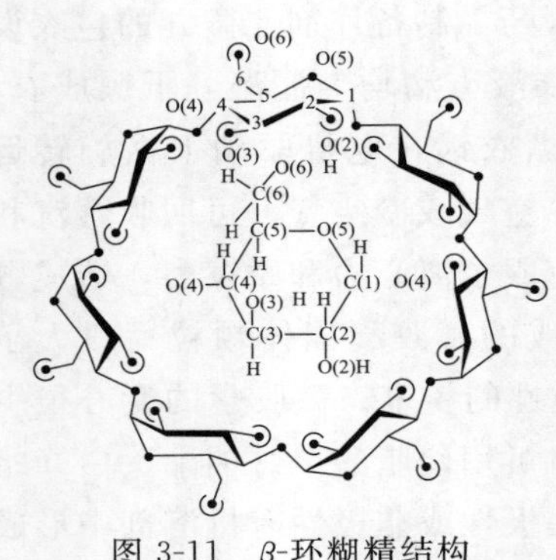

图 3-11 β-环糊精结构

的白色结晶淀粉衍生物。一般采用芽孢杆菌产生的环糊精糖基转化酶与谷类淀粉作用，得到的是多种环状糊精的混合物，通常环中含 6～12 个吡喃葡萄糖单元。有实用价值的是含 6 个、7 个、8 个吡喃葡萄糖单元的 α-环糊精、β-环糊精、γ-环糊精，其中又以含 7 个吡喃葡萄糖单元的 β-环糊精用途最广。从环糊精分子外形看，似一个内空去顶的锥形体，环有较强的刚性，中间有一直径为 0.7～1.0mm 的空心洞穴。如图 3-11 是其结构式。

利用 β-环糊精为壁材原料包结络合形成微胶囊的方法比较简便，通常有三种方式：

① 加入 β-环糊精水溶液反应　一般在 70℃温度下配置 15%浓度的 β-环糊精水溶液，然后把囊心加入到水溶液中。如果这种囊心不溶于水，则先用水溶性溶剂进行溶解。搅拌过程中逐渐降温冷却，使包结形成的微胶囊慢慢从溶液中沉淀出来，再进行过滤、干燥，即可得到微胶囊粉末。

② 直接与 β-环糊精浆液混合　把需包覆的囊心材料加入到固体 β-环糊精中，加水调成糊状，不必再加溶剂，搅拌均匀后干燥粉碎。

③ 将囊心蒸气通入 β-环糊精水溶液中　把油性囊心的蒸气直接通入到 β-环糊精水溶液中使之反应，也可形成微胶囊。如把 10g β-环糊精溶于 55℃的 $100cm^3$ 乙醇水溶液中（用无水乙醇与水以 1∶2 比例混合形成）形成环糊精溶液。然后把 1g 油性囊心（亚麻籽油）溶于 $10cm^3$ 乙醇，并加入到上述环糊精溶液中，保持温度在 55℃条件下搅拌 4h，然后慢慢冷却，开始有 β-环糊精络合包结的微胶囊沉淀析出。再在 4℃温度下保持 16h，然后在 0℃左右的冷冻条件下过滤分离，再用喷雾干燥得到粉末状微胶囊。

用 β-环糊精包结络合形成的微胶囊，一般囊心含量占微胶囊总质量的 6%～15%，是一种没有味道的晶体状物质，放在嘴里（温湿条件下）可释放囊心。环糊精络合包结形成的微胶囊可使囊心与外界环境隔绝，防止其受紫外线、氧气等外界因素破坏而变质，用于有苦味、臭味的物质可起到遮盖不良味道的作用。它具有包覆均匀、结合牢固的优点，据说有的环糊精包结形成的微胶囊加热到 200℃也不会使囊心分解释放。

四、亚麻籽油微胶囊的制备实例

1. 实例一

（1）制壁材　3kg 阿拉伯胶加 10kg 50～70℃热水（温度低于 50℃不易溶

解，温度高于70℃，易熟化成团不溶于水）溶解后，再加3kg麦芽糊精，充分搅拌均匀混合，制成黏度为30MPa·s的水溶性大分子糊状物；恒温下再向糊状物加9kg变性淀粉，在胶体磨（细节度70μm）中微粉，混合，均质，备用。

（2）制芯材　将亚麻籽油毛油或亚麻籽用超临界CO_2萃取α-亚麻酸，萃取压力为30MPa，萃取温度40℃，夹带剂使用浓度为75%的乙醇溶液，乙醇溶液的添加量为亚麻籽油毛油或亚麻籽重量的5%。

（3）将上述萃取物用精馏塔分馏制得亚麻酸纯度为60%的亚麻籽油。

（4）取上述已经CO_2萃取的亚麻籽油3.75kg，加22g单甘酯乳化，乳化温度60℃，得旋转黏度35MPa·s。

（5）将上述芯材和壁材混合，经均质机（或胶体磨）均质，喷雾干燥制粒，干燥进风温度170～200℃、出机温度60～80℃，冷却后得α-亚麻酸微胶囊。

2. 实例二

（1）称取0.6g重量份辛烯基琥珀酸淀粉钠加入2重量份水中，在70℃条件下搅拌形成辛烯基琥珀酸淀粉钠水溶液。

（2）将该溶液降温至40℃，然后向其中加入1重量份亚麻籽油，继续搅拌至形成亚麻籽油初乳。

（3）再将该初乳在1500bar压力条件下高压均质3次形成乳白色乳液。

（4）最后将该乳白色乳液通过喷雾干燥得到白色亚麻籽油微胶囊粉末，进风温度为190℃、出风温度为50℃。通过激光粒度仪测定该乳白色乳粒平均粒径为718nm。

第二节　亚麻籽油粉末油脂的制备

一、亚麻籽油粉末油脂简介

粉末油脂是由油脂、蛋白质、碳水化合物、乳化剂、抗氧化剂等成分，经特殊工艺加工而成的一种油脂产品。它既保持了油脂的固有特性，又能弥补传统油脂的不足之处，还能增加一些新的特性。它具有以下特点和用途：易称量，易包装运输，能长期储藏；具有良好的分散性和水溶性；用于馒头、面包、糕点等食品中，能提高其色、香、味和营养价值；可代替奶油、黄油等制作各种冷食；用于方便食品、方便米饭、汤料调味品中作汤料等。粉末油脂是一种新型的油脂制品，与普通油脂一样，它具有提供能量、改善食品的风味和口感、防止老化等作用；不同的是，它还解决了传统油脂的贮藏、包装、运输及使用上的诸多不便以及容易造成容器和加工机械清洗困难等缺陷。

粉末油脂作为调料已用于饼干、面包的生产中，它易于与面粉均匀混合；也可用于汤粉、酱粉、速成甜点、冰激凌和饮料奶的配料中，方便面汤料的油脂调味剂也可以使用粉末形式。

1. 亚麻籽油粉末油脂的特性

① 保存稳定性优，有些用蛋白质或碳水化合物包埋油脂，使油脂与空气隔绝，不会受空气影响而氧化，外观形状也不受气温影响，一年四季性能稳定。

② 能与其他粉体自由混合，不会结块。

③ 能均一地分散在水中，乳化稳定性优，在食品中可充分发挥油脂功能。

④ 能改良食品的组织，赋予食品新风味及良好食感。

⑤ 能赋予食品乳化性等调理特性，使食品中各种成分稳定混合。

⑥ 强化特定油脂成分、各种营养因子、供应热能源等。

2. 亚麻籽油粉末油脂的分类

按其油脂含量而分，可分为全脂型和部分脂型。

按其制造方法，可分为喷雾式（喷雾干燥法、喷雾冷却法）、粉碎式（冷却固化粉碎法、冷冻干燥法）、涂层式（微胶囊化法、分散混合法）等。

粉末油脂按用途分主要有：食品用粉末油脂、药用粉末油脂、饲料用粉末油脂。

3. 其他常见的粉末油脂

代表性的产品有：咖啡伴侣（植脂末）、粉末植物油脂、粉末奶油、粉末黄油、粉末起酥油、粉末猪油、粉末牛油、汤汁粉末油脂、风味粉末油脂、饲料用粉末油脂、医用粉末鱼油（DHA、EPA）等。

二、粉末油脂的制备方法

粉末油脂的制备方法有喷雾式（喷雾干燥法、喷雾冷却法）、粉碎式（冷却固化粉碎法、冷冻干燥法）、涂层式（微胶囊化法、分散混合法）等，而工业化大规模生产中主要采用喷雾干燥法和喷雾冷却法。最早使用油脂固化采取的方法是冷却固化和吸附法，目前制造粉末油脂都是采用喷雾干燥法。喷雾干燥法，是将蛋白质和碳水化合物等包覆体溶于水中作为水相与细微油脂粒子成为 O/W 型均质乳化液，经高压喷嘴和喷雾器喷雾，再加热干燥而成。由喷雾干燥法制得的粉末油脂，油脂微粒被包裹于蛋白质和碳水化合物的外相内，粒子呈单粒或集合体状。此法是目前世界上制造粉末油脂较成熟的方法之一。

1. 喷雾干燥法制备粉末油脂

喷雾干燥法是在油脂中添加适当的包埋剂和乳化剂，形成乳状液，经喷雾干燥成粉末状产品。乳化剂的作用是将水油混合均匀，形成 O/W 型乳状液。包埋剂的作用是利用大分子物质（如环状糊精）的环状结构中疏水性空腔分子间的范德华力和氢键作用力，将固态和液态的油脂包被于胶囊中，形成微胶囊结构。微胶囊粉末为互不粘连的微米至毫米级的微粒物质，其应用范围已涉及多种工业领域，如食品、制药和农业领域。

（1）喷雾干燥法主要仪器、设备　分析天平，恒温水浴锅，高速分散器，实验型高压均质机，台式离心机，高速离心喷雾干燥机，GC-14B 气相色谱仪。

（2）粉末油脂的制备工艺流程

壁材→60℃溶解（↑蒸馏水）→（配制一定固形物含量的溶液）→剪切乳化（↑椰子油、菜籽油、乳化剂）→均质→乳状液→喷雾干燥→成品

（3）一些指标的测定方法

① 表面含油率测定　准确称取质量（m）为 2～3g 的粉末油脂样品于锥形瓶中，用 40mL 30～60℃石油醚在轻微搅拌下准确浸提 1min，立即用 G3 砂芯漏斗抽滤，用 25mL 石油醚洗涤滤渣 40s，立即抽滤，将滤液转移至已恒重的锥形瓶（m_1）中，回收石油醚后在 65℃烘干至恒重（m_2）。表面含油率：

$$(m_1-m_2)/m\times100\% \tag{3-1}$$

② 包埋效率的测定

$$\text{包埋效率}=(\text{含油率}-\text{表面含油率})/\text{含油率}\times100\% \tag{3-2}$$

③ 含油率测定　采用氯仿-甲醇提取法。取 3g 样品（m），加入 12mL 水溶解。加入 15mL 氯仿和 30mL 甲醇，混匀；再加入 15mL 氯仿和 15mL 蒸馏水，混匀 30s。将上述样液转移至离心管，3000r/min 离心 10min。用移液管移取下层氯仿溶液 10mL 于恒重的圆底烧瓶（m_1）中，旋转蒸发去除氯仿，干燥恒重后称重（m_2）。

$$\text{含油率}=(m_1-m_2)/m\times100\% \tag{3-3}$$

④ 乳状液的乳化稳定性测定　将经过均质得到的乳状液倒入有刻度的离心管中，60℃恒温水浴中恒温 30min，将离心管放入离心机离心 15min（4500r/min）。取出观察分层情况，记录液体总高度（H）与未分层高度（H_1）。

$$\text{乳化稳定性}=H/H_1\times100\% \tag{3-4}$$

⑤ 粉末油脂的感官性状及理化指标测定　用感官评定方法评定粉末油脂的气味、色泽、组织状态等感官性状。

水分含量的测定：参照 GB/T 5497—1985。

密度测定：将粉末油脂倒入带刻度的量筒中，计算单位体积粉末油脂的质量。粉末油脂溶解度的测定：将粉末油脂样品溶解于25～30℃的水中，离心，测定沉淀物质量，计算得出粉末油脂的溶解度。

产品自流角的测定：取一定量粉末油脂测定自然堆积的自流角度。

⑥ 粉末油脂复原乳状液性能测定　称取25g粉末油脂样品于250mL烧杯中，加入70～80℃的热水200mL，搅拌充分溶解、分散，观察复原乳状液色泽是否均匀，表面有无结膜、分层，有无粒子挂壁。

⑦ 脂肪酸组成分析　采用氯仿-甲醇法提取粉末油脂中的油脂，进行甲酯化，用气相色谱法测定其脂肪酸组成。

(4) 结果与讨论

① 芯壁材的选择　为最大程度地保证粉末油脂的乳化性及口感，试验采用椰子油和菜籽油复配为芯材。

麦芽糊精是微胶囊粉末油脂常用的壁材，价格便宜，原料易得。粉末油脂宜选用甜度低的麦芽糊精为壁材，但麦芽糊精成膜性不太好，表现在喷雾干燥过程中水分快速蒸发时，麦芽糊精的自修复能力较差，使得产品颗粒表面会残留水分快速蒸发时造成的孔隙，产品颗粒表面粗糙，产品颗粒不呈扁球形等。因此，在制备粉末油脂时，采用麦芽糊精与其他壁材复配使用。壁材的筛选结果见表3-1。由表3-1可以看出，麦芽糊精和阿拉伯胶作壁材，乳状液的乳化稳定性较高，得到的产品表面含油率较低，即包埋效果较好。因此，壁材选用麦芽糊精与阿拉伯胶复配。

表3-1　不同壁材对乳化稳定性及表面含油率的影响

壁材	乳化稳定性/%	表面含油率/%
麦芽糊精+明胶	100	5.59
麦芽糊精+β-环糊精	95	5.72
麦芽糊精+阿拉伯胶	100	4.22

② 不同乳化剂对乳状液稳定性的影响　乳化剂在粉末油脂生产中起着至关重要的作用，乳化效果的好坏直接影响粉末油脂产品的质量。本文选取麦芽糊精和阿拉伯胶作壁材，以椰子油和菜籽油为芯材，壁材与芯材质量比为3∶2，并添加不同的乳化剂吐温80、司盘80、分子蒸馏单甘酯、蔗糖酯、聚甘油酯、硬脂酰乳酸钠[单独或复配使用，用量为1.5%（占壁材和芯材总质量)]。混匀后，在30MPa均质2次，测定其乳化稳定性，确定最佳乳化剂。试验结果如图3-12所示。

由图3-12可以看出，聚甘油酯和硬脂酰乳酸钠对乳状液的稳定性效果均较好，但是经过喷雾干燥试验，在其他条件均相同的情况下，以聚甘油酯为乳化剂制得的粉末油脂表面含油率为3.65%，而以硬脂酰乳酸钠为乳化剂制得

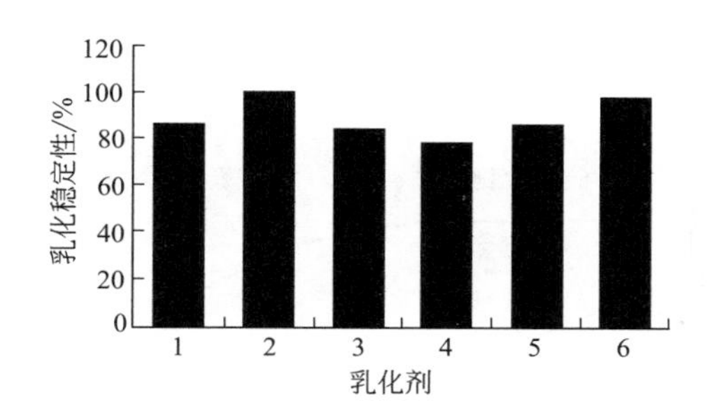

图 3-12　不同乳化剂对乳化稳定性的影响

1—司盘 80＋吐温 80（质量比 1∶1）；2—聚甘油酯；3—蔗糖酯；4—单甘酯＋蔗糖酯（质量比 1∶2）；5—单甘酯＋吐温 80（质量比 1∶1）；6—硬脂酰乳酸钠

的粉末油脂表面含油率为 5.56%，可见，聚甘油酯乳化剂对粉末油脂的包埋效果较好。因此，采用聚甘油酯为乳化剂。

③ 乳化剂用量的确定　以聚甘油酯为乳化剂，选取乳化剂用量（占壁材和芯材总质量）分别为 0.1%、0.3%、0.5%、0.7%、0.9%，以乳状液的乳化稳定性和粉末油脂的表面含油率作为测定指标，确定乳化剂的最佳用量。试验结果如图 3-13 所示。

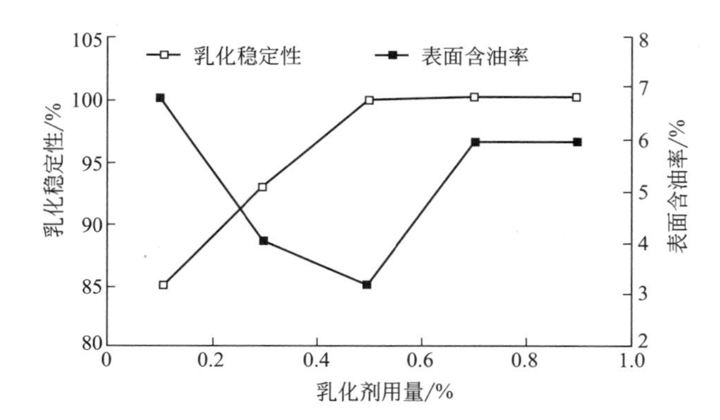

图 3-13　乳化剂用量对乳化稳定性及表面含油率的影响

由图 3-13 可知，乳化剂用量在 0.1%～0.5%时，乳化稳定性随着乳化剂用量的增加而增加，当乳化剂用量超过 0.5%时，乳化稳定性趋于平稳；粉末油脂的表面含油率随着乳化剂用量的增加呈现出先减小后增加的趋势，即包埋效率先增加后减小。当乳化剂用量达到 0.5%时已经显示出很好的乳化稳定性和包埋效率。

④ 麦芽糊精与阿拉伯胶质量比的确定　以聚甘油酯为乳化剂，其用量为 0.5%，选取麦芽糊精与阿拉伯胶质量比分别为 1∶1、2∶1、3∶1、4∶1、

5∶1、1∶0，以乳状液的乳化稳定性和粉末油脂的表面含油率作为测定指标，确定最佳的壁材质量比。试验结果如图 3-14 所示。

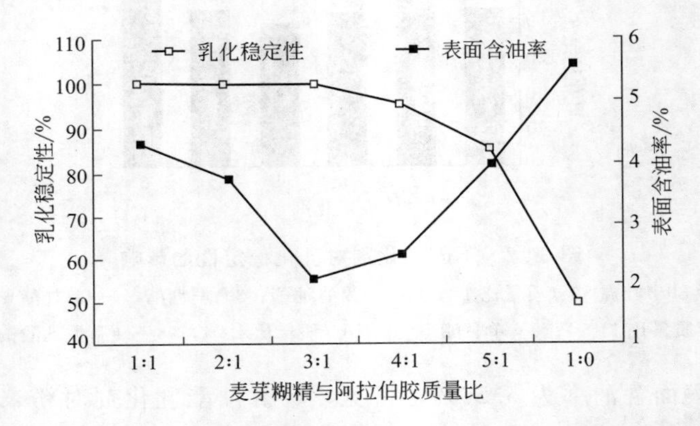

图 3-14　麦芽糊精与阿拉伯胶质量比对乳化稳定性及表面含油率的影响

从图 3-14 可以看出，当壁材质量比小于 3∶1 时，乳化稳定性良好，大于 3∶1时乳化稳定性逐渐减小；随着壁材质量比的增加，表面含油率呈现先减小后增加的趋势，即包埋效率先增加后减小。

⑤ 酪蛋白酸钠（SC）用量的确定　SC 具有很强的乳化增稠作用，粉末油脂中加入一定量的 SC，可以防止脂肪的结块和聚集，使其口感更加润滑。选取 SC 用量（占壁材和芯材总质量）分别为 1%、3%、5%、7%、10%、15%，以乳状液的乳化稳定性和粉末油脂的表面含油率作为测定指标，确定 SC 的最佳用量。试验结果如图 3-15 所示。

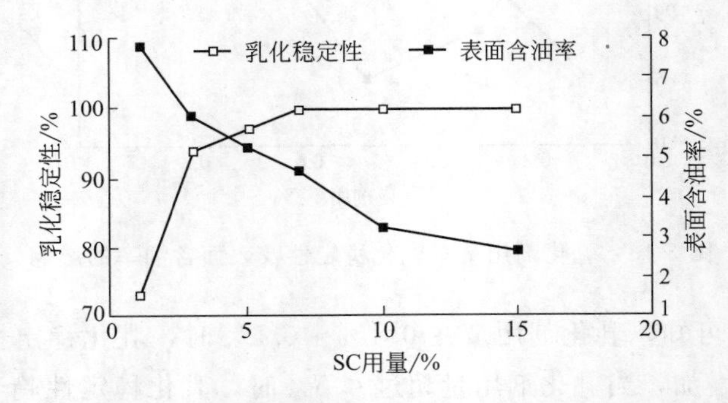

图 3-15　SC 用量对乳化稳定性及表面含油率的影响

从图 3-15 可以看出，在一定范围内，乳化稳定性随着 SC 用量的增加而增加，当 SC 用量超过 7%时，乳化稳定性均良好；表面含油率随着 SC 用量的增加呈现出减小的趋势，即包埋效率逐渐增加。当 SC 用量达到 10%时已经显示出很好的乳化稳定性和包埋效率。

⑥ 固形物含量（壁材溶液）的确定　由试验可知，固定其他条件不变而增大固形物含量时，相对含水量减小，体系黏度升高，粉末油脂表面含油率呈先减小后增大的趋势（见图 3-16），乳化稳定性相差不大。与添加增稠剂增黏以提高乳状液的稳定性使微胶囊化效果提高的原理不同，固形物含量的增大可使乳状液液滴自由空间减小而易于聚集，在喷雾雾化过程中易于破裂，另外，因含水量的减少使干燥成膜速率加快，最终导致微胶囊化效果的降低。当固形物含量为 50％时，物料的黏度较大，流动性差，不利于均质和喷雾干燥。

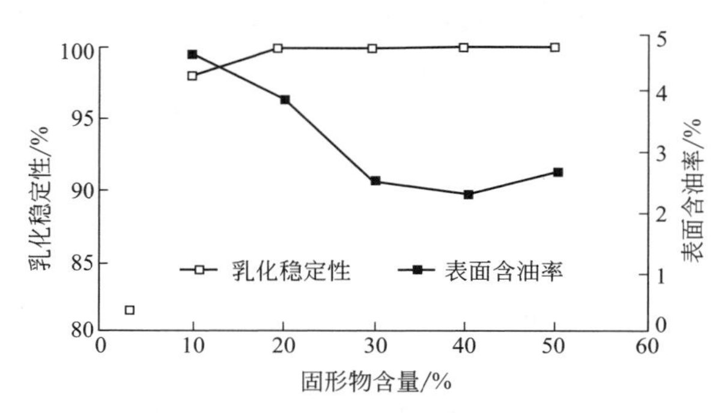

图 3-16　固形物含量对乳化稳定性及表面含油率的影响

⑦ 喷雾干燥条件的确定　使用实验室的小型喷雾干燥塔，该机进风温度控制精良，出风温度需要靠改变进样量来控制。在进风温度一定的情况下，进料流量大，则出风温度低。进风温度、出风温度对粉末油脂表面含油率、水分含量及感官性状的影响如表 3-2 所示。

表 3-2　喷雾干燥条件对粉末油脂性质的影响

进风温度/℃	出风温度/℃	表面含油率/％	水分含量/％
170	80～85	9.67	4.62
180	86～90	7.39	3.71
190	90～100	3.43	2.85
200	100～105	3.75	2.12
210	105～110	4.22	1.58

从表 3-2 可以看出，随着进风温度的升高，出风温度也相应升高；产品水分含量下降；表面含油率逐渐下降而后缓慢上升。当进风温度为 200℃或高于200℃时，产品粉末颜色发黄，产品外观不佳。因此，当进风温度为 190℃、出风温度为 90～100℃时，粉末油脂的包埋效果较好，产品性状良好。

在壁材与芯材质量比 3∶2、椰子油与菜籽油质量比 7∶3 的条件下对乳化剂（聚甘油酯）用量（A）、麦芽糊精与阿拉伯胶质量比（B）、SC 用量（C）、固形物含量（D）进行优化，结果表明，各因素对粉末油脂表面含油率的影响大小次序为：C＞A＞D＞B；各因素对乳化稳定性的影响大小次序为：D＞C＞A＞B。根据粉末油脂的表面含油率尽可能小，乳化稳定性尽可能高，确定最优条件为乳化剂用量为0.3%、麦芽糊精与阿拉伯胶质量比为4∶1、SC用量为15%、固形物含量为30%，在此条件下进行验证试验，所得粉末油脂产品的表面含油率为1.19%，包埋效率为96.06%。

（5）粉末油脂的感官性状及主要理化指标　粉末油脂的质量指标主要包括外观、风味、表面油含量、油脂包埋率、流动性、溶解性、稳定性和水分等，其中表面油含量和油脂包埋效率是衡量粉末油脂质量的重要指标。

表面油含量是指能被石油醚在1min内提取出的粉末油脂表面的油脂量。

油脂包埋效率=(总加油量－表面油)/总加油量×100%，通常要求在85%以上。

另外，含水量一般要求在3%以内。

总之，理想的粉末油脂产品需具备溶解性、流动性、复原乳状液稳定性等良好，表面油含量低，油脂包埋率高，在常温下贮存10天，过氧化值上升0.25～0.29Meg/kg。

感官性状：粉末细腻、均匀，颜色为乳白色，气味纯正，无异味。粉末油脂的主要理化指标见表3-3。

表3-3　粉末油脂的主要理化指标

水分含量/%	密度/(g/cm^3)	溶解度/%	含油率/%	自流角/(°)
2.30	0.39	99.40	30.23	41.50

（6）粉末油脂复原乳状液的性能　用70～80℃的热水冲泡粉末油脂产品，形成乳白色均匀的乳状液，且有油香味，表面无结膜，不分层，倾斜烧杯，无粒子挂壁；放置24h后乳状液的上述性状不变。

（7）粉末油脂产品的脂肪酸组成　由表3-4可知，商品粉末油脂的脂肪酸组成均是饱和脂肪酸，而本产品中含有18.64%油酸和4.16%亚油酸。因此，本产品与商品粉末油脂相比，营养价值较高。

表3-4　本产品与商品粉末油脂的脂肪酸组成比较　　单位：%

样品	己酸	辛酸	癸酸	月桂酸	肉豆蔻酸	棕榈酸	硬脂酸	油酸	亚油酸
本产品	0.64	6.16	3.97	33.90	13.85	9.60	9.09	18.64	4.16
商品1	0.87	10.29	6.92	48.58	16.79	7.89	8.67	—	—
商品2	—	6.51	4.79	55.69	14.48	6.69	11.84	—	—
商品3	—	7.76	5.07	48.35	11.26	8.52	19.04	—	—

结论：新型粉末油脂的最佳制备工艺条件为喷雾干燥的进风温度190℃、出风温度90～100℃。在聚甘油酯用量0.3%（占壁材和芯材总质量）、壁材麦

芽糊精与阿拉伯胶质量比 4∶1、SC 用量 15%（占壁材和芯材总质量）、固形物含量 30%（壁材溶液）、壁材与芯材质量比 3∶2、椰子油与菜籽油质量比 7∶3的条件下，制得的粉末油脂产品表面含油率为 1.19%、包埋效率为 96.06%。该新型粉末油脂感官性状良好；复原乳状液的乳化程度高，乳化稳定性好；产品中含有一定量的油酸与亚油酸，营养价值较高。

2. 微胶囊化技术制备粉末油脂

粉末油脂是将液体食品转化为固体食品中应用微胶囊技术的例子。但粉末油脂通常不是直接作食品，而更多地是用作食品调料或各种添加剂。油脂微胶囊化之后解决了其液体状态称取不方便、保存过程中易被空气氧化以及盛放容器清洗困难等缺点。

一般在微胶囊化技术中，选择壁材的原则是，油性囊心物质应采用水溶性包囊材料，并应具有以下特性：乳化能力强、成膜性好、干燥性能好、溶液黏度低等。基于以上特点，选择了明胶、阿拉伯胶为壁材物质进行试验。明胶来源于胶原蛋白水解，它的性质与胶原蛋白结构有关，明胶分子与其他蛋白质一样，在不同 pH 值溶液中可成为正离子、负离子或两性离子（等电点）。明胶在所有 pH 值范围内都溶于水，如加入与明胶分子上电荷相反的聚合物，则能使明胶从溶液中析出。例如，带负电荷的阿拉伯胶和带正电荷的弱酸性明胶溶液反应，明胶溶解度急剧下降，这种现象就是复凝聚。阿拉伯胶又称金合双胶，是一种从原产于北非和西亚的阿拉伯地区几种植物中提炼出来的植物胶，是由多种单糖聚合形成的聚合阴离子高分子电解质。

（1）主要仪器与设备　电热恒温水浴锅，电动搅拌机，PHS-ZC 型酸度计，胶体磨，干燥箱，喷雾干燥机，电子分析天平（精度为 0.0001）。

（2）方法

① 微胶囊制备　明胶、阿拉伯胶分别溶解于 50℃温水后，将明胶溶液与亚麻籽油混合通过胶体磨乳化，充分分散 5min，再加入阿拉伯胶溶液，用稀 NaOH 溶液调 pH 值为 7，继续均质 5min，用稀冰醋酸溶液调 pH 值为 4.3，最后加入没食子酸使壁材固化，喷雾干燥得粉末油脂。

② 微胶囊化效率测定　微胶囊化效率是一个衡量油脂被包埋程度的标准，指实验被包埋量与理论被包埋量的比值。其公式表示为：

$$\text{MEE(微胶囊化效率)}=(1-\text{表面油/产品含油量})\times 100\% \tag{3-5}$$

表面油测定：准确称取 1g 样品（精确到 0.0001），放入带滤纸漏斗中，用 30mL 石油醚洗涤样品，收集洗涤滤液，回收石油醚，称重得洗涤油重。

$$\text{表面油}(\%)=(\text{洗涤油重/样品重})\times 100\% \tag{3-6}$$

含油量测定：准确称取微胶囊化亚麻籽油产品（W_1）至干燥的锥形瓶中，

加 20mL 热水，使样品充分溶解后，依次加入无水乙醇、无水乙醚和石油醚（体积比为 2∶1∶1）充分萃取亚麻籽油后，将萃取液移入已称重的小烧杯中（W_2），重复萃取 2 次，合并萃取液，在水浴上蒸干溶剂放入烘箱中，烘至恒重（W_3）。

$$含油量(\%)=(W_3-W_2)/W_1\times100\% \qquad (3\text{-}7)$$

（3）结果与讨论

① 壁材中明胶与阿拉伯胶比例对微胶囊化效率的影响　壁材中明胶与阿拉伯胶比例对微胶囊化效率的影响试验条件为：阿拉伯胶浓度为 2%，理论包埋量为 60%，pH 值 4.3，没食子酸添加量为固形物的 0.7%。

试验结果（图 3-17）表明，明胶的比例逐渐增加，微胶囊化效率逐渐增加，但达到一定值后呈下降趋势，这说明蛋白质太多不利于亚麻籽油的包埋，较理想的比例为 1.0∶1～1.3∶1。

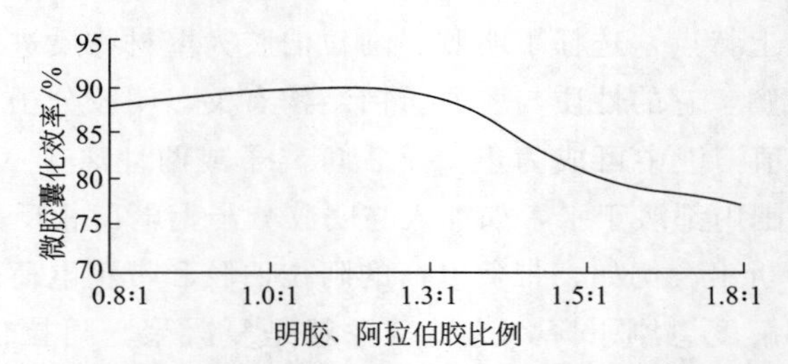

图 3-17　不同明胶、阿拉伯胶比例对微胶囊化效率的影响

② 样品不同 pH 值对微胶囊化效率的影响　样品不同比值对微胶囊化效率的影响试验条件为：明胶（2%）∶阿拉伯胶（2%）=1∶1，理论包埋量为 60%。没食子酸添加量为固形物的 0.5%。由图 3-18 表明：样品在明胶等电点 4.3 以下时，对亚麻籽油的包埋率最大，即明胶离子变成带正电荷与带负电荷的阿拉伯树胶粒子相互吸引发生电性中和而凝聚，并对在溶解中分散的囊心（亚麻籽油）进行包覆形成微胶囊时，包埋效果最好。

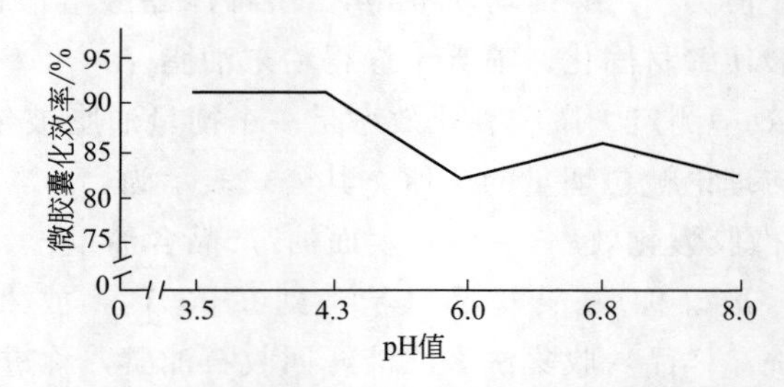

图 3-18　样品不同 pH 值对微胶囊化效率的影响

③ 没食子酸添加量对微胶囊化效率的影响　试验条件为：明胶（2%）∶

阿拉伯胶（2%）=1∶1，理论包埋量为60%，pH值4.3。

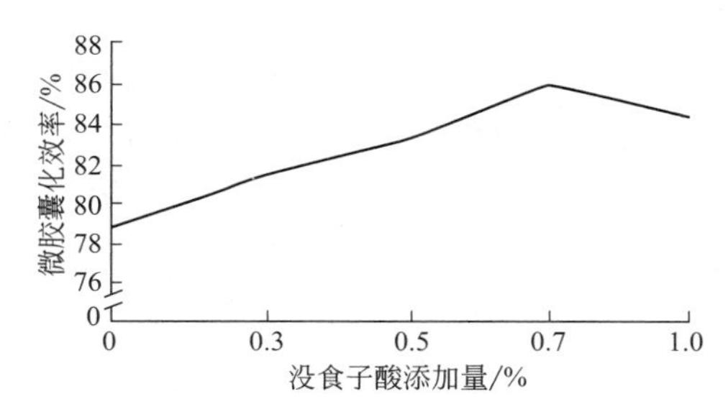

图3-19　没食子酸添加量对微胶囊化效率的影响

结果表明，当添加含有醛基、羟基的没食子酸，对蛋白质有交联固化作用，并提高了亚麻籽油的包埋率，从图3-19可以看出，选择占固形物重0.7%的没食子酸添加进去较为合适。

④ 三因素对微胶囊化效率的综合影响　在单因子试验的基础上，进行亚麻籽油粉末油脂制取条件的正交试验：三因素三水平（表3-5）。

表3-5　正交试验不同配方对微胶囊化效率的影响

序号	明胶∶阿拉伯胶(A)	pH值(B)	没食子酸添加量(C)/%	微胶囊化效率/%
1	0.8∶1	3.5	0.5	85.6
2	0.8∶1	4.3	0.7	86.2
3	0.8∶1	6.8	1.0	81.9
4	1∶1	3.5	0.7	86.7
5	1∶1	4.3	1.0	90.0
6	1∶1	6.8	0.5	88.9
7	1.3∶1	3.5	1.0	90.1
8	1.3∶1	4.3	0.5	87.3
9	1.3∶1	6.8	0.7	89.2

从表3-6看出：因素A的极差最大，所以A是主要因素，B、C为一般因素，由此可得出最佳配方：明胶∶阿拉伯胶为1.3∶1，pH值为4.3，没食子酸添加量占固形物的0.7%。

表3-6　亚麻籽油粉末油脂制取条件的正交实验结果

评分及极差	因子		
	A	B	C
K_1	253.7	262.4	261.8
K_2	265.6	263.5	262.1
K_3	266.6	260.0	262.0
极差 R	4.3	1.1	0.1

注：K_1 表示1水平综合评分之和；K_2 表示2水平综合评分之和；K_3 表示3水平综合评分之和。

⑤ 微胶囊制作喷雾干燥器工艺条件　微胶囊制作喷雾干燥器工艺条件为：B-191型喷雾干燥器在风量60%～70%，进样量10mL/min的条件下进行喷雾干燥。结果显示，微胶囊化效率随温度的升高而升高，当达到一定值后随温度的升高而降低，这说明过高或过低的温度对微胶囊的品质都有不良影响。温度过低时，产品水分含量过高，使微胶囊壁材物质被水溶胀，强度变低而使孔隙增大，从而导致油向外渗漏，不利于产品的保存。进风温度高有助于喷成雾状的液滴快速脱水，在油滴表面形成坚固的膜，但过高的温度使油滴表面的壁材物质很快结成硬壳，而不随水分的蒸发而缩小，这称为"气球"现象，它会导致产品颗粒有较大的表面积/重量，不利于油脂的保存；温度太高还会导致粒子表面产生裂缝或孔洞，从而已被包埋的油会渗出来。根据本试验结果其最佳温度为190℃。

(4) 小结　在选用明胶、阿拉伯胶为主要壁材的前提下，分别研究了明胶、阿拉伯胶的配比，不同pH值及壁材固化剂的添加量对微胶囊化效率的影响，在此基础上，采用正交试验法确定了固形物中亚麻籽油含量为60%的条件下，粉末油脂制取的最佳条件。根据本试验结果，其最佳条件为：明胶∶阿拉伯胶为1.3∶1；pH值为4.3。在确定了粉末油脂制取的最佳条件后，对喷雾干燥条件对微胶囊化效率的影响进行了试验，确定出最佳进风温度及风量分别为190℃和60%～70%。利用明胶、阿拉伯胶复合凝聚法制备的微胶囊具有材料无毒、易生物降解、使用简便的优点。但壁材固化剂若使用甲醛，生产出的微胶囊不能用于食品行业，根据没食子酸含有醛基、羟基（能对蛋白质起交联固化作用）这一特性，选择了没食子酸作为壁材固化剂，生产出的粉末油脂外观好，流动性好，易与其他物品混合。但据实验观察，其经过较长时间放置后，流动性变差，出现不同程度结块。据最新资料报道，在粉末油脂制品中适当添加抗结剂来改善产品的抗结团能力，已收到较好的效果，因此对产品的耐贮性还需进一步研究。

三、粉末油脂在食品工业中的应用

粉末油脂产品经国内外众多厂家试用，具备多种功能，可用于乳品（婴幼儿、中老年、孕妇、产妇配方奶粉，含乳饮料等）、婴儿食品（婴幼儿米粉、米糊）、糕点、冷食、饮品、面食、糖果、肉制品等的加工中，是食品企业生产高质量、上档次、开发新产品的好原料。

1. 粉末油脂在乳饮料中的应用

(1) 添加量　在酸奶、豆奶、果汁奶、咖啡奶、可可奶等液态含乳饮料中添加2%～6%粉末油脂（以含水配料计）。

（2）使用方法（配方见表 3-7～表 3-9） 将粉末油脂加入 700mL 左右豆奶、果汁奶、咖啡奶、可可奶等液态乳饮料混合，充分搅拌使其完全溶化后，经巴氏或 HTST 杀菌。酸奶应采用无蛋白专用粉末油脂。普通型粉末油脂由于蛋白质的存在，在酸奶中蛋白会产生凝聚结块。

表 3-7　豆奶产品配方

成分	配方Ⅰ	配方Ⅱ
粉末油脂	2.0	3.8
豆浆	91.0	89.2
白砂糖	7.0	7.0

表 3-8　果汁奶产品配方

成分	配方Ⅰ	配方Ⅱ
粉末油脂	2.0	4.0
奶粉	3.5	3.5
白砂糖	7.5	7.5
水	86.8	84.8
香料	0.2	0.2

表 3-9　可可奶的配方

成分	配方Ⅰ	配方Ⅱ
粉末油脂	2.0	4.0
可可粉	0.4	0.4
奶粉	4.0	5.0
白砂糖	8.0	9.0
稳定剂	0.25	0.25
水	85.35	81.35

2. 粉末油脂在速冻食品及方便食品中的应用

（1）添加量 在速冻水饺、火腿肠、方便汤料等食品中添加量为：面皮中 2%～8%，馅中 4%～10%，红肠、火腿肠中 3%～8%，汤料中 15%～30%。

（2）使用方法 将粉末油脂直接加入面食干粉，充分搅拌使其均匀。方便汤料最好采用芝麻油型或蒜香型粉末油脂，与其他不易吸潮的物料充分搅拌使其均匀。红肠、火腿制造时将粉末油脂与肉馅搅拌使其均匀即可，川味汤料中可将辣味红油粉末油脂倒入汤内。

3. 粉末油脂在软冰激凌预拌粉中的应用

粉末油脂是应用微胶囊技术加工成的水包油型（O/W）制品，具有入水即溶、稳定性高、便于运输和保存等优点，在食品工业中应用广泛。软冰激凌预拌粉采用奶粉、食糖等为主要原料按照配方复配而成，加水后可用于即制即售的软冰激凌粉状复配物。粉末油脂用于制作软冰激凌，可以提高软冰激凌的膨化率和抗融性，增加产品的细腻度和白度，使其更具奶质感。目前市售的软冰激凌粉质量参差不齐，很多中低档产品理化指标都达不到国标要求，而中高档的软冰激凌粉在市场上销售比较少，产量有限。本文根据GB/T 20976—2007《软冰激凌预拌粉》中的理化要求制定配方，在保证蛋白质含量不小于7.7%的前提下用粉末油脂代替部分奶粉，使产品成本降低，品质得到提高。粉末油脂在软冰激凌预拌粉中的添加能显著提高软冰激凌的膨化率和抗融性，粉末油脂与奶粉搭配可起到协同增效作用，改善奶粉重头香、轻尾香的缺陷，使软冰激凌奶质感更饱满、更绵长，进一步提高产品品质，并能有效降低成本。

4. 粉末油脂在面包预混合粉中的应用

粉末油脂是将植物油与乳化剂、稳定剂、被覆剂、胶质等辅助材料经混合、灭菌、均质再进行喷雾干燥而成，其含油量在20%～70%。粉末油脂具有稳定性好、使用方便、乳化稳定性好、生物消化率高等优点，深受食品加工企业的欢迎，其用量逐年递增。面包预混合粉是指按配方将面包所用的部分原辅料预先混合好，然后销售给厂家使用的面包原料。这在美国等发达国家的面包厂中很流行。面包预混合粉包括通用面包预混合粉、基本面包预混合粉和浓缩面包预混合粉3种。本文通过研究粉末油脂在面包预混合粉中的应用，拟在通用面包预混合粉配方的基础上，通过添加粉末油脂和酵母，研发出只需加水就可做出面包的面包预混合粉，为面粉行业开发面包预混合粉提供参考。

粉末油脂完全可以应用于烘焙工业，由于其粉末状性质，分散性好，能较好地分散在面团中，减少了油脂用量，面包中含油量减少的条件下，仍可以做出感官和质构俱佳的面包，且配制的面包预混合粉中油脂被包埋，防止了油脂的氧化。通过添加6%粉末油脂和1.2%酵母，形成只需加水就可做出面包的面包预混合粉。通过储藏试验证明，在25℃密封储藏30天后，进行面包试验，经感官评定和质构仪分析，品质较理想。试验证明配制的面包预混合粉适宜于低温低湿密封储藏。面包预混合粉在不同条件下储藏后，通过面包试验、比容测定显示酵母活力受到一定影响，因此，为做出优质面包，需要对面包预混合粉中的酵母活力进行稳定；同时需要研究面包预混合粉中的其他添加剂，以延缓面包的陈化。

5. 粉末油脂在婴幼儿配方乳粉中的应用

亚麻酸具有增强智力的功能，健全的大脑绝对不可缺少脂肪酸，特别是α-亚麻酸，脂肪酸为大脑提供所需的能量，人脑之所以能从事高度复杂的工作，离不开高质量的脂肪酸。18个碳原子的α-亚麻酸可以进一步延伸碳链，增加双键个数，生成 EPA 和 DHA。DHA 在脑神经细胞中大量集存，是大脑形成和智商开发的必需营养素。因此，在婴幼儿配方乳粉中添加亚麻酸粉末油脂是非常合适的。

6. 粉末油脂在抗衰老保健品中的应用

亚麻酸具抑制衰老的功效。随着年龄的增加，人体内各种自由基的数目不断增多，而谷胱甘肽过氧化物酶（GSH-Px）及超氧化物歧化酶（SOD）数量逐渐降低，活性逐渐减弱，因此自由基代谢产物丙二醛（MDA）的生成增多，使细胞受到损伤，组织器官功能下降。服用 α-亚麻酸后，GSH-Px 及 SOD 活性增加，MDA 的生成减少。揭示 α-亚麻酸有抗衰老作用。并且这种产品特别适合中年女性保健。

7. 粉末油脂在降压药品中的应用

α-亚麻酸的代谢产物对血脂代谢有温和的调节作用，能促进血浆低密度脂蛋白（LDL）向高密度脂蛋白（HDL）的转化，使低密度脂蛋白（LDL）降低、高密度脂蛋白（HDL）升高，从而达到降低血脂、防止动脉粥样硬化的目的。血压在 145/90～160/95mmHg（1mmHg＝133.322Pa）之间叫临界性高血压，是初期性高血压。若长期使用降压药，易引起许多不良反应。α-亚麻酸的代谢产物可以扩张血管，增强血管弹性，从而起到降低临界性高血压的作用。根据亚麻酸的生理功能特点，亚麻酸粉末油脂可以作为配料或食品添加剂加入到特定的保健药品以及食品中，发挥其积极的作用。

第三节　亚麻籽油中亚麻酸的提取

一、亚麻酸简介

亚麻籽油含有大量的不饱和脂肪酸，是目前世界上备受青睐的保健油。据报道，亚麻籽油中不饱和脂肪酸占 73%，其中 α-亚麻酸约为 50%、亚油酸为 16%。而 α-亚麻酸和亚麻酸只能从食物中摄取，在人体内不能合成，是人体必需的脂肪酸，也称为维生素 F。

亚麻酸简称 LNA，属 ω-3 系列多烯脂肪酸（简写 PUFA），为全顺式 9，12，15-十八碳三烯酸，它以甘油酯的形式存在于深绿色植物中，是构成人体组织细胞的主要成分，在体内不能合成，必须从体外摄取。而人体一旦缺乏之，即会引起机体脂质代谢紊乱，导致免疫力降低、健忘、疲劳、视力减退、动脉粥样硬化等症状的发生。尤其是婴幼儿、青少年如果缺乏亚麻酸，则会严重影响其智力的正常发育。

二、亚麻酸的生理功效

（1）预防心脑血管病　α-亚麻酸可以改变血小板膜流动性，从而改变血小板对刺激的反应性及血小板表面受体的数目。因此，能有效防止血栓的形成。

（2）降血脂　α-亚麻酸的代谢产物对血脂代谢有温和的调节作用，能促进血浆低密度脂蛋白（LDL）向高密度脂蛋白（HDL）的转化，从而达到降低血脂、防止动脉粥样硬化的目的。

（3）降低临界性高血压　α-亚麻酸的代谢产物可以扩张血管，增强血管弹性，从而起到降压作用。

（4）抑制癌症的发生和转移　α-亚麻酸的代谢产物可以直接减少致癌细胞生成数量，同时削弱血小板的凝集作用，抑制二烯前列腺素的生成，恢复及提高人体的免疫系统功能，从而能有效地防止癌症形成以及抑制其转移。爱斯基摩人乳腺癌的发病率很低，是因为他们大量进食鱼类或其他海产品，脂肪摄取量虽然大，但不饱和脂肪酸成分多，主要是ω-3系脂肪酸（α-亚麻酸），因此其癌症的发病率极低。

（5）抑制过敏反应、抗炎作用　α-亚麻酸可降低多核白细胞（RMNS）及肥大细胞膜磷脂中花生四烯酸（AA）的含量，使过敏反应发生时AA释放量减少，从而降低LT4（白三烯）的生成；代谢产物EPA还有与AA竞争Δ5去饱和酶的作用；α-亚麻酸对过敏反应的中间体PAF（血小板凝集活化因子）有抑制作用。所以认为，α-亚麻酸对过敏反应及炎症有抑制效果。

（6）增强智力　健全的大脑绝对不可缺少脂肪酸，特别是α-亚麻酸，脂肪酸为大脑提供所需的能量，人脑之所以能从事高度复杂的工作，离不开高质量的脂肪酸。18个碳原子的α-亚麻酸可以进一步延伸碳链，增加双键个数，生成EPA和DHA。DHA在脑神经细胞中大量集存，是大脑形成和智商开发的必需营养素。

（7）减肥　α-亚麻酸在减少肥胖病人体重方面不同于任何其他药物，其主要通过以下两个途径来实现：一是增加代谢率；二是抑制甘油三酯的合成，增加体内各种脂质的排泄。但要达到减肥效果，服用量要相对增加。

三、亚麻酸的提取

从亚麻籽油中提取α-亚麻酸主要有两步：第一步，将酯水解产生脂肪酸和甘油；第二步，从混合脂肪酸中提取出纯度较高的α-亚麻酸。

（1）甘油酯的解离　脂肪酸从甘油酯中解离一般有两种途径：一种是水解途径；另一种是酯交换途径。

① 甘油酯的水解　甘油酯可以在碱性、酸性甚至中性条件下发生水解反应。酸性或中性条件下的水解为可逆反应，其平衡点取决于水的比例和酯的性质。碱性条件下的水解（也称皂化反应）比较彻底。甘油酯与过量碱反应则生成脂肪酸盐和甘油，脂肪酸盐再加入无机酸即可制取脂肪酸。亚麻籽油在碱性条件下，以甲醇作为溶剂皂化水解得到混合脂肪酸。

将一定量的亚麻籽油、95%乙醇以及 NaOH 一并置入三口烧瓶，在机械搅拌和通氮气的条件下，于 85℃水浴中回流一定时间使其充分皂化。离心得固皂。用一定量 6mol/L 盐酸溶液酸解后，再经水洗、旋转蒸发脱出水分和溶剂，得到混合脂肪酸。

② 甘油酯的酯交换　甘油酯与醇交换烷氧基的反应称为醇解。如甘油酯与甲醇反应生成脂肪酸甲酯和甘油。该反应分步进行，反应不彻底，会有甘一酯和甘二酯等中间产物存在，对于使用尿素包合法提纯 α-亚麻酸有一定的影响。

酯交换反应可以在酸性或碱性催化剂下进行。碱性催化剂的局限性是要求植物油脂的酸值要小于 1mg KOH/g，如果游离脂肪酸含量过高会与碱发生反应生成相对较多的脂肪酸盐和水而影响反应过程的进行。而酸性催化剂可以有效地解决这一问题，但是反应时间比较长。因此，Keim 等人将二者有机地结合起来取得了十分明显的效果。他们首先使用酸性催化剂进行反应降低酸值，然后采用碱性催化剂进行酯交换反应，成功地把高酸值的棕榈油经酯交换反应转化成了脂肪酸甲酯，得到纯度为 97%的脂肪酸甲酯。

③ 脂肪酸的组成分析　亚麻籽油和产品经甲酯化后，用气相色谱法分析其脂肪酸组成。脂肪酸分析柱：30.3m × 320μm × 0.501μm。进样口温度：230℃；柱温：210℃；检测器温度：300℃；氮气流速：1.0mL/min；氢气流速：35mL/min；空气流速：400mL/min；分流比：50∶1。

亚麻籽油的全样脂肪酸由棕榈酸、硬脂酸、油酸、亚油酸和亚麻酸等组成，各组分含量由气相色谱分析见表 3-10。不饱和酸含量在 90%以上，其中亚麻酸含量大约为 55%。

表 3-10　亚麻籽油中各组分含量

脂肪酸	棕榈酸	硬脂酸	油酸	亚油酸	亚麻酸
含量/%	5.3	3.3	21.8	14.8	54.8

（2）分离纯化的方法　为了拓展 α-亚麻酸在保健食品及医药方面的应用范围，需提高 α-亚麻酸的纯度和解决不饱和脂肪酸易氧化的问题。由于 α-亚麻酸和 γ-亚麻酸是同分异构体，性质接近，目前尚无好的分离方法。目前常用的分离方法有尿素包合法、银离子络合法、柱色谱法、分子真空蒸馏法以及

超临界流体提取法等。

我国富含 α-亚麻酸的植物资源较多，目前已成功开发出富含 α-亚麻酸的紫苏油、亚麻籽油、月见草油、猕猴桃籽油、花椒籽油等功能性植物油，并用于加工软胶囊类保健食品、高档保健食用油以及化妆品等产品，现已拥有一定的产销规模。由于这些植物油中的 α-LNA 含量大多低于 60%以下，故而对其进行分离与纯化将更有利于充分发挥其保健功效。

① 分子蒸馏法　分子蒸馏也称短程蒸馏，是一种特殊的蒸馏技术，是在高真空度条件下进行的非平衡连续蒸馏过程。分子蒸馏解决了大量常规蒸馏技术所不能解决的问题，特别适合于分离低挥发度、高分子量、高沸点、高黏度、热敏性和具有生物活性的物料。分子蒸馏技术是一种新型的液-液分离技术，是利用混合物组分中的分子逸出液面后的平均自由程不同的性质来实现的。

郑弢等人应用刮膜式分子蒸馏装置（图 3-20）对 α-亚麻酸的提纯进行了研究。

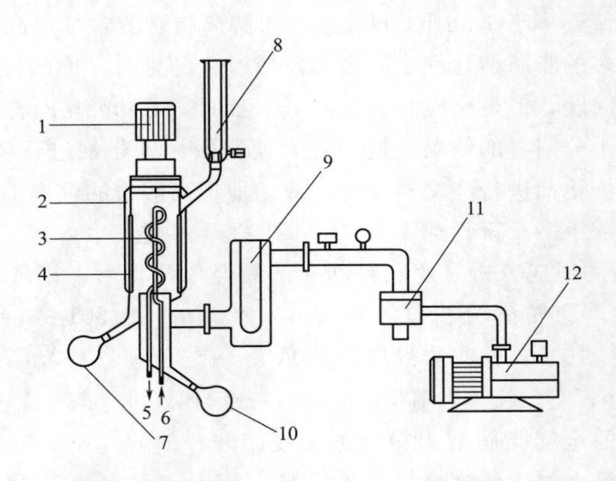

图 3-20　刮膜式分子蒸馏装置简图

1—转子驱动马达；2—加热夹套；3—冷凝管；4—刮膜转子；5—冷凝水出口；6—冷凝水入口；7—重组分收集瓶；8—进料器；9—冷阱；10—轻组分收集瓶；11—油扩散泵；12—真空泵

刮膜式分子蒸馏器是一种在工业上应用较为广泛的分子蒸馏设备，物料在其内部刮膜器的作用下均匀分布在加热筒壁表面，使单位体积流体具有足够大的蒸发面积，同时对蒸发液膜进行不断的更新，液膜呈湍流流动，既可避免局部过热，又可强化其内部质量和热量传递过程。

α-亚麻酸原料从进料器经计量后进入分子蒸馏装置，在刮膜器的高速转动作用下，均匀分布于加热蒸发面上，蒸发面由导热油精确控温。原料在蒸发面上被加热，在高真空条件下，易挥发组分经中间冷凝器并冷凝成液体，沿着冷凝器流入轻组分收集瓶；α-亚麻酸为相对挥发度较低的重组分，沿着蒸馏筒体的内壁流入重组分收集瓶。为了防止挥发物进入真空系统，须在管路上设置冷阱，冷阱中加入液氮作为深冷剂。由于真空系统有中间冷凝管和冷阱的双重冷凝作用，保证了整个系统操作压力的均衡。

影响纯化效果的因素：

a. 蒸馏温度及压力的影响　在相同压力下，随着蒸馏温度的升高，α-亚麻酸的收率逐渐降低。这是因为产品α-亚麻酸是原料中的较重组分，所以随着蒸馏温度的升高，与轻组分一同蒸馏出去的α-亚麻酸的比例增加，导致重组分中剩余α-亚麻酸的绝对量减少，收率降低。在相同的蒸馏温度下，随着操作压力的升高，产品中α-亚麻酸的收率逐渐增加。

随着蒸馏温度的升高，被蒸馏出去的轻组分的比例逐渐增加，剩余在重组分中的较轻组分的比例减少，α-亚麻酸在产品中的纯度逐渐增加；当温度高于120℃时，α-亚麻酸随着轻组分一同馏出的比例增加很快，导致重组分中α-亚麻酸的含量减少。在确定的操作压力下，蒸馏温度过高对产品纯度的影响是不利的。

从产品收率和纯度两方面考虑，采用刮膜式分子蒸馏装置提纯α-亚麻酸，压力为0.3Pa和温度范围为90～120℃时，其分离效果最佳。

b. 进料速率　在进行刮膜式分子蒸馏时，进料速率将决定物料在蒸发壁面上的停留时间，直接影响分子蒸馏的效率和产品的纯度。蒸馏压力为1.6Pa时，随着进料速率的加快，物料受热的时间变短，轻组分被切除的比例减少，留在重组分中的比例增加，α-亚麻酸在重组分中的相对含量逐渐减少，纯度逐渐降低。在相同的进料速率下，随着蒸馏温度的增加，蒸发面用于预热进料至蒸馏温度的时间变短，有效蒸发面积增加，轻组分被切除的量有所增加，因此产品中α-亚麻酸的纯度增加。

c. 进料温度　进料温度也是影响分子蒸馏效果的一个重要因素。在操作压力为0.3Pa、蒸馏温度为100℃、进料速率为100mL/h时，当进料温度较低（小于40℃）时，原料的黏度较大，在蒸馏器中用于预热原料的蒸发面积较大，导致有效蒸发面积的减少，产品中α-亚麻酸的纯度较低。随着进料温度的升高，用于预热原料的蒸发面积减少，有效蒸发面积增大，轻组分杂质被去除得比较充分，所以产品中α-亚麻酸的纯度有所增加。但进料温度大于70℃以后，产品纯度变化趋势减小。在蒸馏温度与压力一定的情况下，产品收率随进料温度的升高有降低趋势，当进料温度高于90℃时，产品收率急剧下降。综合纯度与收率两方面的影响，适宜的进料温度范围为60～80℃。

d. 刮膜器转速　操作温度为100℃、系统压力为1.0Pa的条件下，当刮膜器转速较低时，收率随转速增加明显。这说明随着刮膜转子转速的提高，原料在蒸发表面逐渐形成均匀的液膜，传热和传质越来越充分，蒸发的效率逐渐提高。当转子速率达到 150r/min 以后，转速对收率的影响很小。随着刮膜器转速的增加，α-亚麻酸的纯度有所增加，但是纯度的增加量较小。试验中选用的刮膜器转速为 150r/min。

e. 分离级数　VKL70 型刮膜式分子蒸馏设备是单级分离装置，要达到一定产品纯度要求时，需要采用多级操作。试验中，采用将每次蒸馏的重组分重新加入进料器，进行下一级蒸馏操作。随着分离级数的增加，α-亚麻酸的含量逐步提高，总收率随着分离级数的增加逐渐减少。

得出了刮膜式分子蒸馏技术提纯 α-亚麻酸的工艺条件：试验采用多级操作方式，蒸馏温度 90～105℃；操作压力 0.3～1.8Pa；进料温度 60℃；进料速率 90～100mL/h；刮膜器转速 150r/min；经过四级分子蒸馏，可以将原料中的 α-亚麻酸由原来的 67.5%提纯至 82.3%，收率在 70%以上。

② 低温结晶法　低温结晶法是将混合脂肪酸溶解在丙酮或乙醇溶剂中，置于低温下，在溶液中短链脂肪酸较长链脂肪酸的溶解度低，饱和脂肪酸较不饱和脂肪酸的溶解度低，这种溶解度差异随温度降低表现更为显著。根据这个性质，可将长链多不饱和脂肪酸和短链脂肪酸、饱和及低不饱和脂肪酸分离，达到提纯 α-亚麻酸的目的。

陈永等人以一般油脂加工副产物十八碳混合脂肪酸为原料，根据饱和脂肪酸配合物热稳定性比不饱和脂肪酸配合物的热稳定性高，并且不饱和脂肪酸配合物的热稳定性随不饱和程度提高而降低，再加以结晶温度与条件的差异，就可以使混合脂肪酸中不同结构组分得以分离、富集。作者以尿素为配合剂，以甲醇为溶剂采用配合结晶、梯度冷冻并在不同温度下过滤、分离，将不饱和脂肪酸分成油酸和（亚油酸＋亚麻酸）两组分，后者含量可达 95%以上，收率为 25%。

胡晓军等人采用冷冻丙酮法，分析了在提纯 α-亚麻酸的过程中冷冻温度、冷冻时间、溶剂配比、溶剂酸碱度、溶剂纯度以及冷冻次数等因素对产物中 α-亚麻酸的纯度和收率的影响。具体操作为：亚麻籽油在乙醇溶剂中加碱皂化，在氮气保护下水解得到混合脂肪酸，水解温度 75℃、时间 40min。量取所需的混合脂肪酸和丙酮，置入一定温度下的冰箱中，冷冻一定的时间后进行真空抽滤。将滤液移至旋转蒸发器中，在 50℃和真空度 0.0065MPa 条件下蒸出丙酮。剩余物转移至分液漏斗中，用热水洗至中性，去除其中的水分得到提纯的 α-亚麻酸。α-亚麻酸的乙醇溶液在浓硫酸的催化作用下，生成 α-亚麻酸乙酯。

影响提取的因素：

a. 处理温度对提纯产物的影响　在处理时间为 2h、混合脂肪酸与丙酮的体积比为 1∶5 的条件下，不同的温度对 α-亚麻酸的提纯效果影响很大。在试验温度取值范围内，随处理温度降低，α-亚麻酸的浓度变化呈上升趋势，α-亚麻酸的收率呈下降趋势，这是因为温度越低，溶解在丙酮中的短链脂肪酸、饱和脂肪酸和单不饱和脂肪酸越少，被析出的越多。

b. pH 值对提纯产物的影响　在 −40℃、混合脂肪酸与丙酮的体积比为 1∶5、处理时间为 2h 的条件下，随着溶液 pH 值的增加，产物中 α-亚麻酸的浓度变化是较平缓的提高趋势，收率变化呈较平缓的下降趋势，当 pH 值从 12.35 升高到 pH 12.98 时，α-亚麻酸浓度反而下降，收率也急剧下降，说明混合脂肪酸被严重皂化，脂肪酸在溶剂中的溶解度反而减小。

c. 溶剂用量对提纯产物的影响　在 −40℃处理时间为 2h、pH 值为 12.35 的条件下，当溶剂用量为混合脂肪酸的 5.76 倍以下时，α-亚麻酸浓度和收率均随溶剂用量的增加而提高，说明在该阶段多不饱和脂肪酸还未被溶剂充分溶解；当溶剂用量为混合脂肪酸的 5.76 倍时，溶剂中 α-亚麻酸浓度和溶解度达到最大，若继续增加溶剂用量，α-亚麻酸浓度和收率变化都不大。

d. 处理时间对提纯产物的影响　在 −40℃、丙酮与混合脂肪酸的体积比为 5.76∶1、pH 值为 12.35 的条件下，随着处理时间的增加，产物中 α-亚麻酸浓度有所提高，收率有所下降，当处理时间达到 3.93h 后，α-亚麻酸浓度和收率基本不再变化。

e. 溶剂纯度对提纯产物的影响　在 −40℃、丙酮与混合脂肪酸体积比为 5.76∶1、冷冻时间为 3.93h、溶液 pH 值为 12.35 的条件下，在丙酮中添加一定量的水，不仅可以提高富集物中 α-亚麻酸的浓度，而且可以降低丙酮的用量，降低生产成本。丙酮中含水量为 4.72%时提纯物中 α-亚麻酸浓度最高，丙酮中含水量对收率影响不大。

f. 处理次数对提纯产物的影响　在混合脂肪酸中，同是 18 碳的不饱和脂肪酸有油酸、亚油酸和 α-亚麻酸。一次低温处理要使它们很好地分离是难以实现的。在 −60℃丙酮与混合脂肪酸体积比为 5.76∶1、处理时间为 3.93h、溶液 pH 值为 12.35、丙酮中含水量为 4.72%的条件下，多次处理后产物中的 α-亚麻酸浓度有所提高。但 α-亚麻酸的收率与处理次数成反比，提纯成本也几乎成倍增加。

在多因素处理的正交试验中显示溶剂用量为 6.56 倍、处理时间为 4.74h、溶液 pH 值为 12.35、溶剂纯度为 95.28%时、产物中 α-亚麻酸的浓度由 46.0%提高到 80.3%，收率达到 56%。此法工艺简单，操作方便，且分离效率高，但需回收大量的有机溶剂，常与其他分离方法配合使用。

③ 尿素包合法　1940 年，Bengen 在定量测定牛奶中脂肪含量时发现，尿

素可以与含有4个碳原子以上的直链化合物（直链烃、脂肪酸、酯、醇、酮、醛）形成结晶型尿素包合物。此后尿素包合法被广泛应用在很多方面：将直链分子与有支链和环状基团的分子分开；将长碳链的分子和短碳链的分子分开；将饱和的与不饱和的分子分开；将低不饱和度的与高不饱和度的脂类分开；将反式的与顺式的脂类分开；防止高不饱和脂肪酸自动氧化；测定各种直链脂类的长度等。

尿素的结晶呈四方体，当与直链脂肪酸共存时变为六面体晶体。直链饱和脂肪酸最容易进入六面体晶体的管道内，而形成尿素包合物。而不饱和脂肪酸中的双键越多，越难进入晶体的管道内，双键使分子体积增大，较难形成尿素包合物。根据这个性质，可以将高不饱和脂肪酸与饱和及低不饱和脂肪酸分开，达到分离α-亚麻酸的目的。采用尿素包合法除去混合脂肪酸中饱和的、低不饱和的脂肪酸，以得到高纯度的α-亚麻酸。

尿素与脂肪族化合物形成包合物的基本条件是：第一，碳链必须大于4个碳原子；第二，碳链必须是直链。尿素包合法纯化是一种较好的混合脂肪酸分离的方法，其尿素包合能力：棕榈酸＞硬脂酸＞油酸＞亚油酸＞亚麻酸，由于亚麻酸双键较多，具有一定的空间结构，不易被尿素包合，采用过滤方法将尿素包合物除去，就可得到富含α-亚麻酸的脂肪酸产品。

称取尿素及甲醇经搅拌回流加热至尿素全部溶解（温度控制在65～70℃），待溶解后缓慢倒入混合脂肪酸（含α-亚麻酸46.7%），控制在一定温度下，静置一定时间。

静置后进行真空抽滤，温度60～65℃。真空度0.4～0.5MPa，分离滤液和滤饼。尽量干燥滤饼后加入热水分解尿素包合物，然后转移至分液漏斗中经水洗、温饱和食盐水洗涤后，分出脂肪酸饱和部分。

滤液移至烧杯中用水浴加热，蒸出甲醇，剩余物加10%HCl和一定量水溶解至pH2～3，转移至分液漏斗中，经热水洗、温饱和食盐水洗至中性，去除其中的水分得到脂肪酸不饱和部分。具体工艺流程如下：

尿素（加入包合）；饱和食盐水（加入水洗）；溶剂（加入纯化）

混合脂肪酸→包合→冷却→结晶→抽滤→滤液→水洗→脱水→脱溶→纯化的α-亚麻酸

影响纯化效果的因素如下。

a. 尿素用量　尿素分子是四方晶体。当其溶解于有机溶剂中或遇脂肪族化合物时，尿素分子之间以氢键结合形成六方晶体，呈六棱柱状。晶体框架的自由管道宽约0.15～0.16nm，饱和脂肪酸直径接近0.145nm，因此在结晶过程中直链饱和脂肪酸或单不饱和脂肪酸就能够进入管道内，形成尿素包合物析出。而不饱和脂肪酸由于双键的存在，碳链弯曲，有一定空间结构，不易被尿素包合。

b. 溶剂用量　甲醇和乙醇分别作为尿素包合反应中溶解尿素的溶剂时，甲醇的效果明显好于乙醇，但考虑到包合的成本、甲醇的毒性以及操作的安全性，本研究采用95%乙醇为溶剂。

c. 结晶时间　随脲包结晶时间超过4h后，包外脂肪酸中α-亚麻酸含量有所波动但变化很小。这种小幅的波动可能是环境温度有所波动导致平衡发生移动所致。当结晶达到一定时间后，包合物结晶已充分形成，因此继续延长时间，α-亚麻酸含量也不会有较大范围的变化。当结晶时间为4h时，仅α-亚麻酸最高，而且亚麻酸回收率和包外脂肪酸的得率也较高。综合比较，认为结晶时间取4h较为理想。

d. 包合温度　脲包的形成是一个放热过程。结晶温度对有热量变化的这种反应具有一定的影响。在酸/尿/醇＝1/2/5、结晶时间4h条件下，结晶温度在－20℃到40℃范围变化时，亚麻酸含量总体呈下降趋势，包外脂肪酸得率以及亚麻酸回收率均有上升，当结晶温度较低时，亚麻酸的含量很高。这是因为尿素络合物的形成是一个放热的过程，温度下降时，反应向生成尿素络合物的方向进行。随着结晶温度上升，会有更多的不饱和酸不能被很好地包合，这恰恰符合本研究包外脂肪酸得率以及亚麻酸回收率呈递增现象的事实。虽然有研究表明高度不饱和脂肪酸只有在极低温度下方能形成尿包物。但唐向阳等在20℃时的脲包法实现了亚油酸的富集。当结晶温度在30℃时，亚麻酸的含量较高，同时包外脂肪酸得率也较高。尽管40℃时亚麻酸的回收率和包外脂肪酸的得率同比均高于30℃时的情况，但40℃时亚麻酸含量已有所下降，因此，选结晶温度30℃为最佳结晶温度。

制取高纯度的α-亚麻酸的影响因素：首先溶剂配比对α-亚麻酸含量的影响显著，其次是包合温度，包合时间为次要因素；当温度为－15℃时，α-亚麻酸浓度达最高，当温度低于－15℃，随温度降低α-亚麻酸浓度几乎不变。这是因为尿素络合物的形成是一个放热过程，温度减低时，反应向生成尿素络合物的方向进行，包合温度随不饱和度的增加而降低。试验最后得出最佳包合温度是－10℃，亚麻酸、尿素、甲醇的最佳配比为1∶3∶8，最佳包合时间15h，试验结果显示，经两次包合后α-亚麻酸产品纯度由46.7%提高到87%，收率为53%。

增加尿素的含量，有利于尿素包合除去饱和脂肪酸、油酸和亚油酸，提高亚麻酸的含量，而增加甲醇的比例，虽有利于得率的提高，但纯度却有所降低。

尿素包合法的优势在于其效果显著，设备简单，容易操作，成本低廉，并且不在高温下进行反应，尿素包合物形成后，还可有效地保护双键不受氧化，能较完全地保留其生理活性，是大规模分离、提纯、富集各种不饱和脂肪酸的理想方法。

④ 超临界 CO_2 萃取法　近几十年来，超临界萃取作为一种新兴的分离技术受到了人们的重视。在萃取、精制鱼油等动植物油脂及分离其中对人体有益的脂肪酸，尤其是亚麻酸时，为了防止油脂和脂肪酸受热分解和避免给产品带来污染，超临界 CO_2 萃取成为一种有效的手段。

超临界流体萃取基本操作分四个步骤：首先是将萃取剂由常温、常压转变为超临界状态；再将萃取流体导入萃取釜内与物料充分接触，溶解出目标成分；然后含目标组分的流体经减压进入分离釜（又称解析釜），目标组分与流体分离；最后收集目的物，流体经加压循环使用。如图 3-21 所示为实验室用的超临界萃取设备和超临界 CO_2 萃取釜。

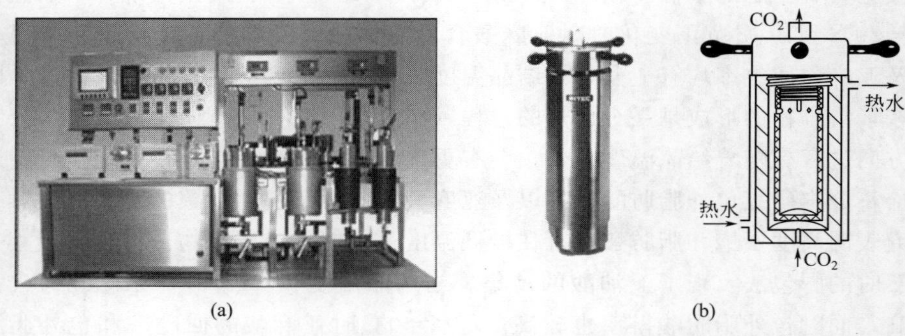

图 3-21　实验室用的超临界萃取设备（a）和超临界 CO_2 萃取釜（b）

超临界 CO_2 萃取的条件优化：

a. 温度的影响　当增加温度时，一方面流体的传质速率增加，降低了溶质内聚能有利于待萃取物从基质上脱附；但是温度升高流体的密度会相应下降，导致溶解力下降。实验得到最佳的提取温度是 40℃。

b. 压力的影响　随着压力的升高，亚麻籽油中亚麻酸得率增大，这是因为随着压力升高，流体的密度增大，其对亚麻籽油中亚麻酸的溶解力也增大。压力的最佳值为 35MPa。

c. 萃取时间的影响　随萃取时间的增大，亚麻籽油中亚麻酸得率增大，但超过 1.5h 增加并不非常显著。

d. 柱温的影响　实验表明，随着柱温增大亚麻籽油中亚麻酸增加，但柱温增加到 34℃之后，亚麻籽油中亚麻酸提取率有所下降。

⑤ 银离子络合法　银离子络合萃取法是根据脂肪酸双键数目的不同来实现分离的，基于银离子与碳碳双键能形成极性络合物，若脂肪酸双键越多，络合作用则越强。

银离子络合萃取法是基于 Ag^+ 与不饱和有机物碳碳双键络合反应的分离

方法。普遍认为 Ag^+ 与碳碳双键的成键作用中包含相互依赖的两个方面：a. 碳碳双键中不饱和电子与 Ag^+ 的 5s 轨道形成一个 σ 配位键，这是双键到 Ag^+ 的键合；b. Ag^+ 反过来给出一对 d 电子到碳碳双键的 π 反键轨道上，形成反馈 π 键。

司秉坤等人应用银离子络合萃取法从亚麻籽油中提取纯化 α-亚麻酸。硝酸银络合工艺的优选如下：配制一系列的硝酸银水溶液 10mL，与脂肪酸甲酯 2g 混合，置于棕色反应瓶中，在不同的温度下搅拌混合物一定时间，待反应结束后，将混合物转移至分液漏斗中分离，用正己烷提取法从络合物中萃取 α-亚麻酸，然后减压回收正己烷，即得到 α-亚麻酸，计算其转移率。所得产物进行气相色谱检测，并采用面积归一化法分析 α-亚麻酸的纯度。

如图 3-22 所示为气相色谱检测图。

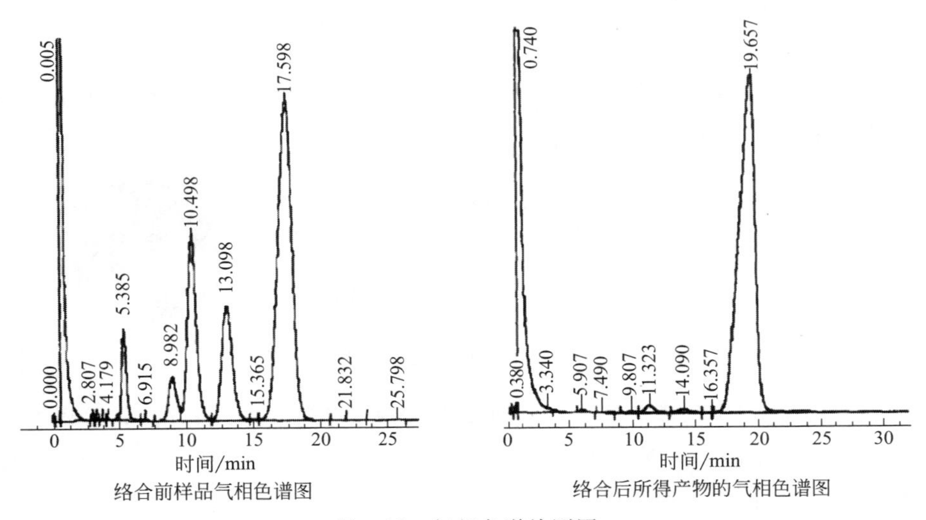

图 3-22　气相色谱检测图

根据影响硝酸银络合的主要因素，选择硝酸银浓度、络合时间、络合温度作为考察因素，每个因素选择三个水平进行实验，考察它们对 α-亚麻酸的收率和纯度的影响，以收率和纯度为指标确定硝酸银络合法的最佳工艺。

试验结果表明，硝酸银浓度对收率影响最大，其次是络合温度，因此得到最佳工艺条件是：硝酸银浓度为 6mol/L，于 4℃下络合 3h，α-亚麻酸产品纯度由 50%提高到 97.53%，收油率为 6.59%。

虽然硝酸银络合浓缩法的产品中的多不饱和脂肪酸含量很高，硝酸银溶液可以反复回收利用，但是该方法存在一定的缺点：Ag^+ 遇光或多烯有机物易被还原成 Ag，$AgNO_3$ 具有一定腐蚀性；$AgNO_3$ 价格昂贵；浓缩产品中有 Ag^+ 残留等。然而应用硝酸银-硅胶柱色谱法可以有效克服这些缺陷。

⑥ 络合色谱法　硝酸银-硅胶柱色谱法属络合色谱法，常用于多不饱和脂肪酸及其甲酯的分离纯化。由于吸附在硅胶上的银离子与不饱和脂肪酸分子中的—C═C—之间发生电子迁移形成π络合物，从而改变了各饱和度不同的脂肪酸在吸附剂（硝酸银-硅胶）上的分配系数，使之得以分离。

利用硝酸银-硅胶柱色谱法分离脂肪酸的主要影响参数有：吸附剂中硝酸银的含量、硅胶的处理方法、溶剂系统的选择及洗脱速度等。图3-23即为色谱柱示意。

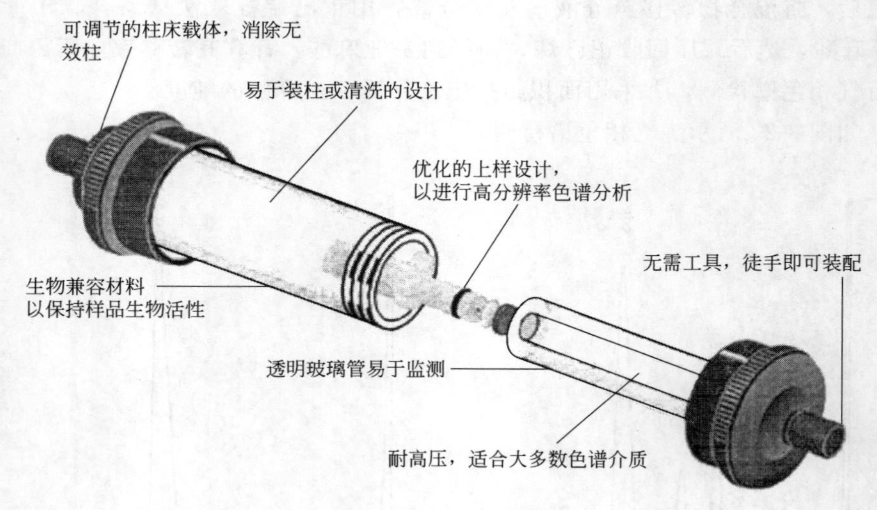

图3-23　色谱柱示意图

硝酸银-硅胶柱色谱法是一种较理想的分离纯化脂肪酸的方法，可以有效地将花椒籽油中的α-亚麻酸分离出来。相比之下，以α-亚麻酸含量较高的尿素包合法浓缩样品（61.88%）为材料，最高纯度可达98%。但直接以亚麻籽油混合脂肪酸（31.04%）为材料进行纯化，由于减少了尿素包合预浓缩等中间环节的损失，α-亚麻酸的回收率很高，可达90%以上。

方法：

a. 亚麻籽油中混合脂肪酸的制备　取50mL油样放入500mL烧瓶中，加入1.0mol/L NaOH-乙醇溶液至少200mL，在60℃水浴上加热回流40min，加热期间不时摇动，至溶液澄清透明。取下烧瓶，冷却至室温后，加入适量石油醚以除去不皂化物。然后放入冰箱，使皂析出，减压抽滤除去过量乙醇。加入适量水，使皂溶解，再用10%盐酸调其pH值至2～3，转移到分液漏斗中，用石油醚萃取，分取石油醚层水洗至中性，经无水硫酸钠干燥，过滤，滤液于50℃水浴中减压旋转蒸发，除去石油醚，即得混合脂肪酸。

b. 尿素包合浓缩样品的制备　经反复试验，在油中混合脂肪酸∶尿素∶

乙醇=1∶2.5∶8，包合温度0℃，包合时间15h，溶解尿素的温度为65～70℃的条件下，得尿素包合样品，其中α-亚麻酸含量为61.88%。

c. 银化硅胶的制备　称取100g硅胶，加入含有10g硝酸银的水溶液160mL（使其浸没硅胶），在沸水浴中加热30min（时加搅拌）。冷却、抽滤后，在120℃的真空干燥箱内活化20h，备用。

d. 装柱　称取15g活化的银化硅胶，加入80mL石油醚（60～90℃，为防止其在室温下的挥发，采用较高沸程的石油醚），搅拌以排除气泡，匀浆、静置1h，使其充分溶胀。在色谱柱底部预先放入高约1cm的石英砂（处理清洗过），加入20mL石油醚，然后将溶胀的银化硅胶缓慢倾入，柱外用黑纸包裹，平衡2h后使用。

e. 进样　待色谱柱内石油醚液面略高于硅胶面0.5cm时，开始进样。称取一定质量的混合脂肪酸，用吸管缓慢滴加，注意不要使硅胶面浮动。

f. 洗脱　进样后，装好色谱柱柱头，连接洗脱液储瓶，下面连接好流分收集器，开始洗脱。

g. 脂肪酸回收　将收集到的各流分按先后顺序依次编号，分别加入适量饱和氯化钠水溶液和石油醚，振摇1min，静置分层，除去下层残渣及氯化银沉淀与废液，再加入15%氯化钠水溶液洗涤两遍，最后用水冲洗1～2次，分取上层有机相，通过装有无水硫酸钠的漏斗，滤液于50℃水浴中减压回收溶剂，即得脂肪酸样品。

h. 气相色谱分析

ⓐ 脂肪酸甲酯化　采用硫酸甲酯化法。取脂肪酸约100mg，放入烧瓶中，加入1%的浓硫酸-甲醇溶液15mL，于70℃水浴中加热回流1h，取出冷却，移入分液漏斗中，加入50mL水，用石油醚10mL萃取脂肪酸甲酯两次。合并两次萃取液，用水洗至中性，通过装有无水硫酸钠的漏斗，滤液于50℃水浴中减压适当浓缩后，即可用于气相色谱分析。

ⓑ 气相色谱条件　采用OV-17硅毛细管柱（30m×0.25mm）。柱温150℃，保持3min，以4℃/min的速率升至230℃，保持12min。注样口温度280℃。载气N_2，流速50mL/min。检测器为FID。各脂肪酸组分含量采用峰面积归一化法计算。

影响因素：

a. 混合脂肪酸的纯化　以混合脂肪酸为纯化样品，选择合适的洗脱液体系。相关参数：硝酸银∶硅胶=1∶10，取混合脂肪酸0.75g、银化硅胶15g，混合脂肪酸∶吸附剂=1∶20，洗脱液流速为0.5～1.0mL/min。以各流分中α-亚麻酸的相对含量为主要指标。

经反复试验，较理想的洗脱剂体系为：0-2%-4%-6%-8%A-8%B-10%A-

10%B。

注：各洗脱液以无水乙醚在石油醚中的百分数记，各种洗脱液均为100mL。2%指100mL该洗脱液中含有2mL无水乙醚和98mL石油醚，A、B表示用同一种洗脱液连续洗脱两次。

ⓐ 混合脂肪酸纯化的洗脱　采用上述纯化条件，称取15g活化的银化硅胶，溶于80mL石油醚（60～90℃）中，搅拌、匀浆、充分溶胀后装柱，平衡2h后加入0.75g混合脂肪酸（混合脂肪酸：吸附剂＝1：20），开始洗脱，流出液每40mL收集一次，回收其中脂肪酸，甲酯化后，用气相色谱分析其中的脂肪酸组分。结果显示，混合脂肪酸：吸附剂＝1：10时，亚油酸和α-亚麻酸分离不理想，所得流分中α-亚麻酸的最高含量为89.52%。当混合脂肪酸：吸附剂＝1：30时，虽然可以获得高纯度的α-亚麻酸（＞90%），而且含高纯度的α-亚麻酸的流分出现较早（320mL），但是由于一次进样量较小，纯化效率较低。所以，就混合脂肪酸的纯化而言，以混合脂肪酸：吸附剂＝1：20较合适。

ⓑ 混合脂肪酸的吸附动力即银化硅胶对其吸附动力的影响　准确称取银化硅胶0.1g，加入50mL浓度为50mg/mL的游离脂肪酸（FFA）-石油醚溶液，于30℃下恒温振荡，每隔0.5h测定一次上清液中的总脂肪酸浓度（mg/mL）以及其中α-亚麻酸（ALA）的相对含量，测定FFA的吸附量随时间的变化趋势，得到FFA的吸附动力学曲线，同时计算相应间隔时间内FFA的平均吸附速率。从FFA的吸附动力学曲线可以看出，随吸附时间的延长，吸附量增加，约2h后达到平衡。由银化硅胶对FFA的平均吸附速率曲线得到，吸附速率在前2h迅速降低，以后逐渐缓和，至平衡后，几乎不再下降，基本符合单分子层吸附理论。

b. 尿素包合浓缩样品的纯化　相关参数：硝酸银：硅胶＝1：10，取FFA 0.75g、银化硅胶15g，脂肪酸：吸附剂＝1：20，洗脱液流速为0.5～1.0mL/min。以各流分中ALA的相对含量为主要指标。

ⓐ 洗脱体系的选择　经反复试验，较理想的洗脱剂体系为：4%-6%-8%A-8%B-8%C（注：各洗脱液以丙酮在石油醚中的百分数记，各种洗脱液均为100mL。A、B、C表示用同一种洗脱液连续洗脱3次）。因为尿素包合样品中的主要脂肪酸成分是亚油酸（LA）和α-亚麻酸（ALA），所以直接采用极性较大的4%洗脱液体系。

ⓑ 尿素包合浓缩样品的纯化洗脱　采用上述纯化条件，称取15g活化的银化硅胶，溶于80mL石油醚（60～90℃）中，搅拌、匀浆、充分溶胀后装柱，平衡2h后加入0.75g尿素包合浓缩样品（尿素包合浓缩样品：吸附剂＝1：20），开始洗脱，流出液每40mL收集一次，回收其中样品，甲酯化后，用

气相色谱分析其中的脂肪酸组分。根据以上结果，以各样品中的 ALA 的相对含量（%）对流出液体积（mL）作混合脂肪酸：吸附剂=1：20 时的洗脱曲线，以同样的方法分别作出尿素包合浓缩样品：吸附剂=1：15 和 1：30 时的洗脱曲线，结果显示，尿素包合浓缩样品：吸附剂=1：15、1：30 及 1：20 时，亚油酸和 α-亚麻酸均能理想分离，可以获得高纯度的 α-亚麻酸（>90%），相比之下，取纯化效率较高的尿素包合浓缩样品：吸附剂=1：15 较好。

侯相林等人研究了负载型硝酸银吸附柱分离亚麻酸乙酯过程中的影响因素，考察了载体类型（硅胶、氧化铝）、溶剂种类（石油醚、正己烷、超临界 CO_2）等对亚麻酸乙酯分离效果的影响。研究结果表明，超临界流体分离效果优于石油醚和正己烷等有机溶剂，氧化铝载体分离效果优于硅胶，超临界流体结合硝酸银吸附柱分离亚麻酸乙酯具有较好的效果，可得到纯度约 95% 的亚麻酸乙酯。

⑦ 膜分离技术　膜分离技术是采用半透膜作为选择障碍层，以在膜的两侧存在一定的能量差作为动力，允许某些组分透过而保留混合物中其他组分，由于各组分透过膜的迁移率不同，从而达到分离目的的技术。

毛爱民报道了以膜分离技术从植物油中提取 α-亚麻酸的工艺方法，其分离工艺是将混合脂肪酸与分离促进剂、抗氧化活性剂、表面活性剂混匀获得混合液，混合液在冷却条件下经 4 级膜过滤器分离处理，并将分离得到的脂肪酸进行多级分子筛蒸馏提纯，可以获得高纯度的 α-亚麻酸产品。

工艺方法，包括以亚麻籽油为原料经提纯获得纯油脂、经水解获得混合脂肪酸及甘油副产品的前处理工艺、分离工艺、后处理及提纯工艺，其特征在于：所述分离工艺是将混合脂肪酸与分离促进剂、抗氧化活性剂、表面活性剂混匀获得混合液，混合液在第一阶段冷却条件下经膜过滤器分离获得Ⅰ液与Ⅰ固，Ⅰ液在第二阶段冷却条件下经膜过滤器分离获得Ⅱ液与Ⅱ固，Ⅱ液在第三阶段冷冻条件下经膜过滤器分离获得Ⅲ液与Ⅲ固，Ⅲ液在第四阶段冷冻条件下经膜过滤器分离获得Ⅳ液与Ⅳ固，所述后处理及提纯工艺是将Ⅳ液经加热获得脂肪酸并回收多余物，脂肪酸经膜过滤器分离提纯后进行多级分子筛蒸馏提纯，脂肪酸在经膜过滤器分离提纯的同时将杂质剔出并予以收集，经多级分子筛蒸馏提纯后获得 α-亚麻酸产品。

膜可以在分子范围内进行分离，而且是物理过程，不需发生相的变化。但对设备要求较高，否则很难将与亚麻酸相对分子质量相近的脂肪酸分离开来。

⑧ 脂肪酶浓缩法　脂肪酶可对含多种脂肪酸的甘油三酯进行选择性水解，例如含有 EPA 和 DHA 的甘油三酯被脂肪酶水解的速度比不含有 EPA 和 DHA 的甘油三酯的水解速度慢得多，利用脂肪酶这一性质，可以高度富集多价不饱和脂肪酸甘油三酯。另外，利用脂肪酶在非水介质中进行转酯和酯合成

反应，也可提高多价不饱和脂肪酸在甘油三酯中的含量。

酶法富集多不饱和脂肪酸主要是利用多数脂肪酶对长碳链的多不饱和脂肪酸（PUFA）的作用性弱的特点。富集的方法有：a. 二步酶法　用假单胞菌脂肪酶水解黑加仑籽油，再用代氏根霉脂肪酶催化水解液中的脂肪酸与月桂醇酯化反应，使游离脂肪酸中的 γ-亚麻酸纯度提高到 70%；b. 选择性水解法　用 Crugosa 脂肪酶对琉璃苣油选择性水解，获得甘油酯，用分子蒸馏方法除去游离脂肪酸后，二次水解可使 γ-亚麻酸含量提高至 54%。这种方法还应用于亚麻籽油中亚麻酸的富集。

谷克仁等报道先在富含亚麻酸的油脂中加入一定量的水及脂肪酶，使油脂水解，再对得到的物料进行干燥脱水，最后采用分子蒸馏技术将 α-亚麻酸分离出来。魏决等利用非特异性脂肪酶水解紫苏子油，结合尿素包络方法提取 α-亚麻酸，避免了传统方法由于酸、碱及温度而造成 α-亚麻酸变性；最佳工艺条件为温度 40℃、pH7、油水比例 1∶2（Ⅳ∶Ⅴ）、5%吐温 80、解脂假丝酵母脂肪酶的用量 2400U/g（油）、水解时间 48h，在此条件下水解率可达到 90.02%。

脂肪酶浓缩法反应条件温和，产品质量稳定，但反应环境复杂，反应方向难以控制，常需与其他分离方法配合使用。

⑨ 柱色谱法　柱色谱分离主要是一种在实验中和商业上用于生产高含量 α-亚麻酸产品的有效方法。采用逆流分配高效液相色谱柱，利用 α-亚麻酸与饱和脂肪酸、低不饱和脂肪酸的极性不同，在两相间分配系数的差异进行分离，所得产品含量很高。对于 α-亚麻酸，采用的是反相液-液色谱，它适用于分离非极性到中等极性的化合物，固定相为非极性，流动相为极性，在色谱分析之前样品要进行甲酯化，使其出峰及分离效果明显。

四、展望

人们在深入研究人体必需脂肪酸 EPA、DHA 生理功能和制备方法的同时，很重视对其前体 α-亚麻酸的研究。我国医学界和营养学界专家建议国家立法，推广补充 α-亚麻酸。

我国食物结构中最缺乏的必需脂肪酸是 α-亚麻酸。通过多食用动、植物油来获取必需的多不饱和脂肪酸并不可取，因为动、植物油为多种脂肪酸的混合物，过多食用饱和脂肪酸可能导致心血管疾病；人体食用亚油酸和亚麻酸的比例应适当，过量摄入亚油酸将抑制 α-亚麻酸向 EPA 和 DHA 转化。

国内生产 α-亚麻酸油脂大都未采取抗氧化措施，在加工、储存和食用过程中，特别是加热时易氧化从而失去保健功效。因此，在重新探索植物油脂用途和价值的同时，有必要调整其脂肪酸组成和化学形式，以提供新的、更有价值的高品质产品，并积极研究开发以α-亚麻酸为主的保健食品和医药产品。

对于所综述的各种方法，由于不同植物油脂所连接的脂肪酸存在差异，Sanguk Kim等人认为根据需要，若要进一步纯化α-亚麻酸，还需采用多次尿素包合，与分子蒸馏法、络合色谱法、超临界萃取等方法相结合。因此需要根据工作目的，考虑各种方法的优劣来进行提纯工艺的设计。

目前，美国已开发出富含α-亚麻酸的保健品，如亚麻酸保健油、亚麻酸软胶囊等，用于预防和治疗心血管病。从亚麻籽中提取亚麻木酚素（SDG）在临床上用于抗肿瘤以及预防结肠癌、前列腺癌、胸腺癌、糖尿病、狼疮性肾炎的辅助治疗。保健品行业所需纯度的α-亚麻酸已实现工业化生产，但是还无法满足药用行业所需的高纯度α-亚麻酸生产，对此还需进一步的研究。在微生物领域，微生物发酵产油脂已多有报道，开拓了油脂的新资源，所以应用微生物方法，直接获取高纯度α-亚麻酸进行研究，将是一项非常有意义的工作。

第四节　亚麻籽油冷饮的开发

一、概述

目前市场上最常见的冷饮品有冰棍（棒冰）、汽水、冰激凌、酸梅汤和果子露等。而且随着人们生活水平的不断提高，冷饮食品不仅在夏季畅销，并已发展到为一年四季经常饮用的食品。特别是在夏天，由于天气炎热，人体皮肤出汗较多，容易导致精神不振、食欲减退。此时若食用一些清凉滑爽、生津止渴的冷饮食品，对人体消除疲劳是有益的。

冷饮食品包括的面很广，按其制作方法、原料及形状的不同分为冰激凌类、雪糕冰棒类、汽水类、泥类、羹类、冻类、果汁类、茶类、乳类及其他类。

1. 冰激凌

冰激凌（ice cream）是以饮用水、牛奶、奶粉、奶油（或植物油脂）、食糖等为主要原料，加入适量食品添加剂，经混合、灭菌、均质、老化、凝冻、硬化等工艺而制成的体积膨胀的冷冻饮品。

冰激凌的品种很多，按所用原料中的乳脂肪含量分为全乳脂冰激凌、半乳脂冰激凌、植脂冰激凌3种。

（1）全乳脂冰激凌　是以饮用水、牛奶、奶油、食糖等为主要原料，乳脂含量为8%以上（不含非乳脂肪）的制品。具体可分为清型全乳脂冰激凌、混合型全乳脂冰激凌和组合型全乳脂冰激凌。

① 清型全乳脂冰激凌　不含颗粒或块状辅料的制品，如奶油冰激凌、可可冰激凌。

② 混合型全乳脂冰激凌　含有颗粒或块状辅料的制品，如草莓奶油冰激凌、胡桃奶油冰激凌等。

③ 组合型全乳脂冰激凌　是主体全乳脂冰激凌所占比例不低于50%，和其他种类冷饮品或巧克力、饼坯等组合而成的制品，如巧克力奶油冰激凌、蛋卷奶油冰激凌等。

(2) 半乳脂冰激凌　半乳脂冰激凌是以饮用水、奶粉、奶油、人造奶油和食糖等为主要原料，乳脂含量为2.2%以上的乳制品。同样分为清型半乳脂冰激凌、混合型半乳脂冰激凌和组合型半乳脂冰激凌。

(3) 植脂冰激凌　植脂冰激凌是以饮用水、食糖、乳（植物乳或动物乳）、植物油脂或人造奶油为主要原料的乳制品。也分为清型植脂冰激凌、混合型植脂冰激凌和组合型植脂冰激凌。

2. 雪糕

雪糕（ice cream bar）是以饮用水、乳品、食糖、食用油脂等为主要原料，添加适量增稠剂、香料，经混合、灭菌、均质或轻度凝冻、注模、冻结等工艺制成的冷冻产品。雪糕的总固形物、脂肪含量较冰激凌低。

雪糕分类：根据产品的组织状态分为清型雪糕、混合型雪糕和组合型雪糕。

(1) 清型雪糕　不含颗粒或块状辅料的制品，如橘味雪糕。

(2) 混合型雪糕　含有颗粒或块状辅料的制品，如葡萄干雪糕、菠萝雪糕等。

(3) 组合型雪糕　与其他冷冻饮品或巧克力等组合而成的制品，如白巧克力雪糕、果汁冰雪糕等。

3. 汽水

汽水，泛指碳酸饮料汽水，是英国化学家及牧师卜利士力（Joseph Priestly，1733—1804）发明的，他比较为人所知的是发现氧气（另外也有说是一个叫马和的中国人发现的)。汽水其实只是一瓶二氧化碳的水溶液（另外有糖和香料、咖啡因)，把大约2～3atm（1atm＝101325Pa）的二氧化碳密封在糖水里，就会有部分的二氧化碳气体溶解在水中，二氧化碳在水中形成碳酸，汽水给人的那种刺激味道就是因为碳酸的缘故。

4. 雪泥

雪泥又称冰霜（ice frost)，是用饮用水、食糖等为主要原料，添加增稠剂、香料，经混合、灭菌、凝冻等工艺制成的一款松软呈冰雪状的冷冻饮品，它与冰激凌的不同之处在于含油脂量极少，甚至不含油脂，糖含量较高，组织较冰激凌粗糙，和冰激凌、雪糕一样是一种清凉爽口的冷冻饮品。

雪泥按照产品的组织状态分为清型雪泥、混合型雪泥与组合型雪泥三种。

（1）清型雪泥　不含颗粒或块状辅料的制品，如橘子（橘味）雪泥、香蕉（香蕉味）雪泥、苹果（苹果味）雪泥、柠檬（柠檬味）雪泥等。

（2）混合型雪泥　含有颗粒或块状辅料的制品，如巧克力刨花雪泥、菠萝雪泥等。

（3）组合型雪泥　与其他冷饮品或巧克力、饼坯等组合而成的制品，主体雪泥所占比率不低于50%，如冰激凌雪泥、蛋糕雪泥、巧克力雪泥等。

二、亚麻籽油在冷饮中的应用

近年来，亚麻籽油以惊人的发展速度正在迅速地占领全球油脂市场，并应用至食品领域。现对亚麻籽油的来源、制取、性质、改性手段及其在食品中的应用进行论述和分析。

1. 加工成人造奶油

人造奶油又称麦淇淋，是一种由水和油脂组成的，带有天然奶油风味的油脂产品。常见的有餐桌奶油、裱花奶油、液态奶油、酥皮麦淇淋，也有适合各种食品的通用麦淇淋，可广泛用于冷饮、蛋糕、面包、曲奇、西点夹心、蛋糕装饰、浅层煎炸（煎牛排）等食品中。亚麻籽油经氢化、分提、酯交换，可得到许多相关产品。这些油脂原料经调配可加工出各种用途的人造奶油。如分提后的液体油可用来加工成液态奶油，分提后的固体脂或氢化亚麻籽油可用来生产酥皮麦淇淋。

2. 应用于冷饮

亚麻籽油或其相关产品（起酥油、人造奶油）均可用于冰激凌和雪糕生产。与其他油脂相比，亚麻籽油加工的冰激凌具有较好的抗融性。在冷冻条件下，亚麻籽油稳定细小的β结晶，有利于冰激凌的凝冻膨化，可得到令人满意的膨胀率。冷饮中常用的亚麻籽油有液体亚麻籽油、半固体亚麻籽油和固体亚麻籽油。亚麻籽和亚麻籽油在加工冷饮时，前者的成本比后者高，若加工成高油脂含量的冰激凌，前者的口感更清爽；若制作雪糕等低脂类冷饮，两者没有明显差异。冰激凌中的脂肪含量一般为4%～6%，当脂肪含量增加时，冰激凌的抗融性得到了提高。如脂肪含量在2%～4%，不仅膨胀率无法达到要求，而且产品的抗融性差；当脂肪含量达8%～10%时，产品过于肥腻等。

3. 应用于冰激凌涂层

冰激凌涂层是可可粉、油脂、糖粉、奶粉、乳化剂和香料的混合物。大多冷饮厂家利用添加亚麻籽油来稀释巧克力块。其方法是先将亚麻籽油加热至50～60℃，然后在搅拌条件下缓慢加入巧克力块，并且将温度控制在50℃以下。继续搅拌至巧克力块完全熔解。用水浴法比蒸气夹层锅加热熔化巧克力控制温度要容易。巧克力块和亚麻籽油的质量比通常为1∶(1～1.5)。为突出产品的硬度或脆度，可增加巧克力块的用量，或者稀释油用椰子油、棕榈油或CBS（月桂酸代可可脂）来代替部分亚麻籽油。

三、亚麻籽油在冰激凌中的应用及作用

鉴于亚麻籽油主要用于冷饮中的冰激凌，其他冷饮中用量极少或者不可使用，故本节主要介绍亚麻籽油在冰激凌中的应用。

冰激凌生产中的油脂多为固体脂肪。在许多国家的冰激凌生产中，只允许使用乳脂肪。这些乳脂肪来源于全脂牛乳、稀奶油以及奶油等乳制品。由于乳脂肪是冰激凌原料中最为昂贵的成分，其使用量受限制，在我国和世界上许多国家使用了相当量的植物脂肪来取代乳脂肪，主要有人造奶油、氢化油、亚麻籽油、椰子油等，其熔点应类似于乳脂肪，在28～32℃之间。

油脂对冰激凌有很重要的作用，可归纳如下：

① 为冰激凌提供丰富的营养及热能　因为油脂中含有多种脂肪酸、脂溶性维生素及胆固醇。

② 影响冰激凌的组织结构　由于脂肪形成网状结构，可使冰激凌组织更细腻、结构更紧密。

③ 冰激凌风味的主要来源　由于油脂中含有许多种风味物质，如脂肪酸、内酯羟基化合物等，通过与冰激凌中的蛋白质及其他原料作用，使冰激凌风味更具独特性。

④ 增加冰激凌的抗融性　在冰激凌成分中，水所占比例相当大，它的许多物性对冰激凌质量影响也大，一般油脂熔点在14～50℃，而冰的熔点为0℃，因此适当添加油脂可以增加冰激凌的抗融性，延长冰激凌的货架寿命。

1. 含亚麻籽油的冰激凌的加工工艺

含亚麻籽油的冰激凌的加工工艺流程：

原料检验与称量→混合原料的配制→杀菌→均质→冷却、老化→包装与硬化

含亚麻籽油的冰激凌的加工工艺要点如下。

(1) 原料检验与称量　欲要制造香味浓郁、色泽鲜艳、组织细腻、形态轻盈、营养丰富的冰激凌，必须先用上等优质原料。原料在使用前必须进行理化、细菌、感官鉴定，不符合要求的不得用于投产，并要严格掌握分量，以保

证成品的规格质量。

（2）混合原料的配制及其作用　冰激凌的原料大致可以分作三大类：①固形物料，如砂糖、奶粉、明胶、蛋粉；②浓厚物料，如奶油、硬化油、冰蛋、甜炼乳、亚麻籽油；③液体物料，如牛奶与水。

将这些原料配制成冰激凌的混合料之前，必须了解：①冰激凌成品质量标准的理化指标；②用于配制的各种原料的理化指标；③每缸混合料的数量。

配制混合料的计算方法系采用物料平衡法，但在计算配方时，一般要略大于冰激凌成品理化指标的要求。

冰激凌料液中的乳脂肪起增香与润滑作用，而非脂干物质具有胶合作用。在料液中含有适量的鸡蛋或蛋制品，对改善冰激凌的结构、组织状态及风味有着重要的作用。蛋白在凝冻搅拌时形成薄膜，对混入的空气有保护作用。蛋黄中的卵磷脂能起乳化和稳定的作用。蛋黄经搅拌后能产生细小的泡沫，可使冰激凌组织松软，形体轻盈。鸡蛋与奶油、牛奶、砂糖混合在一起，无形中产生了一种引起食欲的奶油蛋糕的风味。砂糖在料液中既是甜味剂，又是填充剂。料液中采用亲水性的蛋白质胶体明胶（骨胶），这是目前冰激凌液中常用的稳定剂。明胶的凝胶力与膨胀力能提高料液的黏度，并在凝冻过程中，经剧烈搅拌，提高膨胀率；同时充当冰激凌的防腐剂。当外界温度升高时还能使冰激凌的形体软化缓慢，以及阻止冰结晶的产生。空气在料液中起发泡与膨胀的作用。水是各种原料除脂肪外的最好溶化剂与调和剂。如果没有适当的空气拌入和适量的水分混合，冰激凌就不可能有一个组织细腻与形状轻盈的结构。

（3）杀菌目的与方法　制造冰激凌的原料都是营养丰富的食品，极易滋生微生物。为了保障食品安全卫生，必须对料液进行处理，以达到：①杀灭料液的所有病原菌，如白喉杆菌、结核杆菌、伤寒杆菌等；②杀死料液中的绝大部分非病原菌和钝化部分酶的活力；③提高冰激凌的风味。

杀菌可采用连续片式交换器，杀菌温度 85℃，时间 15s，或采用间歇式卧式杀菌缸，杀菌温度 78℃，保温 15min，亦可用间歇式立式杀菌缸，杀菌温度 70℃，保温 30min。我国目前大多采用卧式或立式的杀菌缸，夹套中通蒸汽和冷却水，既可加热，又可作为冷却使用。

（4）均质的目的与方法

① 均质目的

a. 破碎较大的脂肪球，使产品达到组织细腻　牛奶的脂肪球直径为 0.1～22μm，平均为 11μm。每千克牛奶含有 20000 亿～50000 亿个脂肪球，其熔点为 28～36℃。由于预热和杀菌过程中的温度均大大超过了乳脂肪及其他脂肪的熔点，脂肪球和其他脂肪开始融化、膨胀，相互游离，因此，脂肪球与脂肪球相互结合在一起。通过显微镜观察，有的脂肪球直径最大能达 40～50μm。

这种过大的脂肪球，会影响冰激凌的细腻组织状态。通过均质工序后，大的脂肪球可缩小到1/10，如40μm可变为4μm。直径0.1～0.2μm的脂肪球则没有什么大的变化。

b. 提高黏度，使产品形体润滑、松软　牛奶中的白蛋白、球蛋白和鸡蛋中的蛋白质耐热性较差。在杀菌温度78℃和保温15min的过程中，这些蛋白质自然而然地成为细小的絮片（块），此时料液的黏度降低。没有均质这道工序，产品形体粗糙，适口性差。通过均质，破碎了絮片，使得产品形体更显得润滑松软。

c. 提高乳化能力，使产品结构达到均匀一致　冰激凌是由不同的原料配制而成，虽然通过原料混合、加热、搅拌等加工程序，表面上好像混合在一起，但实际上仍存在油水分离现象。通过均质，乳化能力提高，料液中的脂肪分子与其他料液分子便均匀地黏合在一起，从而促使料液达到均匀一致的结构。

② 均质方法　均质温度与压力要控制得当。常用均质温度应根据均质室温度的高低而随时调整，均质压力是按其含脂量多少而随时改变的。表3-11是一般的均质温度与压力要求对照表。

表3-11　均质温度与压力要求对照表

均质室温度/℃	料液的含脂量/%	适宜的温度/℃	适宜的均质压力/(kg/cm²)①
5～20	10	6～70	171～180
21～30	12	61～65	161～170
31～40	14	55～60	150～160

① $1kg/cm^2=0.1MPa$。

刚开始均质时，由于压力不够稳定，所以从均质泵输出的料液不能直接进入老化缸，须回收重新进行均质，以免影响成品的质量。待压力正常后，便可直接输入老化缸内。

均质是冰激凌生产工艺中的一道不可缺少的工序，否则不可能生产出优质冰激凌。如果能在混合原料配制好和杀菌后，冷却进入老化缸前，先后进行二次均质，那么产品的组织形态结构就会更完美。

(5) 冷却、老化的目的及方法　均质后料液要及时冷却，温度一般为6℃。

① 冷却的目的　一是可以挥发掉一部分不良气体；二是防止脂肪上浮与酸度增高；三是为老化工作做好准备。

② 老化的目的　老化又名物理成熟，主要是使料液的物理性质有所改变。通过老化，可进一步提高料液的黏度和稳定性，防止料液中游离水析出或脂肪上浮，可缩短凝冻时间。

③ 方法　正常情况下，冷却温度为6℃，时间为12h。但料液中总干物质含量越高，老化温度越低，老化时间也可缩短。

(6) 凝冻　凝冻是冰激凌形成的最后一道，也是关键的一道工序，直接关系到成品的质量。凝冻设备又称冰激凌机，分连续式与间歇式两种，多数采用液氮作为制冰剂。其操作规程如下：

① 先将冰激凌机洗净、消毒，放净圆筒内的水滴，开启冷气阀门，待圆筒上面起霜后待用。

② 开泵，将老化后的料液输送到冰激凌机上面的储料槽内，开进料阀门，定量加入机内，开始凝冻搅拌。第一次加入料液量为机内容积的51%～54%，以后每次为47%～50%。如果是制造水果或巧克力冰激凌，其料液加入量要适当减去水果和巧克力的加入量。

③ 加香精。如果要加其他辅料时，需待料液成为半固态时才好加入。

④ 从料液成为冰激凌的整个凝冻过程为8～12min。在此期间需经常观察窥视孔，注意从料液转化为冰激凌的情况，如发现窥视孔上面堆积成为浓厚的固态云带形状，即可开始放入桶内。

加入冰激凌机内的料液，通过凝冻（热交换）、搅拌（加速料液温度的均匀下降）及外界空气的混入（促使体积膨胀）等过程，逐步变为体积膨大而浓厚的固态。至此，冰激凌已经制成成品。

(7) 包装与硬化方法　凝冻后即进行包装。包装规格系根据冰激凌的品种而定。如冰砖冰激凌，要将凝冻好的冰激凌及时倒入冰砖车内，通过机械方式定量地自动将冰激凌灌装入已折好的冰砖纸盒内，并及时封口，再装入大纸盒或塑料箱内，及时送入硬化室内进行速冻。由于包装室的温度高于冰激凌的温度，包装后的冰激凌如不及时硬化，势必使冰激凌表面的部分受热而融化。若游离水析出，再经低温硬化则形成较大的冰结晶，吃到嘴内有冰屑的感觉，影响质量。

硬化室（速冻室）的温度要经常保持在－25～－23℃。硬化室的冷却系统多数是采用直接安装蒸发的冷却搁架式排管。包装好的冰砖就放在冷排排管的搁架上，使产品的四周完全处于冷空气包围中。

决定冰激凌速冻时间有以下几个因素：

① 与冰激凌的品种包装规格大小有关　如大冰砖320g，在同一条件下要比中冰砖160g的慢一些，而纸杯冰激凌50g的要比中冰砖快一些。

② 与速冻室冷空气的流动方法有关　无鼓风机装置为自然对流，速冻时间慢；有鼓风机装置为强制对流，速冻时间快。

③ 与强制对流的空气循环速度快慢有关　如室内空气流速为1m/s，中冰砖速冻时间需6～8h，如室内空气流速达3m/s，只需3～5h。

④ 与堆装方法有关　堆装时，箱与箱之间要有一定的距离，最好间隔2～4cm，不宜过于紧密，否则也会影响速冻效果。

2. 影响含亚麻籽油冰激凌加工的因素

冰激凌是一种冻结的乳制品，其物理结构是一个复杂的物理化学系统，空气泡分散于连续的带有冰晶的液态中，这个液态包含有脂肪微粒、乳蛋白质、不溶性盐、乳糖晶体、胶体态稳定剂和蔗糖、乳糖、可溶性的盐，因此是由气相、液相和固相组成的三相系统，可视为含有40%～50%体积空气的部分凝冻的泡沫。冰激凌的质量标准可参见国家行业标准SB/T 10013—99。要达到规定的冰激凌质量标准及物理结构，应该从冰激凌混合料的组成（配方与原辅料质量）、生产工艺条件和生产设备三方面去分析研究。

(1) 冰激凌混合料组成的影响　制作冰激凌的主要原辅料有脂肪、非脂乳固体、甜味料、乳化剂、稳定剂、香料及色素等。

① 脂肪　通常用于冰激凌的脂肪为乳脂肪，乳脂肪能赋予冰激凌特有的芳香风味、使组织润滑及良好的质构和保型性等，故一般而言，乳脂肪愈多品质亦愈佳。乳脂肪的来源有纯奶油、奶油、鲜奶、炼乳、奶粉等，必须选择新鲜而洁净、品质优良者。

② 非脂乳固体　非脂乳固体是牛乳总固形物除去脂肪而剩余的蛋白质、乳糖及矿物质的总称，其中蛋白质具有水合作用性质，在均质过程中它与乳化剂一同在生成的小脂肪球表面形成稳定的薄膜，确保油脂在水中的乳化稳定性，同时在凝冻过程中促使空气很好地混入，并能防止制品中冰结晶的扩大，质地润滑且具有柔和甜味的乳糖及带有盐味的矿物质，将赋予制品显著风味特征，但若非脂固形物过多时，则脂肪特有的奶油味将被消除，而炼乳臭或脱脂奶粉臭将因此而出现。限制非脂乳固体的使用量，最大原因在于防止其中的乳糖呈过饱和而渐次结晶析出的沙状沉淀，一般推荐其最大用量不超过冰激凌中水分的17%，非脂乳固体可以由液奶、炼乳、奶粉、乳清粉提供。

③ 甜味料　现在最常用的为蔗糖，一般用量为15%～16%，蔗糖不仅给予制品以甜味，而且能使制品组织细腻，是优质价廉的甜味料。蔗糖的用量可以使冰激凌混合料的冻结点下降，鉴于淀粉糖浆的抗结晶作用、甜味柔和，国外常以淀粉糖浆部分代替蔗糖，目前国内冰激凌生产厂家也广为使用，由于多用淀粉糖浆，其冻结点将比蔗糖低，故不宜用量太多，一般以代替蔗糖的1/4为好，此时淀粉糖浆1.5kg约可置换蔗糖1kg。蔗糖与淀粉糖浆两者并用时，冰激凌的组织将更佳，且有防止贮运过程中品质降低的优点。

大多数含果汁的Sorbet、Sherbet或果实冰激凌因含有酸味而减弱甜味，故有酌加甜味料的必要，对于添有可可或甜汁等含苦味强的制品则宜比一般冰激凌增加2%～3%的蔗糖。为了改进风味，增加品种或降低成本，很多甜味料如蜂蜜、糖精、甜蜜素、蛋白糖、甜菊糖、阿斯巴甜等可搭配合理使用。

④ 稳定剂　稳定剂具有亲水性，即能与水结合，因此能提高冰激凌的黏度和膨胀率，防止冰结晶的产生，减少粗糙的感觉，而使产品组织轻滑，且其吸水力强，因此对产品融化的抵抗力亦强，使冰激凌不易融化，在冰激凌生产中能起到改善组织状态的作用。稳定剂的种类很多，较为常用的有明胶、CMC、瓜尔豆胶、黄原胶、卡拉胶、海藻胶、魔芋胶、变性淀粉等，淀粉一般用于等级较低的冰激凌中。稳定剂的添加量是依冰激凌的成分组成而变化，尤其是依总固形物含量而异，一般在0.1%～0.5%左右。无论哪一种稳定剂都有长处和短处，所以单独使用不如将两种以上混合使用为宜，选用稳定剂时应考虑下列几点：a. 易溶于水或混合料；b. 能赋予混合料良好的黏性及起泡性；c. 能赋予冰激凌良好的组织及质地；d. 能改善冰激凌的保型性；e. 具有防止结晶扩大的效力；f. 价廉。

⑤ 乳化剂　乳化剂是一种分子中具有亲水基和亲油基的物质，它可介于油和水的中间，使一方很好地分散于另一方的中间而形成稳定的乳化液。冰激凌的成分复杂，其混合料中加入乳化剂除了有乳化作用外，还有其他作用，可归纳为：a. 使脂肪球呈微细乳浊状态，并使之稳定化。b. 分散脂肪球以外的粒子并使之稳定化。c. 增加室温下冰激凌的耐热性。d. 减少贮藏中制品的变化。e. 防止或控制粗大冰晶形成，使冰激凌组织细腻。

冰激凌中常用的乳化剂有甘油酸酯（单甘酯）、蔗糖脂肪酸酯（蔗糖酯）、聚三梨酸酯、山梨糖醇酐脂肪酸酯、丙二醇脂肪酸酯（PG酯）、卵磷脂、大豆磷脂等。最近太原日化所开发的三聚甘油硬脂酸单甘酯是一种新型的食品乳化剂，其乳化效果可与分子蒸馏单甘酯媲美，乳化剂的添加量与冰激凌混合料中的脂肪含量有关，一般随脂肪含量增加而增加，其范围在0.1%～0.5%，同样，复合乳化剂的性能优于单一乳化剂。此外，亚麻籽油的加入也起到了一定的乳化作用。

⑥ 总固形物　总固形物即为上述原料的合计，系影响冰激凌品质、膨胀率等的主要因素。固形物高者，一般能增大膨胀率，增加重量，组织将变润滑，品质亦将提高，且有减少凝冻及硬化所需热量的优点。但固形物过高，混合料黏性增大而使质地劣化，同时亦增加成本，一般固形物以25%～40%为宜。

⑦ 香料　香精香料可使制品带有醇和的香味和具有该品种应有的天然风味。其质量的好坏直接影响冰激凌的品质，故在选择使用时，除考虑价格因素外，首先应注意的是质量。

(2) 冰激凌生产工艺条件的影响　冰激凌的生产工艺过程必须遵照一定的

技术条件来完成，否则就不能制作出质量优良的产品。

① 原料的检查 原辅料质量好坏直接影响冰激凌的质量，所以各种原辅料必须严格按照质量标准进行检验，不合格者不许使用。通常先进行感官检查，同时检测原料的密度、黏度以及固形物、脂肪、糖分等的含量是否符合规格，其细菌数以及砷、铅重金属等的含量是否在法定标准以下，以及所使用的食品添加剂是否符合规定等。

② 配料混合

a. 原料的配合计算 制造冰激凌最基本的是配料，即配方计算，冰激凌的配方组成按消费者嗜好、原料价格及供应情况以及产品的销售状况来确定。先定质量标准，再根据标准要求用数学方法计算其中各种原料的需用量，从而保证所制成的产品质量符合技术标准。计算前首先必须了解各种原料和冰激凌的组成，作为配方计算的依据。

b. 混合料的配制 混合料的配制首先应根据配方比例将各种原料称量好，然后在配料缸内进行配制，原料混合的顺序宜从浓度低的水、牛乳等液体原料开始，其次为炼乳、稀奶油等液体原料，再次为砂糖、乳粉、乳化剂、稳定剂等固体原料。最后以水、牛乳等作容量调整。混合溶解时的温度通常为40～50℃。乳粉在配制前应先加水溶解，均质一次，再与其他原料混合，砂糖应先加入适量的水，加热溶解过滤。冰激凌复合乳化稳定剂可与其5倍以上的砂糖拌匀后，在不断搅拌的情况下加入到混合缸中，使其充分溶解和分散。

③ 杀菌 混合料的酸度及所采用的杀菌方法，对产品的风味有直接影响。混合料的酸度以0.18%～0.20%乳酸度为宜，酸度高时杀菌前需用氢氧化钙或小苏打进行中和。否则，杀菌时不仅会造成蛋白质凝固，而且影响产品的风味，但中和时需注意防止中和过度而产生涩味等。冰激凌混合料在杀菌缸内用夹套蒸汽加热至温度达78℃时，保温30min进行杀菌，若用连续式巴氏杀菌器进行高温瞬时杀菌（HTST），以83～85℃、15s应用最多，否则高温长时间杀菌易使产品产生蒸煮味和焦味。

④ 均质 混合料均质对冰激凌的形体和结构有重要影响。均质一般采用二级高压均质机进行，其作用是使脂肪球直径变小，一般可达1～2μm，同时使混合料黏度增加，防止在凝冻时脂肪被搅成奶油粒，以保证冰激凌产品组织细腻。均质处理时最适宜的温度为65～70℃，均质压力为第一级15～20MPa、第二级2～5MPa，均质压力随混合料中的固形物和脂肪含量的增加而降低。

⑤ 冷却、老化 老化是将混合料在2～4℃的低温下冷藏一定时间，称为“成熟”或“熟化”。其实质是在于脂肪、蛋白质和稳定剂的水合作用，稳定剂充分吸收水分使料液黏度增加，有利凝冻搅拌时膨胀率的提高。

老化时间与料液的温度、原料的组成成分和稳定剂的品种有关，一般在

2～4℃下需要4～24h。老化时要注意避免杂菌污染，老化缸必须事先经过严格的消毒杀菌，以确保产品的卫生质量。

⑥ 凝冻　凝冻过程是将混合料在强制搅拌下进行冰冻，使空气以极微小的气泡状态均匀分布于全部混合料中，一部分水成为冰的微细结晶的过程。其作用有：a. 冰激凌混合料受制冷剂的作用而温度降低，黏度增加，逐渐变厚成为半固体状态，即凝冻状态。b. 由于搅拌器的搅动，刮刀不断将筒壁的物料刮下，防止混合原料在壁上结成大的冰屑。c. 由于搅拌器的不断搅拌和冷却，在凝冻时空气逐渐混入从而使其体积膨胀，使冰激凌达到优美的组织与完美的形态。

凝冻温度是－4～－2℃，间歇式凝冻机凝冻时间为15～20min，冰激凌的出料温度一般在－5～－3℃，连续凝冻机进出料是连续的，冰激凌出料温度为－6～－5℃左右，连续凝冻必须经常检查膨胀率，从而控制恰当的进出量以及混入的空气。

⑦ 成型灌装　凝冻后的冰激凌必须立即成型和硬化，以满足贮藏和销售的需要。冰激凌的成型有冰砧、纸杯、蛋筒、浇模成型、巧克力涂层冰激凌、异形冰激凌切割线等多种成型灌装机，其重量有320g、160g、80g、50g等，还有供家庭用的1kg、2kg不等。

⑧ 速冻、硬化与贮藏　凝冻后的冰激凌不经硬化者为软质冰激凌，若灌入容器后再经硬化，则成为硬质冰激凌。前者多为现制现售，后者产量较大。

速冻、硬化的目的是将凝冻机出来的冰激凌（－5～－3℃）迅速低温（<－23℃）冷冻。以固定冰激凌的组织状态，并完成在冰激凌中形成极细小的冰结晶过程，使其组织保持适当硬度，保证冰激凌的质量，便于销售与贮藏运输。速冻、硬化可采用速冻库（－25～－23℃）或速冻隧道（－40～－35℃）。一般硬化时间在速冻室内为10～12h，若是采用速冻，时间将短得多，只需30～50min。影响硬化的条件有包装容器的形状与大小、速冻室的温度与空气的循环状态、室内制品的位置以及冰激凌的组成成分和膨胀率等因素。

贮藏硬化后的冰激凌产品，在销售前应保存在低温冷藏库中，库温为－20℃。

（3）冰激凌生产设备的影响　生产冰激凌的设备按工艺流程顺序有配料缸、杀菌缸、均质机、板式冷却器、老化缸、凝冻机、灌装机、速冻库、冷藏库等，其中对冰激凌质量影响最大的要数杀菌器、均质机、凝冻机、速冻库（或速冻隧道）。实践表明，没有好的设备要生产出好的冰激凌产品是不可能的。

① 杀菌器　冰激凌混合料的杀菌设备有各种不同的型式和结构，一般分为间歇式和连续式两大类，间歇式杀菌器又称“冷热缸”，其结构简单、易于

制造、操作方便、价格低廉，为一般冷饮厂所广泛采用。较为先进的冷饮厂多采用高温短时巴氏杀菌装置，对混合料进行自动化的连续杀菌，该装置主要由设计成四段的板式热交换器、均质机、控制柜及阀门、管道组成。其特点是杀菌效果好，混合料受热时间短，尤其是乳品成分因热变性的影响较少，从而保证了产品的质量。

② 均质机　目前较多使用的是双级高压均质机，即由两级均质阀和三柱塞往复泵组成。冰激凌混合料通过第一级均质阀（高压阀）使脂肪球粉碎达到1～2μm，再通过第二级均质阀（低压阀）以达到分散的作用，从而保证冰激凌物理结构中脂肪球达到规定的尺寸，使组织细腻润滑。所以均质机的质量好坏对冰激凌质量有着直接的影响。

③ 凝冻机　凝冻机是混合料制成冰激凌成品的关键性机械设备。凝冻机按使用制冷剂种类不同可分为氨液凝冻机、氟里昂凝冻机等；按生产方式又分为间歇式和连续式两种，连续式凝冻机在现代冰激凌生产中较常用，混合料在0.15～0.2MPa压力下泵入和放出，这样就可以使用低的冷冻温度而冻结更多的水分，使其制品的冰结晶直径控制在5～10μm，气泡的直径控制在30～150μm左右，从而组成均匀的混合体。它所制成的冰激凌组织均匀、细腻、润滑，同时达到了生产连续性和高效性生产能力。

④ 速冻库（或速冻隧道）　当冰激凌制品离开灌装机时，其温度为－5～－3℃，在此温度下约有30％～40％的混合料中的水分被冻结，为了确保冰激凌产品的稳定和凝冻后留下的大部分水分冻结成极微小的冰结晶以及便于贮藏、运输和销售，必须迅速地将分装后的冰激凌进行速冻硬化，然后转入冷库贮藏。

冰激凌硬化的优劣对产品最后品质有着至关重要的影响，硬化迅速则融化少，组织中的冰晶细，成品细腻润滑，若硬化缓慢，则部分融化，冰的结晶大，成品粗糙，品质低劣，为此，目前较先进的生产厂家多采用速冻隧道。速冻隧道长度一般为12～15m，隧道内温度通常为－40～－35℃，速冻时间为1h，如冰激凌是分装过的小块，则冰激凌在隧道上经过30～50min后，其温度能从－5℃左右下降到－20～－18℃。由于硬化迅速、温度低，冰激凌形体稳定、结晶小、质地细腻圆滑。

四、亚麻籽油在雪糕加工中的应用

亚麻籽油可以用于雪糕加工。下面以绿豆雪糕的加工为例，介绍亚麻籽油在雪糕中的应用。

1. 原料与配方

白砂糖14％、奶粉5％、亚麻籽油5％、葡萄糖浆4％、绿豆4％、复合乳化稳定剂0.4%、绿豆香精0.15%、色素适量、饮用水67.45%。

2. 主要设备

生产绿豆雪糕的主要设备有夹层锅、胶体磨、配料缸、均质机、板式换热器、老化缸、冰激凌凝冻机、花色雪糕生产线和冷库等。

3. 工艺流程

原料→筛选→清洗→煮豆→磨浆→配料→杀菌→均质→冷却→老化→凝冻→注模→冻结→脱模→包装→入库→储藏→硬化

4. 操作要点

(1) 原料选择　应选择籽粒饱满、无虫、无霉、无僵的新鲜绿豆为原料。

(2) 筛选　严格筛选除杂，特别是小石块等不溶于水且在水中又不易漂浮的杂质。

(3) 清洗　用清水清洗2～3次后备用。

(4) 煮豆　将清洗后的绿豆放入夹层锅内，加入2～3倍于绿豆的清水，将绿豆煮至开花（煮豆前绿豆应在常温下浸泡12h左右）。

(5) 磨浆　将煮好的绿豆用胶体磨磨成绿豆浆。

(6) 配料　在配料缸中先加入少许40～50℃的温水，然后依次加入奶粉、糊精、砂糖（复合乳化稳定剂与10倍左右砂糖混匀后加入，以利于溶解）、淀粉、糖浆、绿豆浆、亚麻籽油等，最后加水定容。

(7) 杀菌　将配料缸加热，同时开机搅拌，当温度升至80℃时，恒温20min杀菌。

(8) 均质　杀菌后的雪糕原料要用均质机均质，通过均质可改善口感，使其更细腻，获得均匀液相混合物，防止脂肪分离和增加料液黏度。均质的压力应为20MPa，温度应为60～75℃。

(9) 冷却　可用板式换热器使料液温度降至10℃以下。

(10) 老化　将冷却后的料液输入老化缸内，当温度降至4℃时，恒温持续4～6h。老化可加强蛋白质和稳定剂的水化作用，进一步提高混合料的稳定性和黏度，有利于提高膨胀率，改善产品的组织结构。

(11) 凝冻　老化后的料液加入适量香精、色素后，即可进行凝冻，膨胀率应控制在40%～50%。

(12) 注模　凝冻的物料通过花色雪糕线上的小车灌注到模具中，然后插杆。

(13) 冻结　灌注到模具中的膨化雪糕物料，要经过-33℃以下盐水冻结。

(14) 脱模与包装　冻结好的雪糕通过温水喷淋脱模后，进入到包装机内进行包装。

(15) 入库、储藏与硬化　包装好的雪糕放在－23℃以下的冷库中储藏，经硬化24h后方可出厂。冷库的温度应稳定，不要波动太大，以防雪糕内部形成较大的冰晶。

5. 质量标准

(1) 感官指标　色泽应具有新鲜绿豆的天然色泽；滋味和气味香气宜人，口味纯正，无异味；组织状态细腻无大冰晶，无杂质。

(2) 卫生指标　细菌总数≤25000CFU/mL；大肠菌数≤4500MPN/L。

五、亚麻籽油在酸乳中的应用

近年来，除了应用于冷饮中，亚麻籽油在酸乳的加工过程中也起到了重要作用。酸乳中的益菌因子具有以下功效：①防治腹泻；②缓解乳糖不耐症；③预防阴道感染；④增强人体免疫力；⑤缓解过敏作用；⑥降低血清胆固醇；⑦预防癌症和抑制肿瘤生长。

随着人们生活水平的提高，高血压、高血脂、糖尿病以及心脑血管疾病等的发病率也随之增高，很大程度上这是一种生活方式病，现在人们已经认识到了它们的危害，开始从各个方面注意防治与保养，尤其是中老年人热衷于养生。亚麻籽油在防治“三高”方面具有一定的作用。下面就是亚麻籽油在酸乳中应用的方法。

向200mL自制无糖酸奶中加入15mL冷压初榨的有机亚麻籽油，搅拌到油和奶完全融合，基本上看不出有油的状态，然后根据个人喜好加入适量水果丁、蔬菜丁、麦片、干果等（无糖酸奶的制作方法：分别取500mL的鲜奶和自榨滤渣豆浆，加入一小勺益生菌放在常温下发酵8～12h，冬天可以放在保温桶中发酵。如果自制无糖酸奶不方便，也可以用超市购买的原味无糖酸奶或干奶酪放入搅拌机中打碎代替）。

益生菌加自制酸奶＋亚麻籽油的制作介绍如下。

(1) 原材料准备　益生菌加自制酸奶（酸奶机、纯牛奶、益生菌加酸奶菌粉）；冷榨有机亚麻籽油；蜂蜜，酸奶必须是自制的。

(2) 制作方法

① 在杯中倒入200mL自制纯酸奶（不加糖）。

② 将15mL有机亚麻籽油加入到酸奶中搅拌至油与酸奶充分混合为止。

③ 据个人口味可加入适量蜂蜜或鲜榨果粒等，调匀后即可食用。

每天食用10～15mL亚麻籽油加自制酸奶，可有效补充亚麻酸，降血脂。通过益生菌加自制酸奶＋亚麻籽油，可以将反式脂肪排出体外，亚麻籽油与酸奶充分混合后可以溶解，所以口味与酸奶原味无异，其口感大部分人都能接受。其次，亚麻籽油与酸奶混合后产生反应，生成一种对人体非常有利的物质，对提高血液含氧量、提高人体免疫能力效果明显。因此，采用这种方法，不仅有 ω-3 脂肪酸提供给细胞的不饱和脂肪酸的作用，同时还能生成新物质，作用于人体血液系统和免疫系统，能够收到很好的效果。

六、亚麻籽油在冷饮中的优势及应用前景

在食品配方中如需固体油脂，则须将豆油、菜油这些液体油脂氢化后才能转化为固体。而使用亚麻籽油及其相关油品，就可降低成本，因其不需氢化。另外，用物理精炼代替碱炼，油脂损失少，产生的污水少且易处理。使用亚麻籽油除了成本低外，单位面积的产油率高，产量高，其价格非常有竞争力。

未来的食品行业中，亚麻籽油的一个重要用途是生产烹调用的精炼亚麻籽油，它富含维生素 E 和胡萝卜素，具有很高的营养价值。高碘价液体亚麻籽油与其他植物油相混后可生产调和油，如 50%亚麻籽液体油和 50%菜籽油的调和油在日本市场已获成功。因亚麻籽油具有温和的气味以及良好的抗氧化稳定性，适合于添加到冰激凌等各种冷饮中。

第五节　含亚麻籽油糕点的开发

一、糕点概述

1. 糕点的概念及发展历史

糕点（pastry）：以粮、油、糖、蛋等为主料，添加适量辅料，并经调制、成型、熟制等工序制成的食品。

中式糕点（chinese pastry）：起源于中国，是具有中国传统风味和特色的糕点。中国糕点制作历史悠久，技术精湛，古籍书中对糕点有很多记载。2000 多年前的先秦古籍《周礼·天宫》中就讲到“笾人馐笾之实，糗饵粉姿”。其中糗是炒米粉或炒面，饵为糕饵或饼饵的总称，这些都是简单的加工，但已初具糕点的雏形，后来品种逐渐增加，有蜜制的、油炸的等。明、清以后，我国糕点生产逐渐形成了各地区独特的风味制作技艺，并在相互影响下，发展为目前繁多的花色品种。

2. 中式糕点的分类

（1）以生产工艺和最后熟制工序分类

① 烘烤制品　以烘烤为最后熟制工序的一类糕点。

a. 酥类糕点　使用较多的油脂和糖，调制成塑性面团，经成型、烘烤而

制成的组织不分层次、口感酥松的制品。

b. 松酥类糕点　使用较少的油脂、较多的糖（包括砂糖、绵白糖或饴糖），辅以蛋品、乳品等并加入化学疏松剂，调制成具有一定韧性和良好可塑性的面团，经成型、烘烤而制成的口感疏松的制品。

c. 松类糕点　使用较少的油脂、较多的糖浆或糖调制成糖浆面团，经成型、烘烤而制成的口感松脆的制品。

d. 酥层类糕点　用水油面团包入油酥面团或固体油，经反复压片、折叠、成型、烘烤而制成的具有多层次、口感酥松的制品。

e. 酥层类糕点　用水油面团包油酥面团制成酥皮，经包馅成型、烘烤而制成的饼皮分层次的制品。

f. 水油皮类糕点　用水油面团制皮，然后包馅，经烘烤而制成的皮薄馅饱的制品。

g. 糖浆皮类糕点　用糖浆面团制皮，然后包馅，经烘烤而制成的柔软或韧酥的制品。

h. 松酥皮类糕点　用松酥面团制皮，经包馅、成型、烘烤而制成的口感松酥的制品。

i. 硬酥皮类糕点　使用较少的糖和饴糖、较多的油脂和其他辅料制皮，然后包馅，经烘烤而制成的外皮硬酥的制品。

j. 发酵类糕点　采用发酵面团，经成型或包馅成型、烘烤而制成的口感柔软或松脆的制品。

k. 烘糕类糕点　以糕粉为主要原料，经拌粉、装模、炖糕成型、烘烤而制成口感松脆的糕点制品。

l. 蛋糕　以鸡蛋为主要原料，经打蛋、注模、烘烤而制成的组织松软的制品。

② 油炸制品　以油炸为最后熟制工序的一类糕点。

a. 酥皮类　用水油面团包入油酥面团制成酥皮，经包馅、成型、油炸而制成的饼皮分层次的制品。

b. 水油皮类　用水油面团制皮，经包馅、成型、油炸而制成的皮薄馅饱的制品。

c. 松酥类　使用较少的油脂、较多的糖和饴糖，辅以蛋品或乳品等，并加入化学疏松剂，调制成松酥面团，经成型、油炸而制成的口感松酥的制品。

d. 酥层类　用水油面团包入油酥面团，经反复压片、折叠、成型、油炸而制成的层次清晰、口感酥松的制品。

e. 水调类　以面粉和水为主原料制成韧性面团，经成型、油炸而制成的口感松脆的制品。

f. 发酵类　利用发酵面团，经成型或包馅成型、油炸而制成的外脆内软的制品。

g. 上糖浆类　先制成生坯，经油炸后再拌（浇、浸）入糖浆的口感松酥或酥脆的制品。

h. 糯糍类　以糯米粉为主要原料，经包馅成型、油炸而制成的口感松脆或酥软的制品。

③ 水蒸制品　以蒸制为最后熟制工序的一类糕点。

a. 蒸蛋糕类　以鸡蛋为主要原料，经打蛋、调糊、注模、蒸制而成的组织松软的制品。

b. 印模糕类　以熟制的原辅料，经拌合、印模成型、蒸制而成的口感松软的糕类制品。

c. 韧糕类　以糯米粉为主料制成生坯，经蒸制成型而制成的韧性糕类制品。

d. 发糕类　以小麦粉或米粉为主料调制成面团，经发酵、蒸制成型而成的带有蜂窝状组织的松软糕类制品。

e. 松糕类　以粳米粉为主料调制成面团，经成型、蒸制而成的口感松软的糕类制品。

④ 熟粉制品　将米粉或面粉预先熟制，然后与其他原辅料混合而制成的一类糕点。

a. 冷调韧糕类　用糕粉、糖浆和冷开水调制成有较强韧性的软质糕团，经包馅（或小包馅）、成型而制成的冷调韧糕类制品。

b. 冷调松糕类　用糕粉、糖浆搅和成松散性的糕团，经成型而制成的松软糕类制品。

c. 热调软糕类　用糕粉、糖和沸水调制成有较强韧性的软质糕团，经成型制成的柔软糕类制品。

d. 印模糕类　用熟制的米粉为主要原料，经拌和、印模成型而制成的口感柔软或松脆的糕类制品。

e. 切片糕类　以米粉为主要原料，经拌粉、装模、蒸制或炖糕、切片而制成的口感绵软的糕类制品。

（2）按产品特点分类

① 酥类　凡用油、糖、面加水和在一起，经印制、切块、成型、烤制而成的口感酥松的制品均属这一类。这类糕点是一种无馅点心。配料中，油、糖的比例大，所以酥松性强。如京式核桃酥、杏仁酥等。

② 酥皮类　凡用面和成油酥、酥皮成型的烤制品，均属于这一类。这类糕点多数是包馅的，烘烤后为多层薄片状，且层次分明、入口酥软，故称为酥

皮类。这类糕点制作精细、美观、花样繁多，馅心用料多样，具有多种口味。如京八件、广式莲蓉酥等。

③ 油炸类　油炸制品是以油炸为最后熟制工序的一类糕点。油炸制品包括酥皮类、水油类、松酥类、酥层类、水调类、发酵类、上糖浆类等，且花样繁多，造型美观。其特点是酥脆、香、甜。如开口笑、芙蓉糕等。

④ 糕类　凡用蛋、糖（糖浆）打发后加入面团调制均匀成糊，浇模烘烤或蒸制的糕点，均属这一类。这类糕点用蛋要比其他类糕点多，因而熟制后组织松软、细密、有弹性、营养丰富、易消化。如蛋糕类等。

⑤ 糖浆皮类　凡用糖浆和面，经包馅、成型烘烤而成的糕点，均属这一类。这类糕点经烘烤后，浆皮结构紧密，表面光润丰满，不渗油，硬心较小。以月饼为主，如提浆月饼、广式月饼等。

⑥ 混糖皮类　凡不用糖浆而用糖粉和面，经包馅、成型、烘烤而成的糕点，均属这一类。这类糕点的皮面结构疏松，焙烤后酥松、硬度小。如蛋黄酥等。

⑦ 饼类　凡用油、糖、面加水混合在一起，擀片、成型、烘烤的制品，均属这一类。这类糕点大多是手工操作的，其特点是酥、脆。如麻香饼、高桥脆饼等。

⑧ 其他类　凡配料、加工、熟制方法不同于前七种的中式糕点，均属这一类。这类糕点主要是一些季节性的食品，如油茶面、绿豆糕、元宵等。

二、亚麻籽油在糕点中的应用

1. 亚麻籽油的加工工艺

一般分为浸提工艺和压榨工艺（详见“第二章　亚麻籽油的制备技术”）。

2. 亚麻籽油的营养成分

亚麻籽油中 α-亚麻酸含量为53%，α-亚麻酸是人体必需脂肪酸，在人体内可转化为二十碳五烯酸和二十二碳六烯酸，它们为鱼油中的有效活性成分。α-亚麻酸有抗肿瘤、抗血栓、降血脂、营养脑细胞以及调节植物神经等作用，受到较多的关注。亚麻籽中含有大量多糖，多糖有抗肿瘤、抗病毒、抗血栓、降血脂的作用。

亚麻籽油中还含有维生素E，维生素E是一种强有效的自由基清除剂，有延缓衰老和抗氧化的作用。亚麻籽中含有类黄酮23mg/100g。类黄酮化合物有降血脂、抗动脉粥样硬化的良好作用。亚麻籽油中的不饱和脂肪酸含量很高，其碘值也较高，保存时须采取添加抗氧化剂或充氮密闭的办法。亚麻籽油的非皂化物含量为8.26%，说明在亚麻籽油中还存在数量可观的高级脂肪醇、甾醇和羟类等。亚麻籽中含丰富的矿物元素，钾含量最高，比高钾食物橙子、花生仁、虾米的含量高出很多。钾与维持人体正常血压有关，亚麻籽中锌的含量也较高，锌为人体必需的微量元素，对维持人体正常的生理功能具有重要作用。综上所述，亚麻籽及籽油具有较高的营养价值，可作为加工食品、医药或动物饲料的原料成分，其综合利用开发前景广阔。如表3-12所示为亚麻籽油与其他常用糕点中的油脂成分比较。

表3-12　亚麻籽油与常用糕点油脂的成分分析

植物油	脂肪酸（质量分数）/%						
	月桂酸	肉豆蔻酸	棕榈酸	硬脂酸	油酸	亚油酸	亚麻酸
椰子油	45～48	16～18	8～10	2～4	5～8	1～2	
橄榄油			8～16	2～3	70～85	5～15	
豆油			10	3	25～30	50～55	4～8
棉籽油		1	20～25	1～2	20～30	45～50	
红花油			6	3	13～15	75～78	
亚麻籽油					20～35	15～25	35～53

亚麻中丰富的膳食纤维对控制肥胖有一定的作用。木酚素对减缓肾功能衰退、减轻和辅助治疗狼疮性肾炎有一定的作用。

另外，焙烤食品时加入亚麻籽全籽有助于延长焙烤食品的货架期；在面包加工中，加入亚麻籽植物胶能改善面包的体积，使面包更有弹性。

3. 糕点专用油脂的特性

我国目前还没有相关的行业标准和解释，难以给出焙烤专用油脂的确切定义和包含种类。国外的焙烤专用油脂种类包括：奶油及人造奶油。奶油是指从天然牛奶中提炼出来的油脂，多被用于制造高级西点及面包；人造奶油是指利用动、植物油脂，依照天然奶油的特性经冷冻捏合制作而成，为天然奶油代用品。

糕点专用油脂的完整规格应包括固体脂肪指数与含量、塑性、氧化稳定性和原料、包装、储存条件，以及许多与优化生产和危害关键控制点方针相关的因素。但我国对糕点专用油脂的规格还没有严格的规定。植物油、动物油、氢化油、人造奶油都可用作焙烤油脂。焙烤用人造奶油分面包用、起层用和通用型人造奶油。焙烤工业使用最广泛的是起酥油。起酥油根据性能及应用范围可分为：①通用型起酥油　含有15%～30%固体脂，并且在16～32℃范围内这些固体脂含量基本不变。这种起酥油具有很宽的塑性范围，主要用于面包（添加量为面团质量的3%～8%）、饼干和纸托蛋糕（添加量为面粉质量的18%～35%）。②乳化型起酥油　适用于高油、高糖类糕点及面包和饼干等。③高稳定型起酥油　可作为焙烤食品中的脂肪、黄油代用品和涂层脂，并适用于加工薄脆饼干（添加量为面团质量的10%～12%）和硬甜饼。④特种起酥油中的可碾轧型起酥油主要用于奶油松饼的配料。

糕点中使用的油脂应有起酥性、可塑性、充气性、乳化性。在调制酥性糕点时，加入大量油脂后，由于油脂的疏水性，限制了面筋蛋白质的吸水作用。面团中含油越多其吸水率越低，一般每增加1%的油脂，面粉吸水率相应降低1%。油脂能覆盖于面粉的周围并形成油膜，除降低面粉吸水率限制面筋形成外，还由于油脂的隔离作用，使已形成的面筋不能互相黏合而形成大的面筋网络，也使淀粉和面筋之间不能结合，从而降低了面团的弹性和韧性，增加面团的塑性。此外，油脂能层层分布在面团中，起润滑作用，使面包、糕点、饼干等产生层次，口感酥松，入口易化。对面粉颗粒表面覆盖最大的油脂阻碍了面筋络的形成，具有最佳的起酥性。

可塑性是人造奶油、奶油、起酥油、猪油的最基本特性。在糕点面团中，液体油可能分散成点、球状。用可塑性好的油脂加工面团时，面团的延展性好，制品的质地、体积和口感都比较理想。

油脂在空气中经高速搅拌起泡时，空气中的细小气泡被油脂吸入，这种性质称为油脂的充气性。充气性是糕点加工的重要性质。油脂的充气性对食品质量的影响主要表现在酥类糕点中。在调制酥类制品面团时，首先要搅打油、糖和水，使之充分乳化。在搅打过程中，油脂中结合了一定量的空气。油脂结合空气的量与搅打程度和糖的颗粒状态有关。糖的颗粒越细，搅拌越充分，油脂中结合的空气就越多。当面团成型后进行烘焙时，油脂受热流散，气体膨胀并向两相界面流动。此时化学疏松剂分解释放出的二氧化碳及面团中的水蒸气也向油脂流散的界面聚集，使制品碎裂成很多孔隙，成为片状或椭圆形的多孔结构，使产品体积膨大、酥松。添加油脂的糕点组织均匀细腻，质地柔软。

油和水互不相溶。油属非极性化合物，而水属于极性化合物。根据相似相溶的原则，这两类物质是互不相溶的。但在糕点、饼干生产中经常要遇到油和水混合的问题，例如酥类糕点和饼干就属于水油型乳浊液，而韧性饼干和松酥糕点就属于油水型乳浊液。如果在油脂中添加一定量的乳化剂，则有利于油滴在水相中的稳定分散，或水相均匀地分散在油相中，使加工出来的糕点、饼干组织酥松、体积大、风味好。

而亚麻籽油油色金黄，无异味，酸值低，有较高的营养价值，具有以上良好的特性，可以满足糕点专用油脂的要求。

营养专家认为，亚麻籽油还有一好处是保护视力和健脑，这要归功于其富含的α-亚麻酸，虽然它是人体必需脂肪酸，但人体并不能合成，只能依靠从食物中摄取。

三、酥类糕点的加工工艺

1. 原料选用

酥类糕点加工的原料有面粉、白糖、油脂（植物油、猪油）、鸡蛋、小苏打、果料、水等。其中油、糖用量特别大，一般小麦粉、油、糖的比例为1∶(0.3～0.6)∶(0.3～0.5)，加水较少，由于配料含有大量的油、糖就限制了面粉吸水，控制了大块面筋的形成，面团的弹性极小，可塑性较好，产品结构特别松酥，许多产品表面有裂纹，一般不包馅。典型的制品是各种桃酥。

2. 酥类糕点的加工原理

酥类糕点制作的关键在于面团的调制，必须使油、糖、水、蛋等充分拌匀至乳化后，才能拌入小麦粉，边揉边擦，直至成团。不能使面团渗油或起筋，否则会影响制品的疏松。酥类糕点面团松散，成型时不要搓、擦，否则制品会发硬，可用印模或手工成型，成型后不宜久放，应及时入炉烘烤。入炉温度要低，以保证制品的摊发度；出炉时温度要高，否则表面不易裂开。各个品种的酥类糕点在配方和制作工艺上都大同小异，其主要区别在于风味料、装饰料以及外形和大小的不同。

［**制作实例**］

（1）亚麻籽油桃酥

① 配料　富强粉24kg，白糖11.5kg，鸡蛋2.25kg，亚麻籽油12kg，桂花1.25kg，桃仁2.5kg，碳酸氢铵1.25kg，水1.5kg。

② 配料、和面　先将白糖、鸡蛋、碳酸氢铵和水放入面盆内搅拌，再放入亚麻籽油、桂花和桃仁继续搅拌均匀，最后加入富强粉和制，和制时间不宜过长，防止面团上劲。

③ 切剂　将和好的面团分块，分别切成长方形条状，再将其揉成长团条，切定量的面剂（45g），然后铺撒干面。

④ 磕模　将面剂放入模内，用手按平，然后磕出，生坯要求模纹清晰、成型规格。

⑤ 码盘　将磕出的生坯，行间适当地码入烤盘内，以防烘烤时成品相互粘连。

⑥ 烤制　将盛有生坯的烤盘送入烘烤温度为130～140℃、出炉温度为280～290℃的烤炉内，约经10min的烤制，即可出炉。

⑦ 冷却和成品　出炉后的产品，烤盘要交错重叠码放，待手触产品不热即可装箱入库。

感官标准：规格形状要求扁圆形，块形端正，大小厚薄一致，摊裂（摊，指成品的面积大小；裂，指成品表面应有的自然裂纹）均匀，摊度为原生坯直径的130％～135％。表面色泽要求深麦黄色，色泽一致，不焦煳。口味口感要求酥松适口，无异味，具桃仁香味。内部组织要求具均匀小蜂窝，不青心不欠火，不含杂质。

（2）桃酥卷

① 配料

皮料：富强粉7.5kg，亚麻籽油1kg，白糖0.5kg。

酥料：标准粉10kg，熟面10kg，白糖11kg，桂花0.75kg，亚麻籽油12.5kg，苏打和碳酸氢铵适量。

② 制作方法　其加工如同桃酥，只不过皮面和酥面要求分别和制成皮面团和酥面团。在定型时，先把皮面团擀成长方形薄皮，再将酥面摊附在皮面上，随后自短边开始卷成面卷，便可切块（每块要求约重45g），再将切口朝上平放，由于皮和酥相卷，使呈皮酥两色相间的螺旋形，并用刀切三下（深度为生坯厚度的三分之一，每刀都过中心），即可成型。最后经码盘、烘烤，便可成为成品。

③ 感官标准

规格形状：边缘螺丝转形，块形整齐，口面大小一致。

表面色泽：表面呈深麦黄色，底呈浅麦黄色。

口味口感：具桂花亚麻籽油香味，松酥不粘牙，无其他异味。

内部组织：皮酥层次均匀，中间无大块白皮，不含杂质。

3. 酥皮类糕点的加工工艺

酥皮糕点是中式糕点的传统品种，采用夹油酥或夹油的方法，制成酥皮再经包馅或不包馅，加工成型经焙烤而制成。其制品有层次，入口酥松。这种制皮方法在我国已有近千年历史，宋朝苏东坡曾说："小饼如嚼月，中有酥和饴"。酥皮类糕点按其是否包馅分为酥皮包馅制品和酥层制品两大类。

（1）原料选用　酥皮包馅制品的坯料主要原料是小麦粉、水、油脂，其配方比例常为小麦粉∶油脂∶水为1∶（0.1～0.5）∶（0.25～0.5）。为了增加口味，许多制品在皮料中加糖粉和饴糖。小麦粉一般选中力粉（湿面筋含量为28％～30％）。油酥的配方一般采用油脂∶小麦粉＝1∶2左右，不同的品种略有不同。辅料有果料、精盐、花椒面、味精等。层酥类糕点的主要原料是小麦粉、油脂、水，辅料有白糖、精盐、小苏打等。

（2）酥皮糕点加工原理

① 酥皮包馅制品　酥皮包馅糕点的种类很多，例如京八件、苏式月饼、福建门饼、高桥松饼、宁邵式月饼等。这些产品的外皮呈多层次的酥性结构，

内包各式馅料，馅料是以各种果料配制而成的，并多以糖制或蜜制、炒馅为主，如枣泥、山楂、豆沙、白果等。酥皮包馅制品还可进一步分为暗酥型和明酥型。

② 水油面团的调制　水油面团是用小麦粉、水、亚麻籽油调制成筋性面团，具有一定的弹性、良好的延展性和可塑性。调制时先将亚麻籽油和温水搅拌成乳化状态，再加入小麦粉搅拌，直至形成软硬适宜、延伸性较好的面团。水油面团的用油要根据面粉的面筋含量来决定。面筋含量高的面粉应多加亚麻籽油。亚麻籽油的用量一般为小麦粉的10%～20%，个别品种超过40%。加水量一般为小麦粉的40%～50%。亚麻籽油的用量多时，则少加水；反之多加。一般用30～50℃的温水调粉。

③ 油酥面团的调制　油酥面团是一种以油脂和小麦粉为主制成的面团，可塑性强，基本无弹性。它是将小麦粉和油脂在和面机内搅拌2min，然后取出分块，用手使劲擦透而成，因而又称擦酥。油酥面团用油量一般为小麦粉的50%左右。面团禁止加水，以防止形成面筋。擦酥时要用力均匀，用时较长确保擦透，形成柔软、可塑性强的面团。油酥面团的软硬度应与皮料接近，以利包酥。油酥面团不能单独来制作成品，而是用作酥皮类糕点的包酥。

(3) 酥层糕点　酥层糕点的制法与酥皮包馅的饼皮生坯制法相似，只是不包馅，而在酥油中添加调味料。它的皮料有多种类型，包括甜酥面团、水油面团，有的也使用发酵面团。

① 甜酥面团的调制　甜酥面团是在小麦粉中加入大量的糖、亚麻籽油及少量的水以及其他辅料制成的。这种面团的弹性和韧性极小，可塑性很好。甜酥面团的调制是先将亚麻籽油、水、糖和少量蛋搅拌成乳状液，再加入小麦粉搅拌。由于水的用量很少，而且先与糖、油等形成乳化状态，而不是与小麦粉直接接触，加上大量糖和油脂的反水化作用，使面筋的形成大受限制，因而面团具有良好的可塑性和极小的弹性，内质疏松而不起筋。调制水和糖、亚麻籽油等原料必须预先充分乳化，搅拌小麦粉速度不宜太快，并应严格控制温度和搅拌时间，以防起筋。

② 发酵面团的调制　发酵面团的制作有两种方法：一是使用酵母；二是使用面肥。现在多使用即发干酵母。面团发酵方法有两种，即一次性发酵法和二次发酵法。

[制作实例]

(1) 玫瑰饼

① 配料

皮料：富强粉15kg，亚麻籽油8kg。

馅料：白糖馅18kg，玫瑰1kg，桃仁0.5kg。

② 生产工艺流程

配皮料→和面→分块↘

配酥料→和酥→分块→破酥→包馅→成型→美化→码盘→烤制→成品

配馅料→炒馅→分块↗

③ 操作要点

a. 和面　把白糖放入和面机内，加水进行搅拌使糖溶化，再加入亚麻籽油搅拌均匀，最后加面粉，搅拌成类似凝固体并且软硬适宜的皮面，要求做到有面劲，滋润不粘手。

b. 和酥　先把面粉倒入和面机，再把亚麻籽油总量的90%加入和面机内，如酥软硬不适，可将剩余的10%亚麻籽油适量加入调和，但要防止酥软，一直搅到酥面均匀并且软硬程度与皮面相适合为止。

c. 炒馅　先将糖和水放入锅内，加热熔化再加入饴糖继续熬制到糖水可以拉出糖丝为止（注意季节对糖拉丝程度的影响），然后将面粉和亚麻籽油放在糖浆内搅拌均匀，直至馅的黏度适合并且不结疙瘩为止。馅炒好后放在预冷的容器内，用时再加放玫瑰。

d. 破酥　将以上备好的面、酥、馅分别分成10等份。将皮面块用擀面杖擀压成长方形，使其两边薄、中间厚，再将酥块放在中间铺平，四面叠捏压平，再拼成宽50cm左右、长100cm左右的长方形，切下两端以长度为准放在中间擀平（防止其两端皮酥不均），再用刀沿其长度方向从中间切开，一分为二并从切处分别向外卷卷，使之成为直径适宜的酥皮长圆条，将破酥的面块分成8条，将一块馅切成8条，以备包馅时搭配使用。

e. 包馅　将破好酥的皮和馅分置左右于操作台上，用左手掐皮，剂口向上，按成扁圆形，使其周围薄、中间厚，再用右手掐馅，进行包制，要求系扣严整，最后用手将包好的生坯按成扁圆形，便可成型。

f. 码盘　将半成品放在干净的烤盘内，行间保持一定的距离，不得粘连，然后印上带有花边及“玫瑰”字迹的红戳。

g. 烤制　入炉温度为160℃，炉中温度为165℃，出炉温度为185℃，烤制10～11min即可，产品出炉后须经10～12min的冷却便为成品。

④ 感官标准

规格形状：扁平，每千克24块，块形整齐一致。

表面色泽：表面呈乳白色、底呈金黄色，火色均匀，戳记清楚端正，不塌陷（表面无洼坑）。

口味口感：具有玫瑰香味，口感酥脆，绵软不垫牙。

内部组织：酥皮层次均匀，皮馅均匀，不含杂质。

(2) 枣花

① 配料

皮料：富强粉 7kg，白砂糖 0.5kg，亚麻籽油 1kg。

酥料：富强粉 19kg，亚麻籽油 4.5kg。

馅料：红砂糖 10kg，亚麻籽油 4kg，豆沙粉 4kg，玫瑰 1kg，饴糖 1.5kg，枣坯子 10kg。

② 制作方法

a. 和馅　先用枣坯子化糖，然后放入豆沙粉及其他辅料，搅拌均匀，即成馅。

b. 和面　把白砂糖放入和面机内，加入亚麻籽油搅拌均匀，最后放入面粉，搅拌成类似凝固体并软硬适宜的皮面，要求做到有面劲，滋润不粘手。

c. 和酥　先把面粉倒入和面机，再把亚麻籽油总量的 90%加入和面机内，如酥软硬不适，可将剩余的 10%亚麻籽油适量加入调和，但要防止酥软，直搅到酥面均匀并软硬程度与皮面相适合为止。

d. 炒馅　先将糖和水放入锅内，加热熔化再加入饴糖继续熬制到糖水可以拉出糖丝为止（注意季节对糖拉丝程度的影响），然后将事先过好筛的面粉和亚麻籽油放在糖浆内搅拌均匀，直至馅的黏度适合并不结疙瘩为止。馅炒好后放在预冷的容器内，用时再加放玫瑰。

e. 包制　把皮、酥、馅分成等量小块，然后把皮擀得稍大一点，把酥面放在皮上，上下左右都折好，使皮漏不出酥，再将其擀开擀薄卷成长圆条，然后将其分成每个约 23g 的小皮，每块馅的重量与皮的重量相同，皮包馅时系口要严，并且不偏馅。包好后，用手按扁，再用压切机压切成四周成花瓣，其面向上，将花瓣顺时针方向旋转 90°，馅露在外面，再将其四周团圆，向下压平，并在中间打印一个红花戳记，外形类似一朵枣花。

f. 烤制　入炉温度 190℃，炉中温度 220℃，出炉温度 210℃，烤制约 10min 即可。

③ 感官标准

规格形状：枣花状，块形整齐，大小均匀，花瓣端正不偏，馅略突出。

表面色泽：戳记清晰端正，皮呈乳白色，馅呈黑红色。

口味口感：具有枣泥玫瑰香味，无异味，不垫牙。

内部组织：酥皮层次均匀，层多；不偏皮，不含杂质。

四、其他糕点的加工工艺

1. 油炸类糕点

油炸类糕点的特点是成熟快，时间短，既不会使水溶性物质流失，也不会使制品表面过于干燥。这类糕点的制作方法也比较多，有混糖的、有酥皮的、有包馅的等。采用亚麻籽油炸制成熟，外感较为理想。

（1）江米条

① 配料　标准粉 2kg（作干面用），亚麻籽油 8kg，白砂糖 9.5kg，饴糖 8.5kg，桂花 0.5kg，江米粉 37kg。

② 生产工艺流程

配料→打糊→和面→切片→压片→切条→过筛→炸制→挂浆（沾一层糖浆）→成品

③ 操作要点　料选配好后进行打糊和和面。先用 3.5kg 江米粉加水和成团，上锅蒸熟成糊，再将糊放入和面机内，加入饴糖继续搅拌直到均匀，最后加入其余的 33.5kg 江米粉，搅拌成面团。将面团倒在操作案板上，然后送入切片机内，加工成面条，放入油锅内炸制，待面条炸熟出锅后，便可上浆挂浆。糖浆用砂糖 9.5kg 加水 2kg 熬制，熬至沸腾后，将桂花和入条坯。倒入拌浆机内搅拌和拌和，即为成品。

④ 感官标准

规格形状：条形长短一致，不起拐，不粘连，不碎。

表面色泽：浅棕色并黏附白砂糖，均匀一致。

口味口感：具有桂花香味，酥脆，无其他异味。

内部组织：具有均匀的小蜂窝。

（2）萨其玛

① 配料　富强粉 10.5kg，鸡蛋 7kg，亚麻籽油 10kg，白砂糖 10.5kg（化浆），饴糖 13kg（化），蜂蜜 3kg（化），青梅 0.75kg，瓜仁 0.15kg，金糕 1kg，桂花 0.5g，葡萄干 0.5kg。

② 制作方法

配料→和面→轧片→切条→油炸→熬浆挂浆→成型→包装

③ 操作要点

a. 和面、轧片和切条　将鸡蛋去壳加适量的水搅打起泡后加入面粉，揉成面团，静置 30min 后再轧成薄片，切成小细条，用筛子颠筛，除去浮面。

b. 炸制　油加热到 120℃，将筛好的面条倒入油锅内炸成黄白色，熟后捞出。

c. 熬浆　将砂糖和水放入锅内烧开，加入饴糖、蜂蜜和桂花熬制到 116～118℃，可用手指拨出单丝即可。气温高时熬得硬些，反之则软些。

d. 成型　将炸好的面条，拌上一层均匀的糖浆。把木框放在案子上，框内铺上一层芝麻仁垫底，再将面条倒在木框内，用手铺平，不宜过紧，表面撒附果料，然后用刀切成长约 1.5cm 的方块或长方块，即为成品，待凉后装箱。

e. 包装　装箱时一层油纸、一层成品。

④ 感官标准

规格形状：块形方正，刀口整齐，薄厚一致，每千克 24 块，要求条细而均匀。

表面色泽：果料撒附均匀，有浆膏，底呈米黄色。

口味口感：入口松酥绵软，香甜适口，有桂花蜂蜜香味，无其他异味。

内部组织：透浆后，不干心，不含杂质。

2. 蒸制类糕点

蒸制类糕点是用糖、米粉、蛋品和面粉等（不宜加油）搅拌调和，加以蒸制成熟的一类糕点，如蒸糕等。此类糕点与蛋糕类相似，只是烤制与蒸制之别，其他特性也大同小异。这类糕点的特点：省油，外形丰满，造型简单，颜色较浅，多为淡黄色或白色。

以下介绍蒸蛋糕。

（1）配料　富强粉 13kg，白砂糖 17kg，鲜蛋 21kg，桂花 0.3kg，亚麻籽油 1kg（旨用于碗糕和馅糕之糕坯）。

（2）加馅　长方形蒸蛋糕的馅料可用 10～15kg 果酱，如加工碗糕，糕表面需添加桃仁 200g、瓜仁 50g、青梅 100g、花生 100g、红丝 25g、桂花 50g、蜂蜜 50g，用以调味及美化。

（3）制作方法

配料→打蛋→搅面→灌糕→美化→蒸制→成品

（4）操作要点

① 打蛋　将白砂糖、鸡蛋放在容器中，充分搅打至乳白色为止。

② 搅面　搅面时，将面、桂花加入蛋汁内，搅拌均匀即可，时间不宜过久。

③ 灌糕　灌糕时注意将模子内先刷油，然后灌入搅好的面糊（碗糕，面糊应灌碗；馅糕，面糊应灌框内，呈长方形）。进行 15～20min 的蒸制，熟透为止。

（5）感官标准

规格形状：长方形（中间夹果酱）或碗状（无馅但其表面装饰各种果料），块形整齐，厚薄一致、大小均匀，不翘边。

表面色泽：戳记清楚，蛋黄色。

口味口感：松软富有弹性，具有各种果料和果酱香味。

内部组织：有均匀的小蜂窝，不含杂质。

五、糕点中油脂卫生质量分析

油脂又称脂肪，主要成分是脂肪酸和甘油三酯。油脂和含油多的食品在生产、储运、销售过程中由于接触空气，受日光照射以及微生物、酶等的作用，其不饱和脂肪酸会发生氧化断裂（饱和脂肪酸发生 β-氧化）产生醛、酮和羧酸等有害物质，并由此产生难闻的气味，这种变化叫油脂酸败。发生酸败的油脂可产生过氧化物等毒性成分，人若摄食酸败的油脂即可引起中毒，酸价和过氧化值是食用油的卫生学评价指标。酸价高和过氧化值高说明油脂不够新鲜。油脂酸败降低了食用油的营养价值，还可对人体健康造成损害，如对机体重要酶系统有明显破坏作用，可导致肝脏肿大和生长发育障碍。

糕点食品种类繁多，口感较好，很受人们青睐。而糕点中所含的油脂若发生酸败则会危及食用者的身体健康，酸价和过氧化值是判断油脂酸败的两个重要指标。依据中华人民共和国《食品卫生检验》GB/T 5009.37—2003 食用油酸价、过氧化值进行测定。

目前，亚麻籽油在调和油、人造奶油、起酥油等领域也得到了较多的应用。日本、德国已申请专利，将富含 α-亚麻酸的植物油作为药品和食品添加剂。日本还规定多不饱和脂肪酸制品 ω-3 系列产品是餐桌上的必备食品。在美国和加拿大，亚麻籽、亚麻籽油作为功能性食品已进入百姓家中。在超市中可见到瓶装的亚麻籽油和袋装的亚麻籽。还有多种亚麻籽食品，包括饼干、面包等在进行商业性开发。

在我国，长期以来亚麻籽主要用作榨油、食用或工业用。在亚麻产区亚麻籽有时也作为功能食品的配料。在超市、食品店的货架上很难看到亚麻食品。然而随着欧美亚麻籽强化食品的流行，我国对亚麻籽的研究也开始起步，如山东莱阳农学院已研究开发出亚麻饼干、亚麻粉肉馅等产品；黑龙江农垦科学院食品所和山东莱阳农学院等已研制出亚麻籽营养米粉、亚麻籽营养面包；江南大学食品学院和莱阳农学院已研制出亚麻籽蛋糕等。中国农科院油料作物研究所与内蒙古金宇集团合作开发的亚麻籽保健油和亚麻籽调和油即将面市。所有这些研究将加快我国亚麻籽产业化的进程。在饲料中添加亚麻籽，可提高饲料的营养价值。在加拿大，通过在饲料中添加亚麻籽，成功地生产出了亚麻酸含量高的“健康营养蛋”，并已进入市场；进一步地试验表明，肉鸡食用含亚麻籽的饲料后，鸡肉中 α-亚麻酸的含量和亚油酸含量得到提高，油酸含量相应减少，营养比更趋合理；用粉碎后的亚麻籽饲料饲喂奶牛，牛奶中 ω-3 脂肪酸含量显著提高。

我国亚麻资源丰富，但亚麻籽主要作榨油用，经济价值有限，未能引起足够的重视。随着亚麻籽活性成分的深入研究、人们认识的进一步深化和生活水平的提高，国内功能食品和保健品的消费群体将逐步增大，亚麻籽保健功能食品商机无限。若把亚麻籽中的这些生理活性物质在药品、保健品、食品及食品添加剂、饲料等方面开发利用，从中得到经济价值、营养价值、药用价值较高的保健品和药用功能性产品，其经济附加值便可大大提高，也会产生巨大的经济效益和社会效益。

第四章

亚麻蛋白的开发与利用

第一节　亚麻蛋白营养特性

一、引言

亚麻籽的主要成分是油（30%～40%）和蛋白质（20%左右），还含有一定量的亚麻籽胶、木脂素、抗维生素 B_6 因子和毒性物质生氰糖苷等。亚麻籽中粗蛋白、脂肪、总糖含量之和高达 84.07%。亚麻籽蛋白质中氨基酸种类齐全，必需氨基酸含量高达 5.16%，是一种营养价值较高的植物蛋白质。

亚麻籽也是一种极好的谷氨酰胺和组氨酸的来源，已知这两种氨基酸对人体的免疫功能具有很强的效果，在细胞分裂过程中潜在地稳定 DNA，并减少结肠癌形成的危险。亚麻籽蛋白也影响血液中葡萄糖含量，因为它与植物胶结合，能刺激胰岛素的分泌，从而产生减少血糖过多的效应。亚麻籽蛋白质与可溶性多糖相结合，能起到明显减少结肠中鲁米那氨的作用，从而防止促进肿瘤产生的氨的影响。亚麻籽植物蛋白在 SHP/N-CP 大鼠模型中，比其他豆类蛋白能更有效地降低蛋白和肾组织学异常。有大量证据表明，改变饮食中蛋白质的量对肾功能和肾疾的发展过程有显著影响，改变摄入蛋白质的来源和类型对慢性肾脏疾病有益。

1945 年，人们首次分离出亚麻蛋白，其后对亚麻蛋白的研究大部分都在亚麻粕中蛋白质的提取方面，对亚麻蛋白组成和功能特性研究很少。Marcon 等人研究表明，亚麻蛋白主要由两种成分组成，一种为盐溶性高分子量（11～12S）蛋白，另一种为水溶性低分子量（1.6～2S）蛋白。且亚麻蛋白在许多特性上与其他油料作物具有相似性，但主要蛋白质的很多性能有待进一步的研究。

亚麻蛋白主要分布在亚麻籽仁中。亚麻蛋白与亚麻籽蛋白相比较，具有更多的异亮氨酸、缬氨酸、蛋氨酸、精氨酸、天冬氨酸和谷氨酸，较少的苯丙氨酸、酪氨酸和赖氨酸，其中，异亮氨酸、缬氨酸、蛋氨酸、精氨酸是必需氨基酸，异亮氨酸、缬氨酸是支链氨基酸（BCAA），苯丙氨酸和酪氨酸是芳香族氨基酸（AAA），因此说，亚麻蛋白具有高 Fischr 比率（BCAA/AAA）的特性，正常情况下，除支链氨基酸外，体内绝大多数氨基酸的代谢均在肝脏中进行，芳香族氨基酸（AAA）第一次通过肝脏的清除率可达 80%～100%，而支链氨基酸的代谢可在骨骼肌、肝、肾、脑中进行，是唯一主要在肝脏外代谢的氨基酸，其代谢所需的酶在骨骼肌中的浓度是肝脏的 3～10 倍，因此骨骼肌是支链氨基酸最活跃的代谢场所。临床营养中对一些因肝病对氨基酸耐受不良的患者来说，支链氨基酸是首选的蛋白源，亚麻籽饼中蛋白质含量在 33%左右，脱皮后，亚麻仁饼中蛋白质含量可达 43%以上。尽管在亚麻籽中含有大量的亚麻蛋白和膳食纤维，但是，在我国报道用亚麻籽提取亚麻蛋白和膳食纤维的文献很少，更未见有规模化生产的报道。因此，目前存在的问题是亟待开发这些含量多、价值高、用途广、资源丰富的亚麻产品。综上所述，目前在亚麻产业领域存在加工型品种缺乏、栽培管理粗放、加工技术初级化、产品单一化、生产成本高以及附加值低的问题。

二、亚麻蛋白的蛋白质分级组

亚麻蛋白中的主要蛋白质，为小分子量蛋白与主成分蛋白，即 1.6S 与 12S 蛋白。1.6S 蛋白与 12S 蛋白的主要特点是 1.6S 蛋白的最大荧光发射波长为 340nm，而 12S 蛋白的最大荧光发射波长为 320nm。1.6S 蛋白根据 Archibald 方法、沉积扩散及胶滤方法，测定出该组分的相对分子质量分别为 17000、16000 及 15000。而 12S 蛋白，根据 Archibald 方法及沉积扩散方法，测定出该组分的相对分子质量在 29400 附近。1.6S 蛋白只具有一个多肽链，而 SDS-PAGE 显示 12S 蛋白具有 5 个亚基，在酸性或碱性环境中，尿素-PAGE 则显示 12S 蛋白具有 6 个亚基。1.6S 蛋白的结构性更好，稳定性更强。1.6S 蛋白与 12S 蛋白相比，赖氨酸、胱氨酸、谷氨酸、甘氨酸的含量较高，而甲硫氨酸、天冬氨酸、丙氨酸、缬氨酸、苯丙氨酸以及酪氨酸的含量较低。1.6S 蛋白与 12S 蛋白的变性温度分别是 105℃与 114℃。Mazza 等人报道，亚麻蛋白质的变化受基因和环境的影响较大，子叶中蛋白含量达到 56%～70%，种皮和胚乳的蛋白含量为 30%。蛋白质中赖氨酸、色氨酸和酪氨酸是限制性氨基酸，但蛋氨酸和胱氨酸含量较高。亚麻仁中必需氨基酸指数为 69。亚麻蛋白含有一种分子量变化范围为 252000～298000 的高分子量片段，占亚麻蛋白总量的 66%。然而，Huang 等人报道，蛋白中球蛋白占 58%，这可能是提取方法和蛋白纯度不同造成的。Madhusudhall 和 Singh 报道亚麻蛋白的二级

结构中 α-螺旋占 3%～4%，β-折叠占 17%，约 80%是不规则结构，与向日葵中高分子蛋白相似。Vassl 和 Nsbitt 对亚麻籽中低分子蛋白进行研究发现，这部分约占蛋白总量的 4%，沉降系数为 1.6，相对分子质量为 15000～18000，组成单一的多肽链，赖氨酸、胱氨酸、谷氨酸和甘氨酸含量高，大约 93%的蛋白质具有水溶性，这部分蛋白质具有生物活性。

Madhusudhan 对 2S 和 12S 组分的物化特性进行了研究，其他两个组分尚待探索。12S 组分：通过凝胶过滤，可得到单一的 12S 组分，占总蛋白的 66%，含 0.5%的碳水化合物，不含磷，在 280nm 和 320nm 处有最大的紫外吸收和荧光发射。圆二色性研究表明含 3%的 α-螺旋、17%的 β-折叠、80%的自由线团；SDS-PAGE 显示有 5 个不同的亚基，相对分子质量分别为 1000、18000、29000、42000、61000；尿素-PAGE 在酸或碱体系中则显示 6 个亚基。圆二色性证明相对分子质量为 298000，12S 蛋白在酸性 pH 值和低离子强度缓冲溶液中可以解离。

2S 组分：占总蛋白的 20%，沉降系数（S20. W）为 1.6，最大荧光发射波长为 340nm，圆二色性研究表明，α-螺旋占 26%，β-折叠占 32%，自由线团占 42%，SDS-PAGE 显示只有一个亚基。

三、亚麻蛋白的制取

最早的提取亚麻蛋白的方法由 Osborn 于 1892 年提出，是将亚麻饼粕在盐溶液中浸泡后，通过去除盐离子，将亚麻蛋白沉淀，但是这种方法在工业上不具有可行性。1946 年，Smith 等人提出将亚麻饼粕中的蛋白质溶解于碱性溶液，再通过酸化的方法，使蛋白质沉淀。但是这种方法也存在一定弊端，因为亚麻壳中含有亚麻胶，会在蛋白质的沉淀过程中起一定的阻碍作用。因此，人们采取多种物理化学方法用于去除亚麻壳或其中的亚麻胶。但是亚麻胶也具有良好的乳化性能，与其将其去除，不如将其保留在亚麻蛋白质中，这样所得的产物既有蛋白质的优点，又有胶的优点。所以可以采用碱提酸沉的方法，从脱脂亚麻籽及亚麻饼中提取出胶含量不同的含胶蛋白。

孙兰萍与许晖对温度与氮素溶解性之间的关系做了详细的研究，研究表明，在温度低于 50℃时，氮素溶解率并没有明显变化，而 50℃以上，亚麻蛋白中的氮素溶解率大大降低。Dv 等人发现，随着离子浓度的增加，氮素在碱性溶液中的溶解性会显著提高，尤其在 1mol/L 的 NaCl 的碱性溶液中，氮素的溶解大大提高，在 pH 值为 8 时，其溶解率可达到 76%。Smith 等人测定出亚麻中的氮元素在 pH 值为 3.8 时溶解度最低，Paintr 与 Nsbitt 的测定结果则为 pH3.5～4.0，我国的张建华等人所测得的结果则是 pH4.2。张建华等人的实验表明，在 pH 值为 9.5、料液比为 1∶20 的条件下，提取 30min，提取率为

67.2%，沉淀率为79.1%，在同样条件下进行二次提取，提取率及沉淀率分别为89.9%和71.12%。

四、亚麻蛋白功能特性的研究

1. 亚麻蛋白的含量

脱脂粕中亚麻蛋白含量为39%～49%，品种、产地、种植方式、气候均对其有影响。亚麻壳中含蛋白20%，子叶中含蛋白28%。

2. 氨基酸组成

Smith、Neshitt等对亚麻蛋白的氨基酸进行了测定，结果基本一致。与其他油料蛋白相同，天冬氨酸（Asp）、谷氨酸（Glu）、精氨酸（Arg）含量较高，但其赖氨酸（Lys）含量偏低（见表4-1）。

表4-1　亚麻蛋白的氨基酸组成

氨基酸种类	亚麻粕/%		大豆粕/%
	热处理	热处理后	
天冬氨酸	11.2	9.9	10.38
苏氨酸	3.9	4.2	3.66
丝氨酸	5.1	4.9	4.61
谷氨酸	19.8	19.5	18.42
脯氨酸	4.6	4.3	5.3
甘氨酸	4.8	5.5	3.44
丙氨酸	4.3	4.7	4.46
缬氨酸	5.6	5.7	4.55
半胱氨酸	1.4	1.4	1.34
蛋氨酸	1.7	1.9	1.37
异亮氨酸	4.6	4.7	4.4
亮氨酸	5.8	6.7	6.66
酪氨酸	3.3	3.4	3.51
苯丙氨酸	5.9	5.2	4.46
赖氨酸	4.1	6.5	6.01
组氨酸	2.5	2.3	2.25
精氨酸	11.5	10.9	7.55

3. 氮的溶解性

脱脂亚麻粕中氮的溶解性能受pH值、料溶比、溶剂的组成、盐的浓度（离子强度）、热处理和化学物质（如酒精和尿素）等因素的影响。亚麻蛋白在水中的溶解性显现一个典型的U形曲线，与油料作物向日葵相似。Smith和Paintr发现亚麻蛋白的最小氮溶在pH值为3.8、3.5、4.0。Wanasundara等人研究发现，用不同的溶剂处理，氮溶曲线有微小的变动，其中正己烷提取粕比混合溶剂（包括氨水、甲醇、水和己烷）提取粕的氮溶指数（NSI）更低，Wanassundara 和 Shahidi 发现乙醇或异丙醇-氨-水混合系统略为降低了 NSI 值，而甲醇结合氨水可提高 NSI 值。亚麻粕在蛋白等电点时还有 15%～20%的氮溶指数，出现这种情况可能是非蛋白氮类化合物比例较高或低分子量蛋白在等电点氮溶指数不是最小值或是两种原因都有。Paint 和 Nsbitt 对壳、子叶和整个亚麻仁进行了比较，发现子叶中的氮溶指数远高于壳和亚麻仁。子叶良好的氮溶指数可能与子叶中的颗粒大小有关，壳中大量黏胶的干扰可能导致 NSI 值比较低。

4. 物理化学特性

（1）溶解性　pH 值、离子强度对蛋白溶解性有很大影响，Nesbitt 用不同的盐溶液处理，发现离子强度使蛋白质的等电点范围变宽，且随时间延长，沉淀会略有增加。Madhusudhak 得出亚麻蛋白在 pH＞p*I* 时盐溶液使蛋白质溶解度增加。而 pH＜p*I* 时减小，p*I* 范围（pH3～6）较宽。在脱胶脱脂粕等电点附近，有 20%～24%的蛋白溶解，主要是小分子蛋白和非蛋白氮。Dev 等人发现在水中，亚麻籽蛋白的提取率为 27%～43%，但 pH12 时可达 82%，1.0mol/L 的氯化钠溶液在 pH8 即可达到 76%。在所有体系中 pH＞10 后，提取率随 pH 值上升缓慢，若采用两次提取法，则提取率可达 97.2%，但提取率提高后沉淀率不一定高。在 pH9.5、料液比 1∶20 的条件下提取 30min，提取率为 67.2%，沉淀率为 79.1%，用同样条件二次提取，提取率合计为 89.9%，沉淀得率合计为 71.12%。

（2）蛋白质中的酶和抑制剂　亚麻粕中提取的蛋白质不含血细胞凝集素、淀粉酶及其抑制剂，但含有胰蛋白酶抑制剂，柠檬酸-磷酸盐缓冲溶液提取的蛋白质中蛋白水解酶活力较高，可能是因为该缓冲液能优先提取低分子量蛋白质的缘故。

（3）加热对蛋白质物理化学性质的影响

① 组成　加热后蛋白质含量变化不大，氨基酸组成也没有太大改变，但可利用赖氨酸由 3.0g/100g 降到 2.1g/100g 蛋白。可能是因为赖氨酸的 ε-氨基与糖类的醛基发生反应的结果。因蛋白变性，体外消化率由 64%提高到 81%。因为可溶性成分被浸提出去，粗纤维含量增高，碳水化合物含量降低。

② 物化性质　加热后，凝胶过滤得到三个峰，但低分子蛋白峰由原来对称的单峰变成双峰，说明高分子蛋白已离解，峰 1、2 最大吸收波长没有改变，但是峰 3 的 K_{max} 由 280nm 降至 272nm。色谱洗脱峰中的峰 2、3 对应低分子蛋白，其中峰 3 的比例明显减少，说明该组分具有不可萃取性，而热变性后，

能被浸提出去。在电泳图谱中多两条移动很快的弱谱带，可能为降解蛋白。超离心分离的沉降速度分别为 1.9、5.1、7.7、8.4 的四个组分，证明高分子蛋白被降解。SDS-PAGE 显示 11 个谱带，但是第十峰的面积大大减小。

（4）亚麻籽蛋白流变学特性的研究

① 亚麻籽蛋白溶解性的影响因素　亚麻籽蛋白的溶解性与其持水性、乳化性、起泡性、泡沫稳定性等有直接关系，其衡量指标为氮溶指数（NSI）。影响亚麻蛋白溶解性的因素主要有温度和溶液的 pH 值。

a. pH 值对溶解度的影响　pH 值对亚麻籽蛋白溶解性的影响如图 4-1 所示。由图 4-1 可以看出，亚麻籽蛋白的等电点在 pH4.5～5.5 范围内，在此范围内亚麻籽蛋白的溶解度最低。当 pH＜4.5 或 pH＞5.5 时则蛋白质分子所带电荷分别为正或负，由于水化作用增强，溶解度增大；pH＞9.0 时，使蛋白质分子解离，因而溶解性变得更大。

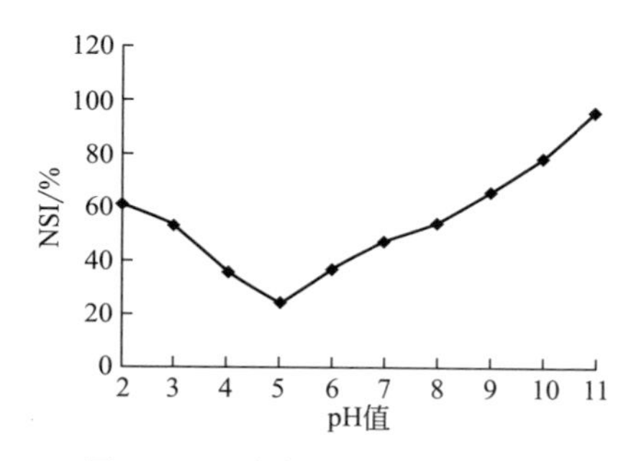

图 4-1　亚麻籽蛋白的氮溶指数 NSI-pH 值曲线

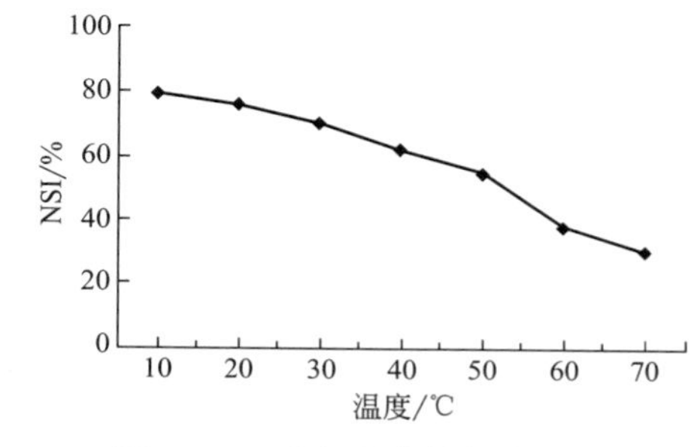

图 4-2　亚麻籽蛋白的氮溶指数 NSI-温度曲线

b. 温度对溶解度的影响　将亚麻籽蛋白置于不同温度下放置 24h 后测定其 NSI，并绘制 NSI-温度曲线，结果如图 4-2 所示。由图 4-2 可以看出，当温度低于 30℃时，亚麻籽蛋白溶解度变化不明显；当温度处于 30～50℃之间时，亚麻籽蛋白的溶解度略有下降；当温度超过 50℃时，亚麻籽蛋白的溶解度迅速下降。因此 50℃是亚麻籽蛋白开始大幅度变性的临界温度。

② 亚麻籽蛋白溶液的黏度

a. 浓度对黏度的影响　亚麻籽蛋白浓度对其黏度的影响如图 4-3 所示。由图 4-3 可以看出，亚麻籽蛋白溶液的黏度随浓度的增加而增加。试验结果表明，在 25℃时，10%的亚麻籽蛋白已成糊状，流动性极小；当浓度达到 13.5%时，黏度高达 685cP（1cP＝1mPa·s）。

在 25℃时，15%的亚麻籽蛋白溶液的黏度与剪切速度的关系如图 4-4 所示。蛋白糊黏度随剪切速度的增加而迅速降低，随剪切速度的减少，黏度又即刻恢复，表现出一定程度上的假塑性。

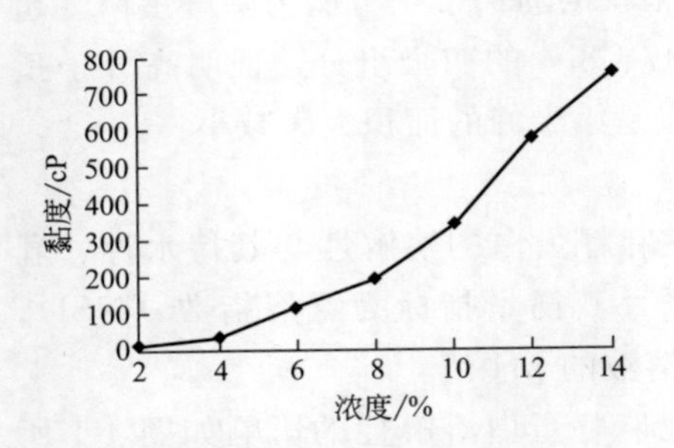

图 4-3　亚麻籽蛋白溶液浓度与黏度的关系

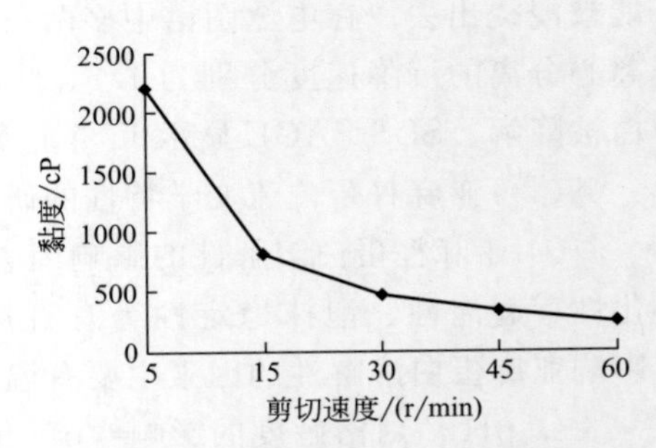

图 4-4　亚麻籽蛋白溶液黏度与剪切速度的关系

b. 温度对黏度的影响　温度对亚麻籽蛋白黏度的影响如图 4-5 所示。由图 4-5 可以看出，当温度在 10～45℃范围内，5％的亚麻籽蛋白溶液的黏度随温度升高而下降，这是因为温度升高时，蛋白质分子热运动增强，使分子间的黏滞作用减弱所致。

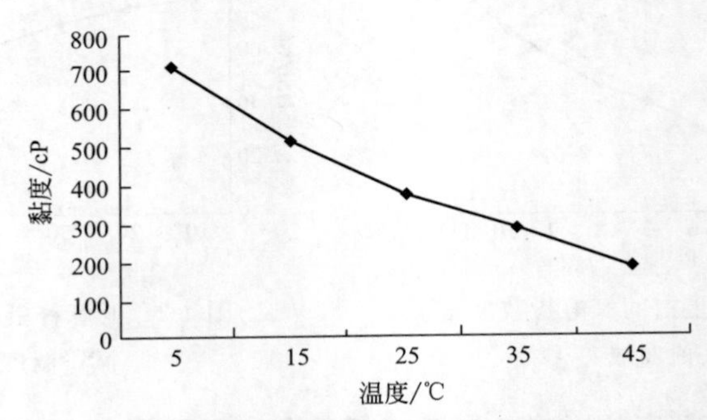

图 4-5　亚麻籽蛋白溶液黏度与温度的关系

c. pH 值对黏度的影响　在 25℃时，5％的亚麻籽蛋白溶液的黏度与 pH 值的关系如图 4-6 所示。由图 4-6 可以看出，当 pH5.0 时，亚麻籽蛋白的黏度

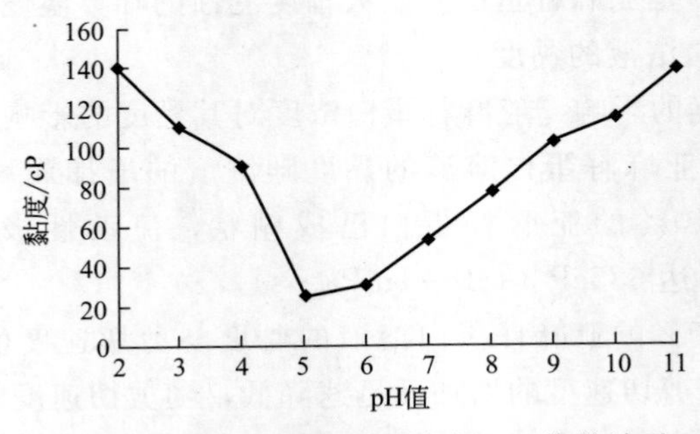

图 4-6　亚麻籽蛋白溶液黏度与 pH 值的关系

最低，这是因为在等电点范围内，蛋白质的溶解度最低，部分蛋白质发生沉淀，从而使黏度下降。

d. 无机盐对黏度的影响　为研究无机盐对亚麻籽蛋白溶液黏度的影响，以 NaCl、$CaCl_2$、$AlCl_3$ 三种无机盐对浓度为 5%的亚麻籽蛋白水溶液在 25℃条件下进行试验，结果如图 4-7 所示。由图 4-7 可以看出，由于盐离子的加入使溶液中的自由水活度降低，从而使蛋白质溶解度下降，黏度降低。三种阳离子的作用强度次序为：$Ca^{2+} > Al^{3+} > Na^{+}$。

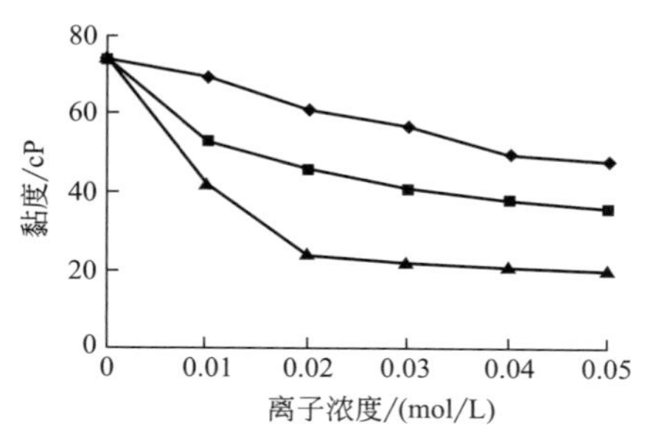

图 4-7　亚麻籽蛋白溶液的黏度与无机离子浓度的关系

—◆— NaCl；—■— $AlCl_3$；—▲— $CaCl_2$

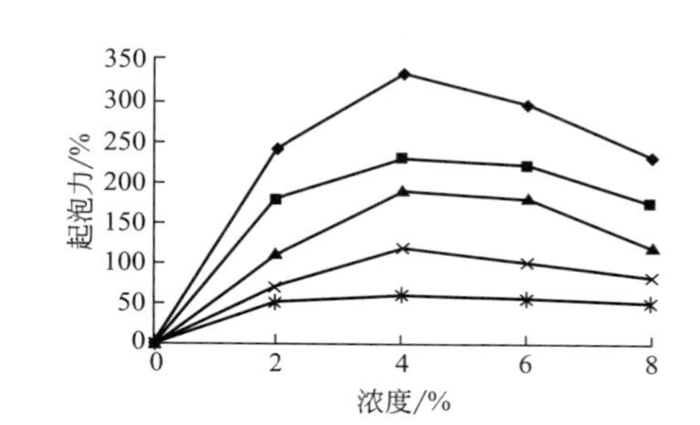

图 4-8　亚麻籽蛋白溶液的起泡力与温度的关系

—◆—60℃；—■—50℃；—▲—40℃；—×—30℃；—✱—20℃

③ 亚麻籽蛋白的起泡性影响因素

a. 表面张力及水解率对起泡性的影响　亚麻籽蛋白的分子中含有疏水基团和亲水基团，因而具有表面活性，能够降低水的表面张力，在剧烈搅拌时形成泡沫。进一步试验发现，当亚麻籽蛋白部分水解后起泡力增强，但过度水解，则起泡力反而下降。

b. 起泡力与温度的关系　亚麻籽蛋白的起泡能力与温度的关系如图 4-8 所示。由图 4-8 可以看出，温度升高，亚麻籽蛋白溶液的起泡能力增强。

c. pH 值与起泡力的关系　pH 值对亚麻籽蛋白起泡力的影响如图4-9所示。由图 4-9 可以看出，亚麻籽蛋白的起泡力与其等电点有关，当 pH 在4.5～6.5 的范围内，其起泡能力最低。

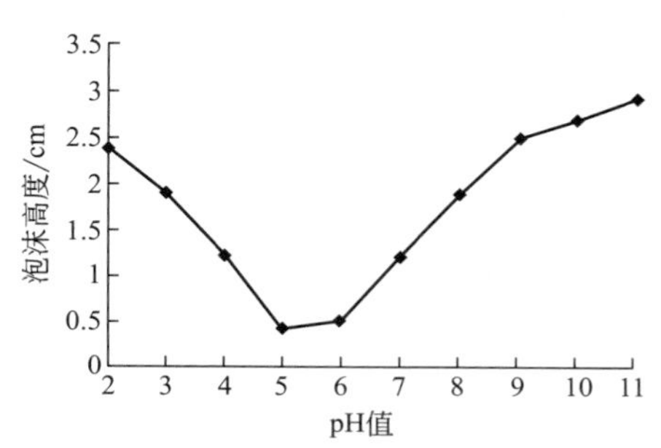

图 4-9　亚麻籽蛋白溶液的起泡力与 pH 值的关系

亚麻籽蛋白的等电点在 pH4.5～5.5 之间，在此范围内，其溶解性、黏度、起泡力均较低。亚麻籽蛋白的溶解性在温度低于 50℃时变化不大，当温度高于50℃时迅速下降，黏度随温度的升高而下降，起泡力随温度的升高而增加。亚麻籽蛋白的水溶液为非牛顿型假塑性流体，加入无机盐能使亚麻籽蛋白的溶解性和黏度下降。Ca^{2+}、Al^{3+}、Na^{+}三种阳离子对亚麻籽蛋白的作用强度依次为$Ca^{2+}>Al^{3+}>Na^{+}$。亚麻籽蛋白为高起泡力的食品添加剂，用中性蛋白酶适当水解可大大提高其起泡力。当水解度为15.8%时，其起泡力提高了6倍，此特性将使亚麻籽蛋白在食品工业中有广泛的应用前途。

五、亚麻蛋白的研究进展

亚麻蛋白因为其防癌抗病的优点，近年来被研究人员广泛研究。研究表明，亚麻蛋白的氨基酸组成与大豆蛋白类似，但是天冬氨酸、谷氨酸、亮氨酸及精氨酸的含量明显较高，从而使亚麻蛋白具有一定的防癌抗病作用，而且亚麻蛋白与大豆蛋白相比，具有更好的持水持油能力、乳化特性、起泡性等，将含胶亚麻蛋白为添加剂添加进肉制品中，可以使肉制品的持水持油能力、切片性以及咀嚼性得到显著提升。

有研究者对亚麻饼粕及亚麻饼粕中的氨基酸成分和含量进行测定，结果如表4-2所示，结果也表明，亚麻蛋白中的氨基酸组成与大豆蛋白类似，而且天冬氨酸、谷氨酸、亮氨酸、精氨酸的含量较高。

表4-2　亚麻饼粕与大豆饼粕中的氨基酸组成

氨基酸	亚麻饼粕/%	大豆饼粕/%
天冬氨酸	8.3	11.7
苏氨酸	3.1	3.6
丝氨酸	4.1	4.9
谷氨酸	22.8	18.6
脯氨酸	3.0	5.2
甘氨酸	4.9	4.0
丙氨酸	4.3	4.1
胱氨酸	—	1.1
缬氨酸	4.9	5.2
甲硫氨酸	3.0	1.2
异亮氨酸	4.6	4.7
亮氨酸	6.5	7.7
酪氨酸	4.6	3.4
苯丙氨酸	6.5	5.1
组氨酸	5.9	2.5
赖氨酸	6.0	5.8
精氨酸	10.4	7.3

六、亚麻蛋白制品

从 20 世纪 80 年代开始，研究人员针对亚麻蛋白的功能特性及应用特性做了许多工作。Madhusudhan 与 Singh 研究了热处理方法对亚麻蛋白的持水持油能力、起泡能力、乳化能力的影响。Li-Chan 与 Ma 对亚麻蛋白的热特性以及不同条件对其热特性的影响也作出了深入研究。Dev 与 Qunsl 研究了含胶量不同的亚麻蛋白的功能特性，并将这些参数与大豆蛋白做比较，发现亚麻蛋白与大豆蛋白相比，其持水持油性、乳化特性及乳化稳定性更强（表 4-3）。他们也将亚麻蛋白作为添加剂，对肉制品、鱼酱及冰激凌等食品的特性参数进行测定，发现亚麻蛋白可以减少肉制品在烹制过程中的损失，高胶含量蛋白和低胶含量蛋白还可以增加冰激凌的稳定性。

表 4-3　亚麻蛋白制品的功能特性

功能特性	高胶含量蛋白	低胶含量蛋白	大豆蛋白
持水能力/%	470	610	485
吸湿能力/%	13.2	14.2	5.8
容积密度/(g/mL)	95	459	100
黏度/mPa·s			0.38
1.0%溶液	2.68	2.54	
2.5%溶液	7.77	6.48	
乳液活性/%	98	9	57
乳液稳定性/%	94	84	54
最小凝胶浓度/%	12	8	
起泡能力/%	166	80	35
泡沫半衰期/min	9	22	1.5

近年来，我国对于亚麻蛋白的研究日益广泛，李高阳与丁霄霖研究了双液相萃取对分离蛋白功能特性的影响，结果表明，双液相技术能明显改善亚麻分离蛋白的功能特性，凝胶能力、持水持油能力、起泡能力和起泡稳定性均优于正己烷单项萃取的亚麻蛋白。许晖与郑桂富研究了金属离子和 pH 值对亚麻蛋白溶解性和持水性的影响，结果表明，不同金属离子对亚麻蛋白溶解性和持水性影响的强弱顺序为：$Ca^{2+}>Mg^{2+}>Na^{+}$，随着离子浓度增加，亚麻蛋白的溶解性和持水性也增加，但是当浓度超过 1mol/L 时，溶解性和持水性均降低。在碱性条件下，离子浓度较高时，大豆蛋白溶解性不如亚麻蛋白，但是持水性较好。王博、李栋等人将纯度较高的亚麻蛋白与马铃薯淀粉混合，模拟简单的食品组成，通过测定其流变特性，揭示马铃薯淀粉与亚麻蛋白在凝胶时相互作用的机理，确定了淀粉浓度、升降温速率对该混合体系流变特性的影响，并将亚麻蛋白作为乳液稳定剂，加入至豆油-水的乳液中，改善该水包油乳液

的稳定性。

内蒙古金宇集团则将亚麻蛋白加入到一些低温制品（烤肠、挤压食品）中，对产品进行效果评估，结果表明，亚麻蛋白可以起到持水持油、提高出品率的作用，还可以改善产品的切片性，增强咀嚼感。亚麻蛋白作为一种新兴植物蛋白，其功能特性与大豆蛋白类似，还具有一定的防癌抗病功效，已经越来越为人们所重视。但是关于亚麻蛋白的研究尚少，关于亚麻蛋白与其他食品成分之间的相互作用情况、亚麻蛋白对食品的微观结构以及风味口感的影响，是值得研究的课题。

七、亚麻蛋白与人体健康密切相关

目前我国居民蛋白质摄入以动物蛋白和谷物蛋白为主，高动物蛋白摄入可能伴随胆固醇和脂肪摄入量过度等副作用，造成营养过剩，以谷物蛋白为主的膳食则可能导致摄入的氨基酸不平衡，如赖氨酸摄入不足，造成营养不足。而亚麻蛋白是目前报道的唯一含有人体所需的 9 种必需氨基酸且含量满足人体需求的不含胆固醇的一种植物蛋白，是公认的一种全价蛋白质，可以同时弥补上述动物蛋白和谷物蛋白膳食存在的缺陷。然而，我国居民豆类蛋白摄入量较少，特别是亚麻蛋白的摄入量仅为 5%，远低于推荐量的 20%。在肯定了亚麻蛋白营养功能的基础上，长期以来，研究者们从未放弃过对亚麻蛋白保健功能的研究，大量实验证明了亚麻蛋白具有降低血脂、胆固醇，提高胰岛素敏感性和减肥等功效。正是基于大量科学家的研究结果和数据，1999 年，美国食品及药物管理局（FDA）发布了亚麻蛋白的健康声明，即“每天食用 25g 亚麻蛋白能够降低心脏病、心血管疾病的风险”。美国、欧洲、日本等发达国家已经在积极推动亚麻蛋白的产业化进程，作为应对老龄化社会到来的国策之一，目前其亚麻蛋白产品的数量已在食品产业上占有不可忽视的比重，而我国亚麻蛋白的发展起步相对较晚，产品种类不多。因此，针对“亚健康”和饮食结构不合理，振兴亚麻蛋白产业，对提高我国人民蛋白质摄入质量和水平以及缓解慢性病高发的现状都有重要意义。

1. 亚麻蛋白的营养功能

亚麻中富含蛋白质，其含量是小麦、大米等谷类作物的 2 倍以上，通常在 40%～50%之间。而储存蛋白是亚麻蛋白的主体，约占总蛋白质的 70%以上，主要包括 7S 球蛋白（亚麻伴球蛋白）和 11S 球蛋白（亚麻球蛋白），而其他储存蛋白，如 2S、9S、15S 等含量较少。除储存蛋白外，亚麻蛋白中还含有一些具有生物活性的蛋白质，如 β-淀粉酶、细胞色素 C、植物血凝素、脂肪氧化酶、脲酶、Kunitz 胰蛋白酶抑制剂和 Bowman-Birk 胰蛋白酶抑制剂等。通常，为提高亚麻产品的消化性，加工过程中这些抑制剂会被除去或是通过特殊手段进行失活处理。此外，市售不同种类亚麻蛋白产品中通常还添加异黄酮、皂苷，可以有效提高亚麻蛋白的功效比（protein efficiency ratio，PER）和蛋白质净比值（net protein ratio，NPR）。亚麻蛋白过敏性较低，临床实验和动物模型都表明，相对于其他类型的蛋白，亚麻蛋白仅在少部分儿童中出现过敏现象，而在成年人中少有发现。此外，量效关系的研究表明，引发过敏的亚麻蛋白临界剂量仅为0.0013mg（亚麻粉），而相应的酪蛋白和鸡蛋蛋白的临界剂量分别为0.005mg（新鲜牛奶）和0.002mg（新鲜鸡蛋）。值得注意的是，亚麻蛋白中所含有的一定量的植酸可能会对婴儿的矿物质吸收利用产生一定影响。

2. 亚麻蛋白的保健功能

（1）亚麻蛋白的血脂调节功效　早在1940年，Meeker和Kesten就通过动物实验发现，相对于喂食酪蛋白，喂食亚麻粉的兔子出现血胆固醇相对较低的现象。此后越来越多的研究者投身于亚麻蛋白的血脂调节功效研究中，笔者总结了1995—2005年亚麻蛋白对绝经女性的降胆固醇效果的部分研究结果，可以看出大多数的临床实验结果都表明亚麻蛋白具有一定的降胆固醇效果，虽然不同实验所使用的亚麻蛋白剂量以及异黄酮含量存在着差异。但是即使如此，结果很明显：降胆固醇效果与人体本身的初始胆固醇含量存在正相关性，即人体本身的初始胆固醇含量越高，亚麻蛋白的降胆固醇效果越明显。目前亚麻蛋白的降胆固醇机制还尚无定论，研究者多从亚麻蛋白对脂质代谢过程进行研究，该方面的研究也存在着不同的看法。一种看法认为亚麻蛋白的摄入能与胆汁酸结合，并促其排出体外，从而肝脏中的胆固醇代谢倾向于以胆固醇合成胆汁酸，而这一合成会带来低密度脂蛋白（low density lipo-protein，LDL）受体的活性提高，总结果是导致血液中胆固醇浓度的降低，特别是LDL浓度的降低。这一种代谢机制得到动物实验的有效验证，但在部分人体实验中显示胆汁酸的排泄并未随着亚麻蛋白的摄入而提高。第二种看法主要认为亚麻蛋白的摄入可以直接影响肝脏中脂类的代谢过程。

此外，也有研究者认为在7S球蛋白中存在特殊的亚基可以提高HepG2细胞LDL受体的活性而起到降低胆固醇的效果。亚麻蛋白本身含有的一些其他组分，如亚麻异黄酮和亚麻磷脂都证明具有一定的降血脂功效。如服食高含量亚麻异黄酮的亚麻蛋白被证实能够更优地降低血液中低密度胆固醇，而亚麻磷脂可以降低小鼠肝脏脂肪酸合成酶、苹果酸脱氢酶、葡萄糖-6-磷酸脱氢酶、丙酮酸激酶的活性，达到降血脂功效。

（2）亚麻蛋白对胰岛素敏感性的调节功效　胰岛素抵抗（insulin resistance，IR）是Ⅱ型糖尿病的发病基础，常常与肥胖、高血压、高脂血症相伴随，其中肥胖是引起胰岛素抵抗最常见的原因。研究表明，亚麻蛋白对提高胰岛素敏感性具有一定的作用。Nordentoft等使用KKAy小鼠模型研究亚麻蛋白对胰岛素调节基因表达的影响，实验结果表明，长时间摄入亚麻蛋白可以改善体内的葡萄糖代谢平衡，提高胰岛素敏感度，并显著改变胰岛素调节基因*GLUT2*、*GLUT3*、*Ins2*、*IGF1*、*Beta2/Neurod1*以及肠促胰酶素和*LDLr*的基因表达谱。Lavigne等对比了鳕鱼、亚麻和酪蛋白对葡萄糖耐受程度和胰岛素敏感性的影响，指出鳕鱼和亚麻蛋白喂食的小鼠的空腹血糖和胰岛素浓度均较酪蛋白喂食的小鼠低，且在静脉注射大量葡萄糖后，鳕鱼和亚麻蛋白喂食的小鼠葡萄糖降解速度较快，说明其胰岛素敏感性提高。Ascencio还提出由于亚麻蛋白可以调节血液中胰岛素浓度而影响胆固醇调控元件结合蛋白-1（SREBP-1）的表达，从而降低肝脏中甘油三酯和胆固醇的积累程度，达到预防脂肪肝的功效。

（3）亚麻蛋白的减肥功效　肥胖症引起的血脂异常通常会导致血浆中脂肪酸、甘油三酯、LDL、VLDL浓度过高，亚麻蛋白降低血脂和改善胰岛素抵抗的作用对减肥具有积极影响，除这两方面外，亚麻蛋白还可通过提高饱腹感和能量消耗，并影响油脂的吸收积累达到减肥的功效。亚麻蛋白的摄入可以有效提高饱腹感，从而减少食物摄入。研究表明，高蛋白饮食会使胃肠激肽浓度增高，从而产生饱腹感。此外，Nishi等证实亚麻β-伴球蛋白的蛋白胨可以通过提高血浆中肠促胰酶肽的浓度达到减少食物摄入的效果。在能量消耗方面，人体实验表明，摄入动物蛋白和亚麻蛋白的产热效应均高于碳水化合物。通过服食亚麻蛋白及其水解物或β-亚麻伴球蛋白发现体脂肪率大幅度降低，这可能是由于以下几种作用导致：首先，亚麻蛋白中的高分子蛋白质成分在消化道内直接吸附摄取的油脂而排出体外；其次，亚麻蛋白可以促进人体脂肪酸的氧化和分解，从而促进脂肪燃烧；最后，亚麻蛋白可以抑制肝脏中的中性脂肪合成。

（4）亚麻蛋白的预防癌症功效　亚麻籽蛋白质是具有高支链氨基酸（BCAA：缬氨酸、亮氨酸、异亮氨酸）、低芳香族氨基酸（AAA）和高的Fischr比率（BCAA/AAA）的蛋白质，这为特殊需要的病人提供了能产生特殊生理功能的食品，如患有癌症、烧伤、外伤和肝炎等营养不良的病人。亚麻籽蛋白质与大豆蛋白相比较，具有高的BCAA和Fischr比率。有些亚麻籽蛋白含有的BCAA和Fischr比率分别高达25%和4.7，这种蛋白质适合提供给肝炎病人的功能食品配制。赖氨酸/精氨酸比率是血液胆固醇和动脉粥样硬化的影响因子。对大豆籽蛋白来说这种比率是低的，因而影响极小。而大豆蛋白的比率为 0.8 是较高的。亚麻籽也是一种极好的赖氨酸、谷氨酰胺和组氨酸的来源，已知这三种氨基酸对人体的免疫功能具有很强的效果。亚麻籽蛋白的半胱氨酸和蛋氨酸含量能提高人体抗氧化的水平，在细胞分裂过程中潜在地稳定 DNA，并减少结肠癌形成的危险。亚麻籽蛋白也影响血液葡萄糖量。因为它与植物胶相结合，能刺激胰岛素的分泌，从而产生减少血糖过多的响应。亚麻籽蛋白质与可溶性多糖相结合，能起到明显减少结肠中鲁米那氨的作用，从而防止促进肿瘤产生的氨的影响。

八、亚麻籽及其饼粕中的亚麻蛋白

亚麻籽种子中粗蛋白的含量为 25%～45%，粗纤维的含量约为 10%。产地不同对亚麻籽种子蛋白的含量有较大的影响，欧洲和斯堪的纳维亚地区十一个相距甚远的地方生产的亚麻籽干燥种子中粗蛋白含量处于 39.6%～44.1% 范围内，总平均含量则为 43.6%。在亚麻籽生长期内，随着种子的成熟，其粗蛋白含量、灰分含量和体外有机物质消化率均下降，其中蛋白质含量从生长阶段的 220g/kg 干物质下降至完熟阶段的 92g/kg 干物质。亚麻籽种子蛋白的氨基酸组成如表4-1所示。亚麻籽种子蛋白由至少 18 种氨基酸组成，其中包含了 8～9 种必需氨基酸，而其中的精氨酸含量最为丰富，高达 8%左右；其次是亮氨酸、甘氨酸、缬氨酸和脯氨酸，含量均大于 5%，其中缬氨酸含量则要高于亚麻蛋白。非必需氨基酸中则以谷氨酸含量最高，达 16%左右。与 FAO/WHO 的能量及蛋白质需要的参考模式相比，亚麻籽蛋白中的限制性氨基酸为赖氨酸、亮氨酸和异亮氨酸，其他的则均高于参考模式，其中最容易缺乏的赖氨酸含量为 4.95%，低于菜籽蛋白。

另外，与大豆蛋白相比，亚麻蛋白产品显示了更好的持水性和乳化性等功能特性。含不同胶的亚麻蛋白在食品工业中作为乳化剂和稳定剂，如用于鱼罐头、肉产品、乳化剂和冰激凌等产品。粉碎的亚麻粉用于面包、华夫饼干、薄烤饼，也用于百吉饼、早餐谷物食品中制作小点心等。高温蒸炒又使得亚麻蛋白过度变性，制约亚麻蛋白资源的开发利用。当前的冷榨浸出新工艺又受到亚麻粕中以生氰糖苷为主的抗营养因子的困扰，影响到亚麻粕的综合利用，不能最大化地把亚麻籽资源优势转变为经济优势。因此，将在菜籽和棉籽油脂浸出工业中取得成功的双液相技术用于亚麻籽加工业，在低温浸出油脂的同时，脱除亚麻粕中的生氰糖苷等抗营养因子，获得高品质的亚麻油和脱毒粕，最大限度地保持亚麻蛋白的原有功能特性，解决亚麻籽蛋白资源开发利用的瓶颈问题，实现亚麻籽资源的深度开发和综合利用，提高亚麻籽产业的经济效益，对我国西部亚麻籽产业的持续、稳定、健康发展具有深远的意义。

九、亚麻蛋白在食品行业应用中的功能特性

1. 亚麻产品的制备

Dev采用高含胶亚麻蛋白粉（HMF）和低含胶亚麻粉（LMF）以及亚麻籽（S）和商业压榨饼（EC），按碱溶（pH9.5～10）酸沉（pH4.2～4.5）法制备高含胶浓缩蛋白（HMPC）和低含胶分离蛋白（LMPI），用70%的乙醇洗涤得到低含胶醇法浓缩蛋白（LMPC）。各蛋白产品的粗蛋白含量见表4-4。

表4-4　各蛋白产品的粗蛋白含量

蛋白产品	LMF	LMPC	HMPC-S	HMPC-EC	LMPI
蛋白含量/%	56.4	59.7	63.4	65.5	86.6

2. 简单体系中的功能特性

Dev等人对亚麻蛋白产品的功能特性进行研究，结果表明，与大豆分离蛋白（SPI）相比，具有更好的吸水性和吸油性以及乳化及乳化稳定性，见表4-5。

表4-5　亚麻蛋白产品的功能特性

功能特性	LMF	LMPC	HMPC-S	HMPC-EC	LMPI	SPI
吸水性/%	366	303	419	470	610	485
吸湿性/%	8.3	7.2	16.8	13.2	14.2	5.8
吸油性/%	313	141	95	95	459	100
黏度/mPa·s						
浓度1.0%			2.75	2.68	2.54	
浓度25%			8.27	7.77	6.48	
乳化性/%	50	51	96	98	69	57
乳化稳定性/%	72	79	90	94	84	54
最低凝胶浓度/%	12	12	12	12	8	
起泡性/%	27	10	226	166	80	35
起泡稳定性/min	60	70	50	9	22	15

（1）各种产品的溶解性　LMPC的溶解曲线较HMPC宽，HMPC-EC在所有pH值条件下，溶解度均比HMPC-S低，说明在压榨过程中蛋白发生变性。在pH<p*I*时HMPC的溶解度比pH>p*I*时上升更快，可能是蛋白与酸性多糖相互作用的结果。

（2）吸水性（WAC）、吸油性（FAC）　HMPC-S、HMPC-EC比LMF、LMPC吸水性强，显然因含多糖而增加亲水基团，从而促进吸水作用。LMPI

是冷冻干燥产品，因此吸水量大可能是因为密度较低的原因，HMPC 吸油性明显较 LMPI、LMF 低，亦可能是因为后两者密度小之故。

（3）乳化性（EA）、乳化稳定性（ES） HMPC、LMPI 乳化性均非常好，但是 LMPI 蛋白含量明显高于 HMPC，而乳化性和乳化稳定性却不如 HMPC，说明黏胶又起了促进作用，它作为辅助乳化剂，使体系达到更好的亲油亲水平衡。黏度对此影响不大。

（4）起泡性（FA）和泡沫稳定性（FS） 与 HMPC 相比，LMPI 尽管蛋白含量高，但起泡性较差，因为它们在水中形成颗粒沉淀。而起泡稳定性则是 LMF、LMPC 较高，HMPC-EC、LMPI 较差。因为不同的制备方法使蛋白分子柔性、分子间的相互反应和内聚作用产生了一定的差异。

（5）凝胶性 亚麻黏胶的凝胶特性差，故蛋白含量高的 LMPI 易成凝胶的最低浓度比其他产品低。

3. 食品体系的功能特性

对亚麻蛋白产品在鱼沙司罐头、肉制品和冰激凌中的乳化性、乳化稳定性以及风味、外观等方面进行了研究，其结果见表 4-6～表 4-8。

表 4-6 亚麻蛋白产品在鱼沙司罐头中的功能特性

添加物	添加量/%	乳化特性				感官评价
		杀菌前		杀菌后		
		EA/%	ES/%	EA/%	ES/%	
对照	0	0	0	0	0	薄，油分开，无乳化
HMPC-S	1.0	0	0	83	0	平滑，薄
	3.0	30	0	100	87	平滑，厚且成乳油状
HMPC-EC	1.0	0	0	80	0	平滑，稍薄
	3.0	29	90	100	98	平滑，厚且成乳油状
LMPI	1.0	0	0	73	0	平滑，薄，有气泡
	3.0	28	0	100	92	渗水，搅拌后平滑

表 4-7 亚麻蛋白产品在肉制品中的功能特性

添加物	添加量/%	焙烤损失/%			焙烤损失减少率/%	焙烤后硬度/kPa
		脂肪	水	合计		
对照	0	22.0	9.0	31.0	0	1111
LMF	3.63	7.3	9.3	16.6	46.5	633
LMPC	3.34	5.4	10.3	15.7	49.4	633
HMPC-S	260	13.5	3.4	16.9	45.5	564
HMPC-EC	260	10.6	14.1	24.7	20.3	520
LMPI	200	16.1	9.5	25.6	17.4	737

表 4-8 亚麻蛋白产品在冰激凌中的功能特性

添加物	混合特性				冰激凌特性	
	添加量/%	相对密度	黏度/mPa·s	pH 值	融化时间/min	溢出脂肪/%
凝胶	0.5	1.1205	30.63	5.9	6.56	38.06
HMPC-S	0.5	1.1150	20.11	5.9	5.28	45.80
	1.0	1.1263	34.88	5.8	3.57	31.33
HMPC-EC	0.5	1.1284	15.71	5.8	5.03	20.27
	1.0	1.1375	20.37	5.9	3.07	35.86
LMPI	0.5	1.1307	13.73	5.8	3.75	44.32
	1.0	1.1312	15.95	5.8	4.03	22.10

(1) 鱼沙司罐头中的功能特性　添加 1%的蛋白产品，乳化效果不明显，但浓度达到 3%时，有一定的乳化效果，而乳化稳定性以 HMPC-EC 为最佳。黏度分布表明，浓度对黏度影响比产品类别的影响大，LMPI 稳定后的沙司有少量的水渗出，而其他产品无此情况，可能是因为其含量较少，吸水性差的缘故。

(2) 冰激凌中的功能特性　在冰激凌中，乳化-乳化稳定剂必须满足一系列要求，单一的添加物很难符合所有条件，但从表 4-8 中的数据可以看出，高含胶亚麻蛋白产品随着浓度的增加，可增加冰激凌的黏度，降低溶化时间，减少脂肪球中脂肪的溢出，这可能是因为它能与其他亲水胶体协同作用，从而起到了较好的稳定效果。众所周知，除了蛋白质本身的特性以外，化学改性、酶法改性可改善蛋白质的功能特性，但对亚麻蛋白在这方面的研究尚无涉及。黏胶与蛋白质的作用机理、亚麻蛋白结构与功能的关系都是有待人们去研究的课题，相信在这些问题得到解决之后，亚麻蛋白的应用会更加广泛。

(3) 肉制品中的功能特性　一般来说，肌肉蛋白凝胶形成过程分为三步：高浓度盐对蛋白质的增溶及肌原纤维蛋白的解聚；随着温度的升高，蛋白质结构发生部分折叠；通过氢键、二硫键、静电相互作用力和疏水相互作用力等的共同作用，使已经发生折叠的区域进一步聚集，形成三维网状结构。肉制品的加工过程中，蛋白质三维网状结构的形成，以及是否能有效地包含油、水等食品组分对于蛋白质凝胶的结构、性质和最终产品的品质起着至关重要的作用。为了增加产品产出，降低生产成本，同时改善与产品质构相关的各项性质，肉制品加工企业通常希望在产品配方中加入一定量的植物蛋白。

亚麻蛋白由于具有较高的营养价值、丰富的功能性质、较低的成本，在肉制品加工企业中应用最为广泛。同时亚麻蛋白所具有的低脂及低胆固醇特点，在消费者对健康食品需求不断上升的年代极大地推动了食品加工企业对于亚麻蛋白功能性质和新用途开发的深入研究，从而生产出更多更加符合市场需求的产品，满足人们对于不断提高的物质文化水平的需要。有关研究表明，亚麻蛋白具有较强的凝胶性和乳化性，改善了产品的内部组织形态，增加了产品的咀嚼感，提高了产品的营养价值；亚麻蛋白具有的强保油性，减少了火腿肠中瘦肉的添加，增加了肥肉的比例，改善了火腿肠的风味和口感，增加了产品的得率；亚麻蛋白具有很强的保水性，减少了香肠制品在加工过程中的水分损失，有利于保持肉汁，降低了香肠脱水收缩的程度，提高了产品的产率。上述研究表明，未变性亚麻分离蛋白的添加，有利于提高产品的产率，保持产品的风味，改善产品的乳化性、凝胶性、保水保油性。

(4) 在蛋糕中的功能特性　亚麻蛋白是一种优质的植物性蛋白，其含量占到亚麻干基的40%以上，具有人体必需的8种氨基酸，组成比例平衡，是理想的食用蛋白资源。近年来，随着对亚麻蛋白营养价值与经济价值研究的不断深入，亚麻蛋白制品在食品中的应用范围越来越广，同时添加的目的也从以往的简单添加、替代，发展到科学合理地利用亚麻蛋白质的功能特性。然而，与美国、日本等发达国家相比，我国亚麻蛋白的开发应用程度还较低，且主要集中在肉制品方面，缺乏市场竞争力，因此在开发应用领域，我国的发展空间十分广阔。

起泡性是亚麻蛋白重要的功能特性之一，但是从应用角度看，天然亚麻蛋白的起泡能力和泡沫稳定性却并不理想，无法满足实际应用的需求。通过对亚麻蛋白进行物理改性、化学改性及酶法改性可以有效地提高其起泡性，并使之具有作为食品起泡剂的应用潜力。然而，在众多针对亚麻蛋白起泡性的理论研究中，对于某个影响因素的研究往往不够系统。比如在物理方法中的热处理方面，许多研究集中讨论了80～100℃的热变性温度对起泡性的影响，而没有在更广的温度范围内对起泡性的影响进行深入探讨，事实上，高起泡性蛋白的使用对象，例如烘焙食品，温度范围很宽泛，而糖果类食品，则对温度范围要求更加宽泛；再如酶改性方面，由于各研究所采用的亚麻蛋白原料不同、酶制剂及酶解条件不同，导致得出的结论侧重点不同，很难相互比较。这种情况导致了亚麻蛋白起泡剂在食品中的应用缺乏系统的理论指导。在蛋糕、点心、奶糖、冰激凌等泡沫型食品中，蛋清蛋白和乳清蛋白是最为广泛应用的蛋白质起泡剂，它们能形成稳定而细腻的泡沫来赋予食品特定的质构。然而随着上述两类蛋白价格日益提高，供应相对不够稳定，以植物性蛋白取代动物性蛋白的研究受到了越来越多的关注；另外，植物蛋白所隐含的健康价值也日益受到重视，将植物蛋白进行改造，形成具有良好起泡性的食品配料，引起了人们广泛的兴趣。

(5) 亚麻蛋白在烘焙食品中的功能特性　亚麻蛋白因其较高的营养价值及较好的与食品的嗜好性、加工性等相关的功能特性等因素，而受到了越来越广泛的应用。不同种类的亚麻蛋白制品侧重于不同的功能特性，因而适用于不同的烘焙食品。在蛋糕中添加适量的亚麻蛋白可以增加蛋糕的比容，提高含水量，降低蛋糕硬度，从而改善蛋糕的品质，延长货架期。在各类松饼、脆饼、曲奇饼干、苏打饼干和冰激凌蛋卷中加入5%～20%的脱脂亚麻粉或加磷脂亚麻粉，可以有效提高产品的保水性。在烘焙食品中主要利用的是亚麻蛋白的持水性和乳化性，通过添加适量的亚麻蛋白不仅可以改善烘焙食品的外观、质构及感官特性，同时还能减少烘焙过程中水分的流失，并赋予烘焙产品良好的风味及较高的营养价值。由于亚麻分离蛋白不具备蛋清蛋白的热固性，因而利用其起泡性在烘焙食品中的应用还比较有限，但是在棉花糖等不依赖于泡沫热定型的充气型糖果中仍有较大的应用价值。目前已有研究将热变性后的亚麻蛋白应用于蛋糕体系中替代部分鸡蛋，并通过添加一定量的黄原胶制作出了具有较高感官品质和质构特性的蛋糕。这表明，改性后的亚麻蛋白具有部分或完全替代蛋清蛋白的潜力，利用改性后亚麻蛋白良好的起泡性可以将其应用于更多的泡沫型食品中，拓宽亚麻蛋白的应用范围。

第二节　亚麻蛋白制备及纯化

一、蛋白质提取与制备原理

蛋白质种类很多，性质上的差异很大，即便是同类蛋白质，因选用材料不同，使用方法差别也很大，且又处于不同的体系中，因此不可能有一个固定的程序适用于各类蛋白质的分离。但多数分离工作中的关键部分基本手段还是共同的，大部分蛋白质均可溶于水、稀盐、稀酸或稀碱溶液中，少数与脂类结合的蛋白质溶于乙醇、丙酮及丁醇等有机溶剂中。因此可采用不同的溶剂提取、分离及纯化蛋白质和酶。

蛋白质与酶在不同溶剂中溶解度的差异，主要取决于蛋白质分子中非极性疏水基团与极性亲水基团的比例，其次取决于这些基团的排列和偶极矩。故分子结构性质是不同蛋白质溶解差异的内因。温度、pH值、离子强度等是影响蛋白质溶解度的外界条件。提取蛋白质时常根据这些内外因素综合加以利用，将细胞内蛋白质提取出来，并与其他不需要的物质分开。但动物材料中的蛋白质有些以可溶性的形式存在于体液（如血浆等）中，可以不必经过提取直接进行分离。蛋白质中的角蛋白、胶原及丝蛋白等不溶性蛋白质，只需要适当的溶剂洗去可溶性的伴随物，如脂类、糖类以及其他可溶性蛋白质，最后剩下的就是不溶性蛋白质。这些蛋白质经细胞破碎后，用水、稀盐酸及缓冲液等适当溶剂，将蛋白质溶解出来，再用离心法除去不溶物，即得粗提取液。水适用于白蛋白类蛋白质的抽提。如果抽提物的 pH 值用适当缓冲液控制时，其稳定性及溶解度均能增加。如球蛋白类能溶于稀盐溶液中，脂蛋白可用稀的去垢剂溶液如十二烷基硫酸钠、洋地黄皂苷（digitonin）溶液或有机溶剂来抽提。其他不溶于水的蛋白质通常用稀碱溶液抽提。表 4-9 所列为蛋白质类别和溶解性质。

表 4-9　蛋白质类别和溶解性质

类别	溶解性质
白蛋白和球蛋白	溶于水及稀盐、稀酸、稀碱溶液，可被 50%饱和度硫酸铵析出
真球蛋白	一般在等电点时不溶于水，但加入少量的盐、酸、碱则可溶解
拟球蛋白	溶于水，可为 50%饱和度硫酸铵析出
醇溶蛋白	溶于 70%～80%乙醇中，不溶于水及无水乙醇
壳蛋白	在等电点不溶于水，也不溶于稀盐酸，易溶于稀酸、稀碱溶液
精蛋白	溶于水和稀酸，易在稀氨水中沉淀
组蛋白	溶于水和稀酸，易在稀氨水中沉淀
硬蛋白质	不溶于水、盐、稀酸及稀碱

蛋白质的制备是一项十分细致的工作，涉及物理学、化学和生物学的知识。近年来虽然有了不少改进，但其主要原理仍不外乎两个方面。

一是利用混合物中几个组分分配率的差别，把它们分配于可用机械方法分离的两个或几个物相中，如盐析、有机溶剂提取、色谱和结晶等。

二是将混合物置于单一物相中，通过物理力场的作用使各组分分配于不同区域而达到分离的目的，如电泳、超离心、超滤等。由于蛋白质不能溶化，也不能蒸发，所能分配的物相只限于固相和液相，并在这两相间互相交替进行分离纯化。

二、植物蛋白的提取技术

大部分蛋白质都可溶于水、稀盐、稀酸或碱溶液，少数与脂类结合的蛋白质则溶于乙醇、丙酮、丁醇等有机溶剂中，因此，可采用不同溶剂提取分离和纯化蛋白质及酶。目前各国对植物蛋白的提取分离技术已经相对成熟，主要的提取分离技术有碱溶酸沉法、酶解法、反胶束提取法、盐溶法提取法、超声增溶法提取、有机溶剂提取法，另外，分离的技术还有盐析法和膜分离法。

1. 碱溶酸沉法

碱溶酸沉法是利用大多数蛋白质等电点在酸性范围，当蛋白质处于碱性环境时，大多数蛋白质会从细胞中溶解出来，当溶解液调节 pH 值至蛋白质等电点时由于外层电荷的破坏，蛋白质分子之间会发生聚合沉淀，从而从溶液中析出。

碱溶酸沉法是应用最多并已用于产业化生产的蛋白提取方法，该方法具有操作简单、易于控制、成本低廉、提取效果较好、可大规模生产等特点。它是传统的植物蛋白的提取方法，也是工业化生产植物分离蛋白的有效方法。但碱溶酸沉法提取植物蛋白要求提取时间长，提取温度较高，能源消耗大，蛋白质中的赖氨酸能够和胱氨酸或丙氨酸在强碱作用下发生缩合反应，生成对人体有毒有害的物质等。所以，碱溶酸沉提取蛋白质的方法并不完美。

2. 酶解法

酶解法提取蛋白质，是利用蛋白酶将固定在植物组织中的蛋白质水解成多肽片段，从而溶于提取液中。此方法反应条件温和、副反应少，对氨基酸无破坏作用，且不污染环境，对蛋白质的改性有良好的作用，蛋白质经酶水解后有助于拓宽蛋白质的应用范围；经酶水解后的蛋白质生成肽和氨基酸，能提高和改善蛋白质的功能特性如溶解性、乳化性、起泡性、黏度。酶法水解还能避免酸法水解或碱法水解对氨基酸的破坏作用和变旋作用，以保证蛋白质的品质。

目前提取蛋白质的酶主要有蛋白酶、植酸酶、细胞破壁酶等，它们的作用机理各不相同，但提取思路大致可归结为两种：一种是采用排杂思路，利用纤维素酶、植酸酶、淀粉酶等去掉原料中非蛋白物质，从而提高蛋白质含量；另一种是利用蛋白酶对蛋白质的降解和修饰作用，使其变成可溶性多肽而被提取。按照提取思路的不同，酶法提取蛋白质可分为三类：蛋白酶法、非蛋白酶法和复合酶法。

(1) 蛋白酶法　蛋白酶是酶法提取蛋白质使用最多的一类酶，其主要是利用蛋白酶对蛋白质的降解和修饰作用，使蛋白质变成可溶性多肽以及将与蛋白质相连的其他物质水解掉来提高蛋白质的回收率。蛋白酶种类繁多，按酶来源的不同可分为微生物蛋白酶、植物蛋白酶和动物蛋白酶；按照作用方式的不同可分为内切蛋白酶和外切蛋白酶；按照作用条件的不同又可分为酸性蛋白酶、中性蛋白酶和碱性蛋白酶。利用蛋白酶有限制地水解提取的蛋白质，不仅营养价值保留好，而且其溶解性、乳化性和乳化稳定性等功能特性也会发生一些有利的变化。

(2) 非蛋白酶法　非蛋白酶法是一种利用细胞破壁酶、植酸酶、淀粉酶等降解除去原料中非蛋白质物质，而提高制品蛋白质含量的方法，采用的是排杂思路。细胞破壁酶类主要有果胶酶、纤维素酶和半纤维素酶等，通过利用它们对植物细胞壁纤维素骨架的降解作用，使植物细胞壁崩溃，从而使细胞内有效成分游离，达到提高目标物提取率的目的；淀粉酶可将植物组织中的淀粉降解为更易溶解的低聚糖和糊精，其易通过过滤或离心等方法除去，从而提高沉淀物中蛋白质的含量；某些植物组织中含有较高的植酸盐，其易与蛋白质分子结合形成不溶性植酸-蛋白质复合体，植酸酶可水解植酸磷酸盐残基，阻碍植酸-蛋白质复合体的形成，有利于增加蛋白质溶解性和提高蛋白质纯度。

（3）复合酶法　复合酶法是采用两种或两种以上的酶进行复配，通过酶之间协调作用来提高蛋白质回收率或改善蛋白质风味。目前研究较多的是细胞破壁酶与蛋白酶或植酸酶复合使用。

蛋白酶水解法提取蛋白质，蛋白质提取率高，适用于大规模的工业生产，是一种较为优越的方法。研究证明，蛋白质经过合适的蛋白酶水解后制成的多肽产品具有一定的抗氧化活性。与传统的碱法提取蛋白质相比，酶法提取蛋白质反应条件温和、所用的时间短，同时克服了碱溶酸沉法提取蛋白质时易发生蛋白质变性、失去使用价值的缺点，为蛋白质的下一步开发和利用打下了基础，具有很好的应用前景。

3. 反胶束法

反胶束是指在纳米尺寸下分散于连续的有机溶剂介质中，包含有水分子内核的表面活性剂的聚集体，反胶束也称逆胶束或反胶团。由于相似相溶原理，在反胶束集团中，表面活性剂的非极性基团在外与非极性的有机溶剂接触，而极性基团朝内与水接触形成一个极性核心。此极性核具有溶解极性物质的能力，蛋白质等极性分子可以被溶解于“水池”中而被萃取出来，然后经过反萃和沉淀分离出蛋白质，由于蛋白质分子被极性内核的水分子和极性基团保护从而不会失活变性。

反胶束法提取蛋白质适合于分离植物油脂和植物蛋白质，相对于传统工艺的提取油脂后，从蛋白粕中再提取分离蛋白质的复杂冗长流程而言，用反胶束法分离油脂和蛋白质，工艺过程缩短，能耗降低，可同时分离出油脂和蛋白质，且蛋白质活性好，具有良好的应用前景。

4. 有机溶剂提取法

在等电点附近的蛋白质分子主要以偶极离子形式存在。如果此时添加较低介电常数的有机溶剂，会同时降低溶液的介电常数，增加蛋白质分子之间引力，使蛋白质分子聚合而发生沉淀；有机溶剂本身的水合作用会破坏蛋白质表面的水合层，也促使蛋白质分子脱水沉淀。乙醇、丙酮和丁醇等有机溶剂，它们具有一定的亲水性，还有较强的亲脂性，是蛋白质提取的理想有机溶剂。另外，水溶性中性高聚物也能沉淀蛋白质，如相对分子质量高于4000的聚乙醇（PEG）可以非常有效的沉淀蛋白质。

有机溶剂提取法是目前较为常见的提取植物蛋白的方法，其优点是沉淀快、絮凝物结构紧密，易过滤收集。但高浓度有机溶剂易引起蛋白质变性失活，因此为了防止局部有机溶剂浓度过大，需不停地搅拌均匀，另外此过程一般在低温条件下进行。

5. 盐溶法提取法

植物蛋白质主要包括清蛋白、球蛋白、醇溶蛋白和谷蛋白，并且都溶于稀碱液，小分子的清蛋白和球蛋白只能溶于稀盐溶液。盐溶法提取蛋白质是利用此原理分步提取，先用稀盐液提取植物组织中的清蛋白和球蛋白，再将剩余蛋白质用碱液提取。此方法一般用于对清蛋白和球蛋白质量要求高，且清蛋白和球蛋白的含量较高的产品。

稀盐和缓冲系统的水溶液对蛋白质稳定性好、溶解度大，是提取蛋白质最常用的溶剂，通常用量是原材料体积的1～5倍，提取时需要均匀地搅拌，以利于蛋白质的溶解。提取的温度要视有效成分性质而定。一方面，多数蛋白质的溶解度随着温度的升高而增大，因此，温度高有利于溶解，缩短提取时间。但另一方面，温度升高会使蛋白质变性失活，因此，基于这一点考虑提取蛋白质和酶时一般采用低温（5℃以下）操作。为了避免蛋白质提取过程中的降解，可加入蛋白水解酶抑制剂（如二异丙基氟磷酸、碘乙酸等）。

6. 膜分离法

膜分离技术是利用膜的分子筛原理，在膜两边不同的渗透压力下，对两组分或多组分气体或液体进行分离、分级和富集。根据膜孔径的大小和作用机理可以分为微滤、超滤、纳滤和反渗透等。在膜分离蛋白质时，主要用到的是超滤膜进行分离，小分子的糖类、醇类等通过膜的空隙，而大分子的蛋白质不能通过膜的空隙，从而起到分离蛋白质和其他物质的作用。

膜分离技术具有高效、节能、工艺过程简单、投资少、污染小等优点，在食品业、生物化工、水处理、医药工业及环境保护等领域得到广泛应用，被认为是20世纪末到21世纪中期最具发展前途的高新技术之一。

7. 超声增溶法提取

严格来说，超声增溶法并不是一种独立的蛋白质提取方法，而是利用超声波的增溶效果辅助其他方法如碱溶酸沉法来提取蛋白质。超声提取的主要理论依据是超声的空化效应、热效应和机械作用。当大能量的超声波作用于介质时，高频的振动使得液体内局部出现强大的拉应力而形成负压，迫使液体中的气体饱和逸出，另外强大的拉应力把液体气化而“撕开”成一空洞，称为空化。因空化作用形成的小气泡会随周围介质的振动而不断运动、长大或突然破灭。这些气泡突然破灭会产生高达几千个大气压的瞬间压力，瞬间破裂植物细胞壁及整个生物体；另外高频的振动加速了胞内提取物在溶液中的溶解和扩散，从而明显缩短提取时间，增加提取效率。

三、植物蛋白的分离纯化技术

1. 根据蛋白质溶解度不同的分离方法

（1）蛋白质的盐析　中性盐对蛋白质的溶解度有显著影响，一般在低盐浓度下随着盐浓度升高，蛋白质的溶解度增加，此称盐溶；当盐浓度继续升高时，蛋白质的溶解度不同程度下降并先后析出，这种现象称盐析，将大量盐加到蛋白质溶液中，高浓度的盐离子（如硫酸铵的 SO_4^{2-} 和 NH_4^+）有很强的水化力，可夺取蛋白质分子的水化层，使之“失水”，于是蛋白质胶粒凝结并沉淀析出。盐析时若溶液 pH 值在蛋白质等电点则效果更好。由于各种蛋白质分子颗粒大小、亲水程度不同，故盐析所需的盐浓度也不一样，因此调节混合蛋白质溶液中的中性盐浓度可使各种蛋白质分段沉淀。

影响盐析的因素有：①温度　除对温度敏感的蛋白质在低温（4℃）操作外，一般可在室温中进行。一般温度低，蛋白质溶解度降低。但有的蛋白质(如血红蛋白、肌红蛋白、清蛋白）在较高的温度（25℃）比 0℃时溶解度低，更容易盐析。②pH 值　大多数蛋白质在等电点时在浓盐溶液中的溶解度最低。③蛋白质浓度　蛋白质浓度高时，欲分离的蛋白质常常夹杂着其他蛋白质一起沉淀出来（共沉现象）。

蛋白质盐析常用的中性盐主要有硫酸铵、硫酸镁、硫酸钠、氯化钠、磷酸钠等。其中应用最多的是硫酸铵，它的优点是温度系数小而溶解度大(25℃时饱和溶液为 4.1mol/L，即 767g/L；0℃时饱和溶解度为 3.9mol/L，即 676g/L)，在这一溶解度范围内，许多蛋白质和酶都可以盐析出来；另外，硫酸铵分段盐析效果也比其他盐好，不易引起蛋白质变性。硫酸铵溶液的 pH 值常在 4.5～5.5，当用其他 pH 值进行盐析时，需用硫酸或氨水调节。

蛋白质在用盐析沉淀分离后，需要将蛋白质中的盐除去，常用的办法是透析，即把蛋白质溶液装入透析袋内（常用的是玻璃纸），用缓冲液进行透析，并不断地更换缓冲液，因透析所需时间较长，所以最好在低温中进行。此外，也可用葡萄糖凝胶 G-25 或 G-50 过柱的办法除盐，所用的时间就比较短。

（2）等电点沉淀法　蛋白质在静电状态时颗粒之间的静电斥力最小，因而溶解度也最小，各种蛋白质的等电点有差别，可利用调节溶液的 pH 值达到某一蛋白质的等电点使之沉淀，但此法很少单独使用，可与盐析法结合使用。

（3）低温有机溶剂沉淀法　用与水可混溶的有机溶剂，如甲醇、乙醇或丙酮，可使多数蛋白质溶解度降低并析出，此法分辨力比盐析法高，但蛋白质较易变性，应在低温下进行。

2. 根据蛋白质分子大小差别的分离方法

（1）透析与超滤　透析法是利用半透膜将分子大小不同的蛋白质分开。透析在纯化中极为常用，可除去盐类（脱盐及置换缓冲液）、有机溶剂、低分子量的抑制剂等。透析膜的截留分子量为 5000 左右，如相对分子质量小于 10000 的蛋白质液就有泄露的危险。

超滤法是 20 世纪 70 年代发展起来的一种新型分离技术，又叫做超滤膜过滤技术，最初应用于水的分离方面，现被广泛地应用于食品工业。将脱脂后的植物原料用浸提液浸提后的上清液进行超滤时，蛋白质分子留在半渗透膜的高压端，糖类、盐类及其他低分子量成分则向半渗透膜的低压端渗透，从而将蛋白质分子与其他物质相分离开，超滤后的蛋白质溶液经喷雾干燥即得产品。超滤时要选择合适的薄膜孔径。影响超滤渗透速度的主要因素有温度、酸度、底物浓度及流体压力、流量等。目前，膜过滤技术尚处于试验阶段，有待进一步扩大到生产中。

（2）凝胶过滤法　也称分子排阻色谱法或分子筛色谱法，这是根据分子大小分离蛋白质混合物最有效的方法之一。柱中最常用的填充材料是葡萄糖凝胶（Sephadex gel）和琼脂糖凝胶（Agarose gel）。注意使要分离的蛋白质分子量落在凝胶的工作范围内。选择不同的分子量凝胶可用于脱盐、置换缓冲液及利用分子量的差异除去热源。

3. 根据蛋白质带电性质进行分离

蛋白质在不同 pH 值环境中带电性质和电荷数量不同，可将其分开。

（1）电泳法　各种蛋白质在同一 pH 值条件下，因分子量和电荷数量不同而在电场中的迁移率不同从而得以分开。值得重视的是等电聚焦电泳，这是利用一种两性电解质作为载体，电泳时两性电解质形成一个由正极到负极逐渐增加的 pH 梯度，当带一定电荷的蛋白质在其中泳动时，到达各自等电点的 pH 值位置就停止，此法可用于分析和制备各种蛋白质。

（2）离子交换色谱　离子交换色谱是利用离子交换剂对需要分离的各种离子具有不同的亲和力（静电引力）而达到分离目的的色谱技术。离子交换色谱的固定相是离子交换剂，流动相是具有一定 pH 值和一定离子强度的电解质溶液。离子交换剂主要有阳离子交换剂和阴离子交换剂，当被分离的蛋白质溶液流经离子交换色谱柱时，带有与离子交换剂相反电荷的蛋白质被吸附在离子交换剂上，随后用改变pH值或离子强度的办法将吸附的蛋白质洗脱下来，达到蛋白质分离的目的。

(3) 亲和色谱　亲和色谱是分离蛋白质的一种极为有效的方法，它经常只需经过一步处理即可使某种待提纯的蛋白质从很复杂的蛋白质混合物中分离出来，而且纯度很高，许多重组蛋白质都采用这个方法进行分离。亲和色谱法是利用生物大分子与某些对应的专一分子特异识别和可逆结合的特性而建立起来的一种分离生物大分子的色谱方法，如抗原与抗体、底物与酶、激素与受体等分离都采用这一方法进行。亲和色谱法中，一对互相识别的分子互称对方为配体，如激素可认为是受体的配体，受体也可以认为是激素的配体。其他组分不产生这种专一性的结合，而直接流出色谱柱。然后，便可以利用洗脱剂将吸附在柱中的生物大分子洗脱下来。亲和色谱法具有高度的专一性，而且色谱分离过程简单、快速，是一种理想的有效分离纯化生物大分子的手段。

(4) 凝胶色谱法　凝胶色谱法也称分子筛色谱法，是指混合物随流动相经过凝胶色谱柱时，其中各组分按其分子大小不同而被分离的技术。该法设备简单、操作方便、重复性好、样品回收率高，除常用于分离纯化蛋白质、核酸、多糖、激素等物质外，还可用于测定蛋白质的相对分子质量，以及样品的脱盐和浓缩等。由于整个色谱分离过程中一般不变换洗脱液，有如过滤一样，故又称凝胶过滤。

(5) 疏水作用色谱法　这是根据分子表面疏水性差别来分离蛋白质和多肽等生物大分子的一种较为常用的方法。蛋白质和多肽等生物大分子的表面常常暴露着一些疏水性基团，这些疏水性基团通常称为疏水补丁，疏水补丁可以与疏水性色谱介质发生疏水性相互作用而结合。不同的分子由于疏水性不同，它们与疏水性色谱介质之间的疏水性作用力强弱不同，疏水作用色谱就是依据这一原理分离纯化蛋白质和多肽等生物大分子的。一般的研究中通常是多种分离和纯化手段共用，配合使用，达到蛋白质的精细分离目的。目前，还没有能够用一种手段来一次完成蛋白质的分离纯化技术，通常主要使用上述蛋白质的分离方法，进行组合，来分离和纯化蛋白质。

4. 根据配体特异性的分离方法——亲和色谱法

亲和色谱法是分离蛋白质的一种极为有效的方法，经常只需经过一步处理即可使某种待提纯的蛋白质从很复杂的蛋白质混合物中分离出来，且纯度很高。这种方法是根据某些蛋白质与另一种称为配体的分子能特异而非共价地结合。蛋白质在组织或细胞中是以复杂的混合物形式存在，每种类型的细胞都含有上千种不同的蛋白质，因此蛋白质的分离、提纯和鉴定是生物化学中重要的一部分，至今还没有单独或一套现成的方法能够把任何一种蛋白质从复杂的混合蛋白质中提取出来，因此往往采取几种方法联合使用。

四、亚麻饼粕蛋白提取工艺

目前亚麻饼粕蛋白的提取多选用碱溶酸沉的方法，是以亚麻籽为原料先脱胶后脱脂的方法提取，该方法虽然对亚麻榨油副产物饼粕进行了充分利用，但能耗较大，脱脂后蛋白质含量不高，提取成本高，提取率低。

1. 试验材料

亚麻饼粕。

2. 试剂

硼酸，氢氧化钠，浓盐酸，甲基红，亚甲基蓝，乙醇，石油醚，牛血清白蛋白（BSA），考马斯亮蓝 G-250，磷酸。

3. 试验仪器与设备

HW. SY21-K 数显恒温水浴锅；Alpha-1502 型紫外分光光度计；电子天平；TD25-WS 多管架自动平衡离心机；D-8401WZ 电动搅拌器；DH-101 电热恒温鼓风干燥箱；pHS-3BWpH 计；SRJX-4-9 马弗炉；LD-T300A 万能粉碎机；BCD-181T 美菱冰箱；凯氏定氮仪；索氏抽提器。

4. 亚麻饼粕蛋白提取工艺流程

亚麻饼粕→粉碎→碱溶调节 pH 值→超声（非超声）浸提→离心过滤→滤液→酸沉淀→离心过滤→凝乳→干燥→亚麻饼粕分离蛋白

称取 5g 亚麻粕粉放入 250mL 烧杯中，按料液比（1∶10、1∶20、1∶30、1∶40、1∶50）加入蒸馏水，用 1mol/L NaOH 调节到 pH 值 7.5、8.5、9.5、10.5、11.5，然后放入到 50℃ 的超声波仪器中，调节超声功率（260W、360W、460W、560W、660W）提取 20min、40min、60min、80min、100min，将混合物倒入离心管中在 3400r/min 下离心 15min，收集上清液，以考马斯亮蓝法测定上清液中蛋白质含量并计算提取率。用 1mol/L HCl 调节提取液到蛋白质等电点 4.4，在 3400r/min 下离心 30min，倒去上清液，收集沉淀物干燥，得亚麻饼粕蛋白。

非超声提取时间为 60min、90min、120min、150min、180min，其他条件同上。

5. 分析方法

可溶性蛋白的测定用考马斯亮蓝法，绘制标准曲线得方程为 $y=2.865x-0.0978$，$R^2=0.9978$。蛋白质提取率=提取液中蛋白质含量/样品饼粕粉中蛋白质含量×100%。

6. 亚麻饼粕蛋白提取分离正交优化试验

选取料液比（W/V）、pH 值、超声功率（W）、超声时间（min）四个因素，每个因素取三个水平，以亚麻饼粕蛋白提取率为衡量试验效果的指标。采用四因素三水平 $L_9(3^4)$ 正交试验对亚麻饼粕蛋白分离提取的最佳工艺条件进行优化。具体试验设计见表 4-10。

表 4-10 正交试验因素与水平表

水平	料水比(A)/(g/mL)	pH 值(B)	超声功率(C)/W	超声时间(D)/min
1	1∶20	8.5	260	40
2	1∶30	9.5	360	60
3	1∶40	10.5	460	80

7. 结果与分析

（1）料液比对亚麻饼粕蛋白提取率的影响　如图 4-10 所示为其他条件相同，有、无超声作用下液料比对蛋白提取率的影响。由图可知，随着液料比的提高，蛋白质提取率也随之增大，当液料比为 30∶1 时亚麻饼粕蛋白提取率最高，因为当液料比小时，提取液浓度高，体系黏度大，不利于蛋白质的溶出；液料比再继续增大，提取率反而增加不明显，基本趋于不变，说明蛋白质溶出基本趋于稳定，再增大液料比会增加成本及污水排放量的问题，因此综合考虑液料比 30∶1 效果最好。并且在其他条件相同时，超声提取明显要比非超声提取的提取率高，这可能是超声的空化破碎效应使细胞溶胀，分子运动加剧，蛋白质更好地浸出，提高了提取率。

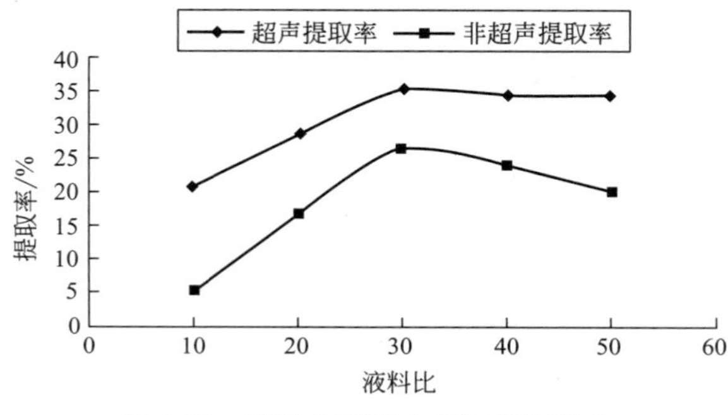

图 4-10 液料比对蛋白提取率的影响

（2）pH 值对亚麻饼粕蛋白提取率的影响　由图 4-11 可知，随着 pH 值的增大，蛋白质提取率有明显的增加，说明碱性 pH 值更有利于蛋白质的溶出，但是 pH 值过高会引起蛋白质变性，出现不良气味，并且颜色呈深褐色，不利于食用，pH 值太高，在酸沉时会消耗大量的酸，导致产品中盐分增加，不利于后续分离工序的进行。碱性太强还可引起脱氨、脱羧、肽键断裂，引起胱赖反应，将氨基酸转变为有毒化合物。因此，提取液 pH 值以不超过 9.5 为佳。并且可以看出在其他条件相同时，超声提取明显比非超声提取的提取率高。

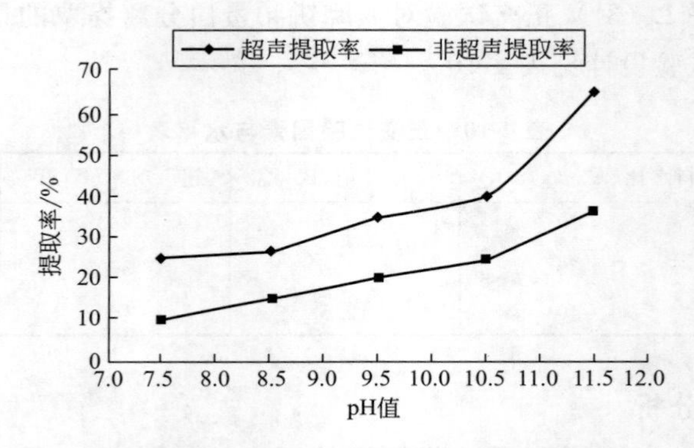

图 4-11　不同 pH 值对蛋白提取率的影响

（3）提取时间对亚麻饼粕蛋白提取率的影响　如图 4-12 所示为超声和非超声时间因素对提取率的影响，由图可看出随着时间的延长，蛋白质提取率也随之增长。超声提取过程中 60min 时提取率达到最大，再随时间的延长，提取率趋于稳定，说明蛋白质浸出趋于稳定，也可能是由于长时间的超声处理所产生的热效应破坏了蛋白质的结构，从而降低了蛋白质的提取率。而在非超声提取试验中，时间因素是从 60min 开始的，这主要是因为非超声提取时蛋白质浸出速率慢，时间太短不利于蛋白质的溶出，非超声提取率也是随着时间的

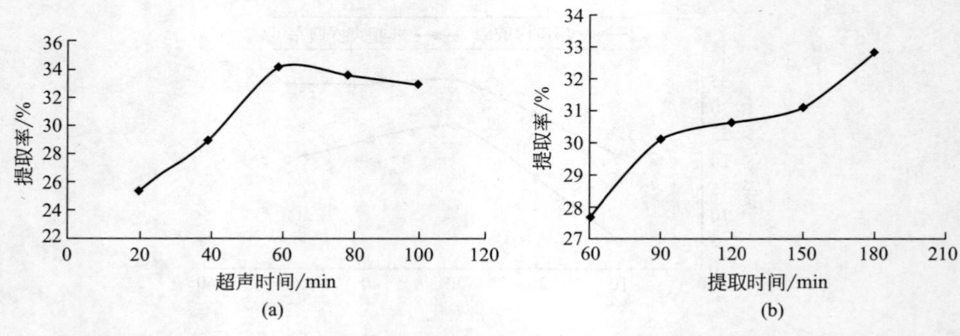

图 4-12　超声（a）和非超声（b）提取时间对亚麻饼粕蛋白提取率的影响

增长提取率逐渐增大，但是非超声提取时间要达到180min提取率才会比较高。所以超声提取有明显的优势，可缩短提取时间。

（4）超声功率对亚麻饼粕蛋白提取率的影响　由图4-13可看出，随着超声功率的增大，亚麻饼粕蛋白提取率也随之增大，对细胞的破碎作用也越强，所以蛋白质溶出越多，蛋白质的提取率越高。但是360W之后，提取率却随着超声功率的增大而降低，这可能是由于超声功率过大，导致一些降解蛋白酶溶出，而使蛋白质提取率下降，或者是功率过大而使蛋白质变性。

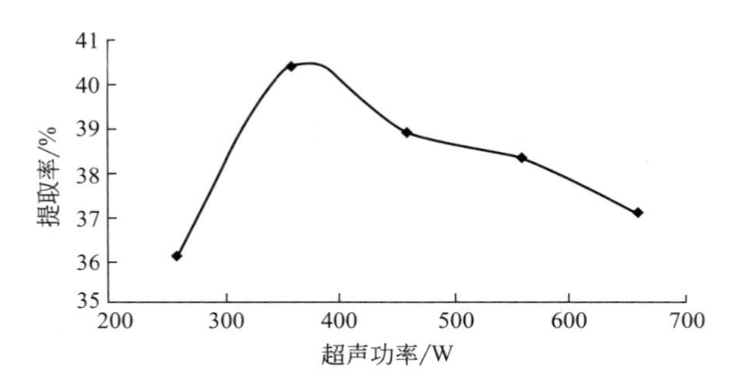

图4-13　超声功率对亚麻饼粕蛋白提取率的影响

（5）正交试验结果分析　试验结果如表4-11所示，按照极差的大小，影响亚麻饼粕蛋白提取率的因素从大到小的顺序为：pH值＞超声时间＞料液比＞超声功率。提取亚麻饼粕蛋白的最佳工艺组合为料液比1∶30，pH9.5，超声功率360W，超声时间60min。

表4-11　正交试验方案及结果分析

试验号	料液比(A)/(g/mL)	pH值(B)	超声功率(C)/W	超声时间(D)/min	提取率/%
1	1(1∶20)	1(8.5)	1(260)	1(40)	26.9
2	1	2(9.5)	2(360)	2(60)	37.8
3	1	3(10.5)	3(460)	3(80)	33.6
4	2(1∶30)	1	2	3	33.1
5	2	2	3	1	29.3
6	2	3	1	2	41.9
7	3(1∶40)	1	3	2	37.7
8	3	2	1	3	31.7
9	3	3	2	1	31
K_1	32.767	32.567	33.500	29.067	
K_2	34.767	32.933	33.967	39.133	
K_3	33.467	35.500	33.533	32.800	
R	2.000	2.933	0.467	10.066	

8. 结论

提取亚麻饼粕蛋白的最佳工艺条件是：料液比 1∶30，pH9.5，超声功率360W，超声时间 60min，该条件下，蛋白质提取率达到 46.4%。影响亚麻饼粕蛋白提取率的因素从大到小的顺序为：pH 值＞超声时间＞料液比＞超声功率。

在其他条件相同的情况下，非超声提取法的提取率为 25.7%。超声辅助提取方法比非超声提取方法的提取率提高了 20.7%，并且缩短了 2 倍的提取时间。

第三节　亚麻蛋白的应用

一、引言

由于亚麻籽蛋白成分的功能性，亚麻籽蛋白除了作为传统食品及其配料外，目前更多的是作为药用成分而发挥其抗肿瘤、降血脂、降血糖、抗病毒、抗炎等保健功能，美国国家肿瘤研究院（LNA）已把亚麻籽蛋白作为 6 种抗癌植物研究对象之一。

亚麻籽蛋白具有乳化性、吸水性、保水性、凝胶性、气泡性、吸味性、防止脂肪渗透和聚集性以及黏结性等。亚麻籽分离蛋白是以低温脱溶亚麻粕为原料生产的一种全价蛋白类食品添加剂。亚麻籽分离蛋白中蛋白质含量在 90%以上，氨基酸种类有近 20 种，并含有人体必需氨基酸。其营养丰富，不含胆固醇，是植物蛋白中为数不多的可替代动物蛋白的品种之一。

亚麻籽蛋白胶的乳化性、发泡性和泡沫稳定性远优于其他食品胶，在食品工业上常代替果胶、琼脂、阿拉伯胶、海藻胶等而广泛应用。亚麻籽蛋白胶的发泡性在低温肉制品和高档冰激凌制作中尤为突出；亚麻籽蛋白胶乳化性在制造香肠中广为应用。

二、亚麻籽蛋白在火腿制品中的应用

选择低温肠、低温火腿中具有代表性的烤肠与挤压火腿为实验对象。

1. 烤肠的加工

（1）加工工艺

原料肉（2 号、4 号猪肉及鸡皮、鸡碎肉）→解冻→绞碎（加配料）→搅拌→灌装→热加工（干燥、烟熏、蒸煮）→冷却→成品

（2）配方（见表 4-12）

表 4-12　烤肠加工配方

成分	添加量/%
2号、4号猪肉	60.00
鸡皮、鸡碎肉	40.00
食盐、磷酸盐等	3.77
亚麻籽蛋白	0.70
淀粉	20.00
其他	2.65
冰水	75.00

注：产品总配比为202.12%。

2. 挤压火腿的加工

（1）加工工艺

原料肉（2号、4号猪肉）解冻→修割→嫩化（加配料）→滚揉、腌制→灌装→热加工（干燥、蒸煮）→冷却→成品

（2）配方（见表4-13）

表 4-13　挤压火腿加工配方

成分	添加量/%
2号、4号猪肉	100
植物蛋白	3(亚麻籽蛋白)+2(大豆分离蛋白)
植物胶	0.3(亚麻胶)+0.3(卡拉胶)
淀粉	10
其他	8.28
冰水	55
食盐、磷酸盐等	3.935

注：产品总配比为18.2%。

3. 亚麻籽蛋白的使用特性

亚麻籽胶与亚麻籽蛋白用于烤肠、盐水火腿类肉制品，可起到持水保油、提高产品出品率的作用，同时还可改善产品切片性、增强咀嚼感。

亚麻籽胶与亚麻籽蛋白能与淀粉形成稳定的络合物，延缓淀粉老化，维护产品配方中其他组分的稳定性。由于亚麻籽蛋白自身颜色较深，故使用时应加大色素的使用量。

三、面包中的应用

将亚麻籽蛋白加入到面粉中，用此面粉进行面包的烘焙。

1. 面包的配料和工艺

面包的基本配料（%）：强力粉（加入适量的亚麻籽蛋白粉）100、酵母

2、食盐 2、奶粉 2、砂糖 6、起酥油 5、水 62、改良剂适量。

采用二次发酵法面包制作工艺，工艺流程为：原辅料混合→种子面团搅拌（小麦粉 70%，26℃搅拌 5min）→种子面团发酵（28℃、72%相对湿度发酵 25h）→主面团搅拌（剩余原辅料，28℃）→主面团发酵（28℃、78%相对湿度发酵 40min）→切块→称量→搓圆→静置→整形入盘→醒发（38℃、85%相对湿度，醒发 1h）→烘烤（上火 210℃、下火 190℃，烤 10min）→冷却→包装→成品。

2. 亚麻籽蛋白粉对面包烘焙特性的影响

将亚麻籽粉以不同比例添加到高筋小麦粉中进行面包烘焙实验，结果如表 4-14 所示。

表 4-14　高筋小麦粉中添加不同比例亚麻籽粉的面包烘焙实验

序号	添加量/%	感官评分	比容/(cm^3/g)	硬度/g	弹性
1	0	86.25	5.46	327.998	0.857
2	1	86.88	5.50	261.609	0.826
3	3	90.03	5.43	263.635	0.903
4	5	89.26	5.42	336.702	0.881
5	7	87.39	4.67	258.846	0.879
6	9	86.60	3.95	353.997	0.867

亚麻籽蛋白粉对面包的烘焙品质有一定程度的改善效果，以亚麻籽可溶性膳食纤维（亚麻籽胶）对面包的改良效果最好，其次是亚麻籽蛋白对面包品质有一定的改良作用。当亚麻籽蛋白粉的添加量超过 5%时，导致面团在揉制时的黏度过高而均匀性下降，影响面包芯的色泽和面包的口感，并且由于面团醒发时间延长，醒发的质量下降，使得焙烤后纹理结构、弹柔性、平滑度均受影响。根据有关文献报道，可知亚麻籽蛋白大部分为持水能力强的水溶性蛋白，它们围绕在气泡周围，增加了面筋-淀粉膜的强度和延伸性，因而在高温焙烤时气泡不容易破裂，且 CO_2 扩散离开面团的速率减慢，最终使面包体积增加。但是如果亚麻籽粕的添加量超过一定量后，会使面团的黏度过大，不仅影响面包的制作，而且使面包的醒发严重受阻，最终使面包的体积减小。添加亚麻籽蛋白粉的面包在贮存后，硬度和弹性均无较大的变化，这可能也与亚麻籽粕粉含有的蛋白质和可溶性膳食纤维有关。同时 Payen 等报道添加亚麻籽蛋白粉会使面包的老化速率下降，因此应用到面包等焙烤食品中有助于提高营养成分、延长货架期。

从以上的面团流变学性质和面包的烘焙特性可知，脱毒亚麻籽蛋白粉添加到面团中制作烘焙食品，需要添加一些改良剂来改变加工性能，这样能使开发出来的亚麻籽食品有良好的营养特性和食用品质。

四、低脂午餐肉的应用

午餐肉：一种罐装压缩肉糜，通常原料是猪肉或牛肉等。这种罐装食品方便食用，由于将猪肉放进密封的罐中，所以也易于保存。有研究表明，亚麻籽蛋白可添加到肉制品中，能减少蒸煮过程中脂肪和肉类风味的损失，适用于肉制品的加工。新鲜猪腿肉和肥膘，洗净整理后切成小块装于保鲜袋，−18℃以下冻藏，使用前于4℃下解冻。亚麻籽蛋白粉、魔芋胶、卡拉胶、盐、味精、复合磷酸盐、玉米淀粉、亚硝酸钠等均为食品级。

1. 低脂午餐肉的基本配方（见表4-15）

表4-15 低脂午餐肉的基本配方

成分	质量/g	成分	质量/g
腿肉	90	淀粉	12
肥膘	4	亚麻籽蛋白粉	8.0
食盐	4	亚硝酸钠	0.02
调味料	1.2	冰水	80
复合磷酸盐	0.6		

2. 低脂午餐肉的制作工艺

肉的腌制（0～4℃，2～3天）→斩拌→灌装→脱气（真空度0.09～0.1MPa，30min）→蒸煮（121℃，55min，加盖玻璃平皿）→冷却至常温→保存（4～8℃的冰箱）

3. 操作要点

肉的腌制：精瘦肉切条，用食盐、亚硝酸钠拌和均匀，0～4℃，2～3天。

斩拌：在斩拌过程中，先将肉绞碎，再投料，搅拌均匀。投料次序为：水，复合磷酸盐，淀粉、亚麻籽蛋白粉，调味料。

灌装：装入模具内。

五、乳化肠中的应用

乳化型香肠是将原料肉斩碎、乳化等工艺加工而成的肉馅类制品，因它的加工工艺简单、产品口感好、味道佳、食用方便、品种多样等特点深受消费者喜爱。为了改善和提高肉制品的感官性状及食用品质，延长制品的保存期和便于加工生产，亚麻籽蛋白粉正被广泛研究和应用。

1. 所需材料

双汇冷鲜肉，后腿精瘦猪肉，去除可见筋腱肌膜；猪肉肥膘洁白厚实。

亚麻籽蛋白粉乳化肠生产的工艺流程如下：

修整后猪肉→低速斩拌→加入亚麻籽蛋白粉及其他配料→高速斩拌→乳化肉糜→包装→加热→产品

2. 乳化肠产品配方（见表 4-16）

表 4-16　乳化肠产品配方

配料	添加量/g	配料	添加量/g
猪肉	100	淀粉	6
盐	2.2	脱脂奶粉	2
亚麻籽蛋白粉	2	磷酸盐	0.3
亚麻籽胶	0.2～0.3	冰水	30

3. 亚麻籽胶添加方式

粉末方式加入：按配方取亚麻籽胶与亚麻籽蛋白、淀粉、奶粉混合均匀，在肉块斩碎后，边斩拌边加入肉糜中混合均匀。

制作成乳化物加入：通过生产经验设计选择亚麻籽胶与脂肪、水合适配比制备乳化物。将切块的肥膘加入斩拌机中。1500r/min 转约 1min，将脂肪斩碎。将亚麻籽胶均匀加入到脂肪中，低速斩拌，使二者充分混合。陆续加入乳化物制备所需的水，高速斩拌至乳化物细腻、光亮、富有弹性。

六、果冻中的应用

甜果冻的原料通常是采用琼脂、明胶、果胶和卡拉胶等。用琼脂做成的果冻凝胶强而脆、弹性差，且脱水收缩严重，使用量大，成本高；使用明胶的缺点是凝固点和融化点低，制作和储存需要冷藏；而果胶的缺点是需要加高浓度的糖和较低的 pH 值才能凝固，给生产带来局限性。研究了亚麻籽粉与其他水溶性胶的配合比例，以及用复配果冻粉制作的果冻凝胶强度、黏弹性、透明性、持水性等性质，为工业化生产果冻开发出一种性能良好而且价格低廉的复配果冻粉。

1. 工艺流程

果冻粉、蔗糖、柠檬酸、香精、色素、柠檬酸钠→干混→加水搅拌溶解→加热（95～100℃，5～10min）→降温至 65℃左右→过滤（80 目滤网）→糖胶液→灌装→杀菌（85℃、15min）→冷却→包装→成品

2. 果冻配方

复合果冻粉 0.8g，蔗糖 12g，柠檬酸 0.15g，柠檬酸钠 0.15g，香精、色素适量，加水至 100g。

复合果冻粉中加入不同含量的亚麻籽蛋白粉对果冻的凝胶性质影响较大，亚麻籽蛋白粉在果冻粉中含量从0～50%增加，制作的果冻较单用复合胶好。当亚麻籽蛋白粉在果冻粉中含量为25%时，果冻凝胶强度最大，黏弹性和韧性最好，口感细腻爽滑，果冻效果最佳；随着亚麻籽蛋白粉含量增大，果冻持水性不断增强，果冻凝胶强度减弱，胶体太软，黏弹性下降，口感也变差。

七、盐水火腿中的应用

盐水火腿是西式肉制品中的主要品种，属于高水分低温肉制品。

盐水火腿：是用大块肉经整形修割、盐水注射、嫩化、滚揉填充，再经熟制、烟熏（或不烟熏）、冷却等工艺制成的熟肉制品。

优点：生产周期短，2d；成品率高，110%～140%；营养价值高、质量好，颜色鲜艳，风味好；成品黏合性好；食用方便。

亚麻籽蛋白在生产低温斩拌性火腿肠时不仅可增强产品的保水、保油性，有效防止产品淀粉回生，改善产品组织结构和切片性能，还可生产出不同出品率的产品，产品组成、结构、口感理想且稳定。

1. 材料

仪器设备：斩拌机、电子秤、台秤、灌肠器、卡扣机、滚揉机、肠模具、水浴锅。

2. 盐水火腿的加工工艺

（1）绞肉　将猪精肉与肥膘分别用3mm孔板绞制。

（2）乳化液的制备

① 亚麻籽蛋白粉乳化液的制备　按亚麻籽蛋白粉：肥膘：水＝1：60：60配比，将肥膘在斩拌机中斩细后，加入亚麻籽蛋白粉和全部水量，斩拌5min（时间随斩拌机性能和刀速确定），乳化液就制备好了。

② 酪蛋白乳化液的制备　按酪蛋白：肥膘：水＝1：8：8配比，将肥膘在斩拌机中斩细后，按配比一次性加入酪蛋白和水，且水温保持在90℃左右斩拌5min（时间随斩拌机性能和刀速确定），出料前加2%的盐，乳化液就制备好了。

（3）斩拌　先将猪瘦肉倒入斩拌机中，加入已经制备好的乳化液斩拌约1min，再加入少量水、亚麻籽蛋白斩拌至肉泥光亮细腻，然后加入香辛料、食盐、磷酸盐、色素和碎冰继续斩拌约10min，最后加入玉米淀粉、猪肉、香精及剩余水，斩拌均匀。

（4）灌装　将肉馅加入灌肠器挤压灌肠，然后打卡扣。

（5）蒸煮　水浴蒸煮94℃，30min。

（6）冷却　流水冷却。

3. 盐水火腿配方（见表4-17）

表4-17　盐水火腿配方

材料	添加配比/kg	材料	添加配比/kg
瘦猪肉	31	白砂糖	0.7
肥膘	4	胡椒粉	0.075
乳化物	7.5	肉蔻	0.24
盐	1.4	色素（色价100）	0.375
磷酸盐	0.15	亚硝酸盐	3g
味素	0.2	水	17.5
香精	0.075	亚麻籽蛋白	0.05
乙基麦芽酚	4g	玉米淀粉	7.5

注：亚麻籽蛋白粉：肥膘：水＝1：60：60配比。

八、亚麻籽蛋白乳饮料的应用

亚麻籽蛋白加到乳饮料中，与牛乳蛋白结合制成复合蛋白饮料，具有动植物蛋白的互补作用，提高了营养价值，是一种理想的蛋白饮料。以亚麻籽蛋白和全脂乳粉为原料，辅以其他配料，确定一种复合型双蛋白乳饮品的生产工艺。

乳饮料生产工艺：白砂糖、稳定剂（70～80℃，15～20min）→大豆乳清蛋白和全脂奶粉→搅拌溶解→混合调配均匀（30℃，10～15min）→调酸→预热→均质（≤30℃，10～15min）→灌装→灭菌（65～70℃，20～25MPa）→成品（蛋白质含量1.5%）。

亚麻籽蛋白含有较多的功能成分，随着亚麻籽蛋白研究的深入，其应用将越来越广泛，以亚麻籽为原料生产乳饮料，将为亚麻籽蛋白的应用提供借鉴和依据。

九、肉类制品的应用

利用亚麻籽蛋白的乳化性，应用于香肠，能防止油的分离和聚集，由于亚麻籽蛋白粉的保水性很强，使香肠在烟熏过程中的失重小，当添加5.7%以下时对产品质量没有影响，组织表面略粗，但内部组织良好，风味佳，咀嚼感好。

目前我国和欧美国家已广泛地将亚麻籽蛋白用于肉制品及水产制品，一方面帮助改善产品的组织结构（黏着性、保水性、乳化性），同时可以降低生产成本，而又提高其营养价值。

在档次较高的肉制品中加入亚麻籽蛋白，不但可以改善肉制品的质构和增加风味，而且提高了蛋白质含量，强化了维生素。由于其功能性较强，用量在2%～5%之间就可以起到保水、保脂、防止肉汁离析、提高品质、改善口感的作用。将分离蛋白注射液注入火腿肉块中，再将肉块进行处理，火腿得率可提高20%。分离蛋白用于炸鱼糕、鱼卷或鱼肉香肠中，可取代20%～40%的鱼肉。

1. 应用范围及功能特点

亚麻籽蛋白制品可以广泛用于畜、禽和水产各种肉类制品。在块肉类精制品中使用SPI、FSPC，主要是提高产品质地、得率及营养指标，使产品切面、形态、组织结构得到明显改善。在碎肉类制品中使用TSP、SPI，主要是利用其（吸）水、油的特性作为添加物料来改善产品质地（减少脂肪游离），增加得率，降低成本，提高营养价值。在乳化类肉糜、火腿肠、午餐肉等制品中添加SPI、FSPC和TSP，主要是利用其功能性（乳化能力及稳定性、持水性、持油性、凝胶性）和填充性减少淀粉等物料添加，提高产品质地、得率和蛋白质指标，增加脂肪添加量和产品热加工稳定性，减少产品脂肪游离及蒸煮损失。蛋白制品添加量主要受蛋白质量、具体品种及热加工后的滋气味和色泽影响，在应用中要给予注意。

2. 蛋白制品添加方式、方法

（1）添加方式　添加方式通常有4种，并根据产品特点而定。大（整）块类制品通常采用注射方式加入，一般小型块肉类制品采用滚揉方式加入，碎肉类制品采用搅拌方式加入，乳化肉糜类产品通常采用高速斩拌方式加入。

（2）添加方法　添加方法通常有5种，并根据蛋白制品及产品特点而定。

① 注入法　对大（整）块火腿类制品通常用注入腌制液方法加入，即将亚麻蛋白溶入腌渍液（盐水）中利用注射方式加入，蛋白质在肉中分布均匀，效果好。通常蛋白制品占腌渍液6%～11%。

② 乳化法　对于乳化类肉制品，通常按1份亚麻蛋白、4份水、3～4份脂肪配比进行乳化，然后加入产品。采用其他蛋白制品，水、脂肪配比可以适当调整。

③ 水化法　以亚麻蛋白产品为例，即将1份亚麻蛋白与3份水充分水化，使水化物达到糨糊状。然后加入产品。一般用高速分散（乳化）器和斩拌方式完成蛋白水化。

④ 干法　即将蛋白制品在斩拌、滚揉、搅拌工序开始时以干料状态均匀加入，但是干料要先于脂肪加入肉制品中。

⑤ 复水脱腥法　即在蛋白质加入肉制品前，先将蛋白制品浸泡于40℃左

右水中进行复水，然后经过清洗甩干用于生产。

3. 块肉制品的应用

通常块肉制品均采用注射方式添加蛋白质，因为只有采用注射方式才能把蛋白质加入到肉块内部，使蛋白质分布均匀，改善质地，提高嫩度，弥补产品蛋白质指标含量下降。对于大（整）块肉火腿类制品均采用注射方式加入蛋白质。对于超过 6cm 块肉制品（非大整块肉制品）可用复合法加入蛋白质，即在块肉注射蛋白液后再在滚揉工序补加一些高浓度（20%左右）水化蛋白料。对于小于 6cm 的块肉制品可采用滚揉方式加入盐水蛋白注射液，蛋白浓度一般为注射液的 5%～10%，出品率在 150%，注射液中蛋白质浓度通常在7%～8%。用于注射方式添加的蛋白制品，盐水溶解度要高，否则易造成沉淀、注射不均和堵针头，影响产品质量。通常用于注射的蛋白制品 NSI≥70%以上，低温水溶性稳定，可在 2℃温度下存放 30h（或 4℃、48h）不沉淀和分层。注射液可按以下两种方法配制：第一种方法即在定温的（2～4℃卫生合格的）冷水中加入复合磷酸盐搅拌（约 15min）溶解后→加入盐及亚硝酸盐（搅拌到全部溶解后）→加入初步水化的高浓度蛋白液料（搅拌到全部溶解后）→加入其他可溶性添加剂（全部溶解后）→放入 2～4℃左右库房内待用。第二种方法即用混合器将蛋白彻底水化后，按上述程序要求配制注射液。参见火腿产品注射液配制表（表 4-17）（注射量 150%）。

4. 碎肉制品的应用

对于肉饼、碎肉丸、饺子、包子及烧卖等碎肉制品均采用拌混方式加入蛋白质。此类产品属非乳化类普通肉制品。

碎肉制品通常用烤、炸、蒸、煮方式加工，加工温度较高，故要求加入蛋白制品的热加工持水、持油性较好。添加的方法即将亚麻蛋白均匀地加入待绞的肉中绞拌，先进行细绞，然后再加入辅料拌合即可。

5. 乳化类肉制品的应用

亚麻籽蛋白制品广泛地应用于乳化类肉糜香肠和火腿中。传统加工的乳化肠类制品主要靠肌肉中蛋白质进行乳化，用其提高保水、保脂和黏性。但是产品往往受到出品率或者由于配方中脂肪含量高、肉质低的影响，产品出现跑油、脱水现象。目前为了稳定质量、提高出品率，均在高温、常温和低温杀菌的各类火腿肠、香肠制品以及午餐肉罐头中加入分离、浓缩、组织蛋白粉。添加方式通常选用乳化法和水化法加入：蛋白粉的乳化可用 1 份亚麻籽蛋白粉、3 份水、3 份脂肪配比进行乳化，然后加入待加工的原料中；亚麻籽蛋白粉的水化可用 1 份亚麻籽蛋白与 4 份水进行水化后加入待加工的原料中。

加工温度要求：蛋白制品应用于低温块肉制品中，温度应满足蛋白制品功能性热加工要求，蛋白制品的功能性通常要在72℃以上（约25min）热加工时才能发挥出来，所以低温肉制品在加入蛋白制品时应不低于72℃ 25min热加工。此外，这个温度还可以使加入肉制品中的卡拉胶和玉米淀粉产生功能性和完全糊化，低于此温则有困难。

十、亚麻籽蛋白在粮食加工中的应用

① 亚麻籽蛋白添加到快餐食品中，可以增进谷类蛋白氨基酸的平衡，增加蛋白质的含量。

② 油炸食品中，添加2%～5%的亚麻籽蛋白，可防止油脂浸透到里面，因炸物在油炸时，与热油接触后，会在表面形成一种封闭面，使油脂不易浸透到内层，这样可以节约用油。

③ 脱脂亚麻籽蛋白粉用于糕点，既增加蛋白含量，又改进烘烤颜色，延长存放时间，并且还可使奶油形成胶状，改进相容性。

④ 在冷冻食品中，亚麻籽蛋白可部分地替代乳粉，因亚麻籽蛋白有黏结性、吸水性，可使制品保型好。欧美国家还用亚麻籽蛋白制作“速溶豆浆”，作牛奶代用品，供婴儿使用。幼儿吃了这种亚麻籽分离蛋白后，不腹胀，大便不恶臭，尤其对牛奶过敏的婴儿更为有利。

⑤ 在面制品中添加脱脂亚麻籽蛋白，可改善面粉中蛋白质质量，提高蛋白质利用率。美国研究者发现，面粉中含有影响面筋发酵的谷朊，而脱脂的亚麻籽蛋白粉可以将谷朊稀释，有利于面制品中酵母的发酵。同时亚麻籽蛋白中含有脂肪氧化酶，可分解面粉中的胡萝卜素，起漂白作用。亚麻籽蛋白中还含有还原糖，在焙烤时，可使面包表面变成金黄色。另外，由于亚麻籽蛋白具有较高的吸水性，面包不易老化和变性。一般添加量为3%～5%。亚麻籽蛋白加入小麦粉中制作面条时，能使面坯水分增多，与不加亚麻籽蛋白粉的面条在相同加水量时，加过亚麻籽蛋白粉的面条，弹性好、耐煮，面条出率高，熟面条外观色泽好，食感近似强力粉制成的面条。脱脂亚麻籽蛋白粉的添加量为5%～10%，面条带黄色。但添加量不能太多，否则腥味重。

在饺子馅中加入亚麻籽蛋白粉，不但可以代替瘦肉，吸收过多的动、植物油脂，而且可以改善饺子的风味，保持饺子的形体完美，食之不腻。

十一、亚麻籽蛋白粉在糖果中的应用

亚麻籽蛋白粉所含的脂肪、卵磷脂和蛋白质处于极精细的分散状态，从而使其特别有效。它不易变酸，容易消化。它所含有的植物卵磷脂含量较高，特别有益于神经系统。亚麻籽蛋白粉具有很强的乳化能力，能有效地抑制糖果物料、馅心中的油水分离。它尚能改善脂肪的脆性，使其更适合消费者的口味。

它能改善食用时的蜡质感和粘口质构，增强奶油味，并抑制陈味的产生，许多含油脂的糖果，诸如巧克力以及含椰子的糖果，都容易发生油脂腐败现象，为防止因来自氧化作用造成的油脂腐败，一般添加抗氧化剂，而按现代要求，已不适用化学品。亚麻籽蛋白粉内含有多种天然的抗氧化成分，将其添加在糖果中，可以抑制空气对糖果内脂肪的氧化作用，明显延长产品的保质期，而又无损其风味。任何类型的糖果夹心料中，只要添加亚麻籽蛋白粉，就能延长其保质期。添加亚麻籽蛋白粉一般不会影响产品的原有配方，其添加量约为产品总质量的3%，或其油脂含量的10%。

由于某些物料中同时含有油和水分，其形成的高黏性可能影响其操作，添加亚麻籽蛋白粉后就能得到改善。此类物料在实际操作中常会发生游离油脂或游离水的渗出现象。亚麻籽蛋白粉用于上述情况能取得令人惊异的效果。例如，在已经开始渗出油或水的糖膏中添加亚麻籽蛋白粉就能使之顺利的搅拌。巧克力涂层制品的糖心半成品，在操作时表面容易挤出游离油脂。当进行巧克力涂层时，这层表面油膜极易产生质量问题，使产品在短期内出现表面起霜，形成一层灰色的表面层。在上述情况下，亚麻籽蛋白粉可有效地用于预制糖心的表面涂布，它能吸收已渗出的油脂，并防止形成一层连续的表面油膜。从这方面讲，亚麻籽蛋白粉至少能起表面起霜抑制剂的作用。

亚麻籽蛋白还可应用于饮料、营养食品、发酵食品等食品行业中。

十二、亚麻籽蛋白在蛋糕加工中的应用

在蛋糕中添加亚麻籽蛋白可增加蛋糕的比容，提高含水量，从而降低了蛋糕的硬度，改善了蛋糕的口感，并可适当延长货架期。用于蛋糕加工的亚麻籽蛋白主要包括脱脂豆粉、浓缩蛋白、全脂豆粉等。

十三、亚麻籽蛋白在冰激凌中的应用

冰激凌细腻柔滑、香甜味美、冰凉可口，深受广大消费者喜爱。但随着人们生活水平的提高，糖尿病及肥胖患者日益增多，常使人们在冰激凌等甜品面前望而却步。亚麻冰激凌为广大消费者提供了新的选择。

十四、医药工业中的应用

美国已开发出富含α-亚麻酸的保健品，如亚麻酸胶、亚麻酸软胶囊等，用于预防和治疗心血管病。从亚麻籽蛋白中提取SDG在临床上用于抗肿瘤以及预防结肠癌、前列腺癌、胸腺癌、糖尿病、狼疮性肾炎的辅助治疗。在制药工业上，亚麻籽蛋白胶常作为脂溶性药物的优良乳化剂和中西药片的黏合剂等。亚麻籽蛋白具有高的FISCHER比率（支链氨基酸/芳香氨基酸），可为临

床上一些特殊病人提供能产生特殊生理功能的食品。

十五、亚麻籽蛋白在畜禽饲料中的应用

在畜禽饲料中应用亚麻籽蛋白，主要是为了提高畜禽产品肉、蛋中的ω-3脂肪酸的含量，其次是为了增强动物机体免疫力，提高动物健康水平，从而改善畜禽的生产性能。也可在一定程度上降低投入产出比，从而间接地提高畜禽的生产力，节约畜禽生产成本。

1. 对蛋鸡生产性能的影响

在蛋鸡日粮中添加1%和3%亚麻籽蛋白，对蛋鸡产蛋率和蛋重没有显著影响。4%亚麻籽蛋白可提高蛋重，8%亚麻籽蛋白可降低料蛋比，而亚麻籽蛋白增加到15%便显著降低蛋鸡的生产性能和体重，而且这种影响将长期存在，经80天恢复，产蛋率和体重也未有明显改善，因此建议在实际应用时要权衡亚麻籽蛋白在日粮中的合适添加水平。

日粮添加亚麻籽蛋白对不同蛋鸡的生产性能影响不同，日粮添加5%亚麻籽蛋白时，普通型蛋鸡表现出一定的厌食，而矮小型鸡的采食量略为增加。同时，饲喂亚麻籽蛋白使普通型鸡的产蛋率显著降低，而矮小型蛋鸡的产蛋率则显著增加。日粮添加不同形态亚麻籽蛋白（粉碎、整粒）对蛋鸡产蛋性能的影响不显著，平均蛋重和产蛋率均无显著差异，对日粮干物质消化率也未见影响。

2. 对免疫机能的影响

饲喂亚麻籽蛋白可改善动物的健康状况，日粮添加亚麻籽蛋白粉可提高血清中总蛋白和球蛋白含量，提高脾脏指数、法氏囊指数、胸腺指数，提高雏鸡的免疫机能，日粮中添加富含高浓度ω-3脂肪酸的亚麻籽蛋白可降低感染球虫后的病变程度，添加10%亚麻籽蛋白可显著减轻盲肠的球虫病变，保持体重。比如肉鸡饲喂亚麻籽蛋白后，可减轻柔嫩艾美耳球虫所致的鸡盲肠病变，原因可能是由于高度不饱和油脂造成肠道中的应激状态，从而杀死这种球虫。我国用亚麻籽蛋白生产保健鸡蛋和风味鸡肉的研究多是采用亚麻籽油或亚麻籽蛋白粉，榨油后的亚麻粕同样可作为蛋鸡和肉鸡饲料原料。

3. 肉品质

肉鸡日粮添加亚麻籽蛋白，能够明显降低肌肉中饱和脂肪酸和单不饱和脂肪酸的含量，并且增加PUFA（主要是α-亚麻酸和亚油酸）的含量。肉鸡饲喂含亚麻籽蛋白的饲料后，鸡肉中α-亚麻酸的含量和亚油酸含量得到提高，4.0%以内的亚麻籽蛋白添加量对肉鸡肉品品质没有显著影响，而添加5.0%亚麻籽蛋白可提高肉鸡胸肉和腿肉的pH值。

4. 蛋品质

在蛋鸡饲粮中添加亚麻籽蛋白及其油脂等富含 ω-3 脂肪酸的物质，可使 ω-3 脂肪酸在鸡蛋中富集，从而生产富含 ω-3 脂肪酸的功能性食品。蛋鸡饲粮中添加 3%亚麻籽蛋白，蛋黄中亚麻酸含量明显升高，且蛋黄中 EPA 和 DHA 也比对照组提高 2 倍多。日粮中添加亚麻籽蛋白也可显著改变蛋黄脂肪酸的组成，蛋黄中的脂肪酸含量明显提高，其中亚麻酸水平随着饲粮中亚麻籽蛋白水平的提高呈线性增加，其沉积效率较 DHA 和 EPA 高，总 ω-3 PUFA 的沉积量增加，且亚麻籽蛋白添加时间长短对鸡蛋蛋黄中 ω-3 脂肪酸沉积量有影响。在蛋鸡日粮中添加富含 ω-3 脂肪酸的亚麻籽蛋白，能降低蛋黄中的 ω-6/ω-3 比值。研究表明，在蛋鸡料中加入 10%～15%的亚麻籽蛋白，鸡蛋中的 ω-3 脂肪酸含量可以在 2 周内增加到 10%，ω-6 与 ω-3 之比可降低到（1～2）：1。这一功能与亚麻籽蛋白的添加形态无关，吴灵英等报道，饲喂 60 周龄蛋鸡添加 15%亚麻籽蛋白以及添加 15%整粒亚麻籽蛋白的日粮，蛋黄中 ω-3 脂肪酸的含量都显著提高。邓兴照等研究报道，添加亚麻籽蛋白和全脂亚麻籽蛋白的日粮均能使 26 周龄海兰褐商品蛋鸡蛋黄 ω-3 脂肪酸的含量显著上升（$p<0.05$），ω-3 脂肪酸的含量占蛋黄总脂肪酸的 12.17%，其中亚麻酸、DHA 分别占蛋黄总脂肪的 6.68%、4.27%，而 ω-6/ω-3 仅为 1.43。

亚麻籽蛋白对鸡蛋中胆固醇含量的影响报道不一，Bostsoglou 认为日粮中亚麻籽蛋白的含量对鸡蛋中胆固醇的含量无影响。但王利华等报道在日粮中同时添加 18%葵花蛋白和 8%亚麻籽蛋白可降低蛋黄中的胆固醇含量。

5. 肝脏及其他方面

日粮添加亚麻籽蛋白，除了可以使鸡蛋黄中 α-亚麻酸和 DHA 的含量明显上升外，也可提高蛋鸡的肝脏及脑中 DHA 的含量。汪醌试验研究发现，日粮添加亚麻籽蛋白可显著提高蛋鸡肝脏中 ω-3 $C_{18:3}$水平，在蛋鸡肝脏中合成 ω-3 $C_{20:5}$的效率很低，合成 ω-3 $C_{22:6}$的效率更低。但刘利晓则报道在日粮中添加 3%、5%亚麻籽蛋白在肝脏中不仅能沉积 ω-3 $C_{18:3}$，而且 ω-3 $C_{18:3}$合成 ω-3 $C_{20:5}$、ω-3 $C_{22:6}$的效率也很高，且肝脏中 ω-3 $C_{18:3}$转化为 ω-3 $C_{20:5}$、ω-3 $C_{22:6}$的效率也不一样。添加亚麻籽蛋白能显著降低肝脏和胸肌中 ω-6 $C_{20:4}$沉积（$p<0.05$），这可能是由于亚麻籽蛋白中的 ω-3 $C_{18:3}$抑制了 ω-6 $C_{18:2}$向 ω-6 $C_{20:4}$的转化。

6. 亚麻籽蛋白的饲用注意事项

亚麻籽蛋白在禽类生产中的应用，除考虑亚麻籽蛋白的营养成分外，更重要的是注意亚麻籽蛋白的毒副作用，因此在日粮中添加亚麻籽蛋白应注意亚麻籽蛋白的脱毒处理。亚麻籽蛋白中的抗营养因子主要是生氰糖苷和抗维生素 B_6，抗维生素 B_6 的毒性可通过添加维生素 B_6 来解决。生氰糖苷的毒性是由于 β-糖苷酶的作用使氰化氢释放的结果。常用的亚麻籽蛋白去毒方法有水煮法、温热处理法、酸处理-温热处理法和干热处理法。杨宏志等研究了不同处理方法降低亚麻籽蛋白中氰化氢含量的效果，其中微波法对氢氰酸的去除率最高，烘干法最低；溶剂法相对于微波加工法更易实现规模化生产；蒸煮法和水煮法在特殊情况下才可考虑使用。另外，由于亚麻籽蛋白中富含脂肪酸，容易氧化酸败，为了防止脂肪酸氧化，提高鸡蛋品质，通常同时加抗氧化剂，使用较多的是天然抗氧化剂维生素 E，既起到抗氧化作用，又可强化鸡蛋维生素 E 的营养。

十六、亚麻籽蛋白在洗发水中的应用

亚麻籽蛋白在酸或酶的作用下水解生成蛋白质-肽-多肽-二肽-氨基酸，在未彻底水解成氨基酸之前，有一系列带有蛋白质的中间产物——水解蛋白。头发中含有大量的角蛋白，占头发的 65%～95%，许多天然活性蛋白对头发有很高的亲和性，易为毛发吸收，具有营养、成膜作用，水溶性蛋白尤其对受损发质具有一定的修复作用。同时，研究表明，低分子的氨基酸有刺激毛发生长的作用。亚麻籽榨油后留下的籽麸中含有多酚、嘌呤碱类、氨基酸、蛋白质、维生素类、矿物质元素、茶皂素等。多酚是一种非常有效且较全面的抗氧化剂，具有吸收紫外线及杀菌、消炎、抑制头癣菌的作用，而且稳定性很好，能够长时间发挥效能；皂素是一类由配基、糖体与有机酸结合而成的，属五环三萜类糖苷化合物，有很强的起泡力，是一种非常好的天然非离子型表面活性剂，去污力强，而且不受水的硬度影响，用它作原料配成高级洗发护发用品，其洗发、去头屑、止痒和护发效果良好，籽麸中植物蛋白质含量十分丰富，约为 60%。

1. 原料

月桂醇聚氧乙烯醚硫酸钠（AES）、椰油二乙醇酰胺（6501）、丙基甜菜碱（CAB）、十二烷基硫酸钠（K12）、阳离子瓜尔胶、硅氧烷、珠光片、尼泊金甲酯均为工业纯，由肇庆华达化工厂提供；食盐、蒸馏水和水解亚麻籽蛋白为自制。

2. 参考配方

AES：8%～15%，6501：2%～4%，CAB：3%～5%。

K12：1%～3%，硅氧烷：1%～2%，阳离子瓜尔胶：0.1%～0.2%，珠光片：3%～5%，尼泊金甲酯：0.1%～0.3%，亚麻籽蛋白：2%～8%。食盐、柠檬酸、蒸馏水、香精、色素等适量。

3. 工艺流程

① 首先将称取的 AES 放入 200mL 的烧杯中，加入适量的蒸馏水，当温度达到 65℃左右时，开始搅拌，并控温在 65～70℃之间，直到 AES 全部溶解。再在烧杯中依次加入 6501、CAB、K12、硅氧烷并不断搅拌，直至加入的物体全部溶解并混合均匀。

② 取少量上述已配制好的溶液加入到装有阳离子瓜尔胶的小烧杯中，并不断搅拌，直至全部溶解，将所制得的溶液加入到上述溶液中，并不断搅拌。

③ 取少量上述已制得的溶液加入到装有珠光片的小烧杯中，控温在 70℃左右，并不断快速地搅拌，即可制得珠光浆。

④ 将制取的珠光浆加到上述混合溶液中，并不断搅拌，直至珠光浆全部增溶到溶液。

⑤ 待温度下降至 40℃左右，加入适量的食盐，调节黏度。再加入柠檬酸，调 pH 值至 6～7 之间。最后依次加入香精、尼泊金甲酯、色素，搅拌均匀后，出料。

水解亚麻籽蛋白与洗发水的各组分相容性好，但颜色有所加深；能有效提高洗发水的保湿性能，使头发易于梳理并富有光泽；对头发具有一定的药理作用。

十七、展望

我国亚麻资源丰富，但亚麻主要作榨油用，经济价值有限，未能引起足够的重视。随着对亚麻籽蛋白活性成分的深入研究、人们认识的进一步深化和生活水平的提高，国内功能食品和保健品的消费群体将逐步增大，亚麻籽蛋白保健功能食品商机无限。若把亚麻籽蛋白中的这些生理活性物质在药品、保健品、食品及食品添加剂、饲料等方面开发利用，从中得到经济价值、营养价值、药用价值较高的保健品和药用功能性产品，其经济附加值便可大大提高，也会产生巨大的经济效益和社会效益。

第五章

亚麻籽胶的开发与利用

第一节　亚麻籽胶的特性

一、引言

亚麻籽胶（flaxseed gum），别名富兰克胶、胡麻籽胶，是以北方旱地油料作物亚麻籽为原料，经过精选、清洗、浸提、固液分离、脱色、过滤、浓缩、干燥而得到的天然高分子复合胶，是一种以多糖混合物（酸性多糖为主）和少量蛋白质组成的种子胶，属于非离子型高分子多糖胶，是一种新型的食品添加剂。亚麻籽胶是亚麻籽油生产过程中的副产物，亚麻籽中亚麻籽胶含量为2％～10％，随亚麻品种和栽培区域不同而不同。

亚麻籽胶是从亚麻籽或者籽粒壳皮中提取出的一种新型亲水性胶体，其中的主要成分为多糖，并含有少量的蛋白质。亚麻籽胶具有黏度高、增稠效果好、乳化性能强等特点，成为国际上研究的新胶种之一。亚麻籽胶含有蛋白质和多糖物质，在食品乳浊体系中常用作增稠剂和乳化剂。亚麻籽胶主要由木糖、鼠李糖、阿拉伯糖、葡萄糖、半乳糖、岩藻糖以及半乳糖醛酸组成。因为其中含有糖醛酸，亚麻籽胶又是一种阴离子多糖。亚麻籽胶经溴化十六烷基三甲铵（CTAB）络合法可分离出酸性多糖和中性多糖两种组分，其中酸性多糖中含有少量的蛋白质，而中性多糖中不含蛋白组分。氨基酸分析结果表明，酸性多糖中含有17种氨基酸，谷氨酸和天冬氨酸的含量最高。亚麻籽胶的质量指标如表5-1所示。

研究发现，亚麻籽胶溶液具有较高的黏度、较强的结合水的能力，并能够形成热可逆的冷凝胶。亚麻籽胶中的蛋白质，主要以结合蛋白的形式存在，因此是一种具有广阔应用前景的功能性食品乳化剂和稳定剂。亚麻籽胶因为具有较好的增稠性、乳化性等，受到了人们的广泛关注，成为了新的研究热点。亚麻籽胶的主要特点如下。

表 5-1　亚麻籽胶的质量标准

项　　目	指标(QB 2371—2005)
黏度/mPa·s	≥10000
干燥失重/%	≤8.0
灼烧残渣/%	≤8.0
水不溶物/%	≤2.0
蛋白质/%	≤6.0
淀粉	不得检出
铅含量(以 Pb 计)/(mg/kg)	≤1
砷含量(以 As 计)/(mg/kg)	≤1
菌落总数/(CFU/g)	≤10000
大肠菌群/(MPN/100g)	≤30
沙门菌数(25g 样)	不得检出

(1) 增稠性　亚麻籽胶为白色微黄粉末，胀润能力很强，其水溶液黏度较高。研究表明，浓度为 1%的亚麻籽胶溶液黏度可达 0.01～1Pa·s。但是亚麻籽胶的黏度易受体系 pH 值、温度、电解质和机械搅打等因素影响。亚麻籽胶溶液浓度高于 0.2%时会呈现剪切稀化的非牛顿流体特征，当 pH 值在 6～8 范围内时，水溶液黏度最大，加入 NaCl 后体系黏度降低；亚麻籽胶溶液黏度随温度变化的特征遵循 Arrhenius 温度模型。

(2) 弱凝胶性　弱凝胶性是指一些凝胶在受到足够高的应力时表现出的流动特性，通常表现出弱凝胶性的胶体储能模量略大于耗损模量。亚麻籽胶的弱凝胶性与溶液浓度以及组成亚麻籽胶的中性多糖和酸性多糖的含量密切相关。Cui 等人研究发现，在亚麻籽胶中，中性多糖（阿拉伯木聚糖）含量较高的溶液能够表现出弱凝胶和剪切稀化的特征，酸性多糖（半乳糖醛酸、鼠李糖）含量较高的溶液则表现出较弱的流变学性质。亚麻籽胶是一种典型的黏弹性流体，其性质与组成它的多糖分子大小有关。

(3) 乳化和乳化稳定性　亚麻籽胶的分子结构中含有一定量的蛋白质，因而和阿拉伯胶一样，亚麻籽胶也具有一定的乳化能力、表面活性和乳化稳定性。对于 O/W 型乳浊液，亚麻籽胶的乳化能力要高于黄原胶；亚麻籽胶的酸性多糖和中性多糖对于制备 O/W 型乳浊液效果较好，同时，亚麻籽胶可替代阿拉伯胶用于巧克力奶中。乳浊液中添加浓度为 0.5%～1.5%的亚麻籽胶可取得较好的增稠和稳定效果。

(4) 其他功能性质　与其他亲水性胶体相比，亚麻籽胶的结合水能力和流变特性与瓜尔豆胶相似。亚麻籽胶的水溶性高于瓜尔豆胶和角豆胶，低于阿拉伯胶；1.0%的亚麻籽胶溶液表现出良好的泡沫稳定性。与阿拉伯胶相比，亚麻籽胶的沉降速率较慢，触变稳定性和悬浮稳定性都较好。

二、亚麻籽胶的组成与结构

亚麻籽胶由酸性多糖（AFG）和中性多糖（NFG）组成，以酸性多糖为主，酸性多糖与中性多糖的摩尔比为2∶1。酸性多糖由L-鼠李糖、L-岩藻糖、L-半乳糖和D-半乳糖醛酸组成，主链是1,2-连接的α-L-吡喃鼠李糖和1,4-连接的D-吡喃半乳糖醛酸残基，侧链是岩藻糖和半乳糖残基。基本上所有的D-半乳糖醛酸基都在主链上，所有的岩藻糖基和约半数的L-半乳糖基均存在于非还原性末端。中性多糖主要由L-阿拉伯糖、D-木糖、D-半乳糖、葡萄糖组成，中性多糖为高度支化的阿拉伯木聚糖，以1,4-β-D-木糖为主链，端基含有大量的吡喃阿拉伯糖单位，阿拉伯糖和半乳糖侧链连接在2位和/或3位上。

亚麻籽胶中含有一定量的蛋白质，而且主要是以结合蛋白的形式存在，游离蛋白的含量很低。Phillips等发现，阿拉伯胶结构上带有部分蛋白质，使得阿拉伯胶有良好的亲水亲油性，是非常好的天然水包油型乳化稳定剂。由于亚麻籽胶中蛋白质的存在，将赋予亚麻籽胶一些功能性质，如乳化性、表面活性和起泡性。亚麻籽胶的主要成分见表5-2。

表5-2　亚麻籽胶的主要成分

项目	水分	灰分	蛋白质			多糖
			总蛋白	结合蛋白	游离蛋白	
含量(质量分数)/%	6.10	6.31	2.67	2.48	0.19	71.52

亚麻籽胶中含有17种氨基酸，在所有的氨基酸中，谷氨酸的含量最高，其次是天冬氨酸。这两种氨基酸占了氨基酸总量的40.53%，且均是酸性氨基酸。疏水性氨基酸的含量对蛋白质的乳化性的影响极为重要，亚麻籽胶中丙氨酸、异亮氨酸、亮氨酸、蛋氨酸、脯氨酸、缬氨酸和苯丙氨酸等疏水性氨基酸的含量约占氨基酸总量的24%，这意味着亚麻籽胶具有一定的乳化性。亚麻籽胶中氨基酸的组成反映了蛋白质的性质，亚麻籽胶中蛋白质的氨基酸组成和含量见表5-3。

表5-3　亚麻籽胶中蛋白质的氨基酸组成和含量　　单位：g/100g蛋白质

种类	含量	种类	含量	种类	含量	种类	含量
Asp	12.56	Thr	3.08	Cys	0.63	Ile	3.12
Glu	27.97	Ala	3.47	Val	3.21	Leu	4.69
Ser	4.48	Arg	9.27	Met	1.08	Lys	1.53
His	1.26	Tyr	6.30	Phe	2.81	Pro	5.50
Gly	9.02						

亚麻籽胶的单糖组成主要为葡萄糖、木糖、半乳糖、鼠李糖、阿拉伯糖和岩藻糖，其单糖组成和含量随品种不同而有所差异，其中鼠李糖与木糖的比例可以反映亚麻籽胶中的酸性多糖与中性多糖的比例。Cui 等发现亚麻籽胶的化学组成随基因类型而变化。Oomah 等对十二个地区的 109 个品种的亚麻籽提取得到的亚麻籽胶进行研究，发现亚麻籽胶主要由葡萄糖、木糖、半乳糖、鼠李糖组成，阿拉伯糖和岩藻糖的含量较低；葡萄糖是 NFG 的主要组分，含量在 21%～40%；岩藻糖是 AFG 中含量最少的组分，与品种有较大的相关性；鼠李糖与木糖的比例在 0.3～2.2 之间变化。Wannerberger 等也发现 NFG 中的单糖主要是木糖，其次是阿拉伯糖。Fedeniuk 等认为尽管单糖的相对组成和含量随提取条件而变化，但半乳糖醛酸、半乳糖、木糖、鼠李糖为亚麻籽胶的主要单糖，而岩藻糖、阿拉伯糖、葡萄糖为亚麻籽胶的次要单糖。陈海华等通过气相色谱测定表明，亚麻籽胶含有木糖、阿拉伯糖、半乳糖、葡萄糖、鼠李糖、岩藻糖六种单糖，其中木糖是亚麻籽胶的主要单糖组分，而岩藻糖是含量最少的单糖组分，并采用高碘酸氧化、Smith 降解、甲基化分析、部分酸水解、核磁共振（H-NMR）和波谱模拟（GNMR）等方法对亚麻籽胶中的 NFG-1 的结构进行研究，结果表明，NFG-1 的主链主要由木糖和葡萄糖组成，大部分阿拉伯糖和部分木糖位于 NFG-1 的侧链或末端；木糖主要以 1→4 位键合为主，并存在少量的 1→2 位键合和 1→3 位键合，约有 1/3 的木糖位于非还原末端；葡萄糖主要以 1→6 位或1→2 位键合为主；阿拉伯糖有 1→4 位、1→2 位、1→3 位键合，有 1/3 的阿拉伯糖位于非还原末端；半乳糖存在 1→4 位或 1→6 位键合，约有 1/5 位于非还原末端。

三、亚麻籽胶的物理性质

亚麻籽胶为粉状，淡黄色，有亚麻籽原色，相对分子质量一般在 12000～14000，无毒、无异味，相对密度在 0.4～0.8，不溶于油和大多数有机溶剂，可与水形成淡黄色胶黏溶液。1%的亚麻籽胶溶液黏度可达到 30000mPa·s 以上，但其水化速度缓慢，浓度低于 0.2%才能完全溶解，且其甜度较低，具有较好的滑润性及良好的水包油型乳化稳定作用。

四、亚麻籽胶的化学性质

亚麻籽胶的主要成分为 80%的多糖类物质和 9%的蛋白质，其中的多糖是由中性多糖和酸性多糖组成的，而且蛋白质是与酸性多糖结合在一起，多糖组成决定了亚麻籽胶的强亲水性和持水性。利用硫酸-咔唑法测定亚麻籽胶中半乳糖醛酸的含量显示，亚麻籽胶是一种阴离子多糖。亚麻籽胶的理化指标见表 5-4。

亚麻籽胶的性质与阿拉伯胶相似，两种多糖都结合少量蛋白质，因此，从分子结构上分析，亚麻籽胶可取代阿拉伯胶作为乳化剂。

表 5-4　亚麻籽胶的理化指标

项　　目	指　　标
黏度/mPa·s	500～2500
水不溶物含量/%	≤3
干燥失重/%	15
硫酸灰分/%	≤20
铅含量(以 Pb 计)/(mg/kg)	≤4
砷含量(以 As 计)/(mg/kg)	≤2

五、亚麻籽胶的功能性质

1. 亚麻籽胶的流变性

影响亚麻籽胶溶液黏度的主要因素是质量分数、温度、pH 值和盐的加入，亚麻籽胶溶液的表观黏度随着质量分数的增加逐渐增加，随着温度的升高逐渐降低，在中性条件下表观黏度最大，酸、碱均可使其黏度降低，盐的加入导致亚麻籽胶溶液的黏度降低。亚麻籽胶的水结合能力（每克固体可结合 16～30g 水）和流变学特性与瓜尔胶相似，随溶胶的浓度下降，剪切变稀的程度下降，温度升高，黏度下降。亚麻籽胶溶液属于浓度与黏度关系符合指数规律的流体，但当其浓度≤3g/L 时，溶液接近牛顿流体，浓度>3g/L 时为假塑性流体，且随着浓度增加呈现越强的假塑性流体特征。

（1）浓度与黏度的关系　亚麻籽胶是一种亲水胶体，能够缓慢地吸水形成一种具有较低黏度的分散体系，在水中能形成黏稠的溶液，具有良好的持水性。当浓度低于 1g/L 时，能够完全溶解。由于亚麻籽胶具有明显的胀润能力，在水溶液或悬浮液中具有很高的黏度，而且中性多糖比酸性多糖具有较高的特性黏度（特性黏度分别为 616dL/g 和 416dL/g），在溶液中表现出明显的剪切变稀的特性和黏弹性。

不同浓度的亚麻籽胶溶液在不同温度条件（10～90℃）下测定的胶液黏度见表 5-5。

表 5-5　亚麻籽胶溶液的黏度与浓度和温度的关系

黏度/10^2mPa·s　温度/℃ 浓度/%	10	15	20	30	40	50	60	70	80	90
0.1	0.145	0.14	0.13	0.13	0.12	0.12	0.10	0.07	0.05	0.04
0.2	2.5	2.5	2.5	2.3	2.0	1.8	1.4	1.1	0.45	0.29

续表

黏度/10^2mPa·s 温度/℃ 浓度/%	10	15	20	30	40	50	60	70	80	90
0.3	16.0	16	16	14.6	13.5	11	9.5	4.5	1.7	0.45
0.4	48.0	47.6	47	47	39	25	10	5.0	1.8	0.55
0.5	70.0	70	70	70	45	37	32	32	2.3	0.59
0.6	110	110	110	110	90	85	55	20	3.0	0.64
0.7	140	140	140	140	110	98	67	30	3.5	0.69
0.8	165	165	165	165	135	110	78	3.5	4.3	0.72
0.9	220	220	220	220	170	150	80	39	4.7	0.74
1.0	350	350	350	350	290	180	85	41	4.9	0.75
1.1	400	400	400	400	330	190	88	42	5.0	0.77
1.2	560	560	560	560	440	230	98	44	5.3	0.81
1.3	650	650	650	650	490	270	105	47	5.8	0.86
1.4	700	700	700	700	530	370	125	49	6.4	0.88
1.5	800	800	800	800	600	390	130	51	6.6	0.92
2.0	1000	1000	1000	1000	700	400	150	55	6.9	0.94

亚麻籽胶液黏度很高，1%胶液在室温条件下黏度大于30Pa·s，高于普通的卡拉胶、黄原胶与魔芋胶。同时，亚麻籽胶液的黏度对胶液的浓度、温度有强烈的依赖性，呈现出黏度随浓度增大、温度降低而急剧增大的变化趋势，而且这一依赖关系具有非线性变化的特点。但随着放置时间的延长其黏度会逐渐增高。值得注意的是，胶液在浓度等于0.8%以及温度为80℃时黏度较大，说明亚麻籽胶作为增稠剂有较宽的温度适应范围。当胶溶液加热至75℃并冷却时，得到黏度为0.5～20Pa·s的半凝胶产品。

亚麻籽胶是非牛顿流体，在恒定的浓度下，随着温度升高，黏度按对数规律降低，在较高的浓度下，降低得更快。亚麻籽胶溶液的质量分数大于1.2%时，则可观察到假塑性液体的特征，具体表现在胶液的黏度随着剪切力的增加而降低，这一现象与瓜尔胶和槐豆胶比较相似。与槐豆胶和瓜尔胶相比，亚麻籽胶中碳水化合物含量少，矿物质和蛋白质含量高，水溶性高于瓜尔胶和槐豆胶，低于阿拉伯胶。亚麻籽胶溶液浓度在10g/L时表现良好的泡沫稳定性，非常稀的溶液表现出牛顿流体特性。也有研究发现，与阿拉伯胶相比，亚麻籽胶的沉降速度慢，触变稳定性和悬浮稳定性好。

(2) 温度与黏度的关系　亚麻籽胶的黏度与溶液浓度和温度存在较大的相关性，黏度随着浓度的增加而上升，随着温度的升高而降低。同一浓度的胶液，0℃时的黏度是90℃的48倍。温度在60℃以下其黏度变化并不明显，但超过这一温度黏度明显下降。溶解温度越高，亚麻籽胶分子溶胀得越完全，其水溶液的表观黏度越大。在常温下溶解24h，其表观黏度仍然要小于在其他温度下溶解2h的表观黏度，这表明要使亚麻籽胶溶胀得完全，需提高温度。这是因为温度升高，能提供足够的能量，可以加速亚麻籽胶分子的水合和吸水膨胀的速度，使原来卷曲的长链分子得到伸展，加快溶解而使黏度增大。但是在较高温度下，当溶胀、溶解时间超过某一极限时，由于伸展的多糖分子在水中长时间受热，运动加速，使主链发生降解，致使胶液黏度随时间的增长反而降低，且时间越长，黏度下降得越快。

(3) 冷冻对黏度的影响　许多食品都会在生产或贮存过程中进行冷冻处理，食品经冷冻处理后往往会出现析水现象，有些解冻后会恢复原来的性状，而有些则无法恢复。冷冻处理虽然会导致亚麻籽胶溶液出现析水现象，但解冻后溶液还会恢复原来的状态。不同浓度的亚麻籽胶在冷冻前和解冻后黏度变化不大（表5-6），亚麻籽胶制成的食品几乎不出现析水现象，从而保证了亚麻籽胶在需冷冻处理的食品中具有较为理想的应用效果。

表5-6　冻融对亚麻籽胶溶液黏度的影响

处理	不同浓度下亚麻籽胶溶液黏度/mPa·s		
	1g/L	3g/L	5g/L
冷冻前	125	2420	17800
冷冻后	118	2600	20200

(4) pH值与黏度的关系　亚麻籽胶液的黏度与pH值有关，在pH6.0～8.0时黏度较大，此范围以外的黏度则有所下降，无论在酸性还是碱性条件，其黏度比中性条件均要低。pH值对亚麻籽胶溶液的表观黏度影响很大。在酸性条件下，随着pH值的降低，表观黏度逐渐降低；在碱性条件下，随着pH值的升高，表观黏度逐渐下降；在中性条件下，亚麻籽胶溶液的表观黏度达到最大值。亚麻籽胶是一种阴离子多糖，由于带同种电荷的分子间产生静电斥力，引起分子链充分伸展，因而在溶液中占有很大的体积，流动阻力增大，使得溶液的黏度大大提高。在较低的pH值下，亚麻籽胶分子中的羧基被质子化，分子间的静电斥力减小，导致溶液中亚麻籽胶分子的构象发生改变，它在溶液中占有的体积减小，因而流动阻力下降，黏度降低；而在较高的pH值下，碱的加入可能导致亚麻籽胶发生解聚，而使溶液黏度降低。

(5) 不同金属离子对黏度的影响　食品中常见的金属离子，在正常浓度范围内，对亚麻籽胶溶液黏度影响不大，随着盐浓度的增加，黏度下降，从而保证其作为添加剂使用时效果不受食品中所含上述离子的影响。但随着离子浓度的增加，胶体黏度逐渐降低，特别是当低价离子浓度大于5%、高价离子浓度大于0.15%时，影响较为明显。需要注意的是，Al^{3+}与Zn^{2+}有两处较为特殊，其原因有待进一步探讨。总之，上述结果表明，金属离子浓度越大，价态越高，对胶液黏度影响越大，其中Fe^{3+}、Al^{3+}的影响尤为突出，因而亚麻籽胶在使用时应注意上述现象。具体可见表5-7。

表5-7 常见金属离子对亚麻籽胶溶液黏度的影响

黏度/10^3mPa·s　浓度/%　金属离子	0	0.01	0.05	0.10	0.50	1.00	2.50
Na^+	35	24	21	14	13	11.5	11
K^+	35	27	27	27	15	14.5	12
Ca^{2+}	35	31	19.2	18.6	18	17.2	5
Mg^{2+}	35	28	24	18	15.5	14.5	2
Zn^{2+}	35	15	13	12	5	3.6	4.6
Fe^{3+}	35	26	10	4.5	絮凝	絮凝	絮凝
Al^{3+}	35	27	12	5.5	2	1	絮凝

注：室温条件，亚麻籽胶溶液浓度为1%。

(6) 食品中其他成分对黏度的影响　亚麻籽胶对不同的食品环境表现出不同的适应性，研究表明，食品中常见的酸、碱及其他类型的组分均对胶液黏度有一定影响。但考虑到上述组分在食品中含量很低，因而其影响不足以损害亚麻籽胶的使用效果。数据显示，胶液中加入一定量酸、碱，pH值无明显变化，表明亚麻籽胶溶液对酸、碱具有一定程度的缓冲能力，但过量的酸、碱会使胶液黏度几乎完全丧失，其中碱过量，即使用酸中和后也不能恢复，因而亚麻籽胶宜在pH3～9的范围内使用，此条件下胶液保持很高的黏度。亚麻籽胶属于高分子化合物的混合物，以它作为乳化剂，得到了黏度较大的乳液。该乳液相当稳定，且油水比例范围较宽。

亚麻籽胶除本身黏度很高（1%胶液，黏度大于30000mPa·s）外，还具有较强的耐酸、耐碱、耐盐性，而且在食品中常见组分存在的条件下，仍具有很高的黏度，从而证明，其作为食品加工中的添加剂，如增稠剂、乳化剂、发泡稳定剂、悬浮稳定剂，具有良好的使用性能和广泛的适应性。

(7) 剪切力的影响　在恒定的剪切应力下，随浓度的增加，黏度按对数规律增加。机械搅打也能使胶液的黏度下降，机械搅打1min，质量浓度为5～10g/L胶液的黏度下降50%左右，静置后黏度也很少恢复；随着搅拌次数的增加，黏度下降逐渐增大。因此，亚麻籽胶只能用于温和搅拌的工序中，或添加到稀溶液中。研究发现，亚麻籽胶的弹性和黏度随木糖残基的增加和醛酸含量的降低而增加。中性多糖比酸性多糖具有较高的水化体积，中性多糖由于具有较大分子体积，在较高的浓度下表现出剪切变稀的特性；而酸性多糖由于分子体积较小，类似果胶物质，在浓度接近20g/L仍表现出牛顿流体的流动特性；由于阿拉伯木聚糖是亚麻籽胶中的主要成分，因而是产生剪切变稀和具有弱凝胶特性的主要原因。经对12个不同基因类型的亚麻籽提取的胶进行分析，得到这样一个规律：中性多糖（阿拉伯木聚糖）含量高的表现出剪切变稀和弱凝胶的特性，而酸性多糖（鼠李糖、半乳糖醛酸）含量高的表现出较弱的流变学特性，是典型的黏弹性流体。

（8）亚麻籽胶的乳化性　乳状液是一个多相体系，通常这种体系都很不稳定，但加入乳化剂可明显增强体系的稳定性。亚麻籽胶是一种能较好满足上述要求的乳化剂，以亚麻籽胶及其他乳化剂作为乳状液的稳定剂，配制成一系列乳状液，比较乳状液稳定时间，结果见表5-8。

表5-8　亚麻籽胶及其他胶乳化性能比较

样品 \ $V_{油}/V_{水}$	1∶20	1∶10	1∶4	1∶2	1∶1	2∶1	4∶1	10∶1	9∶1	20∶1
F＋水＋菜油	＋＋＋＋＋	＋＋＋＋＋	＋＋＋＋＋	＋＋＋＋＋	＋＋＋＋＋	＋＋＋＋＋	＋＋＋＋	＋＋＋＋	＋＋＋	－
F＋水＋汽油	＋＋＋＋＋	＋＋＋＋＋	＋＋＋＋＋	＋＋＋＋＋	＋＋＋＋＋	＋＋＋＋＋	＋＋＋＋＋	＋＋＋＋	＋＋＋	－
F＋水＋柴油	＋＋＋＋＋	＋＋＋＋＋	＋＋＋＋＋	＋＋＋＋＋	＋＋＋＋＋	＋＋＋＋＋	＋＋＋＋	＋＋＋＋	＋＋＋	－
H＋水＋菜油	＋＋＋＋＋	＋＋＋＋＋	＋	－	－	－	－	/	/	/
H＋水＋汽油	＋＋	＋＋	＋	－	－	－	－	/	/	/
H＋水＋柴油	＋＋	＋＋	＋	－	－	－	－	/	/	/
K＋水＋菜油	－	－	－	－	－	－	－	/	/	/
K＋水＋汽油	－	－	－	－	－	－	－	/	/	/
K＋水＋柴油	－	－	－	－	－	－	－	/	/	/
Z＋水＋菜油	＋＋＋＋	＋＋＋＋	＋＋＋					/	/	/
Z＋水＋汽油	－	－	－	－	－	－	－	/	/	/
Z＋水＋柴油	－	－	－	－	－	－	－			
D＋水＋菜油	－－	－－	－－	－－	－－	－－	－－	＋	＋＋＋＋	＋＋＋＋＋
D＋水＋汽油	－－	－－	－－	－－	－－	－－	－－	/	/	/
D＋水＋柴油	－－	－－	－－	－－	－－	－－	－－		/	/

注：“＋”越多，表示乳状液稳定性越好；“－”越多，表示乳状液越不稳定；“/”表示不能形成乳状液。F代表亚麻籽胶；H代表黄原胶；K代表卡拉胶；Z代表蔗糖酯；D代表单硬脂酸甘油酯。

由亚麻籽胶及其他胶乳化性能比较结果可知，以亚麻籽胶作为乳化剂制备的各类乳状液不仅稳定时间长，而且油相、水相比例范围宽，与其他乳化剂相比具有明显的优势。通过对亚麻籽胶乳液结构的显微观察发现，乳状液的液珠直径随着油、水两相比例的改变及时间的推移而变化，同时液珠直径分布及乳状液的结构特征也随之发生变化。用机械搅拌方法制得的乳液，最初液珠直径均很小，小于1μm，且液珠直径分布很窄，乳液放置一段时间后，油、水两相比例不同的乳液，液珠的直径大小及分布、整个乳状液结构特征均不同，当$V_{油}:V_{水}>4:1$并不断增大时，乳状液液珠直径随着放置时间的增长而逐渐变大，最大可超过5mm，且液珠直径分布变宽，整个乳液呈海绵状结构。当乳液呈现这种结构时，液珠直径则在相当长时间内（6个月）保持基本不变，整个乳液呈现一种稳定的状态。

（9）亚麻籽胶乳化性能的机理　亚麻籽胶是一种出色的高分子乳化剂，与低分子乳化剂相比，亚麻籽胶作为乳化剂，其乳化作用具有以下特点：与分子量密切相关；降低表面张力的能力小，多数不形成胶束；主要通过形成具有弹性且坚固的界面膜来稳定乳状液，渗透力弱，起泡力差；但泡沫稳定，乳化力强，分散力或凝聚力优良；乳状液黏度一般较大，阻碍了乳滴的聚并；乳滴大小形状具有多样性。同时，亚麻籽胶乳化机制也与小分子乳化剂的乳化机制不同，亚麻籽胶的乳化机制比较复杂，同时存在多种作用使体系乳化稳定，其中最重要的作用包括：连续相黏度较大，使得分散相液珠的运动速度很慢，阻碍了乳滴的聚并，有利于乳状液稳定。

亚麻籽胶作为高分子乳化剂，其水溶性大分子组成的界面膜，具有较高的界面黏弹性。这种黏弹性使得界面具有扩张性和可压缩性，当界面膜遭到破坏时，它能使其愈合，如果两个液珠间发生聚集，先要使界面膜变薄，此时就会受到很大的渗透力的对抗，因而界面膜的存在能够阻止油滴聚集，若液珠聚结，一些大分子将会自界面上释出，成为液珠聚结的障碍，或是使界面变厚、起皱，使得内相被很厚的膜包围，从而使乳液具有很高的稳定性，同时界面上吸附层分子间的短程斥力也较大，液珠聚结需要很高的能量，以克服此斥力，进一步增强了乳液的稳定性。

亚麻籽胶乳状液稳定的原因主要有以下两方面：一是高黏度。以亚麻籽胶作为乳化剂配制的乳状液，当$V_{油}:V_{水}<19:1$时，黏度均大于1Pa·s，同时作为分散介质的胶液本身黏度也很大（35Pa·s左右），由于黏度很大，使得分散相液珠运动速度很慢，因而有利于乳状液的稳定。二是乳化剂分子在界面上的连续相（介质）一侧形成具有一定强度的黏弹性界面膜，乳状液珠的吸附膜具有抵抗局部机械压缩的能力，从而有利于乳状液的稳定。

亚麻籽胶中的一些其他成分如蛋白质等可降低界面张力，从而增强乳状液的稳定性。因此，亚麻籽胶与脂肪的作用，实际上体现在对脂肪优异的乳化作用上。亚麻籽胶作为乳化剂形成的乳状液，形态具有多样性，既有较高的黏度，也有很好的流动性，还能形成乳滴大小很不均匀的海绵状乳状液，这是小分子乳化剂不能做到的。亚麻籽胶作为乳化剂形成的乳状液非常稳定，在一定条件下这种乳状液可稳定至两年以上。

此外，由于亚麻籽胶组成的复杂性及大分子上连有某些活性基团，降低油/水界面张力也可能是增强乳状液稳定性的原因之一。

(10) 影响亚麻籽胶乳化性能的因素　影响亚麻籽胶乳化性能的因素主要有如下几方面：质量分数、溶解温度、乳化温度、加油量以及贮存温度等。

① 乳状液的粒径大小　随着均质压力的增加，所得乳状液液滴的平均液径逐渐减小，但液径分布的范围随之变宽，乳状液容易分层。因此必须选择合适的均质压力以制备稳定的乳状液。

② 亚麻籽胶溶液的质量分数对乳状液稳定性的影响　亚麻籽胶溶液的质量分数直接影响乳状液的稳定性，质量分数增加，亚麻籽胶的乳化稳定性增强。这是因为亚麻籽胶是大分子乳化剂，既具有乳化能力，也具有稳定能力，当亚麻籽胶质量分数较低时，吸附到界面上的亚麻籽胶分子数较少，油滴界面未完全被乳化剂吸附，仍有部分未被吸附定向到界面上，因此，油滴间容易形成大分子桥联，油滴合并长大而破乳；随亚麻籽胶质量分数的增加，吸附在油水界面上的亚麻籽胶分子数增加而且排列紧密，形成了具有黏弹性的界面膜；并且根据Stokes定律，当亚麻籽胶的质量分数增加，连续相的黏度就增加，液滴的移动速度就会减慢，因而亚麻籽胶乳状液的乳化稳定性和贮存稳定性随质量分数的增加而增加。

③ 乳化油量对亚麻籽胶乳状液稳定性的影响　随着乳化油量增多，亚麻籽胶的乳化稳定性下降。亚麻籽胶溶液质量分数为0.15%，贮存温度为40℃时，乳化油添加量越高，尽管亚麻籽胶的乳化活性增加，但其乳化稳定性和乳状液的贮存稳定性变差，乳状液越不稳定，出现分层时间越短，分层程度越大。

④ 乳化温度对亚麻籽胶乳状液稳定性的影响　当乳状液为质量分数0.15%的亚麻籽胶溶液乳化体积分数为5%的大豆色拉油时，乳化温度对亚麻籽胶乳状液的乳化稳定性有显著影响。乳化温度越高，亚麻籽胶的乳化活性、乳化稳定性和贮存稳定性越差，出现分层的时间越短，分层的程度越大。这是由于乳化温度越高，小液滴相互碰撞而合并成大液滴的机会越多，液滴的粒径变大，导致乳状液体系越不稳定。另外，较高温度下乳化形成的乳状液在恢复到室温的过程中，有可能会发生相转变，而导致乳状液失稳。因此，乳化温度选择25℃比较合适。

⑤ 贮存温度对亚麻籽胶乳状液稳定性的影响　贮存温度越高，乳状液越不稳定，出现分层的时间越短，分层的程度越强。这是由于乳状液属于热力学不稳定体系，温度升高，使连续相的黏度降低，界面膜强度下降，容易破裂；同时乳化液滴的布朗运动加快，相邻的两个液滴之间的碰撞频率增加，容易发

生聚集或聚结等现象，导致乳状液不稳定。

⑥ 溶解温度对亚麻籽胶乳状液稳定性的影响　溶解温度升高能提高亚麻籽胶的乳化稳定性。当乳状液为质量分数 0.15%的亚麻籽胶溶液乳化体积分数为 5%的大豆色拉油，贮存温度为 40℃时，亚麻籽胶的溶解温度越高，形成的乳状液越稳定，出现分层的时间越长，分层的程度越低。这是由于溶解温度越高，亚麻籽胶分子溶解得越充分，分子伸展的程度越高，所形成的界面膜的黏弹性增大，强度增加，因而形成的乳状液就越稳定。

(11) 亚麻籽胶与阿拉伯胶乳化稳定性的比较及机理探讨　当乳化油添加量为 5%，复配胶总质量分数为 0.15%，贮存温度为 40℃时，随着复配胶中阿拉伯胶添加量的降低，复配胶的乳化稳定性下降，乳状液的贮存稳定性降低，出现分层的时间越短，分层的程度越强。与阿拉伯胶相比，亚麻籽胶的乳化稳定性远差于阿拉伯胶的乳化稳定性，所形成的乳状液也远不如阿拉伯胶形成的乳状液稳定。

亚麻籽胶的平均相对分子质量远大于阿拉伯胶，是阿拉伯胶的 6.7 倍左右。特性黏度也反映高聚物相对分子质量的大小，亚麻籽胶的特性黏度远远大于阿拉伯胶的特性黏度，这说明亚麻籽胶的相对分子质量远大于阿拉伯胶。高聚物溶液的黏度与相对分子质量有关，相对分子质量越大，溶液的黏度越高。相对分子质量的大小与高聚物分子在溶液中的均方旋转半径有关，相对分子质量越大，则均方旋转半径越大，分子在溶液中占有的空间越大。从均方旋转半径看，亚麻籽胶分子的均方旋转半径比阿拉伯胶大 3.5 倍左右，说明亚麻籽胶分子的伸展程度超过阿拉伯胶，因而在油-水界面上的吸附点少，乳化稳定性较差。阿拉伯胶分子由于均方旋转半径小，分子伸展程度小，在两相界面上定向排列较紧密，有较好的乳化稳定性。表 5-9 中的数据显示，亚麻籽胶的表面疏水性和疏水性氨基酸的含量均低于阿拉伯胶。表面疏水性和疏水性氨基酸的含量均与蛋白质的乳化性质有关，表面疏水性大，疏水性氨基酸含量高，则乳化活性和乳化稳定性高，因此阿拉伯胶的乳化稳定性优于亚麻籽胶。

表 5-9　亚麻籽胶与阿拉伯胶的结构参数和物理性质比较

样品	$M_w/10^5$	均方旋转半径/nm	特性黏度/mL	黏度/Pa·s	疏水性氨基酸质量分数/%	表面疏水性指数
亚麻籽胶	32.68	9.6	486.6	1.56	23.88	1.48
阿拉伯胶	4.98	26.5	13.4	0.75	41.22	3.06

注：此表中的表面疏水性采用 ANS（1-苯氨基萘-8-磺酸盐）荧光法测得的不同浓度的胶体溶液加 ANS 前后的荧光强度，以其差值为纵坐标，胶体浓度为横坐标，曲线初时段的斜率即为胶体溶液的疏水性指数。

从化学组成上看，阿拉伯胶和亚麻籽胶均含有鼠李糖（质量分数分别为

13%和17%)，由于鼠李糖的C3是—CH_3，而不是—CH_2OH，因此，鼠李糖的存在使二者均有良好的亲油性。但是阿拉伯胶中鼠李糖主要分布在其结构的外部，而亚麻籽胶中鼠李糖主要分布在其分子的主链上，因此阿拉伯胶比亚麻籽胶显示更好的亲油性，也表现出更好的乳化性。由于亚麻籽胶与阿拉伯胶在相对分子质量、均方旋转半径、黏度、疏水性氨基酸质量分数上的差异，导致了亚麻籽胶与阿拉伯胶乳化性质的差异。

(12) 蔗糖与黏度的关系　蔗糖的加入有时会降低一些天然亲水胶体的水溶性，从而限制这些胶体的使用。不同蔗糖浓度对亚麻籽胶黏度的影响不大，即使达到较高浓度（如30%）也只是黏度略微下降。即使在蔗糖浓度很高的体系中，亚麻籽胶仍然具有很好的溶解性，表明亚麻籽胶可适用于蔗糖含量较高的食品环境。

2. 亚麻籽胶的起泡性

分别对亚麻籽胶和其他食品胶在同一转速下搅拌，经过0.5min形成的泡沫体，在室温下，测得数据见表5-10和表5-11。

表5-10　亚麻籽胶与其他食品胶起泡性能的比较

试样	浓度/%	持泡时间/min	泡高/mm
亚麻籽胶	0.5	7	21
卡拉胶	0.5	几乎无泡沫	只有少量气泡上升
CMC	0.5	3	5
槐豆胶	0.5	60	6

表5-11　亚麻籽胶与其他食品胶起泡能力和泡沫稳定性的比较

种类	质量分数	起泡能力/(mL/min)	泡沫稳定性/%
亚麻籽胶	0.3	107	0
	0.5	114	50
	0.8	126	77
	1.0	132	100
	1.5	126	100
阿拉伯胶	1.0	105	0
	5.0	120	100
黄原胶	1.0	117	0
瓜尔胶	1.0	103	0
卡拉胶	1.0	100	0

由表5-10中数据可见，亚麻籽胶比卡拉胶、CMC、槐豆胶的泡沫要高，泡持时间比卡拉胶、CMC更长。当亚麻籽胶与魔芋粉、槐豆胶按同浓度同体积两两混合后，形成泡沫体更高，泡持时间更长。

泡沫是由水相和气相组成的两相体系，许多亲水胶体具有起泡和稳定泡沫的功能性质，能稳定界面膜，防止气体溢出和结构崩溃；在食品中，能防止因pH值改变、加热或冷却造成的泡沫体系的破坏。由表5-11可知，亚麻籽胶溶液随着浓度的增加，其起泡能力和泡沫稳定性增加，当亚麻籽胶的质量分数为1%时，起泡能力和泡沫稳定性最大；当质量分数继续增加至1.5%后，其起泡能力反而下降，泡沫稳定性不再变化，这可能是由于溶液黏度过高造成的。与相同质量分数的阿拉伯胶相比，亚麻籽胶的起泡能力和泡沫稳定性更好，与5%的阿拉伯胶的泡沫稳定性接近。黄原胶、瓜尔胶、卡拉胶都不具有稳定泡沫的作用。

3. 亚麻籽胶的协同性

亚麻籽胶与其他各种食品胶进行复配时，无明显协同增黏作用。其结果见表5-12。

表5-12 亚麻籽胶与其他食品胶复配效果比较

温度/℃	胶的种类和浓度	黏度/mPa·s	复配比例	复配胶黏度/mPa·s
20	亚麻籽胶(1%) 卡拉胶(1%)	25 7200	1∶1	2400
20	亚麻籽胶(1%) CMC(1%)	25 163	1∶1	32.5
20	亚麻籽胶(0.5%) 魔芋粉(0.5%)	25 337.5	1∶1	14
27	亚麻籽胶(0.5%) 槐豆胶(0.5%)	25 65	1∶1	50
30	亚麻籽胶(0.5%) 瓜尔胶(0.5%)	25 850	1∶1	100
40	亚麻籽胶(0.5%) 黄原胶(0.5%)	25 2181.5	1∶1	750

亚麻籽胶对各类组分在食品浓度范围内均具有很好的适应性，仍表现出了很高的黏度，表明亚麻籽胶在食品加工中具有广泛的应用范围。

亚麻籽胶与其他多糖类亲水胶体具有较好的协同作用，和瓜尔胶一样，亚麻籽胶也能与某些线性多糖，如黄原胶、魔芋粉、琼脂糖胶相互作用形成复合体，大幅度提高溶液黏度，耐酸、耐盐性增强，乳化效果更好，悬浮稳定性、保湿性得到改善，所以在冰激凌的实际制作时，常以亚麻籽胶为主稳定剂，黄原胶和魔芋粉等为辅稳定剂复配而成，这种复合稳定剂比单一使用亚麻籽胶的效果要好，制作出的冰激凌品质更佳。和卡拉胶复合，可提高溶液的黏度，增强饮料的悬浮稳定性；增加食品的持水量和保湿性，提高食品成品率，使食品保持新鲜，延长食品货架期；增强凝胶的强度、弹性，改善咀嚼感，消除凝胶的析水收缩现象。

4. 亚麻籽胶的凝胶性

（1）亚麻籽胶的浓度影响其胶凝点　亚麻籽胶质量分数越高，其溶液的胶凝点越高。亚麻籽胶凝胶的熔化点随亚麻籽胶浓度的增加而升高。这是因为亚麻籽胶溶液的质量分数越高，溶液中亚麻籽胶的分子数就越多，形成网络结点数增多，因而在较高的温度下即可发生胶凝，并且浓度越高，形成凝胶的三维网状结构的致密程度显著增加，因而凝胶强度越大，打破这些网络结点需要的能量也就越多，因此凝胶的熔化点就越高。

（2）亚麻籽胶的溶胶-凝胶转变具有滞后现象　相同的冷却起始温度下，亚麻籽胶凝胶的熔化点高于其溶液的胶凝点，即亚麻籽胶的溶胶-凝胶的转变具有滞后现象。这是由于亲水胶体的胶凝和熔化类似于晶体的转变，这个过程遵循热力学第三定律：$\Delta G=\Delta H-T\Delta S$。胶凝是一个自发放热的过程，降低温度有利于胶凝，相反，熔化是一个吸热的非自发过程，温度回升至凝胶温度时热动能不足以克服分子间形成凝胶网络的相互作用力，因而需要增加更多能量克服分子链间的相互作用，最终使熔化点比胶凝点高。

（3）亚麻籽胶胶凝过程的主要作用力　热可逆凝胶的凝胶过程主要涉及分子间氢键作用和疏水相互作用。随着温度降低，疏水相互作用减弱，由疏水相互作用形成的凝胶的黏弹性会降低。相反，氢键作用随温度降低而增强，因此，由氢键作用形成的凝胶的黏弹性就增加。研究表明，亚麻籽胶溶液产生胶凝的主要机理是通过分子间氢键相互作用。

亚麻籽胶是一种阴离子多糖，由于带同种电荷的分子间产生静电斥力，引起分子链充分伸展，分子链相互缠结，形成三维网络结构，产生凝胶。在较低的 pH 值下，亚麻籽胶分子由伸展的状态变得较为卷缩，形成的网络结点数减少，结构松散，因而凝胶强度降低，而在较高的 pH 值下，碱的加入导致亚麻籽胶分子发生一定程度的解聚，因而分子间相互缠结而形成的网络结点数下降，而使凝胶强度降低。

第二节　亚麻籽胶的制备及纯化

一、引言

亚麻籽胶主要从脱脂饼粕或亚麻籽种子中提取，通常采用水提取法，在提取过程中加入铁盐可防止单宁溶出，也可采用加压蒸气从亚麻籽中提取亚麻籽胶。亚麻籽胶的产率为 3.5％～9.4％，它与提取的方法有关。Oomah 等人指出，水与种子的比例影响到固形物的含量、产率和胶的质量。Fedeniuk 等人研究发现，亚麻籽胶的产率和蛋白质的含量随提取的温度和原料的性质而变化，在4℃提取得到的胶的纯度高但产率低；随提取温度的升高，胶的产率增加，同时胶中蛋白质的含量也增加，亚麻粕中提取的胶中蛋白质含量高于从种子中直接提取的胶中蛋白质含量。Cui等认为，温度、pH值对胶的产率和质量有明显的影响，而水与种子的比例是次要的因素，并利用响应面分析确定了亚麻籽胶提取的最佳方案：温度为85～90℃，pH6.5～7.0，水：种子＝13mL：1g。Mazza等建议，为了减少亚麻籽胶的褐变，提高亚麻籽胶的产率，先用沸水浸泡种子，然后在室温下（25℃）提取，2h内大约有90％的亚麻籽胶被提取出来。Don等人将亚麻壳与水按1g：30mL混合，在pH4.5、60～80℃下搅拌1h，离心、分离并调pH值至7.0，真空浓缩，喷雾干燥得到与蛋白质分离的亚麻籽胶产品。Oomah等人将亚麻籽与磷酸钾缓冲液（pH7.0）按1g：13mL在85℃混合，提取水溶性多糖。Dev等通过干法分离得到高含量胶的蛋白粉（HMPF）和低含量胶的蛋白粉（LMPF），通过碱溶酸沉工艺制得高含量胶的分离蛋白（HMPI）和低含量胶的分离蛋白（LMPI）。Wanasundara等采用化学法（水或$NaHCO_3$）和酶法（纤维素酶、果胶酶）脱除亚麻籽胶。

Oomah等发现水与种子的比例、进料温度、出料温度是影响亚麻籽胶产率、流变性质、颜色、生氰糖苷含量的主要因素，采用响应面分析确定了亚麻籽胶喷雾干燥的最佳工艺条件为：水：种子＝18mL：1g，进料温度为61.7℃，出料的最高温度为92℃，产率最高，但黏度较低。Kalac等认为将提取的亚麻籽粗胶反复溶于水，离心、沉淀并不能除去胶中的蛋白质和矿物质，建议采用离子交换柱色谱和羧甲基纤维素柱对亚麻籽胶进行纯化，亚麻籽胶中的矿物质元素主要是钙离子。Fedeniuk等人采用Vega黏土处理亚麻籽胶，可选择性吸附水溶性蛋白质，但同时也造成多糖的损失，并且胶中的灰分含量增加。

二、亚麻籽胶提取原料的选择

提取亚麻籽胶的原料有：亚麻全籽、亚麻籽粕、脱脂亚麻籽粉或亚麻籽壳等。亚麻籽胶主要存在于亚麻籽壳中，它是亚麻籽胶的主要来源。一般工艺多采用亚麻全籽提胶，提胶过程中亚麻胶传质阻力较大，而且亚麻籽需要干燥处理后才能进行提取亚麻油：亚麻籽粕或脱脂亚麻籽粉是提取亚麻油后的剩余物，由于原料经过粉碎处理，提胶过程亚麻胶传质阻力小，亚麻胶容易提出，但是蛋白质等其他杂质成分也容易随之提出，如果原料粉碎过细还可能造成固液分离困难；亚麻籽脱壳分离得到的亚麻籽壳是提取亚麻胶的最佳原料，一方面亚麻籽壳中亚麻胶含量高，利于提取亚麻胶；另一方面，避免了提取液中蛋白质等其他杂质成分的混入，而且亚麻胶传质阻力小，亚麻胶容易提出。因此，亚麻籽脱壳技术的推广在实现胶油并产上就显得尤为重要。

三、亚麻胶的浸提

1. 亚麻胶的浸提工艺

（1）提取工艺概述　随着人们对亚麻籽研究的深入，亚麻胶的提取工艺逐渐发展起来，陆续出现了许多专利和相关研究报道。有关亚麻胶提取方法最早的报道是 Boily 等于 1952 年申请的采用酸性水溶液从亚麻籽中浸提亚麻胶并对提取液进行喷雾干燥的专利，此后，陆续有许多关于亚麻胶提取的报道。Erskine 和 Jones 先用清水洗涤亚麻籽，在室温下搅拌 1～2min，过滤后用水作为浸提剂，采用 10∶1（*V*/*W*）的溶剂倍量搅拌浸提 3h，得到亚麻胶液。Muralikrides 等以水作为浸提剂，采用 6∶1 的溶剂倍量，在室温下浸泡 24h，浸泡过程中间歇搅拌，浸泡液不经过滤直接倾注倒出，再用乙醇沉淀，干燥后得到粗亚麻胶提取物。Bhattx 和 Cherdkiatgumchai 首次采用液体气旋脱皮手段，将亚麻籽壳和仁不完全分离，并以亚麻籽壳为原料，以水为浸提剂，室温下机械振荡浸提 1h，1000*g* 离心 20min，得到亚麻胶液。Wannerberger 等采用 9∶1（质量之比）的溶剂倍量，连续搅拌浸提 20h，然后在 16000*g* 下离心沉淀，胶液倒出后，再冷冻干燥得到干亚麻胶。

巴勇炯申请了采用酸水解法提取亚麻胶的专利，该法采用软化水浸提，溶剂倍量（10～20）∶1，经酸液［亚硫酸∶柠檬酸＝(5～15)∶1，pH＝2.9～3.9］在 75～95℃下水解 1.5～3h，再在 50～55℃下真空浓缩（真空度 455～650mmHg)，浓缩液在 60～70℃常压烘干。该法能将非水溶性胶提出，因而产胶率可达 15％以上，但产物中非胶成分含量高，亚麻胶纯度不到 70％。Mazza 等报道，在 25℃下用水浸泡亚麻籽 0.5～8h，产胶率为 3.6％～5.3％；而用沸水浸提同样的时间，产胶率为 6.5％～8.2％，高温浸提产胶率高但亚麻胶色泽较深。为了在减少亚麻胶褐变的同时获得高的产胶率，采用变温浸提工艺，具体为溶剂倍量 20∶1，料液煮沸后停止加温，放置在室温环境下，降至 25℃后，振荡浸提 2h，浸提液经 40 目筛过滤，并在 40℃下减压浓缩，用 80％乙醇沉淀，沉淀物冷冻干燥后，磨粉过 50 目筛，这种方法的产胶率为 7.5％。

O’Mullane 和 Hayter 申请了一项名为“亚麻胶”的专利。该专利以 10∶1 的溶剂倍量煮沸浸泡 4min，抽滤去籽，滤液经下列不同方法处理得到不同纯度和特性的亚麻胶液；直接在 60℃常压烘干，超滤膜过滤，除去色素和异味；异丙醇沉淀（1∶1，质量之比），得到除去了色素和异味的亚麻胶。Fedeniuk 和 Biliaderis 采用 20∶1 的溶剂倍量，分别用：①40℃、24h；②25℃、

2h；③10～25℃变温、2h；④80℃、2h等处理浸提亚麻胶，浸提液经40目筛过滤后，先加入36g/L的黏土处理30min，离心去除黏土后调节pH值为6.0，按30g/L加入硅藻土搅拌30min，在4℃环境下离心25min（10000g），得到的胶液在60℃下真空浓缩，加入3倍体积的乙醇，10000g离心10min得到亚麻胶沉淀。不同温度和时间的处理对应的产胶率为：①3.6%；②4.0%；③5.1%；④8.4%。Cui等提出了一种日后被广泛引用的"湿法提取工艺"，这种工艺的具体步骤为：以水浸泡亚麻籽，浸泡过程中持续进行磁力搅拌，浸泡3h后用40目筛过滤，所得滤液经3倍体积95%乙醇沉淀，沉淀物用离心的方法收集后冷冻干燥制得干亚麻胶。Cui等对提取工艺的水：亚麻籽比例、浸提温度、pH值等参数用产胶率、亚麻胶中蛋白杂质含量、胶的黏度作为指标进行了优化试验。结果表明，最佳的提取条件为提取温度85～90℃，pH6.5～7.0、水：亚麻籽比例1：3，最佳条件下提取的产胶率为8%左右，胶中粗蛋白含量约为80g/kg。

Oomah等报道了采用磷酸钾缓冲液（pH7.0）作为浸提剂，以13：1的溶剂倍量在85℃下浸泡2h提取亚麻胶的方法。Kankaanpaa先将亚麻籽除杂，并经冷压榨和热压榨除去亚麻籽中的油脂，脱脂后的亚麻籽粕用氢氧化钠溶液浸泡，固液分离后用盐酸沉淀溶解液相中的蛋白质和亚麻胶，沉淀物用乙醇洗涤2次后，干燥得到亚麻胶。Wanasundara和Shahidi采用不同浓度的$NaHCO_3$溶液（溶剂倍量10：1）和多糖降解酶溶液（溶剂倍量5：1）浸泡亚麻籽，在室温下振荡不同时间，过滤后测定浸提液中的戊糖含量、总糖含量和黏度。结果表明，改变$NaHCO_3$溶液和酶的浓度，浸提液中的戊糖含量和总糖含量有显著变化，且浸提液的黏度随浸提时间的变化而变化，浸提时间越长，浸提液的黏度越低。刘万毅在名为"从胡麻籽中提取高果胶含量的胡麻胶的方法"的专利中，介绍了一种二级浸提法。先用软化水，以溶剂倍量（5～10）：1在80℃下进行一级浸提1～3h，过滤得滤液A和滤渣；滤渣用酸液[盐酸：磷酸=1：(1～8)，pH=1.9～3.6]以7～15的溶剂倍量在85～95℃下进行二级水解（浸提）1～3h，过滤得滤液B；滤液A和B混合后经金属盐沉析和离心、水洗除去蛋白质、淀粉等非果胶物质，最后经酸液水解、乙醇沉淀，在30～60℃真空干燥。此法产率为20%左右，其中果胶类物质含量超过80%。胡鑫尧申请了名为"一种从亚麻籽中湿法高效提取亚麻胶的方法"的发明专利，采用"冲击旋转碾压旋风电磁分离机系统"进行亚麻籽壳仁分离，亚麻籽壳分离率90%以上。用分离后的亚麻籽壳提取亚麻胶，提取率达90%～96%。

（2）浸提法提取亚麻籽胶工艺条件　实际生产中可调整浸提加水量、浸提温度和时间、浓缩预热温度及一效、二效蒸发温度和蒸发真空度，以及压力喷雾干燥时适宜的喷雾压力、进出料温度，保证较高的干燥效率。亚麻胶的浸提可以使用4台浸出罐，配套过滤及搅拌装置，出料泵3台（双密封型进料泵BAW-150）。浸提温度为75℃左右，在4～5h内浸提3次，最后用水清洗。

2. 影响亚麻胶浸提效果的因素

浸提剂、料液比、浸提温度、浸提时间和搅拌等都是影响亚麻胶提取率和质量的主要因素。

（1）浸提剂　一般采用的浸提剂有：水、缓冲液、酸、碱、酶以及无机盐溶液等，如磷酸钾缓冲液（pH=7.0）、乙酸缓冲液、亚硫酸/柠檬酸（pH=2.9～3.9）、盐酸/磷酸、氢氧化钠溶液（pH=9.5～10.0）、氟化钠、氟化钙、碳酸钾、碳酸氢钠和磷酸氢钠溶液等。当浸提剂的pH值过低时，提取胶液中非胶杂质成分含量增加，影响亚麻胶纯度，这是由于多糖类物质在酸性条件下长时间受热会分解而破坏结构使黏度下降。O'Mullane等研究表明，用稀盐酸溶解成品亚麻胶，其黏度比用水溶解的低。pH值过高时，使亚麻胶多糖分解，亚麻胶中杂质成分增加。水作为浸提剂可避免化学试剂的污染，从提胶效率和“绿色工艺”角度出发，水是最佳浸提剂。

（2）料液比　料液比是提胶产率的主要影响因素，特别是在工业生产中，料液比直接影响到设备尺寸、处理能力和能量消耗。文献中所采用的料液比范围为1∶2.5到1∶20。料液比太低，提取物系流动性不好，固液难分离；料液比过高，设备尺寸增大、处理能力降低，提取液量增大、浓缩能量增加。综合上述因素，最佳料液比应在1∶(10～15）范围内。料液比改变影响亚麻胶收率、影响亚麻胶生产成本，但是不影响亚麻胶的黏度。

（3）浸提的温度和时间　浸提温度、浸提时间与亚麻胶的提取率、亚麻胶的黏度和亚麻胶纯度有直接关系，亚麻胶的黏度与分子量大小有关，分子量越大黏度越高。低温煮胶虽然不易破坏胶结构，但主要提取小分子低黏度的成分，因而出胶率和黏度均较低；高温煮胶能较完全地提取大分子高黏度的组分，但应控制浸提时间，因为长时间高温煮胶会严重破坏胶的分子结构，降低亚麻胶黏度。一般浸提温度选择60～85℃较为合适。而浸提时间则取决于浸提温度，当浸提温度为80℃，浸提时间一般不超过5h；当浸提温度为67℃，浸提时间不超过8h。

（4）搅拌和振荡对浸提的影响　在提胶过程中，搅拌和振荡等强化传质措施都可以提高浸提速度，因此可以合适的强化传质措施提高亚麻胶浸提效率。

3. 亚麻胶浸提动力学

（1）浸提动力学研究演变　Long等研究了速溶红茶在搅拌状态下的批式水力浸提过程，获得了不同操作条件的浸提曲线，将茶叶中的可溶性物质分为三类：即溶的固形物、快溶的固形物和慢溶的固形物，并认为这三类固形物都包括大范围分子量的不同成分，每一类之间的物理量相差较大。即溶性的固形物可能存在于茶叶叶片的外部，这应该是加工过程导致茶叶汁液外移的结果；快溶的固形物存在于茶叶叶片的内部，需要向叶片内部浸入的溶剂溶解以后再向外扩散；慢溶的固形物可能是大分子物质，其大分子结构导致其通过叶片向外扩散的速度缓慢，也有可能它是一种缓慢形成的水解产物。作者构建了一个三项浸提模型，较好地描述了这三类不同物质的浸提过程。Aguilera 等在研究从羽扇豆中提取蛋白质的浸提过程时，将单个细胞作为研究对象，考察蛋白质由细胞内向细胞外的扩散机理，在此基础上建立的浸提过程动力学模型，能较好地模拟溶质从细胞内向外扩散的过程。Zanoni 等将焙烤的粉状咖啡的浸提过程分为两个阶段：表面溶质的洗涤阶段和内部溶质的扩散阶段。在洗涤阶段，咖啡颗粒表面的可溶性固形物快速溶解进入溶剂中；扩散阶段则是咖啡颗粒内部多孔组织中的可溶性固形物溶解在孔隙内的溶剂中并向外扩散。Minkov 等研究了苹果果胶的浸提过程，认为苹果果胶的浸提包括果胶的水解和浸出两个阶段，并从苹果多孔的组织结构特征出发，建立了果胶在固相孔中的水解和向外扩散的动力学模型。

林亚平等在构建非溶蚀型药物体积的释放动力学模型时，认为费克第一定律中的扩散系数即便在一定的温度下也不是严格的常数，而是随浓度变化的；同时决定扩散速率的浓度梯度也是一个时间函数。以此为出发点，作者对费克第一定律作出两点修正：将原定律中的浓度梯度和扩散系数分别修正为时间函数和浓度函数，从而导出了非溶蚀型药物体系的释放动力学模型。储茂泉等以丹参为原料，研究了中草药的浸提过程，中草药的浸提过程由三个步骤组成：第一步，溶剂向药材内部渗透；第二步，依靠溶质的溶剂化将溶质溶解到固液界面上；第三步，溶质从固液界面向溶剂主体扩散。由于浸提时溶剂的渗透和溶质的溶解进行得较快，作者假定浸提过程的速率完全由第三步来决定，也就是说，扩散是浸提速率的控制步骤。据此，依据费克第一扩散定律建立了中草药浸提过程的动力学模型，并研究了中草药有效成分的浸提浓度与浸提时间、溶剂倍量和药材粒度之间的关系。储茂泉等还研究了浸提温度对中草药有效成分浸出浓度的影响，建立了描述浸提温度和浸出浓度之间关系的数学模型，采用丹参为原料、无水乙醇为溶剂浸提丹参酮的试验对所得模型进行了验证。

熊善柏等研究了石崖茶浸泡过程中的扩散系数和传质过程的动力学特性。作者认为，固液两相溶质的质量浓度差形成了浸泡传质的推动力，它与浸泡速率成正比，因此，应用费克第二定律建立了石崖茶浸泡过程的动力学模型。浸提试验表明，所得浸泡模型能较好地描述石崖茶浸泡的动态过程，粒度对浸提率的影响呈负倒数指数关系。扩散系数随着固相溶质质量浓度的减小呈下降趋势，而温度对扩散系数的影响符合阿伦尼乌斯（Arrhenius）方程。韩泳平等研究了水蒸气蒸馏法从药材中提取挥发油的动力学过程，认为挥发油提取过程按下列方式进行：第一步，挥发油受热后由细胞内部扩散至细胞内壁面；第二步，挥发油分子穿过细胞壁面进入气相（水蒸气）；第三步，进入气相的挥发油分子被水蒸气带出。作者认为，第二步属于相际传递，是整个提取过程的控制步骤，并以此为基础，建立了反映挥发油提取量和时间关系的动力学模型。在该模型中，药材中残留挥发油的量的对数与提取时间呈线性关系。Kubatova 等研究了分别用热水和超临界二氧化碳从薄荷中浸提薄荷油以及从土壤中提取多环芳香烃的动力学过程，结果表明，对热水浸提而言，溶质从固相基质向水中扩散的过程是整个浸提过程的控制步骤，仅考虑扩散过程的简单数学模型能较好地模拟浸提过程；而以超临界二氧化碳作为浸提溶剂时，则溶质的溶解和扩散都对浸提过程有较大影响，要描述其浸提过程，需要建立同时考虑溶解和扩散过程的动力学模型。

（2）亚麻胶的浸提动力学　亚麻胶浸提工艺参数的变化不仅影响产胶率，还可能对亚麻胶的质量、提取后亚麻籽残渣中其他有效成分的质量产生影响，这种影响将决定亚麻胶生产工艺的经济性和可行性。浸提动力学研究亚麻胶浸提过程中浸提速率和浸提工艺参数之间的关系，而浸提速率决定了有限浸提时间内的产胶率，因此，浸提动力学模型可以反映产胶率与浸提时间及其他浸提工艺参数之间的关系。除浸提时间外，影响产胶率的因素很多，如亚麻籽的结构与形状、亚麻胶在亚麻籽中的初始含量及分布情况、浸提温度、浸提溶剂种类以及溶剂倍量等。

亚麻胶浸提过程的机制是复杂的，但一般浸提过程可由以下三个步骤组成：第一步，溶剂向亚麻籽内部渗透；第二步，溶质溶解在渗透进入亚麻籽的溶剂中，并迁移到固液界面上；第三步，溶质从固液界面（扩散面）向溶剂主体扩散。对于亚麻胶的浸提过程而言，由于亚麻胶仅存在于很薄的亚麻籽壳中，因此，研究过程假设上述第一步的溶剂渗透和第二步中的溶解平衡、迁移到固液表面都是瞬间完成的，即整个浸提过程由第三步决定，发生在亚麻籽表面的扩散是浸提速率的控制步骤。

谭鹤群等从费克第一定律出发，假设浓度梯度随时间的变化率和当时的浓度梯度成正比，扩散系数与温度的关系满足 Arrhenius 方程，并与当时的溶质浓度成幂函数关系，从理论上推导出了亚麻胶浸提动力学模型的数学表达式。该模型中，与亚麻籽和亚麻胶有关的各种特性都反映在各常数中，而这些常数都可以通过浸提试验结果求解，因此，该模型同样可以描述其他类似浸提工艺的动力学过程。在浸提实验的基础上，根据溶剂倍量、浸提温度、浸提时间和产胶率之间理论关系的数学形式，分别采用直线回归或直接应用最小二乘法的方法，求出了模型中的所有未知常数。对模型的验证实验表明，所求得的浸提动力学模型在预测不同溶剂倍量、浸提温度和浸提时间条件下亚麻胶浸提过程的产胶率时具有绝对误差不超过0.5%的预测精度，具有实用价值。通过研究溶剂倍量、浸提温度和浸提时间对产胶率的影响，得出了产胶率随这些因素变化的规律。总之，溶剂倍量越高、浸提温度越高、浸提时间越长，产胶率越高。但溶剂倍量增大和时间延长对产胶率提高的贡献具有局限性。达到一定的溶剂倍量或浸提一定时间后，继续增大溶剂倍量或延长浸提时间，产胶率的提高幅度有限，即存在最经济的溶剂倍量和浸提时间，但其具体水平和浸提温度有关。提高浸提温度能大幅度提高产胶率，但浸提温度的选择需要考虑亚麻胶浸提质量指标，单纯为追求高产胶率而提高浸提温度是不可取的。

4. 浸提工艺对亚麻胶质量的影响

采用水作为浸提溶剂提取亚麻胶，浸提液中可能含有非胶类水溶性物质，这些非胶类物质称为亚麻胶中的杂质。在这些杂质中，以蛋白质的含量最高，因为亚麻籽中含有高达20%以上的蛋白质，其中的水溶性蛋白在合适的浸提条件下会随亚麻胶一起被浸提出来。这不仅会影响亚麻胶的物理化学特性，还会因为蛋白质的损失而影响亚麻胶浸提后亚麻籽残渣的利用价值。

为了分离亚麻胶中的蛋白质，通常采用的方法是向亚麻胶浸提液中加入3～5倍体积的乙醇，由于亚麻胶不溶于乙醇，遇乙醇后将产生沉淀，蛋白质则保留在乙醇中，这样得到的亚麻胶沉淀物中蛋白质含量将大幅度降低，从而达到提纯亚麻胶的目的。但由于采用的工业乙醇属于化工产品，加入乙醇提纯亚麻胶将使亚麻胶产品失去“纯天然绿色产品”的意义。因此，这种方法不仅会增加亚麻胶生产过程的成本，还会使最终的亚麻胶产品在用途上受到限制。蛋白质和亚麻胶的扩散特性是不同的，这从不同浸提条件获得的亚麻胶在蛋白质含量上的差异可以得到验证，因此，通过优化浸提工艺，选取合适的浸提工艺参数，也可能达到控制亚麻胶中蛋白质含量的目的。

亚麻籽中含有生氰糖苷，主要存在于亚麻籽的壳和仁中，它们在酶的作用下能水解产生对人和动物有毒的氢氰酸。这些生氰糖苷易溶于水，同样有可能在浸提过程中扩散而成为亚麻胶的杂质，亚麻胶中的生氰糖苷含量将直接影响亚麻胶的可食用性。显然，亚麻胶中的生氰糖苷含量是亚麻胶的一个重要的质量指标，也是亚麻胶浸提工艺优化中必须考虑的指标。亚麻胶浸提过程需要经过较高温度的长时间浸泡，这对亚麻胶的一些功能特性可能造成影响，而亚麻胶的黏性、乳化性等功能特性是亚麻胶应用的重要前提。同时，亚麻胶浸提过程还可能对亚麻籽残渣中的其他成分如蛋白质、木脂素等造成影响。

（1）浸提工艺对亚麻胶黏度的影响

① 溶剂倍量对亚麻胶黏度的影响　同一浸提温度和浸提时间，不同溶剂倍量浸提的亚麻胶黏度基本维持在同一水平，这种特性同时表现在三种浸提温度下，即溶剂倍量对亚麻胶黏度的影响不随浸提温度的改变而改变。溶剂倍量对亚麻胶黏度的影响见表 5-13。

表 5-13　浸提 8h 时不同溶剂倍量浸提对亚麻籽胶黏度的影响

黏度/mPa・s（倍量 / 浸提温度/℃）	4	6	8	10	12	14	16	18	20
40	102	101	104	98	102	100	96	103	103
60	133	134	130	131	134	129	129	136	129
80	119	119	120	122	120	118	122	120	121

② 浸提温度对亚麻胶黏度的影响　不同浸提温度对亚麻籽胶黏度的影响见表 5-14。浸提温度对亚麻胶黏度的影响分为两个阶段：当温度低于 60℃时，亚麻胶的黏度随着浸提温度的升高而增大，从 40℃到 60℃，亚麻胶的黏度提高 30%左右；温度超过 70℃时，亚麻胶黏度反而随着浸提温度的升高而降低，从 70～90℃，黏度降低了 30%～40%。这种现象可能是因为温度不同时，构成亚麻胶的多糖在分子量上存在差异造成的。

表 5-14　浸提 8h 时不同浸提温度对亚麻籽胶黏度的影响

黏度/mPa・s（温度/℃ / 倍量）	40	50	60	70	80	90
6	101	115	134	136	119	88
10	98	122	131	138	122	82
14	100	114	129	131	118	90

胶体的黏度和分子量大小有关，分子量越大黏度越高，其特性黏度 μ 和平均分子量 M 存在如下关系：$\mu=kM\upsilon$，式中，k 和 υ 是与多糖性质有关的常数。

温度较低时，亚麻籽中的高分子多糖溶解度小，主要浸提小分子低黏度成分，因而所获亚麻胶的平均分子量小，黏度低；而随着温度的升高，高分子多糖的溶解性加大，亚麻胶多糖的分子量构成逐渐发生变化，平均分子量增大，表现出黏度逐渐增大。加热作为一种导致胶体高分子降解的因素早已被人们所发现。一方面，在加热作用下，胶体中高分子化合物的糖苷键、肽键会因水解而断裂，导致胶体平均分子量降低，胶体黏度发生不可逆的下降；另一方面，加热作用还会加剧高分子的氧化降解。因此，长时间高温加热，必然使亚麻胶中的高分子多糖发生降解，生成小分子多糖化合物，从而导致黏度降低。浸提温度达到80℃以上，浸提时间为8h时，发生了高分子多糖的降解，并且这种降解的程度随温度的升高而加剧，因而80℃浸提的亚麻胶黏度低于70℃，浸提温度90℃时黏度降低的幅度更大。进一步对实验结果进行新复极差分析（SSR法），发现60℃和70℃的亚麻胶黏度差异不显著，而其他每两个相邻温度水平之间的差异均显著。因此，60～70℃很可能是亚麻胶中高分子多糖浸提和降解速率平衡的临界点温度所在的区间。

③ 浸提时间对亚麻胶黏度的影响　浸提倍量保持14时，不同浸提时间对亚麻籽胶黏度的影响见表5-15，数据表明，亚麻胶黏度随浸提时间的变化规律与浸提温度表现出很强的交互性。当浸提温度为40℃和60℃时，黏度总体表现出随浸提时间延长而增大的趋势。这表明在浸提前期，浸出的主要是小分子多糖，随着时间的延长，高分子多糖在浸出物中的比例逐渐增大。同时也可以看出，亚麻胶中分子量不同的多糖其浸提速率是不同的，分子量越大，浸提速率越慢。而60℃浸提的亚麻胶在所有浸提时间都具有比40℃浸提胶更高的黏度，这说明提高浸提温度有助于提高高分子多糖的浸提速率，浸提温度越高，亚麻胶中高分子多糖的比例越高，且这种特性不随时间的延长而改变。当浸提温度为80℃时，浸提前期，亚麻胶黏度随浸提时间的延长而增大，并且这种增大的速度明显高出另两个浸提温度，在6h左右，亚麻胶黏度达到试验值的最高点，此后出现了黏度下降的趋势。亚麻胶黏度的这种变化表明，80℃时高分子多糖浸出速率快，但也会发生降解现象。按照化学反应动力学观点，高分子多糖的水解速率受到诸多因素的影响，包括温度、高分子多糖以及水解产物的浓度等，高分子多糖浸提和水解速率的变化和关系从亚麻胶黏度的下降幅度上可以反映出来。浸提前期由于水解速率小于浸出速率，总体表现出黏度增大的趋势，后期随着浸出速率的降低，水解速率超过了高分子多糖的浸出速率，致使黏度下降。

表5-15　不同浸提时间对亚麻籽胶黏度的影响

黏度/mPa·s（时间/h；浸提温度/℃）	0.5	1	1.5	2	2.5	3	3.5	4
40	34	35	37	41	49	53	60	62
60	39	43	47	48	59	59	68	78
80	50	54	65	67	80	85	99	110
黏度/mPa·s（时间/h；浸提温度/℃）	4.5	5	5.5	6	6.5	7	7.5	8
40	71	77	83	87	87	94	96	100
60	79	90	98	107	109	118	125	129
80	126	125	127	138	130	124	120	118

（2）浸提工艺参数对亚麻胶乳化性的影响

① 溶剂倍量对亚麻胶乳化性的影响　溶剂倍量对亚麻胶乳化性的影响与黏度类似，同一浸提温度下，不同溶剂倍量浸提的亚麻胶乳化性处于同一水平，见表5-16。

表5-16　浸提8h时不同溶剂倍量浸提对亚麻籽胶乳化性的影响

乳化性/% 浸提温度/℃ \ 倍量	4	6	8	10	12	14	16	18	20
40	84.75	85.52	84.67	85.26	86.61	83.74	83.31	85.65	84.28
60	91.25	92.66	91.71	90.59	93.47	90.90	90.62	93.06	92.12
80	95.72	94.17	95.37	95.29	94.46	94.35	96.16	96.01	95.09

② 浸提温度对亚麻胶乳化性的影响　亚麻胶的乳化性随着浸提温度的升高而提高，但是，在相同温度间隔内乳化性提高的幅度却随着温度的升高而降低，见表5-17。浸提温度从40℃升高到70℃，乳化性提高幅度为8%～10%，而从70℃升高到90℃，乳化性提高的速率明显降低，仅提高了1%～1.5%。随着浸提温度的升高，浸出的亚麻胶中高分子多糖含量逐渐增大，因而其乳化性增强；但70℃以后，尽管亚麻胶的平均分子量减小，乳化性却并没有下降，而是继续增强，这可能是因为温度升高以后，亚麻胶中的蛋白质含量有所增加，因而弥补了分子量下降对乳化性造成的影响。

表5-17　浸提8h时不同浸提温度对亚麻籽胶乳化性的影响

乳化性/% 倍量 \ 温度/℃	40	50	60	70	80	90
6	85.52	90.24	92.66	93.99	94.17	94.53
10	85.26	89.05	90.59	93.54	95.29	94.90
14	83.74	89.62	90.90	93.41	94.35	94.72

乳化液中的分散相是以细小液珠的形式分散在连续相中的，作为一种多分散体系，能够稳定存在，乳化剂起了很重要的作用。乳化剂的分子结构一端含亲水基、另一端含亲油基，在乳化液中，乳化剂分子处于油水的界面上，其亲水基伸向水中、亲油基伸入油中、从而极大降低油水界面的表面张力，形成稳定的连续相包裹分散相的液珠，具有一定强度的连续相球状保护膜将各个分散相液珠隔开。

理想的乳化剂应具备下列条件：具有明显的表面活性作用，能降低表面张力；能迅速吸附在分散相液珠周围，形成界面膜，阻止液滴的聚并或使液滴带电荷，形成双电层，且具有适宜的电位，使液滴相互排斥；增加乳化液的黏度，增大液滴聚并的阻力。乳化剂有离子型和非离子型两大类，亚麻胶作为一种高分子非离子型乳化剂，其乳化机理与小分子乳化剂的乳化机制不同，同时存在多种作用使体系乳化稳定。其中比较重要的作用包括：连续相黏度较大，使得分散相液珠的运动速度很慢，阻碍了液珠的聚并，有利于乳状液稳定；亚麻胶的水溶性大分子可形成稳定的界面膜，该界面膜具有很好的弹性，可抵抗机械压缩，具有可扩张性和可压缩性。

③ 浸提时间对亚麻胶乳化性的影响　不同浸提时间对亚麻籽胶乳化性的影响试验结果见表5-18，在三个不同的浸提温度下，浸提时间对亚麻胶乳化性的影响表现出相同的趋势，即随着浸提时间的延长，亚麻胶乳化性逐渐增强。浸提时间为0.5～1.5h时，亚麻胶的乳化性仅有60％～70％，这从另一个角度说明浸提前期浸提的主要是小分子多糖。浸提时间越长，则浸提的高分子多糖比例越高，因而亚麻胶的乳化性也越强。浸提后期，当浸提时间达到6～7h时，亚麻胶的乳化性随时间延长的增长幅度很小，显示浸提6h以后，继续延长浸提时间，亚麻胶的乳化性增长将非常有限。

表5-18　不同浸提时间对亚麻籽胶乳化性的影响

时间/h 乳化性/％ 浸提温度/℃	0.5	1	1.5	2	2.5	3	3.5	4
40	61.43	62.49	63.93	69.86	72.17	72.85	73.07	77.84
60	62.76	65.67	67.14	72.36	76.49	79.05	82.82	84.61
80	66.16	70.82	73.65	76.51	79.92	83.63	85.94	86.17
时间/h 乳化性/％ 浸提温度/℃	4.5	5	5.5	6	6.5	7	7.5	8
40	77.97	77.75	79.67	81.41	82.26	82.34	83.25	83.74
60	86.72	87.42	88.03	88.30	89.96	89.56	90.22	90.90
80	87.23	88.60	90.64	90.82	91.31	92.52	93.95	94.35

(3) 浸提工艺参数对亚麻胶粗蛋白含量的影响

① 溶剂倍量对亚麻胶粗蛋白含量的影响　不同溶剂倍量浸提对亚麻籽胶粗蛋白含量的影响结果表明（表5-19），亚麻胶粗蛋白含量随溶剂倍量的增大而增加，而且其增加的幅度不随溶剂倍量的增大而变化，几乎是成直线增长。在三种温度条件下，溶剂倍量从4增大到12，三种浸提温度下粗蛋白含量增加值分别仅为3.01％、4.09％、4.98％，而当溶剂倍量从12增大到20时，相应的粗蛋白含量增加值也仅为3.45％、3.09％、2.02％。当溶剂倍量从4增大到20时，三个浸提温度下的粗蛋白含量增加值分别为6.46％、7.18％和7.00％，即随着溶剂倍量的变化，三个温度下的粗蛋白含

量增加值非常接近。

表 5-19 浸提 8h 时不同溶剂倍量浸提对亚麻籽胶粗蛋白含量的影响

蛋白质含量/% 倍量 浸提温度/℃	4	6	8	10	12	14	16	18	20
40	14.62	15.64	16.50	16.79	17.63	18.38	19.02	19.50	21.08
60	18.24	20.42	21.34	21.73	22.33	23.66	24.27	25.06	25.42
80	22.10	24.61	25.50	26.50	27.08	27.94	28.80	29.02	29.10

② 浸提温度对亚麻胶粗蛋白含量的影响　采用水作为浸提剂，亚麻胶中不可避免地含有一定量的蛋白质。从亚麻胶应用的角度来说，亚麻胶中含有一定数量的蛋白质，有利于强化亚麻胶在某些方面的性质。亚麻蛋白本身具有很强的乳化性，它和亚麻胶多糖的协同作用，可以增强亚麻胶的乳化能力和乳化稳定性；在一定的含量范围内，亚麻蛋白不会对亚麻胶的黏度造成影响，甚至有可能提高亚麻胶的黏度。但是，亚麻胶中蛋白含量过高，则会造成亚麻胶的黏度下降，从而影响到亚麻胶在诸多领域的应用。亚麻胶中粗蛋白含量主要取决于浸提过程，浸提中，亚麻胶多糖和蛋白质浸提速率的差异和变化是影响亚麻胶中粗蛋白含量的决定性因素。如果浸提工艺参数的变化导致这种差异缩小，将使粗蛋白含量提高。

不同浸提温度对亚麻籽胶粗蛋白含量的影响见表 5-20，数据表明，亚麻胶中粗蛋白含量随浸提温度的升高而增大，这说明，蛋白质作为一种高分子聚合物，其溶解度随温度变化的规律和高分子多糖类似，随着温度的升高，蛋白质的溶解度增大，浸提速率提高。与高分子多糖不同的是，在浸提时间均为 8h 时，蛋白质含量随浸提温度的升高呈线性增长的趋势。但是，浸提温度过高，长时间的加热处理可能使浸提出的蛋白质变性，这将使蛋白质不仅失去其乳化能力，还会造成亚麻胶的黏度急剧下降，这可能也是高温浸提时亚麻胶黏度急剧下降的原因之一。

表 5-20 浸提 8h 时不同浸提温度对亚麻籽胶粗蛋白含量的影响

蛋白质含量/% 温度/℃ 倍量	40	50	60	70	80	90
6	15.54	17.03	20.12	22.05	24.61	27.34
10	16.79	18.89	21.73	23.36	26.18	29.91
14	18.38	20.18	23.66	25.42	27.94	31.87

③ 浸提时间对亚麻胶粗蛋白含量的影响　亚麻胶粗蛋白含量随浸提时间

的延长而增加，但不同时间段所表现出的趋势不一致，数据见表5-21。浸提温度分别为40℃、60℃和80℃时，0～4h粗蛋白含量增加幅度分别为3.54%、5.57%、6.99%，而4～8h则分别增加了14.85%、18.09%、20.95%，即后4h浸出的蛋白质量远远高于前4h，有75%以上的蛋白质是在后4h被浸出的，浸提前期，特别是最初的1～2h，仅有极少量的蛋白质被浸出。三个浸提温度下，6～8h是蛋白质浸出速率最高的时段。蛋白质前慢后快的浸提速率变化可能与亚麻胶和蛋白质在亚麻籽中的分布及其性质有关。

表5-21　不同浸提时间对亚麻籽胶粗蛋白含量的影响

浸提温度/℃ \ 蛋白质含量/% \ 时间/h	0.5	1	1.5	2	2.5	3	3.5	4
40	0	0	0	0.45	0.71	1.25	1.83	3.54
60	0	0	0.85	1.33	1.96	2.71	3.25	5.57
80	0	0.57	1.18	2.05	2.89	4.20	5.05	6.99
浸提温度/℃ \ 蛋白质含量/% \ 时间/h	4.5	5	5.5	6	6.5	7	7.5	8
40	5.10	6.61	7.14	8.53	10.56	12.88	15.02	18.38
60	7.38	8.42	9.99	11.75	13.87	16.03	20.11	23.66
80	8.52	10.32	12.46	14.30	17.19	20.83	23.56	27.94

亚麻胶存在于亚麻籽壳中，浸提开始，其中的小分子多糖就会因为接触溶剂而溶解，继而被浸出。蛋白质作为大分子聚合物，溶解速度慢，且大量的蛋白质主要存在于亚麻籽仁中，需要溶剂穿过亚麻籽壳进入仁以后，才能开始溶解，溶解后其扩散路径也比亚麻胶要长。另一方面，当蛋白质溶解扩散时，与其性质相似的高分子多糖的扩散浸提速率提高，二者在以亚麻籽壳中孔隙作为扩散通道时，可能会存在竞争，这进一步降低了蛋白质的浸提速率。浸提后期，由于蛋白质的进一步溶解以及亚麻胶浸提速率的下降，使得蛋白质的扩散速率快速提高，表现为浸提后期亚麻胶中粗蛋白含量增长迅速。由于浸提温度对高分子多糖和蛋白质的溶解性影响是一致的，因此，蛋白质在浸提速率上的这种变化趋势并不随浸提温度的升高而改变。但随着浸提温度的提高，亚麻胶的浸提速率相应加快，蛋白质浸提速率快速增长的时间会前移。

(4) 浸提工艺参数对亚麻胶总氰含量的影响

① 溶剂倍量对亚麻胶总氰含量的影响　亚麻胶中的总氰含量随溶剂倍量的增大而增大，且在不同浸提温度下表现出大致相同的变化趋势（表5-22）。亚麻籽中的亚麻苦苷、β-龙胆二糖丙酮氰醇、β-龙胆二糖甲乙酮氰醇均易溶于

水，在热水中溶解性更强，它们的这种特性已被用于亚麻籽饼粕的脱毒。亚麻胶浸提过程为亚麻籽中生氰糖苷的溶解提供了便利条件，因此，在浸提过程中，大量生氰糖苷被浸提，造成亚麻胶中生氰糖苷含量偏高。表 5-22 中数据显示，最低的总氰含量为 7.1mg/100g，相当于 71mg/kg，超过中国食品卫生标准规定的氰化物含量允许值 5mg/kg。

表 5-22　浸提 8h 时不同溶剂倍量浸提对亚麻籽胶总氰含量的影响

总氰含量/(mg/100g)　倍量 浸提温度/℃	4	6	8	10	12	14	16	18	20
40	12.1	21.8	24.5	30.8	34.2	35.8	37.8	37.2	38.4
60	19.8	26.1	30.2	34.0	41.8	42.4	43.3	44.5	45.1
80	7.1	12.2	16.4	26	27.7	29.4	31.1	30.7	31.5

溶剂倍量的增大有利于生氰糖苷的浸出，当溶剂倍量达到 12 以后，总氰含量随溶剂倍量增大而增加的幅度明显降低，在三种温度条件下，溶剂倍量从 4 增大到 12，总氰含量分别增加了 22.1mg/100g、22mg/100g 和 20.6mg/100g，而溶剂倍量从 12 增大到 20，仅分别增加了 4.2mg/100g、3.3mg/100g 和 3.8mg/100g。数据表明，生氰糖苷即使在溶剂倍量比较小的情况下，仍能以较快的速度被浸出，其原因可能是因为生氰糖苷在水中的溶解度比较大。而随着溶剂倍量的增大，总氰含量增加，表明溶剂倍量增大对生氰糖苷浸提速率的影响显著。

② 浸提温度对亚麻胶总氰含量的影响　浸提 8h 时不同浸提温度对亚麻籽胶总氰含量的影响结果表明，当浸提温度从 40℃上升到 60℃时，亚麻胶中总氰含量呈缓慢的增长趋势，三种溶剂倍量下的增加值分别为 4.3mg/100g、3.2mg/100g 和 6.6mg/100g。这说明浸提温度的提高对增加总氰含量的作用是有限的。当浸提温度超过 60℃继续提高时，总氰含量反而开始下降，并且这种下降的趋势随浸提温度的进一步升高而更趋强烈。浸提温度从 60℃升高至 90℃，三种溶剂倍量下浸提的亚麻胶中总氰含量分别下降了 19.2mg/100g、23.3mg/100g 和 29.2mg/100g。这种现象是生氰糖苷的水解造成的，因为生氰糖苷在水中容易水解生成 CN^-，当遇到高温时，将以 HCN 气体的形式离开水溶液被蒸发出来。研究发现，浸提温度越高，这种蒸发作用就越强烈，当浸提温度达到 80～90℃时，超过 50%的 CN^- 以 HCN 的形式蒸发。但是，蒸发的 HCN 进入大气将对空气造成污染，因此，在亚麻胶提取过程中，应注意废气的收集和处理。表5-23 中最低的总氰含量为 6.3mg/100g，尽管 90℃时发生了比较强烈的 HCN 蒸发过程，但亚麻胶中的总氰含量仍然超过中国食品卫生标准规定的氰化物含量允许值 5mg/kg。

表 5-23　浸提 8h 时不同浸提温度对亚麻籽胶总氰含量的影响

总氰含量/(mg/100g)　温度/℃ 倍量	40	50	60	70	80	90
6	21.8	24.3	26.1	22.5	12.2	6.3
10	30.8	32.8	34.0	30.9	26.0	10.7
14	35.8	38.1	42.4	33.8	29.4	13.6

③ 浸提时间对亚麻胶总氰含量的影响　亚麻胶总氰含量在浸提前期，随着时间的延长增长很快，不同浸提时间对亚麻籽胶总氰含量的影响结果见表 5-24。浸提开始，仅经过 0.5h，三种浸提温度下的亚麻胶总氰含量就分别达到了 14.8mg/100g、21.2mg/100g、30.3mg/100g，这可能是浸提开始时亚麻胶浸提速率较低的缘故。在亚麻胶浸提速率相对较高的 1～3h，总氰含量仍然保持迅速增长，这段时间内，三种温度下的总氰含量分别增长了 68.8mg/100g、79.3mg/100g 和 80.3mg/100g，在浸提的前 3h，总氰含量就分别达到了最高值的 84%、98%和 100%。从分子结构上来说，生氰糖苷是一种含氰基的单糖原（亚麻苦苷）或二糖原，其溶解性优于分子量比它大的亚麻胶多糖，这应该是浸提开始时总氰含量能快速增长的主要原因。

表 5-24　不同浸提时间对亚麻籽胶总氰含量的影响

总氰含量/(mg/100g)　时间/h 浸提温度/℃	0.5	1	1.5	2	2.5	3	3.5	4
40	14.8	30.8	45.4	60.2	76.8	83.6	92.9	97.1
60	21.2	38.4	56.8	75.4	91.8	100.5	102.4	101.7
80	30.3	47.1	72.4	90.7	107.4	110.6	106.8	94.0
总氰含量/(mg/100g)　时间/h 浸提温度/℃	4.5	5	5.5	6	6.5	7	7.5	8
40	99.1	93.6	81.9	68.4	58.5	47.7	43.8	35.8
60	93.3	80.5	72.1	56.2	50.1	45.8	42.8	42.4
80	81.3	64.8	53.0	43.9	39.6	35.1	32.9	29.4

在 0.5～3.5h 浸提期间，随着浸提温度的升高，总氰含量增加，表明浸提温度的升高提高了生氰糖苷的浸提速率。经过短暂的平台期，总氰含量达到最高值，此后随着浸提的进行，总氰含量又呈现出快速下降的趋势，而且浸提温度越高，下降速度越快。浸提温度为 40℃、60℃、80℃时，总氰含量的最高值依次分别为 99.1mg/100g、102.4mg/100g、110.6mg/100g，依次出现在 4.5h、3.5h 和 3h。浸提 8h 后，各温度对应的总氰含量依次为 35.8mg/100g、

42.4mg/100g 和 29.4mg/100g。研究表明，不同浸提温度下生氰糖苷浸出、水解以及 HCN 蒸发随时间的变化规律与浸提温度密切相关。

四、亚麻胶的分离与浓缩

1. 亚麻胶的分离

通常浸提后得到的亚麻胶液要经过分离、浓缩和干燥得到亚麻胶产品。醇类沉淀法可以直接将亚麻胶从胶液中分离出来，甲醇、乙醇和丙醇均可用来醇沉。醇沉方法可以不改变亚麻胶的性质使其迅速沉淀，同时脱除胶液中的大部分色素。但醇类为易燃易爆化学品，对生产设备、电气设施、车间厂房要求高。

2. 亚麻胶的浓缩

（1）食品工业常用浓缩工艺　在食品工业产品的生产过程中，往往需要对物料进行脱水处理，以减少重量和体积，方便运输，同时也有利于产品的保存。根据物料脱水前后的含水量，一般可以把脱水过程分为浓缩过程和干燥过程。由于浓缩过程和干燥过程具有各自不同的规律和特点，在实际应用和工业生产中，往往分开作为两个独立的操作单元。干燥过程是指采用加热的方法排除物料中水分的过程，要求所得到的最终产品含水量较低，一般可采用对流干燥、辐射干燥（微波干燥和红外干燥）、传导干燥以及喷雾干燥等方法。浓缩是对含水量较大的物料进行脱水，所得到产品的含水量也较大，可作为干燥的前处理过程。浓缩过程亦可作为独立的操作单元，主要实现对目标产品的富集或使溶液体系中某些物质析出。常用的浓缩方法主要包括超滤浓缩、吸收浓缩、冷冻浓缩和蒸发浓缩等。

（2）亚麻胶的浓缩工艺

① 亚麻胶的浓缩方法　一般采用真空浓缩和超滤膜过滤浓缩。这两种方法需要严格控制温度，否则会使颜色变深，黏度下降，并且成本较高。

② 亚麻胶浸出液浓缩工艺条件　由于亚麻籽胶液流动性较差，给浓缩和干燥造成一定困难，因此需要对双效蒸发器进行结构改造，在双效蒸发器前用管式加热器预热到 80℃。适宜的浓缩工艺条件为：浓缩进料温度 85℃、出料温度 68℃；蒸汽温度Ⅰ效 55℃，Ⅱ效 80℃；真空度Ⅰ效 −0.056MPa，Ⅱ效 −0.084MPa，浓缩后干物质含量可达到 2.71%。

五、亚麻胶的干燥

1. 喷雾干燥在亚麻胶生产中的应用

亚麻胶以液态形式存在可以避免浓缩干燥对胶体黏度或色泽的不利影响，

但由于亚麻胶主要为多糖及少量蛋白质，易受微生物侵袭，保存期短、贮存条件较严格，以干燥形式存在，抗微生物侵袭能力强，贮存条件较为宽松。因此，为了能长期贮运，亚麻胶应以干燥形式保存为好。提取后得到的亚麻胶液，须经脱水、干燥得到干亚麻胶，以便贮藏和商品化。在上述有关亚麻胶提取的文献中，多数采用了减压浓缩、冷冻干燥的方法制得干亚麻胶，少数直接喷雾干燥，但关于亚麻胶干燥研究的文献报道不多。

Oomah 和 Mazza 研究了亚麻胶的喷雾干燥工艺，采用提胶的溶剂倍量、胶液进口温度、介质出口温度作为试验因素，产胶率、亚麻胶黏度及生氰糖苷含量等作为试验指标，试验结果运用响应面分析技术（response surface methodology）进行优化。结果表明，溶剂倍量和介质出口温度是两个影响指标性能的主要因素。李双桂等（2002 年）对压力喷雾、气流喷雾、离心喷雾等几种干燥方式应用于亚麻胶干燥的效果进行了研究，结果表明，对工业规模的喷雾干燥器而言，压力式喷雾干燥、气流式喷雾干燥的雾化效果不好，离心式喷雾干燥是亚麻胶最佳的干燥方法，经过干燥后的亚麻胶粉具有黏度高、色泽好、颗粒均匀、流动性好、溶解性好的特点。干燥过程对物料的要求不高，影响干燥质量的主要因素是温度。随着出口温度上升，亚麻胶粉颗粒表面的温度上升，容易炭化，说明出口温度宜低一些。但是，出口温度的高低与产品的含水量有关，出口温度太低，产品的含水量太高，不利于亚麻胶粉的贮存。亚麻胶喷雾干燥时，进料液的浓度也是很关键的因素。进料液的浓度过高，容易造成喷嘴堵塞；进料液的浓度过低则产量低，成本高。亚麻胶喷雾干燥时，进料液的温度不可忽视。提高料液的温度可降低其黏度，易于操作，而且可以提高干燥效率。

谭鹤群等采用微型气流喷雾干燥器，进行了亚麻胶的喷雾干燥试验，首次研究了喷雾干燥的喷液量、介质温度、介质流量等工艺参数对亚麻胶乳化性和总氰含量的影响，分析了这些工艺参数与亚麻胶含水率、黏度、乳化性、总氰含量的关系。结果表明，喷液量、介质温度和介质流量对亚麻胶的含水率、黏度、总氰含量影响显著，但不影响亚麻胶的乳化性。喷液量越小、介质温度越高、介质流量越大，则亚麻胶的最终含水率越低、黏度越小、总氰含量越低。喷雾干燥中，亚麻胶的最终含水率与其黏度、总氰含量之间有较强的相关性，使亚麻胶最终含水率下降的工艺条件改变总是同时造成亚麻胶的黏度和总氰含量降低。

2. 亚麻胶浓缩液干燥工艺

干燥过程是亚麻胶成型的过程，也是对亚麻胶产品质量影响最大的一步。亚麻胶的干燥可采用真空干燥、冷冻干燥和喷雾干燥等方法。真空干燥时间长，亚麻胶会变为深褐色，发生严重褐变。而冷冻干燥时间长，易形成硬壳，而且成本过高，不利于工业化生产。喷雾干燥可省去醇沉过程，具有干燥时间短、工艺简单、生产成本低等特点，容易实现规模化生产。一般亚麻籽胶的浓缩液采用350立式压力干燥塔及配套设施进行干燥。常用的干燥条件为：干燥试验压力12.9MPa，进料温度85℃，平均回收率可达到6.26%。

3. 影响亚麻胶干燥效果的因素

亚麻胶干燥不仅要求达到安全的贮存水分，还要求黏度和乳化性等功能特性得到较好的保护。影响亚麻胶喷雾干燥效果的因素主要包括胶液浓度、初始黏度、初始乳化性、喷液量、介质温度、介质流量等。

（1）喷液量对亚麻胶质量的影响　不同喷液量下干燥的亚麻胶产品试验指标测定结果见表5-25。在介质温度和流量一定的情况下，亚麻胶含水率随喷液量的下降呈明显的降低趋势。数据表明，当喷液量从800mL/h开始下降时，含水量降低幅度较大，800mL/h喷液量与600mL/h相比，含水率降低了近4%，但当喷液量进一步降低至300mL/h时，含水率仅降低了不到2%，这说明含水率的降低随喷液量的下降而减小。过低的喷液量在降低喷雾干燥装置生产能力的同时，并不能使含水率大幅度降低。

表5-25　干燥过程中不同喷液量对亚麻胶质量的影响

喷液量/(mL/h)	含水率/%	黏度/mPa·s	乳化性/%	总氰含量/(mg/100g)
300	10.29	70	84.83	45.9
400	10.86	74	82.25	48.3
500	11.33	79	82.31	52.6
600	12.35	81	85.07	52.5
700	14.81	82	87.26	55.8
800	16.93	82	83.48	70.1

亚麻胶的黏度随喷液量的增加呈缓慢上升的趋势，这种现象说明尽管喷雾干燥时间短，物料温度变化比其他大多数干燥方式小，但仍会对被干燥物料的物性造成影响。相对而言，喷液量越小，亚麻胶最终水分含量越低，则其黏度受到的破坏越大。喷液量为800mL/h时，亚麻胶黏度仅比原始样品黏度降低3mPa·s，当喷液量降低至300mL/h时，下降幅度达15mPa·s。在喷雾干燥的很短时间内黏度下降明显，说明亚麻胶在低水分情况下其黏度更易受到热的影响。与在水溶液中受热因高分子多糖分解而引起的黏度下降不同，在干燥过程中亚麻胶的黏度变化更多的是由于受热引起的焦化作用。与黏度不同，乳化性与喷液量的数据显示，二者没有明显的相关关系，各种喷液量下的亚麻胶乳化性基本稳定在原始样品乳化性附近。相关性分析表明，乳化性与喷液量之间的相关关系不显著。因此，喷液量不影响亚麻胶的乳化性。

在干燥过程中，总氰含量的降低也是由于 HCN 气体的挥发造成的，其前提条件是亚麻胶浸提液中含有由生氰糖苷水解产生的 HCN。数据显示，喷雾干燥对总氰含量的降低作用明显，喷液量在 800mL/h 时，总氰含量比原始样品降低了 14.1mg/100g，下降比例为 16.75%；而喷液量为 300mL/h 时，这一比例高达 45.49%。即有将近一半的 CN^- 在喷雾干燥过程中以 HCN 的形式挥发。总氰含量在喷雾干燥过程中的这种变化说明，亚麻胶浸提液喷雾干燥的尾气中含有数量可观的 HCN，如果不进行处理，在大规模工业化生产中将会对环境造成一定的污染。

(2) 介质温度的影响　不同干燥温度对亚麻胶质量的影响结果见表 5-26。亚麻胶含水量随着介质温度的升高而降低，亚麻胶的黏度随着介质温度的升高而降低，但这种变化在介质温度为 190℃以下时表现得并不明显，介质温度为 180℃时，亚麻胶黏度仅比原始样品下降了 2mPa・s，当介质温度达到 200℃以上时，黏度降低幅度有所增大，比原始样品下降了 12mPa・s。数据表明，高介质温度对亚麻胶的黏度有较大的破坏作用，这可能是介质温度提高后，亚麻胶干燥速率加快而引起的亚麻胶颗粒温度升高造成的。亚麻胶的乳化性在不同的介质温度干燥时，并没有表现出明显差异，和原始样品的乳化性相比也没有太大变化，各个介质温度下的乳化性不完全相等，可以认为是测定误差造成的。也就是说，介质温度不影响亚麻胶的乳化性。总氰含量随着介质温度的升高，以较大的斜率呈现出直线下降的趋势。当介质温度为 220℃时，总氰含量从原始样品中的 84.2mg/100g 下降为 37.6mg/100g，也就是说总氰中有 50% 以上在干燥过程中以 HCN 的形式挥发，这种变化对于降低亚麻胶产品中的总氰含量是有利的。

表 5-26　不同干燥温度对亚麻胶质量的影响

温度/℃	含水率/%	黏度/mPa・s	乳化性/%	总氰含量/(mg/100g)
170	18.21	83	86.88	79.6
180	15.77	83	83.52	68.5
190	14.71	80	85.46	63.1
200	12.35	81	85.07	52.5
210	10.54	75	84.62	42.5
220	10.22	73	86.84	37.6

(3) 介质流量的影响　干燥过程中不同介质流量对亚麻胶质量的影响结果见表 5-27。介质流量对亚麻胶含水率的影响与介质温度类似，即介质流量越大，则含水率越低。同时也可以注意到，当介质流量达到 $70m^3/h$ 以后，亚麻胶雾滴（颗粒）水分降低至 12% 左右时，每提高 $10m^3/h$ 所引起的含水率降低幅度逐渐减小。亚麻胶黏度随介质流量的提高而降低。介质流量为 $50m^3/h$

时，亚麻胶黏度和原始样品黏度相等，说明这一介质流量下亚麻胶的黏度几乎没有受到喷雾干燥过程的影响。介质流量为60～80m^3/h时，黏度仅有小幅降低，当介质流量提高至90～100m^3/h，亚麻胶黏度变化较大，100m^3/h时比原始样品降低了12mPa·s。亚麻胶黏度与含水率都表现出了很高的相关性，亚麻胶最终含水率越低，则其黏度的降低幅度越大，亚麻胶黏度较大幅度的降低均发生在亚麻胶含水率低于12%的条件下。含水率和黏度之间的这种联系，说明当亚麻胶含水率较低时，受热对亚麻胶黏度的破坏比高水分时要大得多。

表5-27　干燥过程中不同介质流量对亚麻胶质量的影响

介质流量/(m^3/h)	含水率/%	黏度/mPa·s	乳化性/%	总氰含量/(mg/100g)
50	19.53	85	85.23	81.5
60	15.91	82	83.52	65.4
70	13.69	82	85.19	60.1
80	12.35	81	85.07	52.5
90	10.76	78	86.00	48.3
100	10.13	73	83.45	46.0

介质流量对亚麻胶的乳化性影响很小，各个介质流量下的亚麻胶乳化性与原始样品乳化性基本相等。因此，在对亚麻胶喷雾干燥工艺进行优化时，不考虑乳化性这一指标。介质流量对总氰含量的影响在80m^3/h以前较大，介质流量超过80m^3/h，继续提高介质流量，总氰含量尽管仍然有所降低，但降低的幅度却减小。综合分析三个因素的单因素试验中总氰含量的变化规律，发现总氰含量的最低值总在40mg/100g左右，而且当总氰含量降低至40mg/100g左右时，其降低速度就会明显下降，这可能是因为亚麻胶的总氰中有一部分在浸提过程中并没有水解生成CN^-，而是继续以生氰糖苷的形式存在，而未经水解的生氰糖苷在干燥过程中是不可能被去除的。

第三节　亚麻籽胶的应用

一、引言

研究人员对亚麻籽胶做了各种生物学毒理性实验，证明其对人体安全性好。在食品、药物及化妆品法典中，亚麻籽胶被列入公认的安全目录之中。在美国和日本亚麻籽胶被分别列入《美国药典》和《食品化学品药典》，作为一种天然食品添加剂和药物原料出现。亚麻籽多糖（一般指亚麻籽胶）作为膳食纤维，具有营养作用，在降低糖尿病和冠状动脉心脏病的发病率、防止结肠癌和直肠癌、减少肥胖病的发生率方面，起到一定作用，可以制作营养保健食品。亚麻籽胶的性质与阿拉伯胶相似，可取代阿拉伯胶作为乳化剂，用于巧克力奶中。其10g/L的稀溶液即具有良好的起泡性和流体特性，在乳状液中添加0.5%～1.5%的亚麻籽胶即可取得良好的稳定和增稠效果。对W/O型乳状液，亚麻籽胶的乳化功能比吐温80、阿拉伯胶、黄原胶效果好；亚麻籽胶产品的酸性多糖和中性多糖对制备O/W乳状液很有效。

由于亚麻籽胶与蛋白质结合，所以具有良好的吸油性、起泡性、乳化性及乳化稳定性。Dev等发现，高胶含量的浓缩蛋白（HMPC）比低胶含量的浓缩蛋白（LMPC）具有更好的乳化稳定性，在罐藏鱼子酱中具有更好的乳化稳定作用。在冰激凌中，HMPC和低含胶分离蛋白（LMPI）较其他凝胶具有更稳定的作用。低含量胶的亚麻籽粉和低含量胶的浓缩蛋白也能减少肉的烹调损失，降低烹调的硬度和风味损失。Yoshihara等认为，由于亚麻籽胶中含大量的盐和蛋白质水解产物，可作食品增稠剂，如添加到shoyu和teriyaki酱中，使产品具有较强的持水能力、透明度、抗老化活性。也可用于焙烤产品和冰激凌中：Olavi等人在焙烤食品和冰激凌制作中，用含胶亚麻蛋白质取代鸡蛋和蛋清。亚麻籽胶在果汁饮料中也具有广泛的应用，Oomah等人认为，低黏度的亚麻籽胶在脂类和香气成分的微胶囊化、糖果的糖衣生产上及无需增加体系的黏度，而需增加纤维含量的配方中应用极为有利。亚麻籽胶也是生产L-半乳糖的来源。亚麻胶由于具有高黏度、强水合能力，并具有形成热可逆的冷凝胶优良特性，在食品领域中可替代大多数的非胶凝性的亲水胶体，与其他亲水胶体相比，具有较低廉的价格。因此，在食品工业中可以用做乳化剂、增稠剂、起泡剂、稳定剂等，被广泛地应用。

二、亚麻胶在肉制品中的应用

亚麻胶作为一种天然食品乳化剂，不仅凝胶弹性好，同时还具有很强的保水性能和防止淀粉回生作用。因此，用于肉制品加工具有其独特的优势。研究表明，在肉制品加工后期加入亚麻胶，能够增强肉制品弹性，增强复水性，消除淀粉感，增加咀嚼感。韩建春等对亚麻胶提高鱼丸制品品质方面作了大量的研究，结果表明，亚麻胶可以明显改善鱼丸品质。

1. 亚麻籽胶对肉制品保水性的影响

肉制品的保水性是最重要的质量属性之一。肌原纤维蛋白在肉和肉制品的功能特性方面发挥了极大的作用，尤其在保水能力方面更为突出。肌原纤维蛋白主要由肌球蛋白和肌动蛋白组成，在肉糜类肉制品生产中对产品的品质和保水性起着决定性的作用，主要原因是肌原纤维蛋白的热诱导凝胶在加热和冷却后能产生三维凝胶网状结构。影响肌原纤维蛋白的特别功能和三维凝胶网状结构的形成的因素很多，主要包括 pH 值、盐浓度（离子强度）、非蛋白聚合物等成分添加等。在各种非蛋白聚合物成分中，多糖能明显影响肉蛋白的热相变温度。亚麻籽胶就是其中最令人感兴趣的亲水胶体之一，亚麻籽胶中主要含有木糖、阿拉伯糖、鼠李糖、岩藻糖、甘露糖、葡萄糖、半乳糖醛酸等。它显示出了相对含量较高的中性多糖的特征，如木糖能通过增加亚麻籽胶剪切变稀和弱凝胶特性而提高亚麻籽胶的流变学特性。然而，在亚麻籽胶含有一定量的酸性多糖将弱化其流变性。作为食品胶体可形成热可逆凝胶，亚麻籽胶可替代大部分用于食品和非食品应用的非凝胶多糖。亚麻籽胶作为一种亲水胶体，具有很好的保水能力，这主要得益于它显著的溶胀能力和在水溶液中的高黏度。亚麻籽胶的另一个优点是成本相对较低和稳定的全球性供应。

当亚麻籽胶应用到肉类系统，蛋白质-多糖之间的相互作用在三维凝胶结构中发挥着重要作用。因此，了解肌肉蛋白质和其他成分相互作用在估计产品质量、开发新加工的肉类产品方面将是至关重要的。近年来，许多学者对亚麻籽胶的物理和化学功能特性表现出了极大的兴趣。然而，相关研究大部分集中在非肉类产品。研究表明，静电和氢键是蛋白质和多糖黏结和凝胶过程中的主要作用力。多糖与蛋白质的相互作用可以是吸引力或排斥力，取决于生物大分子的相互作用及介质条件的性质。对肉产品的一项研究表明，静电相互作用似乎是形成和稳定盐溶肉蛋白和亚麻籽胶凝胶的主要推动力，这些相互作用力主要形成在亚麻籽胶带负电荷的羧基基团和带正电荷的蛋白质中氨基酸侧链之间。

保水能力（WHC）表示一种蛋白质结合水的能力，一般用来客观地评价肉制品的质量和产量。肌原纤维蛋白的热诱导凝胶在加热和冷却后能产生三维凝胶网状结构，在此期间，水是被困在三维网络里，从而提高了保水能力。亚麻籽胶的添加证实了肌原纤维蛋白的保水能力进一步增强。这个和蛋白质-多糖复合凝胶的结果相一致，甚至在 0.5%亚麻籽胶添加情况下，肌原纤维蛋白的保水能力提高 40%以上，因为蛋白质和胶体组成的网格形成了对水更加有利的物理包封。相似地，在盐溶性肌原纤维蛋白凝胶中增加卡拉胶浓度也能引起保水性的显著增加。在卡拉胶存在情况下，保水性都得到了比较好的提高。蛋白质和胶体的相互作用可能与亚麻籽胶带负电荷的羧基基团和带正电荷的蛋白质中氨基酸侧链有关。

凝胶的三维网络结构是感官、质构、流变学特性和功能特性（例如持水性和保油能力）的一个重要限定因素，扫描电镜观察提供了亚麻籽胶添加到猪肌原纤维蛋白改善凝胶结构的一个另外的物理证据。亚麻籽胶添加改变了猪肌原纤维蛋白聚集的模式，使凝胶结构变成了一种致密、连续的网络结构，这种结构更抗变形，更利于水的固定。研究结果表明，亚麻籽胶和猪肌原纤维蛋白之间可能存在一种相互作用。凝胶的网络结构是蛋白质变性的结果，这种变性导致了分子间共价键和非共价键相互作用，包括二硫键和疏水键相互作用。在蛋白质有序聚集发生之前，亚麻籽胶可能促进了肌球蛋白和肌动蛋白链的展开，从而导致产生了一个好的凝胶结构和一个比较高的保水能力的改善。文献报道表明，蛋白质的凝胶特性主要取决于蛋白质链展开和聚集的相对速度。另一项研究表明，保水能力的增加可能是肌球蛋白变性或者高度水合蛋白减慢了聚集速度的作用。

在凝胶结构中，水被限制在很多分区，在每个分区内，有三种类型的水：结合水、不易流动水和自由水。由于它们和分区表面的生物大分子相互作用的差异，它们的 NMR 弛豫性质差异很大，当达到快速交换的条件时，这三种状态的水会形成一个横向弛豫时间。核磁共振弛豫特性的研究可以提供关于各个分区的相关信息，通过横向弛豫时间的测量可以了解包括肉品中水动力学以及微观结构和保水能力等信息。以肌肉食品为基础的测量证实，横向弛豫时间与总含水量相关，这有助于量化成分和加工的影响，也是对鉴定凝胶保水性特征十分有用的。均匀的微观结构和明显减小的孔径已经显著降低了横向弛豫时间，这也是和提出的理论一致的，在肉中大部分水是由肌原纤维结构的毛细作用束缚住的，固定水的力的大小是和孔径呈负相关的。因此，在毛细管中固定的水和自由水相比有比较低的横向弛豫时间。随着亚麻籽胶的添加，猪肌原纤维蛋白形成了更多的多孔微结构。

多糖与蛋白质的相互作用的研究一直是广大学者感兴趣的课题，红外光谱（FT-TR）分析技术的发展，为进一步研究肉制品中多糖与蛋白质的相互作用提供了更加有利的分析手段。自 1988 年日本的 Kato 等报道了乳清蛋白葡聚糖复合物的功能性得到极大改善以来，研究人员开始用其他一些蛋白质与多糖进行共价复合，结果反应产物也在诸如乳化性、溶解性、抗氧化性和抗菌活性等功能性质上得到了极大的改善。研究证实，蛋白质与糖形成的复合物中由于糖链的引入，多羟基的亲水特性可使得整个体系的溶解性显著提高，这也解释了亚麻籽胶的添加增强了保水性的可能原因。

研究表明，亚麻籽胶添加能明显增加猪肌原纤维蛋白的保水性。亚麻籽胶浓度在 0.3%、0.4%和 0.5%时，保水能力没有显著性差异，这说明亚麻籽胶对肌原纤维蛋白凝胶保水能力的增加是有一定限度的。红外光谱分析表明，静电引力增强可能是添加亚麻籽胶后肉制品保水性增加的主要原因之一。

2. 亚麻胶对肉制品乳化性的影响

乳化技术是生产糜类肉制品中常用的一种方法，糜类肉制品因口感鲜嫩，清淡爽口，蛋白质含量丰富，低温加工最大限度地保留了肉质中的营养成分，日益成为消费者喜爱的肉食制品之一。糜类肉制品主要由肌肉组织、脂肪组织、非肉蛋白、亲水胶体、食盐和水等成分经斩拌、罐装、杀菌等工艺而生产的肉制品。从理化角度来看，糜类肉制品由蛋白质和盐类的溶液；蛋白质的胶体溶液；被水溶性和盐溶性肌肉蛋白包围住的脂肪细胞和游离脂肪滴多种体系构成。在肉糜类肉制品生产中，脂肪在乳化稳定肉糜，改善产品硬度、风味、多汁性及出油、出水等方面具有关键作用。因此，生产糜类肉制品的技术关键是结合水和结合脂肪。根据水包油乳化学说，肉糜类乳状液属于水包油型乳状液，水包油型乳状液常常通过蛋白质来稳定，蛋白质浓度和脂肪含量是影响乳化特性的主要参数，生产实际中，在肌肉蛋白含量一定的情况下，还常添加卡拉胶、黄原胶、阿拉伯胶等亲水胶体来形成多层乳状液，以增加连续相的黏度，阻止分散粒子的碰撞和聚集，使乳状液得以稳定，以提高乳状液抵抗环境压力的作用。因此，由多糖制得的乳状液的稳定性被人们认为是“非吸附的排除稳定性”。许多学者已经研究了蛋白质和亲水胶体对水包油型乳状液稳定性的作用，研究表明，不同的参数如乳化颗粒的大小、乳化活性、乳化稳定性、不同贮藏温度乳状液的贮藏稳定性等对乳状液的稳定性有决定作用，因此，亲水胶体在促进乳状液的稳定中具有重要作用。

目前，在亚麻籽胶的乳化理论研究方面只有几位作者研究了亚麻籽胶与植物油之间的乳化作用，但在肉制品加工中亚麻籽胶与脂肪的乳化作用机理研究非常少，在肉制品生产中应用也很有限。亚麻籽胶除了具有多糖的功能和结构外，特殊之处还在于结合了10%～30%的蛋白质（与阿拉伯胶类似），使得亚麻籽胶在油-水界面上表现出与小分子乳化剂相似的表面活性，展示了良好的吸水、吸油、乳化活性和乳化稳定性。

油水乳化液是热力学不稳定体系，并且随着时间的推移很容易发生液相分离，因此蛋白质经常被用来增加乳化液的稳定性。在均质期间，蛋白质促进了较小液滴的形成，它们也降低了油水界面的表面张力，从而防止了油滴的相互碰撞、聚集和桥联，保持了油滴的稳定。多糖常常被添加到食品乳化液中以进一步控制最终产品的整体性能，然而，非相互作用多糖的添加主要只增加溶液的黏度，带电荷多糖在特定条件下，能和带电荷的蛋白质在乳化液滴的表面发生相互作用。在乳化界面上，这些蛋白质和多糖之间的相互作用能控制和增加包裹油滴的表层厚度，进一步增强乳化的效果和稳定性。有研究表明，带相反电荷的生物聚合物之间的静电引力是多层乳化系统维系的推动力。有些多糖的结构中含有疏水基团（如甲基、乙基等）或与蛋白质结合（如亚麻籽胶、阿拉伯胶），在油-水界面上表现出与小分子乳化剂相似的表面活性，而具有较好的乳化性质。近年来对亚麻籽胶的研究表明，亚麻籽胶蛋白含有两种或三种蛋白成分：高分子量盐溶蛋白及低分子量水溶性蛋白，分子质量分别是29400kDa

和 16000kDa。因此，亚麻籽胶作为一种带负电荷的酸性多糖除了具有增稠和胶凝的功能性质外，还具有乳化或乳化稳定的功能性质，使它们在食品中特别是乳品、饮料和蛋糕生产中得到广泛的应用。

在影响油水乳化液系统稳定性的各种因素（温度、pH 值、离子强度、蛋白质浓度和蛋白质/油比、油的体积分数等）中，温度、蛋白质浓度和蛋白质/油比、油的体积分数等能够影响分散相微粒大小和粒度分布及乳化活性和乳化稳定性。通过对亚麻籽胶和猪油乳化液的研究表明，蛋白质浓度和蛋白质/油比对乳化液的平均粒径影响很大，当猪油含量一定时，亚麻籽胶含量越低，乳化颗粒的粒径越大，最大平均粒径为 200μm，最小平均粒径为 80μm，两者相差很大。这说明当乳化液中的脂肪量一定时，颗粒大小由乳化剂的含量决定。随着乳化剂含量的增加，足够多的乳化剂分子附着在油-水界面上，包裹被均质后形成的油滴分子，从而抑制了聚集现象的发生，使乳状液的粒径大小维持在较低水平，从而使乳状液保持了较好的稳定性。这个研究结果和乳清蛋白、酪蛋白作用在油水乳化液中粒子的大小与变化趋势相类似。乳化活性和乳化稳定性试验也验证了蛋白质浓度和蛋白质/油比对二者的作用，研究表明，随着亚麻籽胶浓度的增大，乳化活性呈整体增加趋势，且增幅较大。在相同浓度的猪脂肪添加量的溶液中，亚麻籽胶的量越多，乳化活性则越好，表明亚麻籽胶对猪脂肪确实起到了一种较好的乳化作用。而在乳化液稳定性试验中，较高浓度的亚麻籽胶以及较低的贮藏温度对乳状液的稳定性有良好影响。

当油-水界面上的亚麻籽胶分子数较少时，油滴界面未被乳化剂所完全吸附，油滴分子间易形成大分子桥联，油滴合并长大破乳，形成了大团油滴颗粒；亚麻籽胶含量高时，乳化颗粒分布均匀，很少发生桥联和聚集现象，这很好地解释了亚麻籽胶在乳化活性和乳化稳定性中起到的作用。

3. 亚麻籽胶与其他亲水胶体在肉制品中的相互作用研究

目前世界上允许使用的食品胶品种约 60 余种，我国允许使用的约有 40 种，国内肉类产品生产使用最广泛的食用胶主要有卡拉胶、黄原胶、瓜尔豆胶、琼脂、明胶、海藻酸钠、刺槐豆胶和魔芋胶等。食用胶由于具有凝胶保水、改善出油性、增强分散体系的稳定性、防止淀粉的老化等作用，广泛地应用在肉制品中，食用胶的应用不仅可以改善肉制品的物理性质、增加肉制品的黏着性与持水性、赋予肉制品良好的口感，同时还能提高产品的出品率。近年来，卡拉胶、黄原胶等亲水胶体研究得比较多，它们在食品工业中特别是肉品加工中应用越来越广泛和深入，但对一种新型的食品添加剂——亚麻籽胶研究得相对比较少。

亚麻籽胶作为一种新型的食品添加剂，在食品工业中可以替代果胶、琼脂、阿拉伯胶、海藻胶等，用作增稠剂、黏合剂、稳定剂、乳化剂及发泡剂。亚麻籽胶具有良好的保水性、溶解性、乳化性、胶凝性、流变性等，在肉制品加工中亚麻籽胶对脂肪有很好的乳化作用，以致产品中的脂肪能够有很好的稳定性，并且亚麻籽胶可以与肉制品中的蛋白质和淀粉形成很好的网络结构。研究表明，亚麻籽胶添加到肉制品中，能减少蒸煮过程中脂肪和肉类风味的损失。近年来，随着我国食品添加剂工业的发展，食品胶在食品工业中的地位将进一步得到提高，尤其对具有各种功能的天然植物胶的需求量很大，亚麻籽胶作为一种发展前景广阔的新型食用胶，特别是亚麻籽胶可以替代进口的阿拉伯胶，其良好的特性决定了其将更广泛地应用于食品工业。所以，亚麻籽胶的研究和开发具有重要的实用价值，并将会产生很大的经济效益。

对于亚麻籽胶保水性、保油性的相关研究，国内外已有报道。如刘跃泉等对亚麻籽胶对淀粉与水结合能力的影响进行了研究。Seddik Khalloufi 等研究了亚麻籽胶对乳清蛋白稳定油包水乳液的吸附。对亚麻籽胶的保水性和保油性与肉品中其他添加成分进行析因实验研究，有利于进一步了解其作用机理，为亚麻籽胶在肉制品中的应用提供理论依据，为亚麻籽胶在肉制品中广泛应用奠定良好基础。研究表明，随着亚麻籽胶、卡拉胶和黄原胶浓度的增加，亚麻籽胶对猪肉肠在60℃下烘20min、40min、60min和80min的保水能力有极显著性影响。卡拉胶对猪肉肠在60℃下烘20min、40min的保水能力无显著性影响，亚麻籽胶与卡拉胶在60℃下烘40min有显著性交互作用。亚麻籽胶与黄原胶对猪肉肠在60℃下烘20min、40min都有显著性交互作用。这说明在保水能力的比较上，亚麻籽胶＞黄原胶＞卡拉胶，方红美等的研究也证明了保水能力上黄原胶＞卡拉胶。而且，通过本试验研究表明，亚麻籽胶与黄原胶对保水性具有很好的协同增效作用，蔡为荣等的研究也证明将适量配比的黄原胶和卡拉胶加入到蒸煮火腿中，低脂蒸煮火腿具有品质鲜嫩、口感润滑的特点。这就为亚麻籽胶和黄原胶综合利用提供了理论依据，利用上述亲水胶体的协同增效作用，在实际生产应用中，可以减少亲水胶体特别是价格昂贵的胶体的用量，从而降低生产成本并可提高产品的质量。相对而言，卡拉胶虽然具有一定的保水能力，但保水能力有限，这可能与κ-卡拉胶凝胶脆性大、弹性小、易出现析水现象等特性有关。

研究表明，随着亚麻籽胶浓度的增加，猪肉肠用乙醚浸提20min的脂肪浸出量逐渐减少，保油性逐渐增加，然而，亚麻籽胶对猪肉肠用乙醚浸提20min的脂肪浸出量的影响不显著。卡拉胶和黄原胶对猪肉肠浸提20min出油量影响不大。亚麻籽胶对火腿肠用乙醚浸提40min和60min的脂肪浸出量有显著性影响。黄原胶对猪肉肠用乙醚浸提40min时，能一定程度减缓脂肪浸出，但对脂肪浸出量的影响不显著。卡拉胶对减缓出油量影响不明显。这个结果说明在保油能力上，亚麻籽胶＞黄原胶＞卡拉胶，这可能与几种胶的不同结构和性质有关，亚麻籽胶由于含有一定量的结合蛋白，因此具有乳化作用，可以替代阿拉伯胶制备 O/W 乳状液，起到乳化和稳定乳状液的作用。Dave 等发现，亚麻籽胶中疏水性氨基酸的含量占总氨基酸含量的 40%，这意味着亚麻籽胶具有良好的乳化性。胡国华指出，黄原胶本身并非一种胶凝性多糖，它最大的用途是利用其显著增加体系黏度即形成弱凝胶结构的特点以提高食品或其他产品水包油型乳状液的稳定性，而亚麻籽胶由于分子吸附在油-水界面上，排列紧密形成界面膜，从根本上增强肉制品的保油性。卡拉胶由于没有亚麻籽胶和黄原胶任何一项特点，保油能力自然弱于二者。Schut 和 Brower 研究发现，在不加复配胶的肉糜产品中，盐溶蛋白在脂肪-水界面被优先吸附，当肉糜乳状液受热时，包围脂肪球的蛋白膜破裂，出现大量的孔和裂口，脂肪变得很不稳定。李博等将几种不同的亲水胶体复配后应用于低脂肉糜制品中，筛选出一种可作为脂肪代用品的复配胶，研究表明，复配胶对低脂肉制品的凝胶强度、弹性、持水性、感官评定以及超微结构等方面均起到很好的作用。可见，亲水胶体的使用，有利于减少油和水的流失，增加产品的品质和产量，也有利于减少摄入更多的脂肪对身体健康造成危害。

4. 亚麻籽胶与非肉蛋白在肉制品中的相互作用

在肉制品生产加工过程中，常常是肉糜中肌原纤维蛋白含量不足，而游离脂肪和水含量较高，需要消耗一部分肌原纤维蛋白使脂肪乳化，这就使得用来形成凝胶网状结构的肌原纤维蛋白含量更为不足，使肉制品出现析水、析油、组织粗劣、弹性差等问题。解决这个问题的有效途径是在肉制品中加入植物蛋白和动物蛋白作为补充，使脂肪能充分乳化，许多实验和生产实践证明，大豆分离蛋白和酪蛋白对改善肉制品的结构、质地、保水和保油性等功能特性方面有重要的意义，同时还能降低生产成本。因此，非肉蛋白在肉制品中的应用越来越受到青睐。但是，在生产实际中，除了添加非肉蛋白外，为了使肉制品有更好的品质，还常常添加食用胶进一步改善肉制品的品质，降低生产成本，提高生产效益。许多学者和实验技术人员也在肉制品生产研究和实践中，进行了大量的理论和应用研究，取得很好的成果，并在生产实践中得到了广泛应用。亚麻籽胶和非肉蛋白相互作用的研究，特别是亚麻籽胶与大豆分离蛋白、酪蛋白同时添加对产品保水性、保油性的影响以及相互作用机制的研究，为亚麻籽胶在肉制品中的应用打下了良好的理论基础。

在肉制品生产中，非肉蛋白质和多糖是肉品体系中两类重要填充物质，是影响食品产量和品质的主要因素。非肉蛋白质和多糖在肉制品中的作用不是各自作用的简单相加，而是发生了相互作用，共同促进了肉品品质特性的提高。

当蛋白质和多糖在肉品系相互作用时，在温度、pH 值、离子强度等适宜条件下，蛋白质和多糖通过相互作用（静电吸引、氢键、范德华力、疏水相互作用等）能形成可溶性或不溶性复合物。

研究表明，随着亚麻胶浓度的增加，猪肉肠在 60℃下烘 20min 的保水能力逐渐增加，亚麻籽胶对猪肉肠在 60℃下烘 20min 的保水能力有极显著影响。随酪蛋白浓度增加，火腿肠在 60℃下烘 20min 和 40min 的保水能力逐渐增加，酪蛋白对猪肉肠保水能力有显著影响。随着大豆分离蛋白的增加，大豆分离蛋白对猪肉肠在 60℃下烘 40min 的保水能力逐渐下降，无显著性影响，亚麻胶与大豆分离蛋白有显著性交互作用。这说明在保水能力的比较上，酪蛋白＞亚麻胶＞大豆蛋白，酪蛋白保水能力强于亚麻籽胶可能是由于二者的量相差很大的原因。酪蛋白保水能力强于大豆蛋白，这是肉品体系中 pH 值状态表现出来的特定结果，这个结果与徐志宏等的研究结果相同。徐志宏等研究认为，在 pH6～7 弱酸条件下，酪蛋白的持水性较大；pH7 的中性条件下，大豆分离蛋白的持水性较强。不同蛋白质持水性与其组成结构及存在的条件如 pH 值、离子浓度有关。肉糜中的 pH 值在 6 左右，在这样的条件下有利于酪蛋白保水性的提高，酪蛋白等电点在 pH4.6 附近，而大豆蛋白等电点在 pH4 附近，在 pH 值大于等电点时，蛋白质分子带净余的负电荷，与亚麻胶之间存在斥力。但是，亚麻胶上带负电基团的电密度大，而且当蛋白质处于带净负电状态时，其分子上某些区域带正电，蛋白质与亚麻胶存在局部的静电作用。由于在所研究的猪肉肠的 pH 值条件下，大豆蛋白基本呈球形，结构不能完全舒展，亚麻胶和大豆蛋白的作用有限，而在 pH6～7 弱酸条件下，酪蛋白的结构充分舒展，亚麻胶和酪蛋白的作用比较充分，亚麻胶和酪蛋白通过分子长链的相互交联形成一种能将水或其他液体固定在其中，能抵御外界压力而阻止体系流动的坚固致密的三维网络结构，为水分提供了大量的存留空间，从而提高肉制品的保水性。

三、亚麻胶在乳制品中的应用

1. 乳浊体系概述

食品乳浊体系是食品加工中最复杂的体系之一，一般分为乳浊液体系（植物蛋白饮料、乳及乳饮料等）和乳浊凝胶体系（奶酪、凝固型酸奶、搅打稀奶油、冰激凌等）两大类。乳浊液是由一种液体以极小的液滴形式分散在另一种与其不相混溶的液体中所构成的分散体系。一般来说，食品中的两种不相容体系一种为油相，另一种多为水溶性物质。乳浊液可以根据分散相和连续相的性质进行分类。当连续相为水溶性物质时，为水包油乳浊液（W/O），例如牛奶、冰激凌、婴儿奶粉、营养饮料等；当连续相为油，就称之为油包水乳浊液

(O/W)，例如黄油、人造奶油等。更为复杂的乳浊液可通过混合油相和水相获得，例如水包油包水［(W/O)/W］型或者油包水包油［(O/W)/O］型，称之为“双重乳浊液”。这些双重乳浊液对于保护性质不稳定的活性物质、控制目标物质的缓释或者制造低脂产品等都有特殊的应用。

乳浊液分散相的直径一般在 0.1～100μm 之间。在乳浊液的形成过程中，由于两相间界面面积增大，使得体系的表面自由能增加。从热力学的角度看，属于非自发过程，因此形成的乳浊液属于热力学不稳定体系，乳浊液失稳后的特征主要表现为油水分离、脂肪上浮以及蛋白质沉淀等，严重影响到产品的感官特性以及内在质量。乳浊液失稳的机理包括重力分离（分层和沉降）、聚结、絮凝、奥氏熟化和相转化等，因此，为了提高产品的质量，必须在其中加入稳定剂来降低体系的自由能。

在食品工业中，由于蛋白质和多糖类物质独特的营养功能和理化特性，被广泛用来提高食品的货架期和改善产品品质，成为食品乳浊液中常用的稳定剂。乳浊液在制备过程中，蛋白质分子具有表面活性，从而快速吸附到油水界面处，降低体系的界面自由能；同时，蛋白质本身还具有聚合高分子电解质的特性，通过增加空间位阻以及静电作用提高乳浊液的稳定性。在乳浊液中加入多糖成分是因为其能改善连续相的特性，或者通过形成网络结构将油滴分子固定其中，阻止因为相分离或者由重力作用引起乳浊液发生的分层。但是，因为蛋白质和多糖分子之间同时存在例如范德华力、静电吸引、疏水力等作用，使得乳浊液稳定的机理变得更加复杂。多糖的存在会导致乳浊液发生排斥絮凝或者桥联絮凝现象的发生，促使乳浊液失稳现象发生。研究表明，蛋白质和多糖分子在乳浊液滴界面上的交互作用是影响乳浊液稳定的关键因素，乳浊液体系中蛋白质-多糖交互作用的研究，已成为众多食品科学家研究的热点问题之一。

蛋白质-多糖之间的相互作用机理十分复杂，包括静电作用、共价键、范德华力、疏水作用、容积排阻作用及分子缠绕等作用力在内的多种作用方式，这些作用力存在于蛋白质和多糖两种大分子物质的不同片段与侧链之间，维持了复合物的复杂结构。静电作用：因为蛋白质的带电特性，当体系的 pH 值小于蛋白质的等电点时，蛋白质带正电荷，此时蛋白质易与阴性多糖在静电力的作用下形成复合物；当体系 pH 值大于蛋白质等电点时，蛋白质自身带负电荷，此负电荷对体系的稳定性会产生较大的影响：在增强蛋白质和多糖分子之间的静电斥力的同时，通过屏蔽正电荷基团间的相互作用达到降低蛋白质-多糖分子间的相互作用。因此，在此情况下，蛋白质分子和多糖分子间的相互作用几乎不存在或非常弱。

2. 亚麻胶在乳浊液中的作用机制

Qian 等研究了从亚麻籽壳中提取的胶体的分离、纯化以及性质鉴定。通过离子交换色谱法可将亚麻籽胶分成酸性多糖和中性多糖两部分，二者均可在80℃的条件下保持性质稳定1h，过度加热会使得聚合物的片段解离。去除亚麻籽胶上的蛋白质成分会导致其表面活性和乳化稳定性下降。针对亚麻籽胶和蛋白质之间的共同作用导致乳浊液稳定性的变化，圭尔夫大学的Khalloufi研究了在中性条件和酸性条件下，亚麻籽胶的添加对乳清分离蛋白乳浊液稳定性的影响。研究表明，亚麻籽胶的浓度可对乳浊液的稳定性产生显著影响：中性条件下（pH＝7.0），亚麻籽胶浓度低于0.1％时，乳浊液可保持稳定，但随着浓度的增加，蛋白质和多糖之间的热力学不相容导致乳浊液内部产生排斥絮凝，乳浊液失稳。酸性条件下（pH＝3.5），亚麻籽胶和乳清分离蛋白在静电力的作用下发生吸附，浓度低于0.1％乳浊液保持稳定，当亚麻籽胶浓度高于0.15％时，乳浊液稳定性下降。

国外对乳浊液稳定性已进行了较深入的研究，并取得不少研究成果，发现蛋白质的功能特性（溶解性、乳化性等）、体系的组成成分、加工工艺（杀菌、均质、高压处理等）和体系环境（温度）等是影响乳浊液稳定性的相关因素，并认为界面吸附行为是影响乳浊液稳定性的内在关键性因素。国内对乳浊液的研究起步较晚，对于乳浊液的稳定性研究得也较少，主要从蛋白质-多糖之间的协同增效作用、蛋白质的功能特性、蛋白质分子间的交互作用和分子聚集态结构等方面进行了探索和研究。

3. 亚麻籽胶添加对乳浊液稳定性的影响

酪蛋白作为一种天然乳化剂，具有非常好的乳化性能，其在自然状态下的乳化性可以达到最佳水平。但是，现在的乳品饮料中，一般不会将酪蛋白作为单一的乳化剂和稳定剂，通常会加入其他成分从而达到共同稳定和提高产品感官特性的作用。静电作用通常是蛋白质-多糖之间的主要作用力。当二者带有同种电荷时，分子间因为静电斥力的作用形成蛋白质富集相和多糖富集相，从而引发的排斥絮凝现象也是乳浊液失稳的主要因素之一。当二者带有异种电荷时，蛋白质和多糖分子间会因为静电吸引作用而结合，形成了蛋白质-多糖静电复合物，而这种复合物的形成通常对乳浊液的稳定性提高有较大的帮助，对于乳浊液形成过程中的环境所引起的不稳定因素，例如温度、离子强度和pH值等有较好的提高乳浊液稳定性的作用。

仅添加酪蛋白的乳浊液在贮藏的当天就产生了分层现象。酪蛋白是一种有效的乳化剂，乳化活性高，但是乳化稳定性较低。因而乳浊液会在较短时间内产生分层的现象。相同的现象发生在亚麻籽胶浓度为0.01％和0.05％的乳浊液中。这种现象可由Blijdenstein模型来解释，根据斯托克斯定律，油滴在乳浊液中呈现高度分散的状态，大的油滴上浮速度大于小油滴，因而乳浊液出现了分层。当亚麻籽胶的浓度为0.1%、0.2%和0.3%时，乳浊液的下部出现了透明的富水层，这是典型的排斥絮凝的现象。当乳浊液浓度为0.4%时，乳浊液在贮藏的30天内未发现分层的现象，这与亚麻籽胶的弱凝胶性有明显的关系。亚麻籽胶在乳浊液的内部形成了一个弱的凝胶网络结构，将油滴分子固定在乳浊液中，油滴的运动受到了限制，因而难以发生分层现象。这与之前的研究报道一致，研究发现，高浓度的黄原胶可以使乳浊液内部絮凝现象更为明显，但是因为乳浊液的黏度增加，阻碍了絮凝物和油滴的移动，因而降低了分层的速率。

在中性条件下，当亚麻籽胶浓度较低时（0.01%、0.05%），乳浊液性质受到其影响不大；随着亚麻籽胶浓度的升高（0.1%～0.3%），带有负电荷的亚麻籽胶和酪蛋白分子之间因为排斥力的作用发生排斥絮凝，在贮藏的短期内乳浊液分层，失稳现象严重；当亚麻籽胶浓度继续升高（0.4%），虽然亚麻籽胶的添加使得乳浊液内部产生了严重的絮凝，但是，由于亚麻籽胶自身所具备的“弱凝胶”性，油滴分子被固定在乳浊液的网状结构中，乳浊液稳定性增强，乳浊液在贮藏的1个月内不发生分层现象。

4. 弱酸条件下亚麻籽胶-酪蛋白相互作用对乳浊液稳定性的影响

酸乳体系是食品乳浊液的重要体系之一。因为酸性条件改变了体系的pH值，具有生物活性的蛋白质分子会在此条件下发生功能和性质上的改变。酸性条件下，因为靠近蛋白质的等电点，蛋白质自身会发生一定程度的变性，蛋白质分子之间会互相聚集产生沉淀。因此，通过在乳浊液中加入带电多糖，使二者之间形成复合物从而达到稳定酸乳的目的成为了颇受关注的科研热点之一。研究结果表明，体系中加入带有与蛋白质电荷相反的多糖物质，会在静电力的作用下与蛋白质形成蛋白质-多糖复合物，二者结合后，在静电斥力和空间阻力的双重作用下，提高了乳浊液的稳定性。

酸性条件下阴离子多糖和蛋白质之间的相互作用对乳浊液稳定性的影响，在国内外均开展了较多的研究。Toshiro等研究了pH值对黄原胶-酪蛋白酸钠乳浊液的稳定性影响，酸性条件下，黄原胶影响了酪蛋白在油水界面处的吸附，并且抑制了蛋白质在此pH值条件下的变性程度，因而提高了乳浊液的稳定性。Gharsallaoui等研究了果胶和豌豆蛋白在不同pH值时的稳定性，研究发现，在酸性条件下，果胶和豌豆蛋白能形成复合物充分包覆在油滴表面，会形成更加稳定的乳浊液。孔静等研究了酸性条件下，亚麻籽胶和酪蛋白分子之间的相互作用及其对乳浊液稳定性的影响。通过分析亚麻籽胶对酪蛋白在油-水界面处的吸附特征，并结合乳浊液特点（粒度、微观结构、ζ-电势、界面蛋白的组成与吸附等），分析蛋白质-多糖的交互作用对乳浊液稳定性的影响，总结出乳浊液稳定性的变化规律。

在pH5.5条件下，酪蛋白自身的粒径较中性条件下有所增加，这是因为酪蛋白的乳化特性受体系pH值影响较大，乳浊液的电势较低，液滴直接的静电斥力较低，稳定乳浊液滴之间的作用力下降，乳浊液粒径增加。随着亚麻籽胶浓度的增加，乳浊液的粒径降低。可能是因为，亚麻籽胶和酪蛋白分子之间形成了复合物包覆在油滴表面，因而，在液滴间的空间阻力和静电斥力作用下，液滴之间的相互作用力增强，液滴难以相互靠近从而发生聚结的现象，乳浊液的稳定性增加。

乳浊液体系无亚麻籽胶添加时，单纯酪蛋白的乳化稳定性较差，乳析现象当天就发生。这是因为乳浊液具有较低的电势，同时乳浊液滴的颗粒较大，乳浊液稳定性差。亚麻籽胶的加入可以明显地影响乳浊液的稳定性。亚麻籽胶浓度低于0.05%时，乳析现象依旧发生，推测是因为在此条件下亚麻籽胶浓度较低，1个亚麻籽胶分子可吸附到多个油滴分子表面，因而发生了桥联絮凝。随着亚麻籽胶浓度的升高，当达到0.1%时，亚麻籽胶和酪蛋白分子之间发生相互作用形成静电复合物，包覆在油滴表面，液滴间的空间阻力和静电斥力使得乳浊液的稳定性增加，乳浊液可在贮藏的30天内不发生失稳现象。随着亚麻籽胶浓度的连续升高（0.2%，0.3%），乳浊液的底部出现了透明的水析层，随着时间的增加，水析层高度增加。这是因为，多余的未被吸附的亚麻籽胶存在于乳浊液中，促使乳浊液发生了排斥絮凝的现象，因而发生了水析，乳浊液失稳。

四、亚麻胶在淀粉制品中的应用

1. 亚麻籽胶对淀粉糊化特性的影响

淀粉糊化特性是反映淀粉品质的重要指标，对淀粉的加工品质有重要影响。淀粉糊化过程实质是微晶束熔融过程，淀粉颗粒中微晶束之间以氢键结合，糊化后淀粉分子间氢键断裂，水分子进入淀粉微晶束结构，分子混乱度增加，糊化后淀粉-水体系行为直接表现为黏度增加。淀粉是我国传统习惯使用的增稠剂和凝固剂，是肉制品中的主要组分之一。淀粉的使用不仅可以提高出品率，同时也能够提高产品的水分稳定性和增加产品的嫩度，而且加入淀粉后对于改善肉品的组织状态、持水性、肉馅之间的胶黏性有促进作用。多年来，在肉制品加工中一直用玉米淀粉作增稠剂来改善制品的组织结构，要保证肉制品切片不松散，即必须要求肉制品肉块间及肉糜间有很好的粘连性。因此，要研究玉米淀粉糊化特性及肉制品中其他成分对其糊化特性的影响。

研究发现，向淀粉基食品中添加亲水性胶体，两者经适当比例复配后可达到很好的协效性，起到提高产品的稳定性、控制水分流动、降低成本和简化加工过程等作用。研究表明，当玉米淀粉中加入亚麻籽胶后，亚麻籽胶与淀粉混合溶液黏度明显大于亚麻籽胶和淀粉单体溶液黏度测定值的加和结果，表明亚麻籽胶和淀粉具有强烈的协同效应，亚麻籽胶对淀粉的亲水性具有明显的增强作用。

淀粉颗粒是一种半结晶颗粒组成的多糖类，不同来源的淀粉分子组成、直链淀粉与支链淀粉的比例等均有较大差异。直链淀粉是一种本质上的线性大分子，葡萄糖只以 α-1,4-糖苷键连接形成长链的葡聚糖，通常由 200～300 个葡萄糖残基组成。支链淀粉中葡萄糖分子之间除以 α-1,4-糖苷键相连外，还有以 α-1,6-糖苷键相连，分子相对较大，一般由几千个葡萄糖残基组成。在淀粉的颗粒结构中包含着结晶区和非结晶区两大组成部分，直链淀粉和支链淀粉直接通过氢键或通过水合桥联，由于支链淀粉分子量较大，常常穿过淀粉颗粒的结晶区和非结晶区，故两部分的区分又不十分明显。淀粉一般不溶于冷水，只能形成悬浮液，将淀粉悬浮液加热到一定温度，淀粉将发生糊化作用。糊化作用的本质是淀粉中有序晶体和无序非晶体状态的淀粉分子之间的氢键断裂，淀粉全部失去原形，晶体和微晶束不断解体，淀粉悬浮液形成黏度很大的糊状物。

影响淀粉糊化的因素很多，包括温度、水含量和非淀粉添加物等，根据 DSC 研究结果表明，添加亚麻籽胶显著地提高了玉米淀粉的糊化起始温度，而对糊化最高温度和终止温度没有显著性影响。这个结果与许多文献报道的相类似，谭永辉等研究表明，水溶性大豆多糖分散在淀粉中，对淀粉进行一定程度的包裹，使得淀粉外层受到保护，抗热能力变强，表现为淀粉糊化温度升高，糊化程度降低。胡强等报道 D-葡萄糖、D-果糖和蔗糖均能抑制淀粉粒膨胀，其糊化温度随糖浓度的增大而增高。Yibin Zhou 等也报道了茶多糖和羧甲基纤维素显著提高了小麦淀粉的糊化温度。Lee 认为，淀粉的熔融性与淀粉和多糖之间的协作度呈正相关，淀粉和多糖之间的协作降低了淀粉链的流动性，这样就需要更多的能量来融化淀粉结晶。亚麻籽胶的研究结果也印证了文献报道的观点。试验中红外研究和 X 射线研究结果表明，在 65℃时，由于还没有到达玉米淀粉糊化温度，添加或未添加亚麻籽胶，水分子只是单纯地进入淀粉颗粒的微晶束的间隙中，淀粉粒缓慢地吸收少量的水分，产生有限的膨胀，而颗粒内部保持原来的晶体结构。扫描电镜直观地反映了这一结果，淀粉颗粒基本上没有发生变化。Liu 等研究表明，淀粉在未发生糊化时，红外吸收没有大的变化，淀粉的结晶结构和无定形结构没有变化，并且淀粉和水分子之间没有相互的影响。而在 75℃时，淀粉红外吸收发生了变化，添加亚麻籽胶后玉米淀粉的结构在 $1638cm^{-1}$ 特征峰明显增强，这说明在 75℃时添加亚麻籽胶后淀粉分子中结合水的能力明显增强，这是由于当淀粉颗粒在水溶液中加热时，水分子进入到淀粉颗粒内部致使淀粉链与链之间的氢键作用力被破坏，同时形成水合层，进一步破坏其分子作用力，使颗粒膨胀到原体积的数倍以上，并导致直链淀粉溶出，部分支链淀粉分散到水溶液中，使亚麻籽胶与淀粉之间能够充分接触，亚麻籽胶促进了淀粉分子结合水能力的提高。扫描电镜结果直观地说明了淀粉已基本完成糊化，淀粉颗粒全部失去原形，微晶束相应解体，变成碎片。X射线研究结果也可以看出，淀粉结晶结构在淀粉糊化后显著性降低。但由于亚麻籽胶的作用，添加亚麻籽胶玉米淀粉糊化度略低于未添加亚麻籽胶玉米淀粉，表现为添加亚麻籽胶玉米淀粉结晶度略高。

2. 亚麻籽胶对淀粉老化特性的影响

如上所述，淀粉是我国传统习惯使用的增稠剂和凝固剂。常用于肉制品中的淀粉是支链淀粉，增稠效果良好，在西式香肠加工中，选择玉米淀粉和小麦淀粉为宜。国家标准规定，熏煮香肠制品中淀粉含量应在10%以下。淀粉的使用不仅可以提高出品率，同时也能够提高产品的水分稳定性和增加产品的嫩度，而且加入淀粉后对于改善肉品的组织状态、持水性、肉馅之间的胶黏性有促进作用。然而淀粉在使用时会发生糊化与回生（或老化）过程。所以经长时间存放后，淀粉发生老化，导致低温肉制品肠体发硬，组织发散，口感变劣，并且产生很重的粉感，影响肉制品的质量。

肉制品加工中通常人们选用的乳化材料仅能一定程度地抑制油水分离，但是抑制不了淀粉返生现象，尤其产品冷冻储存后发渣发散，淀粉返生现象严重。研究表明，添加亚麻籽胶和不添加亚麻籽胶的两种产品，在肉制品其他组成一致的情况下，经储存后淀粉返生时间大大延长，亚麻籽胶有很好的抑制淀粉返生的作用。由于亚麻籽胶突出的乳化特性、极强的亲水作用以及独特的凝胶性质和抑制淀粉返生等性质使得亚麻籽胶在肉制品生产领域有着很好的应用前景。

糖类包括单、双寡糖，淀粉多糖，非淀粉多糖，这些物质在淀粉糊化与老化过程中表现的作用与相关机理，一直就是人们研究的热点。C. Ferre等指出淀粉-黄原胶体系间的相互作用对糊化后冷冻储存稳定性亦有影响，黄原胶可降低直链淀粉的老化速率，但不能显著抑制冰重结晶和支链淀粉的老化。Miki Yoshimura研究表明，魔芋胶可延缓在储存过程中玉米淀粉体系断裂应力的增加，并防止淀粉分子因老化造成的凝析。海藻糖抑制淀粉老化的作用表明，海藻糖良好的持水性能确保较多的结合水分子接近淀粉分子，这事实上起到了对分子链的稀释作用，同时又提高了分子链周围的微区黏度，从而延缓了分子链的迁移速率，降低了老化速率。

淀粉的老化过程包括淀粉分子链间双螺旋结构的形成及其有序堆积，导致结晶区的出现。在宏观上，淀粉老化表现为体系的硬化、脆化、水分析出以及透明性降低等，严重损害了食品的品质。Fredriksson 等认为淀粉的老化可以分为两个阶段：短期老化和长期老化。短期老化主要是由直链淀粉的有序化和结晶所引起，该过程主要在糊化后 24h 以内完成。而长期的老化则主要是由支链淀粉外侧短链的重结晶所引起，该过程是一个缓慢长期的过程。老化本质是糊化的淀粉分子又自动排列，并由氢键结合成束状结构，使溶解度降低。直链淀粉的含量不同，淀粉的糊化老化特性是不同的，直链淀粉分子在糊化液中空间障碍小，易于取向，亦易老化。而且直链淀粉构成比例越大，越易老化。DSC 研究结果表明，随着老化的增加，淀粉体系中晶体含量增加，融化晶体所需热焓 ΔH 也增加，因此，通过 ΔH 可以度量体系的老化度。亚麻籽胶的加入，减缓了淀粉老化的进程，抑制了淀粉分子的重结晶，使得融化晶体所需热焓 ΔH 也相应减少，这也说明了亚麻籽胶和淀粉分子之间发生了相互作用，而 NMR 技术的引用，为亚麻籽胶和淀粉之间的相互作用提供了很好的佐证，NMR 研究表明，亚麻籽胶的添加，提高了淀粉凝胶的含水量，含水量的增加改变了淀粉直链和支链之间水分子的分布。X 射线衍射结果表明，玉米淀粉支链淀粉重结晶属于 A 型结晶，它要求水分子进入结晶层，刘跃泉等人的研究证明，亚麻籽胶对淀粉的亲水性具有明显的增强作用。因此，对于支链淀粉的重结晶而言，水分子的作用主要体现在两个方面：一方面作为增塑剂有助于淀粉分子链的迁移，另一方面作为结合水参与淀粉分子的重结晶。Kanitha Tananuwong 和 Slade 等人认为，随着水分含量的增加，虽然淀粉分子的迁移速度增加，但是由于浓度降低，淀粉分子之间的交联机会减少，因而老化程度逐步降低，同时由于参与结晶层的水分子增多，重结晶的融化温度也逐步降低。扫描电镜的使用，为研究亚麻籽胶对淀粉凝胶老化的影响提供了直观的物理证据，研究表明，亚麻籽胶的添加在淀粉凝胶中形成了多孔的网络结构，这种结构有助于提高淀粉凝胶的含水量，从而起到抑制淀粉老化的作用，这也证明了 NMR 的分析结果。此外，亚麻籽胶之所以能够延缓淀粉的老化，除了是因为亚麻籽胶是一种亲水胶体，具有较强的水结合能力外，还有可能是因为亚麻籽胶本身是多糖，其羟基能与淀粉链上的羟基及周围的水分形成大量的氢键，亚麻籽胶带负电荷的羧基基团和淀粉链的羟基也发生相互作用，阻止了淀粉分子之间的结合而形成的重结晶，从而延缓了淀粉的老化过程。谭永辉等研究了加入 SSPS-G（水溶性大豆多糖）对淀粉老化的影响，试验表明，当加入 SSPS-G 后，SSPS-G 分散在淀粉中，对淀粉分子进行一定程度的包被，降低了淀粉与淀粉之间的黏结作用，减小糊化淀粉的内聚力，使淀粉的分子有序性和结晶有序性降低，从而延缓了淀粉的老化。

五、亚麻胶在面制品中的应用

亚麻胶具有良好的亲水性，可用于面制品中以改善其食用品质。孙晓东等的研究表明，亚麻胶添加到面粉中时，面团的筋力变好、弹性增加，使面制品适口性好、不糊汤。陈海华等研究发现添加亚麻胶增加了面团的吸水率，延长了面团的形成和稳定时间；提高了面条烹煮后的硬度和咀嚼度，并具有较好的弹性和拉伸性能，面条的烹煮损失和面汤浊度降低。

亚麻胶是一种食品增稠剂且具有乳化能力，可以显著改善蛋糕的柔软性，该能力随亚麻胶浓度的增加而增大。秦卫东等发现蛋糕中添加1%的亚麻胶后，产品的压缩力下降了66%，比添加相同浓度黄原胶实验的41%提高了25%；黄惠芙等利用亚麻胶作为保鲜剂和乳化剂用于面包生产中，发现适量的亚麻胶的加入不但可以保持面包新鲜度和水分，还可以增大成品比容，改善成品品质，延长产品松软时间和货架期。

六、亚麻胶在其他食品中的应用

王琴声等将亚麻胶用于果冻生产，亚麻胶复配果冻在凝胶强度、弹性、持水性等方面都具有明显优势，可很好地解决果冻生产中常见的果冻凝胶强而脆、弹性差、脱水收缩严重等缺点。采用亚麻胶作为果汁饮料中的悬浮稳定剂，能使细小果肉颗粒较长时间地均匀悬浮于果汁中，保持色泽和浑浊稳定性，延长果汁的货架寿命。黄建军等将亚麻胶和琼脂复配，试制出了糖体清澈、色泽明艳、口感柔软滑爽、弹性优良的亚麻胶琼脂复合软糖。

七、亚麻籽胶在其他工业中的应用

亚麻籽胶在国外广泛应用于化妆品、医药、采油等工业，如制取软膏、轻泻药水、咳嗽化痰剂等，在润肤脂、黏土悬浮剂中因加入亚麻籽胶而效果甚佳。

1. 亚麻胶在医药领域的应用

亚麻胶因有润滑功能可使药物加速崩解和缓释，可以用来制取软膏、轻泻药水、咳嗽化痰剂等。也可以用作脂溶性药物的乳化剂和西药片赋形黏合剂。亚麻胶可添加到活性治疗物质中制成人工黏液或润滑剂治疗干眼病、口腔干燥以及由于放射治疗引起的内分泌失调。

2. 亚麻胶在化妆品中的应用

亚麻胶是优良的增稠剂、黏合剂、稳定剂、乳化剂，在发乳、香波、浴液中加入亚麻胶，可使乳液稳定，促进其延展性。同时，亚麻胶保湿性好，用于护肤产品中，易形成皮肤保护膜并可增强皮肤的光滑性。其相对较低的成本使其在高档化妆品的生产上具有很强的竞争力。

3. 亚麻胶在石油钻井业的应用

亚麻胶在石油钻井业可以用作黏土悬浮剂，可使井壁页岩稳定从而防止坍塌。同时，亚麻胶在高盐时可保持稳定的性质，也可以用作石油开采中的抗盐驱油剂等。随着我国化工产业的高速发展，对于具有各种优良功能性的天然亚麻胶的需求量日益增大。同时，亚麻胶可以替代进口的阿拉伯胶，所以亚麻胶的研究和开发具有重要的实用价值，并将会产生很大的经济效益。

第六章

亚麻木脂素的开发与利用

第一节　亚麻木脂素的营养及功能特性

一、植物雌激素简介

从 1926 年人们首次发现植物雌激素以来，到目前为止已经发现了几百种植物雌激素。植物雌激素（phyto-estrogen）是植物中具有弱雌激素作用的化合物，这种化合物在结构和功能上类似于哺乳动物雌激素，是一类具有类似动物雌激素生物活性的植物成分，它们对预防癌症、心脏病、更年期综合征和骨质疏松症等具有重要作用。雌激素影响雌性和雄性可再生组织的生长和功效，维护骨骼系统和中枢神经系统，保护心血管系统，预防结肠癌和皮肤老化。含植物雌激素的植物主要有：大豆（大豆异黄酮）、葛根、亚麻籽等。

植物雌激素既具有兴奋剂的功能又具有阻断剂的功能。作为雌激素兴奋剂，植物雌激素类似内生雌激素可产生雌激素作用；作为阻断剂它们可以阻碍或改变雌激素受体（estrogen receptor，ER）的作用并抑制雌激素活性，产生抗雌激素作用。

植物雌激素能够与酶和受体之间相互反应，而且，由于它们的结构稳定和分子量小，所以它们能够通过细胞膜。这些相互反应使得它们能够与雌激素受体结合诱发出特定的雌激素产品，干扰类固醇激素代谢或作用，对雌激素受体的结构和转录产生影响。

已经发现植物中存在的一些天然产生的化合物具有雌激素的特性。植物雌激素根据其结构主要分为 3 类：异黄酮类（isoflavones）、木脂素类（lignans）和香豆素类（coumarin）（图 6-1）。作为植物雌激素的一种，木脂素因其具有抗肿瘤、抗有丝分裂、抗氧化、抗滤过性病原体、弱雌性激素、抗雌性激素等活性而越来越受到人们的重视。

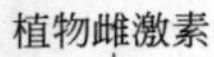

异黄酮(isoflavones)
染料木素(genstein)
雌马酚(equol)
大豆黄素(glycitein)
鸡豆黄素(biochanin A)
香豆雌酚(coumestto)

香豆素类(coumestans)
简单香豆素(simple coumarins)
呋喃香豆素(furocoumarins)
吡喃香豆素(pyranocoumarins)
其他香豆素(other)

木脂素类(lignans)
落叶松树脂醇(lariciresinol)
异落叶松树脂醇(isolariciresinol)
马台树脂醇(matairesinol，MAT)
开环异落叶松树脂酚
(secoisolariciresinol，SECO)
肠内酯(enterolactone)

图 6-1 植物雌激素的分类

二、亚麻籽木脂素的组成、结构及其含量

公认的食用亚麻籽具有抗癌、雌激素和抗雌激素作用是由于其中存在着植物雌激素。已经发现亚麻籽中含有木脂素类型的植物雌激素，其主要成分是开环异落叶松树脂酚二葡萄糖苷（SDG）（分子式为 $C_{30}H_{46}O_{16}$，$M_W=662$），1956 年由 Bakke 等人首先从亚麻籽中分离出来。亚麻籽还含有许多其他的木脂素，如异落叶松树脂醇（isolariciresinol，ILC）、落叶松树脂醇(lariciresinol，LCS)、松脂醇（pinoresinol，PRS）等酚类物，亚麻籽中主要的木脂素如图 6-2 所示。

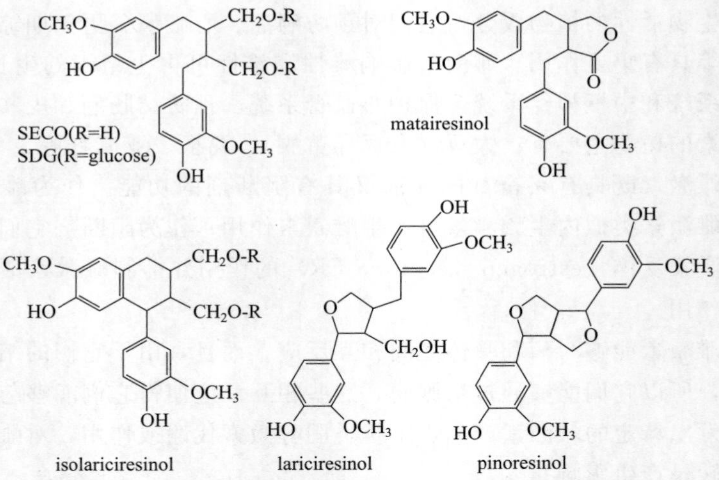

图 6-2 亚麻籽中已检测出的木脂素

木脂素也称木酚素，是以 2,3-二苯基丁烷为骨架的二酚类复合物，是一类由双分子苯丙素合成的天然酚类化合物，绝大多数通过侧链 β-碳原子聚合而形成。木脂素主要有开环异落叶松树脂酚（SECO）和马台树脂醇(MAT)，它们在肠道微生物的作用下可转化为动物木脂素-肠内酯和肠二醇。

木脂素属于植物雌激素的一种，它和异类黄酮相似，也具有一个双苯环系统，但它是基于2,3-取代的苄基丁烷构架。它们与主要的异黄酮糖苷配基是立体异构体，以外消旋混合物的形式存在于自然界。在体外，木脂素同时具有雌激素和抗雌激素的作用。根据来源，可将木脂素分为植物木脂素和动物木脂素。植物中的木脂素通常以配糖基的形式出现，亚麻中木脂素（开环异落叶松树脂酚二葡萄糖苷，SDG）就是以二糖苷的形式出现的。

这些化合物存在于谷物、种子及其他富含纤维的食品中，尤其是在亚麻籽中的含量最高。谷物中木脂素的含量为2～7mg/kg，而亚麻籽含木脂素为2～3mg/g，脱脂亚麻粕含木脂素20mg/g，因而亚麻籽是人和动物木脂素最主要的来源。亚麻籽的品种、种植区域、气候、收获的年份、播种时间和储存条件对亚麻籽中木脂素的含量有很大的影响。据Mazur等1996年测定，亚麻籽中的开环异落叶松树脂酚含量为3699mg/kg，马台树脂醇为10.87mg/kg，其他几种木脂素含量很微小。Eliasson等2003年测定亚麻籽中开环异落叶松树脂酚二葡萄糖苷（SDG）为11900～25900mg/kg，可见亚麻籽中的木脂素主要为开环异落叶松树脂酚，而开环异落叶松树脂酚主要是以开环异落叶松树脂酚二葡萄糖苷（SDG）的形式存在。不同植物中木脂素的含量见表6-1。

表6-1　不同植物中木脂素的含量

植物来源	木脂素类型	含量(干重)$\omega/10^{-6}$
亚麻籽	SECO①	3699.0
	MAT	10.9
	MAT	7.0～28.5②
	SDG	11900～25900③
芝麻籽	芝麻素	1457～8852④
	芝麻酚林	1235～4765④
谷类	SECO	0.1～1.3
	MAT	0～1.7
豆类	SECO	0～15.9
	MAT	0～2.6
蔬菜	SECO	0.1～38.7
	MAT	痕量～0.2
水果	SECO	痕量～30.4
	MAT	0～0.2
浆果	SECO	1.4～37.2
	MAT	0～0.8
茶叶	SECO	15.9～81.9
	MAT	1.6～11.5

①通过酶或酸水解得到；②未说明是鲜重或干重；③通过碱水解得到；④在油中。

开环异落叶松树脂酚、马台树脂醇等是植物中主要的木脂素。它们以糖苷配基或以单糖苷和二糖苷的形式存在于植物中。对于这些化合物的雌激素性能人们了解得很少，但可以确认它们是被肠道内的微生物群落经过一系列反应转换成哺乳动物雌激素——肠内酯（ENL）和肠二醇（END）。

现在，人们的研究主要集中于人体或某些动物体内的木脂素，即动物木脂素。肠内酯和肠二醇是存在于血清、尿液、胆汁和精液中的主要木脂素，因为它们在动物体内产生的化合物与在植物中产生的相对应，所以它们通常被叫做动物木脂素，以区别于植物木脂素。动物木脂素不同于植物木脂素之处在于：前者只在苯环的间位有酚羟基。这些木脂素的前体是开环异落叶松树脂酚和马台树脂醇。

流行病学研究表明，木脂素可以减少癌症的危险。辅用亚麻籽对早期结肠癌和乳腺癌具有积极的预防作用，并且对肾功能障碍具有潜在的疗效。对绝经妇女，食用整粒亚麻籽还可降低血清低密度脂蛋白（LDL）胆固醇的密度，并可减缓更年期综合征。

木脂素广泛分布于植物界及多种食物中，尤其是在整粒谷物和豆类之中，以植物的木质部与树脂中存在的较多，故称为木脂素。尽管许多植物和食物中都含有木脂素，但在亚麻籽中的含量最高（见表 6-1）。开环异落叶松树脂酚二葡萄糖苷（SDG）和它的糖苷配基开环异落叶松树脂酚（SECO）是主要动物木脂素肠二醇（END）和肠内酯（ENL）的前体，肠二醇和肠内酯是在食用亚麻籽后的粪便中发现的（它们之间的转换过程如图 6-3 所示）。

木脂素可以干扰荷尔蒙代谢，预防激素敏感性乳腺癌、子宫癌和前列腺癌。人群研究结果显示：同日本人和中国人相比，西方人患乳腺癌、子宫内膜癌和前列腺癌的危险更大，同为日本人和中国人的食物中含有更多的植物雌激素。报道说木脂素能刺激性激素结合球蛋白（sexhormone-binding globulin，SHBG）的合成，与雌激素受体在性激素结合球蛋白中结合，替代雌激素和睾丸激素。因为在乳腺癌细胞中发现了性激素结合球蛋白，因而，可以证明木脂素与性激素结合球蛋白的结合可能会干扰雌激素依赖性肿瘤的生长。

人体实验研究表明，食用亚麻籽的抗癌作用包括增加尿中雌激素的排泄、减少上皮细胞增殖和哺乳动物组织细胞核失常以及哺乳动物肿瘤的增长速率。另外，亚麻籽还可以通过增加盲肠的 β-葡萄糖苷酸酶而预防结肠癌。

2008 年，江南大学邵云晓等人用核磁共振技术对亚麻籽木脂素进行了结构分析，得到 SDG 的 ^{1}H-NMR、^{13}C-NMR、^{135}DEPT-NMR 核磁共振图谱如图 6-4～图 6-6 所示。

从 ^{1}H-NMR 图谱可见，低场区有 3 个 H，δ7.21 处有一双峰 H（J =

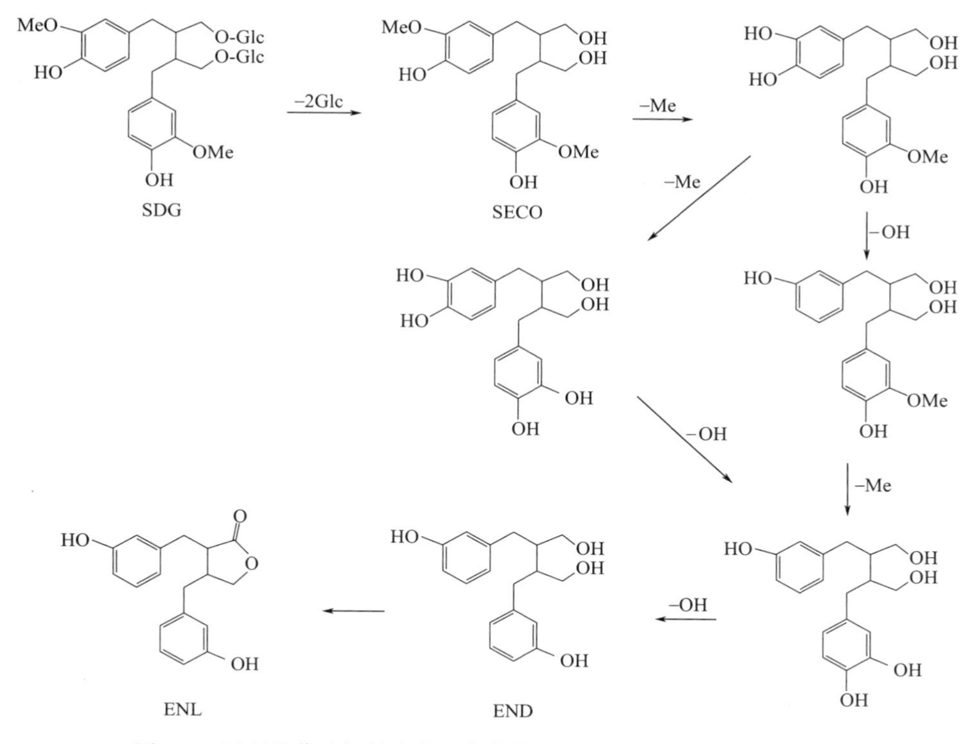

图 6-3 开环异落叶松树脂酚二葡萄糖苷（SDG）与肠二醇（END）和肠内酯（ENL）的转换过程

7.9Hz)，δ7.03 处有一单峰 H，δ6.49 处有一双峰 H（J =7.9Hz)，表明该化合物有一个三取代苯环，其中 δ6.94、δ7.21 处的两个 H 为邻位耦合；δ4.9 处有一双峰 H（J =7.7Hz)，该 H 为糖的端基质子，表明该化合物含有一个糖，从 J 值看应为β-构型；δ3.12 处有两个 H，为多重峰，δ2.05 处有一个三峰 H。

从^{13}C-NMR 图谱可见，该化合物共有 16 个碳，其中 6 个为葡萄糖上的碳，1 个为 CH_3O—上的碳，6 个苯环碳。

从^{135}DEPT 谱图可见，148.7、146.3、132.9 处的 3 个碳为季碳，70.7 处的碳为—CH_2—，35.4 处的碳也为—CH_2—。质谱显示，SDG 相对分子质量为 686，其分子式为 $C_{32}H_{46}O_{16}$。

三、亚麻木脂素在人体内的代谢

1980 年，Setchell 等通过对摄入亚麻籽的老鼠、猴子或者人的尿液的检测首次发现了动物木脂素肠二醇（END）与肠内酯（ENL)。1982 年，Axelson

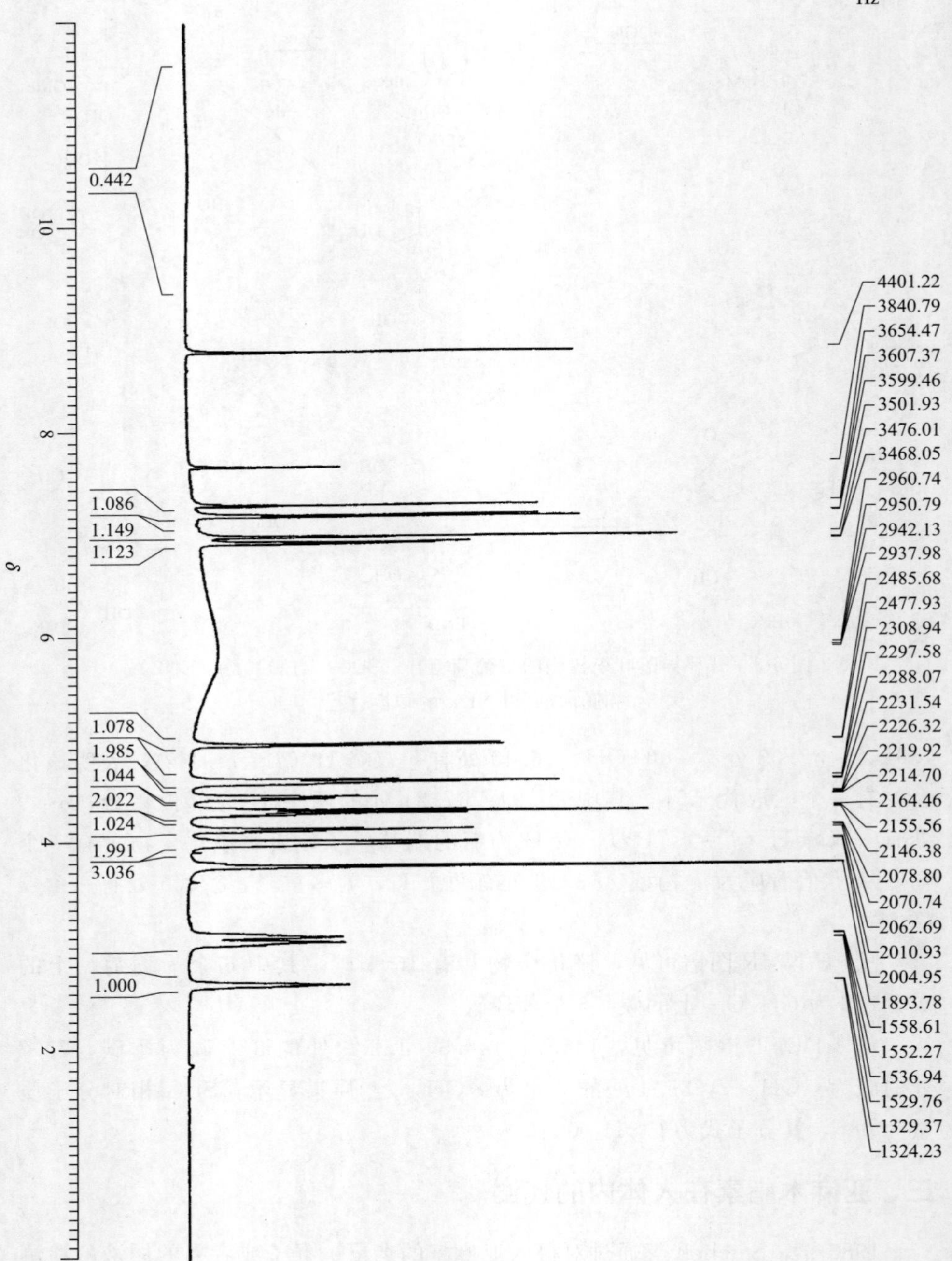

图 6-4　SDG 的 ^{1}H-NMR 图谱

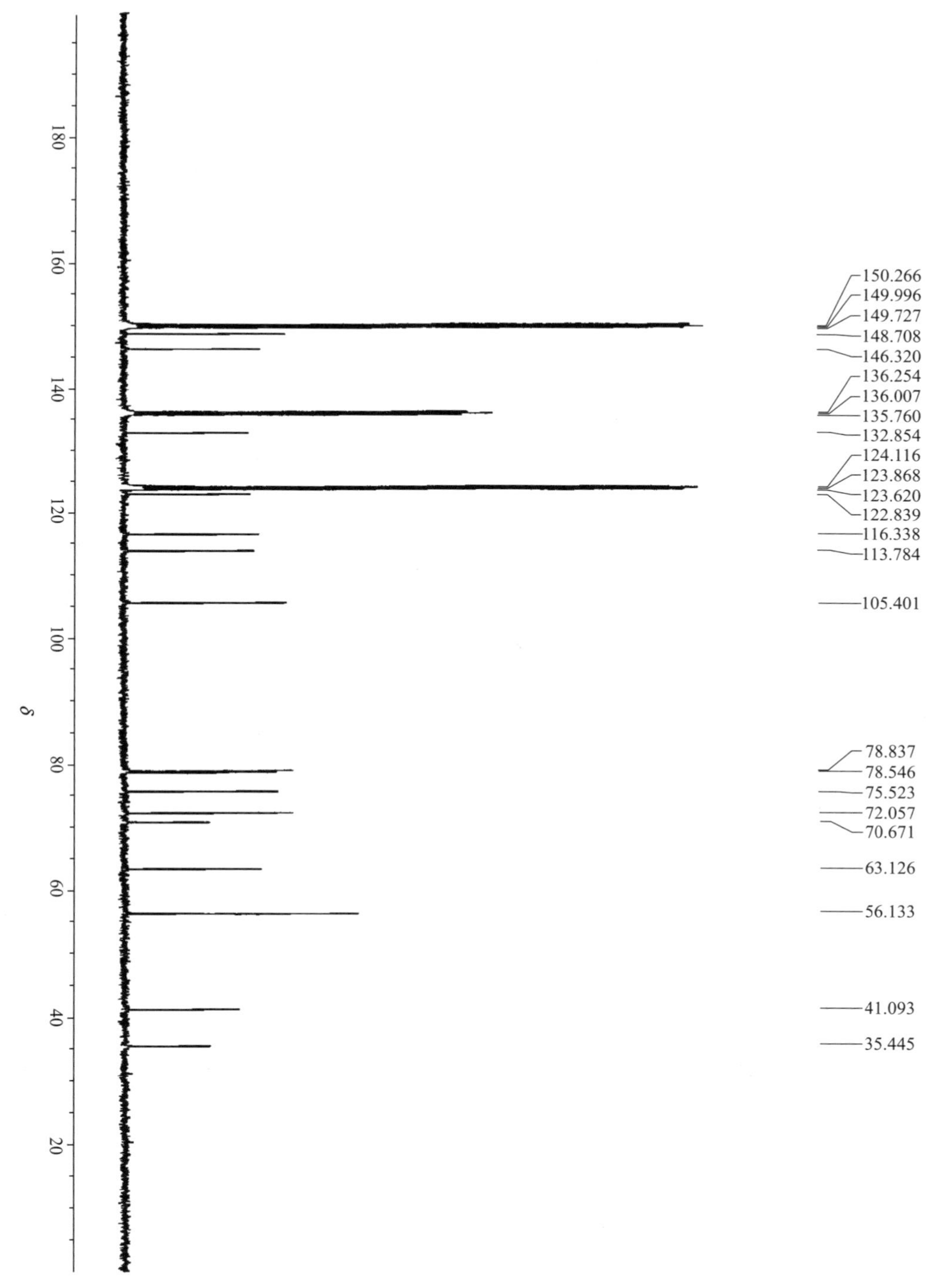

图 6-5　SDG 的^{13}C-NMR 图谱

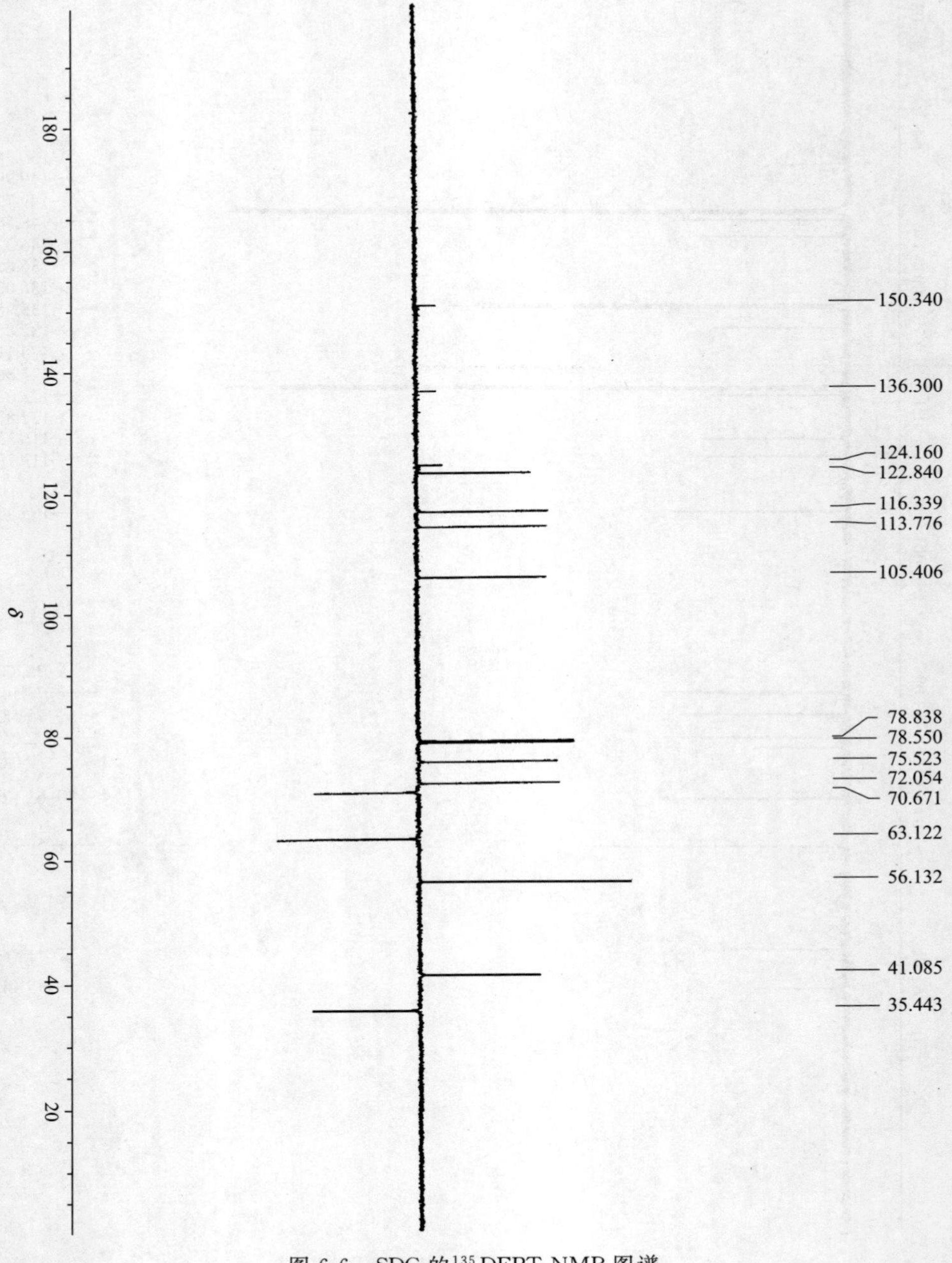

图 6-6　SDG 的135 DEPT-NMR 图谱

等报道了动物木脂素的前体为源于亚麻籽的植物木脂素，掀起了亚麻木脂素生物活性研究的热潮。动物木脂素是在人体肠道内生成的。首先是肠道细菌将开环异落叶松树脂酚二葡萄糖苷（SDG）水解转化成开环异落叶松树脂酚(SECO)，随后是结肠内微生物的脱羟基和脱甲基作用，使开环异落叶松树脂酚转化成 END，ENL 则是 END 经过肠道细菌的氧化作用生成的。

1985 年，Borriello 等人报道，开环异落叶松树脂酚二葡萄糖苷在肠道中兼性需氧微生物的作用下水解，去甲基和去羟基后变为 END，或进一步氧化成 ENL，MAT 也可在肠道菌群作用下脱羟基和脱甲基转化为 ENL。动物木脂素前体 SDG 和 MAT 在肠道菌群作用下转化为 END 和 ENL 的代谢过程如图 6-7 所示。ENL 和 END 通过血液循环，并在被吸收之后处于肠肝循环中，在肝脏中形成葡萄糖苷酸和硫酸盐缀合物，分泌到胆汁中，然后在肠细菌的作用下脱去缀合物，最终以葡糖苷酸和硫酸盐形式从尿液和胆汁中排出。通过对 PRS 和 LCS 进行细菌培养液厌氧培育，发现与开环异落叶松树脂酚类似，其代谢产物均是 ENL 和 END。ENL 和 END 是人血浆、前列腺液、尿液和粪便中主要的木脂素代谢产物。

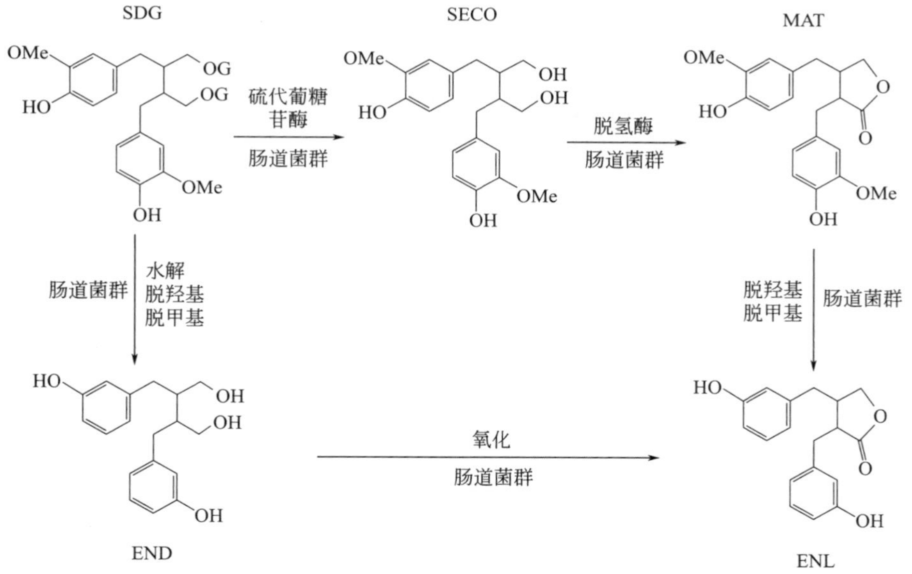

图 6-7　动物木脂素前体开环异落叶松树脂酚二葡萄糖苷（SDG）和马台树脂醇（MAT）在肠道菌群作用下转化为 END 和 ENL

ENL 也可能由罗汉松脂酚直接生成，但这可能是其他木脂素类物质存在时的次要的代谢路线。通常，代谢产生的动物木脂素在尿液中的浓度高于血液中的浓度，因此，大多数分析方法是以测定尿液中木脂素浓度为目标的。

根据动物喂食实验以及人粪便菌丛体外培养，在一定程度上已明确了木脂素的细菌合成以及形成中所涉及的代谢途径，在胃肠道中，植物木脂素前体物质马台树脂醇和开环异落叶松树脂酚可形成肠二醇以及肠内酯。在一项动物实验中，单次口服投予老鼠放射性同位素标记的开环异落叶松树脂酚，分急性以及慢性两种条件，在摄食后的12h、24h、36h以及48h测定组织、血液以及肠胃中的含量。结果显示，摄食后的12h木脂素达到最高水平，至48h可回收所摄食剂量的80%以上（粪便大于50%，尿液28%～32%）。木脂素代谢物似乎在肝、肾、肠组织以及子宫中积累，慢性投入木脂素会导致其粪便中排泄的延迟，然而却增加了其在肝脏以及脂肪中的水平。

另外，还有少数研究探讨了影响此类化合物的吸收、代谢以及排泄的因素。从一个体外发酵模型研究结果来看，以一种与异黄酮相似的方式，在高碳水化合物底物存在下，木脂素前体物质向其代谢物的转化明显得到了提高。这表明一种富含纤维的膳食可能会加速木脂素前体物质向其代谢物肠二醇和肠内酯的转化。目前，木脂素的药物动力学还未被广泛地研究，而且，还很少有研究测定摄食富含木脂素膳食后血浆、尿液以及粪便中的木脂素含量。一些摄食不同日常膳食的人群的代表性研究显示，摄食以植物食品较多的人群的血浆中的木脂素含量偏高，而且其尿液中木脂素的排泄量也最大。最近一个人体研究显示，尿液中木脂素的排泄量与亚麻籽的摄取量（5～25g）呈线性相关。在一项短期实验中，摄食亚麻籽9h后，血浆木脂素浓度仍未达到高峰，但是摄食后木脂素在血浆中可保持8d之上，这一点对木脂素在人体内的效果似乎很重要。随着人们对此类植物雌激素的兴趣不断地增加，毫无疑问地将促使人们对它们的作用机制、影响它们代谢的因素以及潜在的生物学效果作进一步的探讨。

食物中植物木脂素的含量是决定血清和尿液中木脂素水平的重要因素。补充亚麻籽会使血清和尿液中的木脂素含量表现出明显的剂量依赖效应。另外，木脂素的代谢和生物利用率对很多调节因子都相当敏感，不同个体间的木脂素代谢存在明显差异。人们普遍认为，肠道菌群的差异是不同个体间木脂素代谢存在差异的直接原因。

无菌大鼠不能将木脂素代谢为肠二醇和肠内酯，而接种人粪便菌群的大鼠可将木脂素代谢为肠内酯（Bowey等，2003）；使用抗生素会使尿液中肠内酯的浓度显著降低（Kilkkinen等，2002）。以上结果表明，在植物木脂素转化为动物木脂素的代谢过程中，肠道菌群至关重要；然而，目前尚不清楚究竟是何种菌群对木脂素的代谢起关键作用。从人粪中分离出的两个菌株（P. sp. SDG-1和E. sp. SDG-2）在体外厌氧发酵时发现它们具有去甲基化和去羟化作用

(Wang 等，2000)。另外，饮食习惯也影响木脂素的代谢。摄取蔬菜和水果等富含碳水化合物和纤维的食物能使血清和尿液中的木脂素含量升高；相反，摄入过多的脂肪则会造成血清肠内酯的含量降低。喝咖啡、喝茶和饮酒也会引起血浆肠内酯浓度的升高。吸烟人群及肥胖妇女血浆中的肠内酯浓度往往较低。

四、植物雌激素的药理活性

1. 防治心血管疾病

植物雌激素可影响肝内代谢，促进肝细胞清除低密度脂蛋白（low-density lipoprotein，LDL）和极低密度脂蛋白（very low density lipoprotein，VLDL），降低 LDL 颗粒在冠状动脉壁上的沉积，从而减少动脉粥样硬化的发生率；具有抗氧化、清除自由基，保护 LDL 免受氧化修饰；抑制血管平滑肌细胞的迁移和增生，抑制血管重构和新生内膜形成，改善因动脉粥样硬化而受损的血管功能；影响心肌电生理效应，改善心血管系统的功能。

2. 抗肿瘤作用

植物雌激素有抗乳腺癌作用。染料木黄酮作用于雌激素受体（ER），根据体内雌激素水平而发挥雌激素样或抗雌激素样效应，在青春期前或青春期促进乳腺内皮细胞的分化、成熟，从而使其对化学致癌物不敏感。植物雌激素可降低雄激素水平。其竞争结合于细胞的性激素受体，显著降低二氢睾酮的含量；增加性激素结合球蛋白（SHBG）浓度，使游离雄激素减少；抑制雄激素调节蛋白前列腺特异性抗原（prostate specific antigen，PSA）的产量，使雄性激素的活性降低；抑制参与细胞增殖的一些酶及生长因子的活性，并能抑制肿瘤血管生成，起到抑制前列腺癌的发生、发展和治疗作用。

3. 对骨质疏松症的作用

植物雌激素可刺激骨髓间质干细胞增殖及向成骨细胞分化，抑制骨髓干细胞向破骨细胞分化，进而促进骨钙化形成；并且可通过作用于雌激素受体（ER）而增加骨保护素 mRNA 表达和蛋白质分泌，抑制骨吸收、防止骨质疏松的发生。

4. 其他作用

植物雌激素还可用于防治妇女早老性痴呆、更年期潮热，可抑制高盐食物所致的交感神经系统活动亢进，减少盐敏感性高血压的发生等。

五、亚麻木脂素的功能特性

自 Axelson（1982）等报道了亚麻籽是动物木脂素前体的重要来源之后，

研究者开始对亚麻木脂素的生物活性进行深入研究。现已发现亚麻木脂素的生物活性主要表现在抗癌、减缓女性更年期症状、预防骨质疏松、预防心血管疾病、辅助治疗糖尿病和狼疮肾炎等方面。此外，亚麻木脂素 SDG 及其在人体内的代谢产物 END 和 ENL 均表现出较强的抗氧化性。

1. 亚麻木脂素的抗癌作用

由于木脂素类物质结构上与雌二醇类似，因此人们曾经认为木脂素可能会同雌二醇一样，增加激素依赖型癌症的风险。但是流行病学研究发现，亚麻木脂素具有抑制激素依赖型癌症的效果。而且，在不同器官中亚麻木脂素对激素依赖型癌症的功用有所不同。Bames（1998）分析认为可能是人体内两种雌激素受体对木脂素具有不同的结合力所致。因为人体内两种雌激素受体（ERα 和 ERβ）在人体内的不同器官具有不同的分布。

亚麻木脂素是在肠道内被代谢为动物木脂素的，其是否具有抗结肠癌的作用很受关注。Serraino 与 Thompson（1992）研究发现，亚麻籽的摄入显著降低了结肠癌的发生风险，认为可能与其中的木脂素有关。Jenab 和 Thompson（1996）发现开环异落叶松树脂酚二葡萄糖苷（SDG）可以减少结肠癌的早期标记物，长期食用亚麻籽或脱脂亚麻籽对预防结肠癌有显著作用。认为这种作用部分归因于开环异落叶松树脂酚二葡萄糖苷（SDG），同时与亚麻籽提高盲肠 β-葡糖醛酸糖苷酶的活力也有关系。

对亚麻木脂素的抗乳腺癌作用研究最多。Thompson 等（1996）从亚麻籽中提取得到开环异落叶松树脂酚二葡萄糖苷（SDG），将其喂饲肿瘤模型老鼠，20 周后发现补充 SDG 的一组老鼠乳腺肿瘤的个数少于对照组，患肿瘤的老鼠体内肿瘤数目减少，同时，补充 SDG 的老鼠的主要内脏没有发生异常增大。Thompson 等（2005）还采用双盲对照的方法考察了亚麻籽对乳腺癌患者的功效，发现摄入亚麻籽可以降低肿瘤的生物学标记物，增加细胞凋亡。Rickard（2000）研究发现在乳腺癌的初期，摄入 SDG 可以降低盲肠、肝脏、肾和子宫等靶向器官中雌二醇和类胰岛素生长因子 1（insulin like growth factor-1, IGF-1）的浓度，从而抑制肿瘤的生长。在乳腺癌发展后期，SDG 可以降低乳腺癌细胞的入侵，但是对血液中雌二醇和类胰岛素生长因子 1（IGF-1）没有影响。大量摄入 SDG 可以抑制乳腺癌的增生，但摄入量少的时候，SDG 会促进乳腺癌的扩增。Mc Cann 等（2004）研究了膳食中木脂素的摄入对绝经前女性和绝经后女性乳腺癌风险的影响。绝经前女性摄入大量亚麻木脂素后乳腺癌风险降低，而绝经后女性的乳腺癌风险和木脂素摄入没有关联。因此，Mc Cann 等认为木脂素的摄入可能与乳腺癌的病原学有关。Linseisen 等（2004）研究发现，大量摄入马台树脂醇（MAT）可以降低乳腺癌风险，而开环异落叶松树脂酚则不具有该功效，但是END和ENL的浓度均与乳腺癌风险呈负相关。Keinan-Boker等（2004）调查了49～70岁的荷兰居民的雌激素摄入与乳腺癌风险的关系。发现在西方人群中大量摄入异黄酮（每天平均0.4mg）和木脂素（每天平均0.7mg）对其乳腺癌风险没有影响。Adlercreutz（2003）在其综述中指出目前没有发现大豆对乳腺癌的不利作用，但膳食中木脂素含量低的时候，血液中肠内酯的浓度也低，其患乳腺癌风险就高。到目前为止，关于摄入亚麻木脂素与乳腺癌（其他癌症可能也类似）风险的关系方面还存在不少争议，但可以明确的是木脂素的种类、摄入量、摄入时期（绝经期前或后）对摄入后的效果均有影响。尽管目前还没有对任何植物雌激素的膳食建议，但Kurzer和Xu（1997）认为增加摄入这些植物对健康还是有益的。

研究者还研究了亚麻木脂素对西方国家男性第一癌症——前列腺癌的功效。在对患有前列腺癌的男性在手术前进行的较大规模的限制脂肪摄入并补充亚麻籽的研究中，Demark-Wahnefried等发现摄入SDG达34d后，前列腺癌患者体内的前列腺特异性抗原（睾丸激素）水平和游离男性激素指数及总胆固醇含量均有显著下降，组织病理学分析也表明该膳食的补充具有有益作用。因此，补充SDG有可能成为治疗前列腺癌的辅助性或预防性方法。此外，Li等（1999）研究发现，摄入开环异落叶松树脂酚二葡萄糖苷（SDG）可以降低老鼠体内恶性黑素瘤细胞的转移。

迄今为止，在亚麻木脂素抗癌方面的研究已经开展了很多，并得出了不少肯定的结论。这种抗癌效应可能归因于亚麻木脂素代谢生成的动物木脂素，也可能与亚麻木脂素的抗雌激素作用有关。虽然，亚麻木脂素的抗癌机理还不明确，需要进一步的研究证实，但是，亚麻木脂素对人体的积极作用却得到了大量研究的证实和认可。

2. 亚麻木脂素对更年期综合征的作用

更年期是女人生命中无法回避的阶段，雌激素作为缓解更年期症状的药物已经使用了近一个世纪。而据美国《新闻周刊》报道，在对1.6万多名妇女进行约5年的观察后，研究者发现雌激素会增加心脏病、凝血、中风和乳腺癌的风险。激素替代疗法（hormone replacement therapy，HRT）遇到的问题已经引起了研究者越来越多的关注。

动物木脂素肠内酯（ENL）和肠二醇（END）及其前体开环异落叶松树脂酚（SECO）和马台树脂醇（MAT）与类固醇具有相似的大小和极性，它们的弱雌激素作用使其可能发挥与激素代谢类似的生理学效应。研究者分析了大豆异黄酮的弱雌激素作用，认为植物雌激素能双向调节人体内雌激素水平，显示弱的雌激素或抗雌激素的效应。当人体缺乏雌激素时（如妇女绝经期），植物雌激素可以与细胞上的雌激素受体作用，增加绝经妇女阴道细胞成熟，减轻妇女更年期综合征。但当人体内雌激素水平过高，存在引发乳腺癌的危险时，它能占据雌激素受体，抑制雌激素的作用，并刺激肝脏合成性激素结合球蛋白（SHBG）从而加速雌激素的消除，预防和阻延乳腺癌的发生和发展。但亚麻木脂素开环异落叶松树脂酚的作用还缺乏深入研究。

Hutehins 等（2001）研究发现补充摄入亚麻木脂素会影响绝经女性的激素代谢，减少 17 β-雌二醇和硫酸雌酮的含量，而增加血液中催乳激素的浓度。Brooks 等（2004）发现摄入亚麻籽的更年期女性尿液中 2-羟雌酮的浓度显著提高，而摄入同样含量的大豆则没有该效果。Nikander（2004）研究也发现绝经期女性仅仅摄入大豆异黄酮对减轻更年期症状没有明显的作用。但 Abe 等（2005）发现添加了开环异落叶松树脂酚二葡萄糖苷（SDG）的食物可以改善因雌性激素不平衡而导致的绝经期症状，包括绝经后引发的骨质疏松、高血脂、高血压、肥胖、沮丧和潮红等。

到目前为止，尽管有一些研究认为亚麻木脂素减轻更年期综合征，但还缺乏有力的实验证据和流行病学支持。特别是亚麻木脂素与人体雌激素受体之间的相互作用，还需要进一步的研究。

3. 亚麻木脂素预防骨质疏松的作用

Ward 等（2001）研究发现，内源雌激素水平较低的哺乳期，年幼和年轻雌鼠的骨质对类雌激素作用较为敏感，补充亚麻木脂素可以改善其骨质生长，对成鼠则没有明显效果。更重要的是摄入开环异落叶松树脂酚二葡萄糖苷（SDG）不会对骨生长起负面作用。对于雄性老鼠，仅仅在哺乳期（或者延长至成年早期）摄入 10%亚麻籽或相当量的开环异落叶松树脂酚二葡萄糖苷（SDG）会降低其骨力量，但对骨健康是安全的。因此，摄入植物雌激素的时期对骨质存在影响。Kim 等（2002）研究发现植物雌激素的种类也有影响。他们研究了韩国绝经女性的尿液中木脂素浓度与骨矿物质密度之间的关系，发现尿液中肠内酯（ENL）和芹菜素（apigenin）的浓度与骨矿物质密度关系最密切。但是不同的植物雌激素对骨密度的影响还需要进一步的研究。Kardinaal 等（1998）的研究表明摄入量也存在影响。在摄入中等量的植物雌激素时，绝经女性的骨矿物质流失速度与其排泄物中木脂素浓度成正比。但并不表明不摄入植物雌激素可以预防骨矿物质流失，而大量摄入植物雌激素的效果还不清楚。

4. 亚麻木脂素预防心血管疾病的作用

Davakis 等（1998）的研究发现，摄入亚麻籽对高密度脂蛋白胆固醇（HDL-

C）和甘油三酯（TG）含量没有影响，但显著降低低密度脂蛋白胆固醇（LDL-C）和脂蛋白的浓度，有防治心血管疾病的潜力。Lucas 等（2004）的研究表明，对于子宫切除诱导的高胆固醇和动脉粥样硬化，亚麻籽可以降低胆固醇含量和动脉血管壁中脂肪物质的沉积。亚麻籽的这些效应可能与其所含的木脂素有关。Prasad（1999）研究发现亚麻木脂素的抗动脉粥样硬化效应与其降低血液胆固醇、低密度脂蛋白胆固醇和过氧化产物，同时增加高密度脂蛋白胆固醇和抗氧化剂的储备有关。Prasad（2000）研究还发现亚麻木脂素可以降低人体总胆固醇、低密度脂蛋白胆固醇和总胆固醇与高密度脂蛋白胆固醇的比例，而对甘油三酯（TG）和极低密度脂蛋白胆固醇（VLDL-C）没有影响。在降低高胆固醇引起的动脉粥样硬化症方面，亚麻籽、低 α-亚麻酸亚麻籽和 SDG 的有效率可分别达到 46%、69%和 73%。Pmsad（2005）发现亚麻籽中提取的木脂素复合物在降低高胆固醇导致的动脉粥样硬化、预防冠状动脉疾病和中风方面发挥有益作用。但是，亚麻木脂素预防心血管疾病的作用也有可能是亚麻籽中其他成分或者多种成分协同作用的结果。Sano 等（2003）研究了脱脂亚麻籽粕和开环异落叶松树脂酚二葡萄糖苷（SDG）对血栓症的影响。结果表明，对于高脂肪膳食诱导的血栓症，脱脂亚麻籽粕表现出抗血栓形成和抗动脉粥样化的作用，但是 SDG 则没有。因此，在预防心血管疾病方面，亚麻木脂素很有可能发挥了协同功效。

5. 亚麻木脂素辅助治疗糖尿病和狼疮肾炎的作用

亚麻木脂素的生物活性也表现在它对糖尿病（包括Ⅰ型和Ⅱ型）与狼疮肾炎的疗效上。Prasad 等（2000）研究发现链脲霉素（streptozocin）诱导的糖尿病是通过氧化胁迫来调节的，开环异落叶松树脂酚二葡萄糖苷（SDG）可有效地降低这类糖尿病，其发生率可降低 75%。Prasad（2001）还研究了Ⅱ型糖尿病的调节方式和 SDG 对 Zucker 肥胖雌鼠的Ⅱ型糖尿病发生率的影响。在喂饲 72d 后，对照组 100%发生糖尿病，而 SDG 喂饲组仅 20%。但研究发现，SDG 喂饲组的糖尿病发生率在后来（72～99d）达到 70%，因此 SDG 只是延缓了糖尿病的发生。Bhathena 和 Velasquez（2002）研究认为 SDG 对于糖尿病和肥胖症的有益影响是因为其可以调控人体葡萄糖和胰岛素的耐受力。但要评价植物雌激素的长期效应还需要进一步研究。Prasad（2002）研究发现 SDG 在 100mmol/L 时完全抑制了磷酸烯醇丙酮酸羧激酶（phosphoenolpyruvate carboxykinase，PEPCK）的表达，而高血糖可能是体内磷酸烯醇丙酮酸羧激酶的表达增加所导致的。SDG 可能是通过降低这种酶的表达水平而达到降低血糖的效果。

Ogbom 等（1999）研究发现，亚麻籽可以改善患多囊肾症的鼠的间质性肾炎，但原因可能是其中的多不饱和脂肪酸促进不产生炎症的前列腺素的形成。Clark 等（2000）研究发现，开环异落叶松树脂酚二葡萄糖苷（SDG）在肠道内转化为开环异落叶松树脂酚，然后被吸收并发挥肾功能保护作用，其保护作用与 SDG 摄入量呈量效关系，延缓蛋白尿症的出现并保护肾小球，因此可用于狼疮肾炎的治疗。

6. 亚麻木脂素的抗氧化与淬灭自由基作用

亚麻木脂素的一种重要功能是其抗氧化作用，抗氧化作用也可能是其他功效的内在原因。Prasad 等研究发现亚麻木脂素的辅助治疗糖尿病的功效与其抗氧化性是有关的。Prasad 发现开环异落叶松树脂酚二葡萄糖苷（SDG）可以防止肝匀浆（liver homogenate，LH）的脂肪氧化，在浓度范围 319.3～2554.4μmol/L 之间呈现量效关系。他采用化学发光法测定了 SDG 与其代谢产物的抗氧化性。结果表明，SECO、END、ENL 和 SDG 的抗氧化性分别是维生素 E 的 4.86 倍、5.02 倍、4.35 倍和 1.27 倍，表现出良好的抗氧化能力。Kitts 等（1999）发现，SDG 及其代谢产物 END、ENL 与维生素 C 相比不具有还原性，因此不会发生间接的促氧化作用。SDG 与 END、ENL 在水相体系和油相体系中均表现出抗氧化活性，可能是其抗癌症作用的原因。Rajesha 等（2006）研究发现，经 CCl_4 诱导后，肝脏中过氧化氢酶、超氧化物歧化酶和过氧化物酶活力损失分别达到 35.6%、47.76%和 53.0%，脂肪过氧化值增加 1.2 倍。摄入亚麻籽可以很好地修复这三种酶的活力，修复率分别为 95.02%、182.31%和 36.0%，表现出很好的抗氧化性。Eklund 等（2005）采用淬灭 2,2-二苯基-1-苦肼基（DPPH）自由基的方法测定了不同木脂素的活性，发现具有邻苯二酚结构的木脂素具有最高的抗氧化能力。3-甲氧基-4-酚羟基结构表现出稍弱的抗氧化能力。丁二醇结构有助于提高抗氧化活力，苯环上具有高氧化结构时，其抗氧化能力差。亚麻木脂素具有 3-甲氧基-4-酚羟基结构，因此具有一定的抗氧化能力。

第二节　亚麻木脂素的制备及纯化

一、植物有效成分常用提取方法

从植物体中提取有效成分的方法多种多样，溶剂提取法是植物中有效成分提取的常用方法。影响有效成分提取的因素很多，主要有溶剂、粒度、温度、时间、溶剂用量、提取方法等。溶剂提取法包括浸渍法、渗漉法、煎煮法、回流法等，通过查阅文献发现前人对于各种提取方法都进行了大量的研究，他们总结经验，最终认为在实际工作中一定要根据不同目的和不同情况进行不同分析，选择较为适宜的提取方式，切不可一法惯用。

植物有效成分在溶剂中的溶解度与溶剂性质有密切的关系。溶剂分为：水、亲水性有机溶剂、亲脂性有机溶剂。溶剂的亲脂性依次减弱（即亲水性依次增强）的顺序：石油醚＞苯＞氯仿＞乙醚＞乙酸乙酯＞丙酮＞乙醇＞甲醇＞水。通常亲脂性的成分易溶于亲脂性溶剂，难溶于亲水性溶剂。反之，亲水性成分则易溶于亲水性溶剂。不同的溶剂具有一定程度的亲水性和亲脂性，各类有效成分也同样具有一定程度的亲水性和亲脂性，只要有效成分的亲水性和亲脂性与溶剂的此项性质相当，就会在其中有较大的溶解度。

1. 浸渍法

将植物原料的粗粉或碎块装入适当的容器中，加入适宜的溶剂（一般用水或稀醇），以浸没原料稍过量为度，时常振摇或搅拌，放置一段时间后，滤出提取液，原料渣另加新溶剂再进行同样操作，如此反复数次。合并提取液并浓缩即得提取物。本法简单易行，但提取效率差，提取时间长。因此有时在浸渍时，也采用超声波或加热温浸等方法以缩短提取时间，提高提取效率。用水作为溶剂浸渍时，有时要加适量防腐剂以防霉变。

2. 渗漉法

将植物原料粉末润湿膨胀后装入渗漉器中，不断在原料粉上添加新溶剂，使其自上而下渗透过原料粉，从渗漉器的下部流出提取液（图 6-8）。闰光军等用渗漉法提取三七皂苷的渗漉液，三七总皂苷含量平均为 10.25%，提取率为 93.1%。杨怀霞等以菜籽油为底物，以油脂过氧化值碘量法测定为跟踪方法，对梯度渗漉的葡萄籽各组分的抗氧化性进行了系统研究。本法提取时由于原料和溶液之间保持了较大的浓度差，故提取效率较高。但溶剂消耗大，操作时间较长。

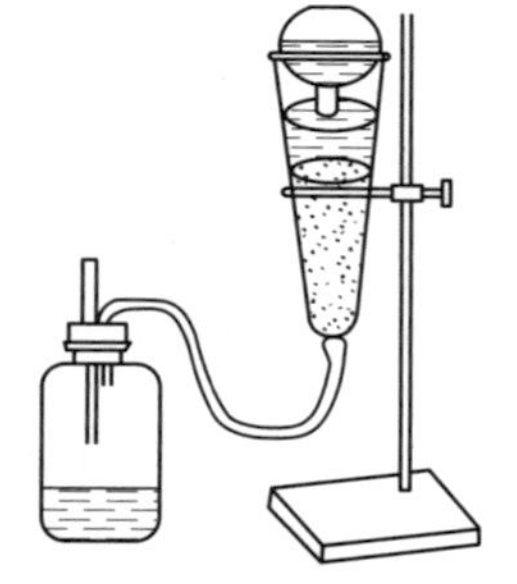
图 6-8　连续渗漉装置

3. 煎煮法

将原料切成小段、薄片或粉碎成粗粉装入适宜的容器中，加水浸没原料并充分浸泡后，加热至沸，保持微沸一定时间，滤出浸出液，原料渣再依法煎煮数次，合并各次浸出液，滤过，浓缩后便得提取物。梁庆莲选用植物石斛，并进行了不同煎煮时间对石斛有效成分测定的比较；常敏毅对中药的煎煮方法进行了详尽阐述，包括煎煮用水、煎水用量、火候与时间等。此法简便易行，但杂质溶出较多，且不宜用于有效成分遇热易被破坏和具挥发性有效成分的原料的提取。

4. 回流提取法

回流提取是应用有机溶剂提取时最常用的一种方法。采用回流加热装置，以免溶剂挥发损失。小量提取时，可在圆底烧瓶上连接回流冷凝器。操作时将原料粗粉装入烧瓶中，装入原料的量为烧瓶容量的1/3～1/2，再加溶剂浸没原料1～2cm。在水浴上加热回流，提取一定时间后，滤出提取液，原料渣加入新溶剂再次加热回流，如此提取数次，至有效成分基本提尽为止。合并各次提取液，回收溶剂即得提取物。大量提取时，一般使用有隔层的提取罐，用蒸汽加热提取。此法提取效率较高，但溶剂消耗仍较大，且含受热易被破坏有效成分的原料不宜用此法。

韦国锋等探讨青蒿的最佳提取工艺，以青蒿素标准品为对照，用紫外分光光度法分别对不同提取工艺所得的青蒿素成品进行了含量测定。结果显示，在不同提取工艺中，回流提取法的提取率和青蒿素含量较高。

5. 连续提取法

为了改进回流提取法中溶剂需要量大的缺点，可采用连续提取方法。实验室常用的连续提取装置为索氏提取器。将原料粗粉放入滤纸筒后再置于索氏提取器内，下端所接烧瓶内盛溶剂。在水浴上加热后，溶剂蒸发，通过上端的冷凝管使溶剂冷凝流入原料粉内。当流入的溶剂达到一定高度（浸过原料面），通过虹吸管借虹吸作用流入下端的烧瓶内，如此反复，使原料中的有效成分不断被提出。该法所需溶剂量较少，提取也较完全，但由于成分受热时间较长，有效成分遇热不稳定的植物原料也不宜采用此法。

6. 超声波提取法

超声波是一种振动频率高于20kHz的声波，它方向性好，穿透能力强，易于获得较集中的声能，在水中传播距离远，可用于测距、测速、清洗、碎石、杀菌消毒等方面。

超声波辅助提取技术（ultrasound-assisted extraction，UAE）能够通过“空化”效应、搅拌效应、热效应等作用加速溶质和溶剂间的传热和传质过程。“空化”效应产生机理如图6-9所示。

空化泡通常在负压区产生，并在不断的拉伸和压缩过程中成长，当空化泡达到极限尺寸的时候，继续对空化泡施加压力就会导致活化泡的湮灭。空化泡的湮灭会在局部产生几十甚至上百兆帕的压力，以及数千度的高温，并伴随有强烈的冲击波和时速达400km的微射流。巨大的压力可以有效地破坏被提取物的细胞结构从而便于溶剂渗透到植物原料中，细胞结构的破坏也有利于细胞中有效成分的释放。超声波产生的搅拌效应有效地增加了溶剂和溶质间的接触面积，使物料和溶剂间的浓度和温度更均匀。有研究表明，提取工艺中加入超

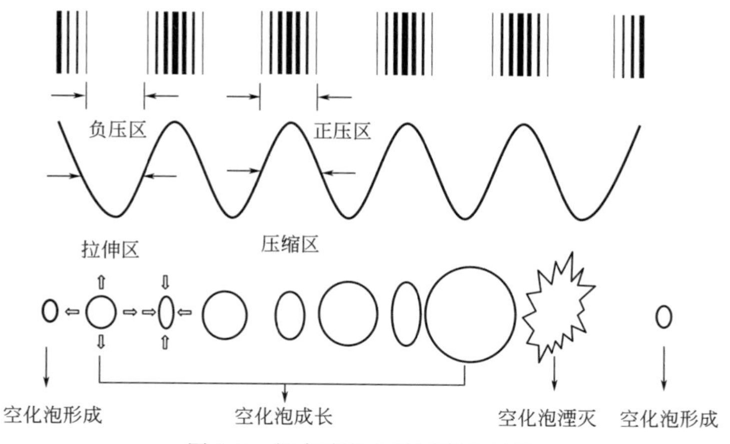

图 6-9　超声波空化效应产生过程

声波可以缩短提取所需的时间、减少有机溶剂的用量。最重要的是超声波辅助提取可以在较低的温度下进行，因此可以避免热敏性物质受到损害，保护被提取物质的生物活性。

随着现代仪器的不断更新换代，超声波也被应用到了植物天然产物的提取上来，超声波提取技术就成为了近年来一种新型的提取手段而被广泛应用。超声波可以破坏细胞膜，增加细胞膜的通透性，这样细胞内的有效成分就更容易溶出并释放到提取液中。由于超声波的振荡作用，提取液的温度一般都较室温要高，这样就对原料起到了水浴的作用，另外，超声波的次级效应也加快了细胞内含物的扩散释放，所以超声波提取具有提取率高、提取时间短、更好地保持有效成分的特性和品质等优点，但是超声波提取一般都只是作为成分提取的辅助方法，单纯采用超声波进行提取的并不多见。

7. 超临界提取法

超临界流体（supercritical fluid，SF）是指某种气体（液体）或其混合物在操作压力和温度均高于临界点时，使其密度接近液体，而其扩散系数和黏度均接近气体，其性质介于气体和液体之间的流体。超临界流体萃取法（supercritical fluid extraction，SFE）就是利用超临界流体为溶剂，从固体或液体中萃取出某些有效组分，并进行分离的一种技术。

超临界流体萃取法的特点在于充分利用超临界流体兼有气、液两重性的特点，在临界点附近，超临界流体对组分的溶解能力随体系的压力和温度发生连续变化，从而可方便地调节组分的溶解度和溶剂的选择性。超临界流体萃取法具有萃取和分离的双重作用，物料无相变过程因而节能明显，工艺流程简单，萃取效率高，无有机溶剂残留，产品质量好，无环境污染。

可作超临界流体的气体很多，如二氧化碳、乙烯、氨、氧化亚氮、二氯二氟甲烷等，通常使用二氧化碳作为超临界萃取剂。应用二氧化碳超临界流体作溶剂，具有临界温度与临界压力低、化学惰性等特点，适合于提取分离挥发性物质及含热敏性组分的物质。但是，超临界流体萃取法也有其局限性，二氧化碳超临界流体萃取法（图 6-10）较适合于亲脂性、相对分子量较小的物质萃取，超临界流体萃取法设备属高压设备，投资较大。

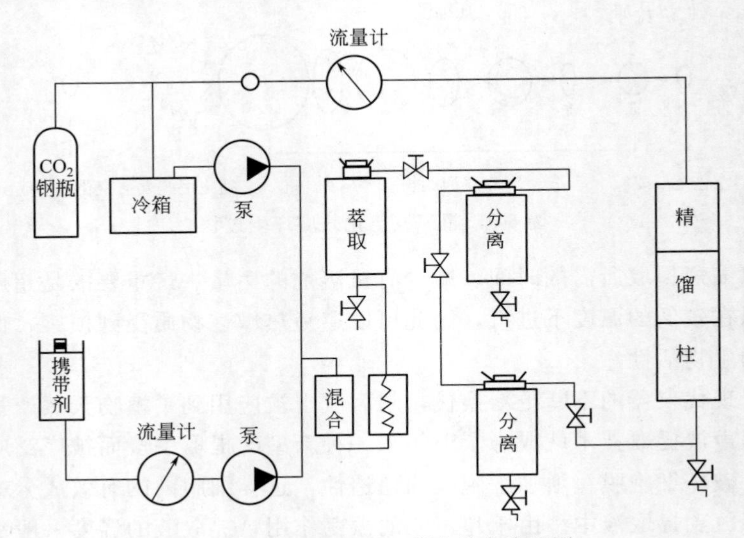

图 6-10　超临界 CO_2 萃取基本流程图

实际操作中，常采用等温减压或等压升温的方法，将溶质与萃取剂分离开来；当用煎煮、浓缩、干燥等传统方法提取中药有效成分时，一些活性组分可能会因高温作用而破坏。而超临界流体萃取过程可在较低的温度下进行，如以 CO_2 为萃取剂（临界温度为 31.1℃）的超临界萃取过程可在接近于室温的条件下进行，因而特别适合于热敏性组分的提取，且无溶剂残留。

8. 酶法提取

植物的有效物质大多被植物细胞壁包裹着，利用水提、酸碱提取、有机溶剂提取往往受到细胞壁的阻碍，提取效率低，因此选择纤维素酶、蛋白酶、果胶酶、木聚糖酶、半纤维素酶、α-淀粉酶等对原料进行提取前预处理，降解细胞壁或者改变细胞壁的通透性，提高有效成分的提取率。

9. 膜提取法

膜提取是一门高新技术，在植物天然产物的提取、浓缩、分离方面有着不存在相转换、提取条件温和、效率高、不损坏热敏感物质、简化提取工艺等优点。

10. 其他提取方法

除了以上几种常用的提取方法之外还有一些特殊的方法，以下方法适用范围较小。如水蒸气蒸馏提取法，只能针对具有挥发性的物质提取时才可以使用；离子对提取法，目前报道显示只是在龙胆紫和小檗碱这两种水溶性生物碱提取时具有较好的效果；微波辅助提取法，利用微波辐射溶剂并使其透过细胞壁到达细胞内部，最终使细胞壁破裂，使细胞内部的有效成分释放出来被溶剂溶解。

二、植物有效成分常用分离方法

1. 薄层色谱分离

薄层色谱分离法（thin layer chromatography），简称 TLC，是柱色谱与纸色谱相结合发展起来的，具有设备简单、速度快、效果好、灵敏度高和显色方便等特点，近年来发展极为迅速。

薄层色谱是把作为固定相的支持剂均匀地涂在玻璃板上，把样品点在薄板的一端，斜放在密闭色谱缸中，薄层板与水平方向成 10°～20°夹角，用适当的展开剂展开。借助薄层板的毛细作用，展开剂由下向上移动。由于固定相对不同物质的吸附能力不同，当展开剂流过时，不同物质在吸附剂与展开剂之间发生连续不断的吸附、解吸、再吸附、再解吸等过程。容易被吸附的物质移动得慢些，较难吸附的物质移动得快些。经过一段时间的展开，不同物质彼此分开，最后形成相互分开的斑点。样品分离情况也可以用比移值 R_f 衡量。在相同条件下进行色谱分离时，某一组分的 R_f 值也是一定的，故也可根据 R_f 值进行定性鉴定。

薄层色谱使用的固定相从品种上看和柱色谱相同，常用的也是 SiO_2、Al_2O_3 等，但薄层色谱使用的固定相粒度更细，一般以 150～250 目较为合适。固定相必须具有适当的吸附能力，而与溶剂、展开剂及欲分离的试样不会发生化学反应。固定相吸附能力的强弱，常与其所含水分有关。含水较多，其吸附能力就大为减弱。常将固定相在一定温度下烘焙一定时间以驱除水分，增强其吸附能力，此谓“活化”。

薄层色谱对展开剂的选择，仍以溶剂的极性为依据。一般地说，极性大的物质要选用极性大的展开剂。常需综合考虑被吸附物质的极性、固定相吸附剂的活泼性和展开剂的极性三者的关系，经多次实验方能确定适宜的展开剂。薄层色谱的展开剂较多使用单一或混合有机溶剂。

薄层色谱在制药、农药、染料、抗生素等工业上应用日益广泛。在产品质量检验、反应终点控制、生产工艺选择、未知试样剖析、药物分析、香精香料分析、氨基酸及其衍生物的分析中被广泛地应用。但此法仅限用于分离分析样品，不可用于分离制备产品。

2. 大孔吸附树脂分离

大孔吸附树脂是近十余年发展起来的一类有较好吸附性能的有机高聚物吸附剂，它具有物理化学稳定性高、吸附选择性独特、不受无机物影响、再生简便、高效节能等诸多优点，可广泛应用于有效成分的分离纯化。

大孔吸附树脂的性能及分离原理为：大孔吸附树脂一般为白色球状颗粒，粒度为20～60目，不溶于水、酸、碱及有机溶剂。在水和有机溶剂中可吸收溶剂而膨胀，在室温下对稀酸、稀碱稳定。从显微结构上看，大孔吸附树脂包含有许多具有微观小球组成的网状孔穴结构，因此颗粒的总表面积很大，加上合成时引入了一定的极性基团，使大孔树脂具有较大的吸附能力；另一方面，这些网状孔穴在合成树脂时具有一定的孔径，使得它们对通过孔径的化合物根据其分子量的不同而具有一定的选择性。通过以上这种吸附性和筛选原理，有机化合物根据吸附力的不同及分子量的大小，在大孔吸附树脂上经一定的溶剂洗脱而达到分离的目的。

(1) 大孔吸附树脂的类型　大孔吸附树脂分为非极性和中极性两类，根据极性的大小还可细分为弱极性、中等极性和强极性等。此外，还可根据孔径、比表面积及构成类型被分为许多型号，在应用中，可根据实际要求及化合物特性加以选择。

(2) 影响大孔吸附树脂吸附、分离的因素

① 树脂化学结构的影响　树脂的极性（功能基）和空间结构（孔径、比表面积、孔容）是影响吸附性能的重要因素，一般非极性化合物在水中可以为非极性树脂吸附，极性树脂则易在水中吸附极性物质。在一定条件下，化合物的体积越大，其吸附力越强。

② 被吸附的化合物结构的影响　一般来说，被吸附化合物的分子量大小和极性的强弱直接影响到吸附效果。极性较大的化合物一般适合在中极性的树脂上分离，而极性小的化合物适合在非极性树脂上分离。在同一种树脂中，树脂对体积较大的化合物的吸附作用较强。当化合物的极性基团增强时，树脂对其吸附力也随之增加，如果树脂和化合物之间能发生氢键作用，吸附作用也将加强。

③ pH的影响　被分离溶液的pH值对化合物的分离效果至关重要。一般情况下，酸性化合物在适当酸性体系中易被充分吸附；碱性化合物则相反（特殊要求例外），中性化合物可在大约中性的情况下吸附分离较好。

④ 洗脱液的影响　洗脱液可使用水、乙醇、甲醇、丙酮、乙酸乙酯以及

酸碱溶液等，根据吸附力强弱选用不同的洗脱溶剂及洗脱浓度。对非极性大孔树脂，洗脱溶剂极性越小，洗脱能力越强；对于中极性大孔树脂和极性较大的化合物来说，则用极性较大的溶剂较为合适。

3. 硅胶分配色谱分离

硅胶色谱柱中的填充物（支持剂）是硅胶，硅胶是具有亲水性的不溶物质。支持剂吸附着一层不会流动的结合水，可以看作固定相，沿固定相流过的与它互不相溶的溶剂是流动相。由填充料构成的柱床可以设想为由无数的连续板层组成，每一板层起着微观的“分溶管”作用。当用洗脱剂洗脱时，即流动相移动时，加在柱上端的氨基酸混合物样品在两相之间将发生连续分配，混合物中具有不同分配系数的各种成分沿柱以不同的速度向下移动。分部收集柱下端的洗脱液，进行分析。

4. 超临界流体萃取分离

超临界流体萃取技术（SFE）是利用超临界流体（supercritical fluid，SF）非同寻常的性质，使之在高压条件下与待分离的固体或液体混合物接触，控制体系的压力和温度萃取所需要的物质，然后通过降压或升温的方法，降低超临界流体的密度，从而使萃取物得到分离。SFE 结合了溶剂萃取和蒸馏的特点，是近十几年开发的一项新分离技术。与普通萃取和浸提操作相比较，相同的是同时加入溶剂，在不同相之间完成传质分离；不同的是 SFE 所用的溶剂是超临界状态下的液体。超临界流体的物理性质介于液体和气体之间，溶质在溶剂中的溶解度与溶剂的密度正相关，通过改变压力（或温度），改变超临界流体的密度，使其能溶解许多不同类型的化学成分，达到选择地提取各种类型化合物的目的。由于 SF 具有密度大、拆散系数大、黏度小、介电常数大等特性，较液体溶剂易于穿透到样品介质中，故它对分离物的提取明显快于溶剂法提取。由于 CO_2 具有超临界温度低、临界压力低、化学惰性、低膨胀性、无毒性、价格低廉且能分离多种物质等特点，是 SFE 中最常用的 SF。

我国 SFE 研究开发工作大致可分为三个阶段。第一阶段：20 世纪 50 年代初，国内少数研究单位和大学利用进口的实验装置进行了 SFE 技术工艺的探索；第二阶段：80 年代后期，一些工程设计力量较强的研究单位开始进行 SFE 装置的研究与工业化开发；第三阶段：90 年代初，SFE 的研究工作开始向深层次发展，如夹带剂、萃取精馏的研究等，装置的工业化开发初见成效。与一些传统的方法相比，SFE 具有许多独特的优点：超临界流体的萃取能力取决于流体的密度，因而很容易通过调节温度和压力来加以控制；溶剂回收简单方便，节省能源；由于 SFE 工艺可以在较低温度下操作，故特别适合于热敏性组分的分离，可以较快地达到平衡。因此广泛应用于包括高纯天然香料、食品、药物有效成分等的萃取中。SFE在应用方面还存在以下主要问题：一般需要很高的压力；使用高压装置在法规方面受到限制；设备成本高：萃取釜无法连续操作；生产能力低下；因此，SFE应用局限于一些附加值比较高的品种。而且，超临界状态的基础数据不足，高压体系的非理想性也影响了SFE的工业化进程。

5. 溶剂分离法

一般是将总提取物，选用三四种不同极性的溶剂，由低极性到高极性分步进行分离。利用天然产物化学成分在不同极性溶剂中的溶解度不同进行分离纯化，是最常用的方法之一，根据萃取方式不同，主要包括以下几种。

（1）两相溶剂萃取法　两相溶剂提取又简称萃取法，是利用混合物中各成分在两种互不相溶的溶剂中分配系数不同而达到分离的方法。萃取时如果各成分在两相溶剂中分配系数相差越大，则分离效率越高。如果在水提取液中的有效成分是亲脂性的物质，一般多用亲脂性有机溶剂，如苯、氯仿或乙醚进行两相萃取。如果有效成分是属于亲水性的物质，在亲脂性溶剂中难溶解，就需要改用弱亲脂性的溶剂，例如乙酸乙酯、丁醇等。还可以在氯仿、乙醚中加入适量乙醇或甲醇以增大其亲水性。提取亲水性强的皂苷则多选用正丁醇、异戊醇和水作两相萃取。不过，一般有机溶剂亲水性越大，与水作两相萃取的效果就越不好，因为能使较多的亲水性杂质伴随而出，对有效成分进一步精制影响很大。两相溶剂萃取在操作中还要注意以下几点。

① 如果容易产生乳化，大量提取时要避免猛烈振摇，可延长萃取时间。

② 水提取液的相对密度最好在1.1～1.2之间，浓度过稀则溶剂用量太大，影响操作。

③ 溶剂与水溶液应保持一定量的比例，第一次萃取时溶剂要多些，以后逐减用量。

④ 一般萃取3～4次即可。但应根据分离成分亲水力大小做适当改变。

（2）逆流连续萃取法　是一种连续的两相溶剂萃取法，其装置可具有一根或数根萃取管。为增加两相溶剂萃取时的接触面，管内用小瓷圈或小的不锈钢丝圈填充。但在连续萃取时要注意提取液和萃取剂的相对密度大小，以便决定萃取管和高位容器中该放哪种物质。若提取液相对密度大于萃取剂，则提取液需贮于高位容器内，反之提取液需装在萃取管内。

（3）逆流分配法（counter current distribution，CCD）　逆流分配法又称逆流分溶法、逆流分布法或反流分布法。逆流分配法与两相溶剂逆流萃取法原理一致，都是加样量固定，并不断在一定容量的两相溶剂中，经多次移位萃取分配达到混合物的分离目的。逆流分配法对于分离具有非常相似性质的混合物，往往可以取得良好的效果。但操作时间长，萃取管易因机械振荡而损坏，消耗溶剂多，应用常受一定限制。

(4) 液滴逆流分配法（droplet counter current chromatography，DCCC） 液滴逆流分配法又称液滴逆流色谱法，是在逆流分配法基础上改进的两相溶剂萃取法。对溶剂系统的选择基本同逆流分配法。但要求能在短时间内分离成两相，并可生成有效的液滴。由于移动相形成液滴，在细的分配萃取管中与固定相有效地接触、摩擦不断形成新的表面，促进溶质在两相溶剂中的分配，故其分离效果往往比逆流分配法好，且不会产生乳化现象，用氮气压驱动移动相，被分离物质不会因遇大气中氧气而氧化。液滴逆流分配法的装置，近年来虽不断在改进，但装置和操作仍旧较繁琐，目前对适用于逆流分配法进行分离的成分，可采用两相溶剂逆流连续萃取装置或分配柱色谱法进行。

6. 沉淀法

沉淀法是在天然产物提取液中加入某些试剂使其产生沉淀，以获得有效成分或除去杂质的常用方法。根据使用沉淀试剂的不同，又分两大类。

(1) 金属盐离子沉淀法 金属盐离子沉淀法为分离某些天然产物成分的经典方法之一，既可用于除去杂质也可用于沉淀有效成分。以铅盐为代表，碱式醋酸铅在水及醇溶液中，能与多种天然产物成分生成难溶的沉淀，故可利用这种性质使有效成分与杂质分离。与 Pb^{2+} 可生成的天然产物成分主要是有机酸、氨基酸、蛋白质、黏液质、鞣质、树脂、酸性皂苷、部分黄酮等。分离时通常将天然产物的水或醇提取液先加入醋酸铅浓溶液，静置过滤，悬洗沉淀物，并将沉淀洗液并入滤液，于滤液中加碱式醋酸铅饱和溶液至不发生沉淀为止，这样就可得到醋酸铅沉淀物、碱式醋酸铅沉淀物及母液三部分；然后将铅盐沉淀悬浮于新溶剂中，通以硫化氢气体，使分解并转为不溶性硫化铅而沉淀。含铅盐母液也须进行脱铅处理，再浓缩精制。脱铅方法，也可用硫酸、磷酸、硫酸钠、磷酸钠等作脱铅剂，脱铅后溶液酸度增加，需中和后再处理溶液。

(2) 试剂沉淀法 就是指通过添加非金属盐离子等物质，改变溶液特性，使产生沉淀的方法。例如在生物碱盐的溶液中，加入某些生物碱沉淀试剂，则生物碱生成不溶性复盐而析出。水溶性生物碱难以用萃取法提取分出，常加入雷氏铵盐使生成生物碱雷氏盐沉淀析出。如芦丁、黄芩苷等均易溶于碱性溶液，当加入酸后可使之沉淀析出。某些蛋白质溶液，可以变更溶液的 pH 值，利用其在等电点时溶解度最小的性质而使沉淀析出。

7. 液相色谱法

液相色谱法（liquid chromatography）是以液体作为流动相对试样进行有效分离的色谱分离方法。早期的液相色谱法（古典液相色谱）由于使用粗颗粒的固定相，填充不均匀，依靠重力使流动相流动，因此分析速度慢、分离效率低、分离时间长，难以解决复杂样品的分离。由于经典的液相色谱的一些缺陷，它逐渐被高效率、高灵敏度和高速度的高效液相色谱法所代替。高效液相色谱法（high performance liquid chromatography，HPLC），又称高压液相色谱法或高速液相色谱法，是指应用了新型高效的固定相、高压输液泵、梯度洗脱技术以及各种高灵敏度的检测器，具有操作简便、分离速度快、分离效率高和检测灵敏度高等优良性能的液相色谱体系。HPLC 几乎可以分离和分析任何物质，是目前最有效和应用最广泛的分离分析技术。

8. 盐析法

盐析法是在天然产物的水提液中，加入无机盐至一定浓度，或达到饱和状态，可使某些成分在水中的溶解度降低沉淀析出，而与水溶性大的杂质分离。常用作盐析的无机盐有氯化钠、硫酸钠、硫酸镁、硫酸铵等。例如三七的水提取液中加硫酸镁至饱和状态，三七皂苷即可沉淀析出。有些成分如原白头翁素、麻黄碱、苦参碱等水溶性较大，在提取时，亦往往先在水提取液中加入一定量的食盐再用有机溶剂萃取。

9. 透析法

透析法是利用小分子物质在溶液中可通过半透膜，而大分子物质不能通过半透膜的性质达到分离的方法。例如分离和纯化皂苷、蛋白质、多糖等物质时，可用透析法以除去无机盐、单糖、双糖等杂质；反之也可将大分子的杂质留在半透膜内，而将小分子的物质通过半透膜进入膜外溶液中，而加以分离精制。透析是否成功与透析膜的规格关系极大。透析膜的膜孔有大有小，要根据欲分离成分的具体情况而选择。

10. 分子蒸馏法

分子蒸馏是一种特殊的液-液分离技术，与传统的蒸馏原理不同，不是靠沸点高低实现分离，而是依靠不同物质分子运动平均自由程的差别实现液体混合物的分离。当液体混合物沿加热板流动并被加热，轻、重分子会逸出液面而进入气相，由于轻、重分子的自由程不同，因此，不同物质的分子从液面逸出后移动距离不同，若能恰当地设置一块冷凝板，则轻分子达到冷凝板被冷凝排出，而重分子达不到冷凝板沿混合液排出。这样，达到物质分离的目的。

分子蒸馏技术的优点有：操作温度低、分离过程为物理分离、分离程度高、真空度高、环保；缺点有：设备体积大、价格高、成本高。

11. 高速逆流色谱分离

高速逆流色谱是一种液-液色谱分离技术，它的固定相和流动相都是液体，利用两相溶剂体系在高速旋转的螺旋管内建立起一种特殊的单向流体动力学平衡，当其中一相作为固定相，另一相作为流动相，在连续洗脱的过程中能保留大量固定相。由于不需要固体支撑体，物质的分离依据其在两相中分配系数不同来实现，避免不可逆吸附。

该方法具有适用范围广、操作灵活、费用低、成品无损失、无污染、高效、快速和大量制备分离等优点。

三、亚麻木脂素的制备

1. 亚麻籽预脱皮

亚麻籽外表光滑，表皮厚实，最外层为含有黏质物的碳水化合物。这种黏液在细胞表面常成固体状态，称为黏液质化，吸水膨胀后则成黏滞状态。黏液质（亚麻胶）是亚麻籽种皮外层细胞的高尔基体内产生并分泌到胞腔内或细胞壁层果胶类的多糖物质，约占全籽重量的8%。向内依次为周边细胞、纤维层和色素层，下面为胚乳层，胚乳下面为子叶。亚麻籽的结构与其他油料种籽很不相同，它的胚乳层不是与子叶密切相连，而是与表皮紧密结合；它的表皮部分韧性很强；它的形状为扁椭圆形，不像豆类那样呈圆形，因此脱壳难度较大。在分离亚麻籽仁壳时，胚乳往往在富壳部分中。亚麻籽油主要分布在胚乳和子叶中，而亚麻木脂素主要分布在表皮中。

亚麻籽仁壳分离不仅富集了油脂和蛋白质，也使微量组分酚酸和生氰糖苷等得以富集。富壳部分油脂比例降低，更加稳定，可直接应用于焙烤食品和早餐食品中。更重要的是，表皮中的亚麻木脂素在壳中得以富集，使亚麻木脂素易于分离和提取，同时也提高了产品的附加值。

黏液质附着在亚麻籽表面，在提取木脂素时，会影响亚麻籽种皮与提取液充分接触，从而影响木脂素的得率。目前，亚麻籽脱黏与分离仁壳主要有干、湿两种方法。干法一般将脱黏和脱壳合并起来，其典型工艺为：调节亚麻籽含水量→平衡→碾磨→筛分或/和风力分级→得到黏质物部分或/和富壳部分。该法工艺简单，但是黏质物脱除率不高，亚麻籽壳与仁的分离效果不佳，而且干法对不同来源的亚麻籽的适用性不及湿法好。Oomah等采用切线摩擦脱壳装置（tangential abrasive dehulling device，TADD）对亚麻籽进行脱壳，首先采用微波加热使亚麻籽中水分降到35g/kg以下，然后摩擦脱壳，接着通过风力分离仁壳，发现微波处理有利于提高富壳、富仁和混合精粉部分的得率，但富壳部分的蛋白质和油脂含量没有降低。Dev和Quensel首先调整亚麻籽使水分含量在80～120g/kg，采用光面辊磨碎亚麻籽，再进行筛分和风力分级，采用异丙醇室温下浸提，然后采用0.25mm筛网分离得到低黏质物蛋白质产品和高黏质物蛋白质产品。湿法脱黏工艺为：脱脂饼粕或亚麻籽，通过水或高温蒸汽浸提，分离黏质物。湿法分离仁壳的工艺一般是紧接着脱黏工艺的，首先将脱黏亚麻籽破碎（非粉碎），然后通过水力漩涡工艺分离仁和壳。Kadivar（2001）采用湿法脱黏和分离仁壳的工艺，从亚麻籽中回收了黏质物、油料、蛋白质和壳部分，壳部分的回收率达到75%。

2. 脱脂

木脂素提取前，不论是用榨取过亚麻籽油的亚麻籽饼，还是粉碎亚麻籽以后富集的种皮，都需要先脱脂。Johnsson等人最早用正己烷和二氯甲烷脱脂，也可以用石油醚或正己烷代替，脱脂后通风干燥。

3. 亚麻籽木脂素的提取

（1）溶剂法　由于亚麻籽是公认的最丰富的木脂素来源，所以它日益受到人们的关注。在近几年内许多学者相继开发出提取亚麻籽木脂素的不同的方法。

1995年，Westcott等人提出了一种从亚麻籽中提取木脂素的方法。用脂肪族醇（甲醇、乙醇、丙醇、异丙醇等）溶剂从脱脂亚麻籽中把木脂素提取到醇溶剂中。从富集木脂素的醇溶液中分离掉残余固体，再把该溶液通过去除溶剂而浓缩。木脂素浓缩物经碱催化水解，使木脂素从复杂的形式中释放出来。得到的浓缩物先用液-液分离法富集木脂素，再用离子交换树脂进一步富集，最后用色谱法（层离法）分离得到纯度大于90%的木脂素。采用该法可使脱脂亚麻籽中木脂素的提取率达到20mg/g。

1999年，美国芝加哥伊利诺斯大学药物学院的Sheng-Xiang Qiu等人提出了如下分离方法：脱脂亚麻籽用二氧杂环乙烷和乙醇按1∶1的比例配成的溶液提取24h。溶剂蒸发后得到的浅黄色粉末在含有甲醇钠的无水甲醇中搅动48h，得到的混合物在真空下浓缩得到浆体。该浆体用5%的H_2SO_4（pH=3）酸化，并用$CHCl_3$和水饱和的正丁醇分离3次。正丁醇层合并后在真空下浓缩，然后用于硅胶柱色谱。先用$CHCl_3$-CH_3OH-H_2O洗脱，接着用逐渐增加极性（0～20%CH_3OH）的$CHCl_3/CH_3OH$混合物进行梯度洗脱，最后分别得到开环异落叶松树脂酚二葡萄糖苷（SDG）、莰非素和松脂醇二葡萄糖苷等成分。

2001年，德国的Brunswick大学食品化学研究所的Andreas Degenhardt等人提出用高速逆流色谱法（HSCCC）从亚麻籽中分离木脂素SDG。其基本过程是：将一定量的亚麻籽磨成粉，室温下在400mL（正）己烷中脱脂。脱脂的亚麻籽粉于室温下用600mL甲醇-水（70∶30，体积之比）提取2h。提取物用Buchner过滤器过滤，在真空条件下蒸发至干，再经冻干得到9.8g褐色（棕色）粉末。冻干物于室温下用200mL 1mol/L的NaOH溶液水解3h，溶液用稀盐酸中和，然后用安伯莱特（Amberlite）XAD-2 柱（70cm×4cm）色谱分离，用 2L 水冲洗后，含木脂素的部分用 500mL 甲醇洗脱。进行 HSCCC 分离之前，洗出液在真空状态下蒸发，然后冻干。冻干后的提取物用高速逆流色谱仪器（Baltimore，MD，USA）进行分离。冻干物溶解后注入系统中。用于 SDG 分离的溶剂系统组成为：甲基叔丁基醚：正丁醇：乙腈：水为 1：3：1：5。分离后的 SDG 用高效液相色谱（HPLC）测定纯度，用质谱（MS）和核磁共振（NMR）法识别其结构。

2002 年，荷兰 Unilever 研究开发中心的 J. Fritsche 等人提出了在线液相色谱-核磁共振光谱-质谱耦合法（LC-NMR-MS），用于从亚麻籽中分离和分析 SDG。100g 亚麻籽粉加入到装有甲醇水溶液（75：25，体积之比）的烧杯中，在 65℃下连续搅拌 24h。接着将提取物用滤纸过滤以去除不溶性物质。粗提物用真空蒸发的方法进行浓缩，浓缩物用 0.3mol/L 的 NaOH（按 1：1 的比例，质量之比）进行水解。水解后，用冰醋酸对提取物进行中性化处理（pH 值调至 6），再用双层滤纸（0.2μm）过滤并进行真空蒸发浓缩。将得到的浓缩物用阴离子交换柱分离。阴离子交换柱事先用醋酸盐缓冲液调整至 pH＝6。亚麻籽木脂素（及其他有机物）用水洗脱。最后交换柱用醋酸-乙醇（50：15，体积之比）构成的水溶液进行恢复。用制备的反相色谱（RP-18，40～63μm）对 SDG 进行进一步的纯化。柱子（长 310mm，内径 25mm）用反相材料（约 70g）充填，首先用甲醇去除可能存在的有机污染物，再用水冲洗。将前面洗脱得到的提取物上柱，并用水洗脱有机物和无机盐（包括上述离子交换步骤中的缓冲溶液）。SDG 用乙醇-水（50：50，体积之比）洗提，得到的提取物通过 LC-MS 进行纯度监测。亚麻籽木脂素的分离分析在一个 250mm×4.6mm 的不锈钢 Li Chrospher C_{18} 反相柱上进行，粒子大小为 5μm，平均孔径 100Å（1Å＝0.1nm）。使用的 HPLC 系统装备有四个一组的 G1311A 泵，一个 UV/DAD 检测器 G1315A，自动调温器设置到 25℃，注射体积设置为 30μL，色谱在 280nm 下记录。

2003 年，瑞典人 Christina Eliasson 等开发出一种“碱提法”用于亚麻籽中的 SDG 和羟基肉桂酸的提取。提取的低聚物经碱、酸和酶水解后用高效液相色谱进行分析。低聚物用二氧杂环乙烷-乙醇（1：1，体积之比）、水-乙醇及水-甲醇等溶剂系统进行提取。碱水解是通过把 SDG 低聚物的酯键断裂而释放 SDG 的。在碱性甲醇溶液作用下，羟基苯乙烯酸糖苷水解得到少数极性衍生物。酚类化合物是基本水解产物，可通过把 pH 值调整到 3 而使之保持稳定。当使用酸溶液水解时，通过脱糖基化作用使糖苷配基开环异落叶松树脂酚从低聚物上释放，并转换成它的无水形式“无水开环异落叶松树脂酚”。亚麻籽中的 SDG 和羟基苯乙烯酸糖苷的定量测定受到许多因素的限制，如基质中

SDG的不完全提取、样本清洗效率低以及不能测定自然产生的糖苷配基等。由于人们对亚麻籽酚类化合物兴趣的逐渐增加，需要开发一种简单、快速、可靠的方法用于亚麻籽或亚麻籽产品中SDG和羟基苯乙烯酸糖苷的测定。基于这种原因，Eliasson等人提供了一种新的HPLC方法用于亚麻籽中SDG和其他酚类化合物的分析。该方法的基本步骤为：脱脂亚麻籽粉在离心机分离料管中与1,4-二氧杂环乙烷和95%的乙醇水溶液（1∶1，体积之比）及0.2mL内标（香豆酸，3.8mg/mL甲醇）混合并在60℃的水浴中摇动16h。用1,4-二氧杂环乙烷和95%的乙醇水溶液（1∶1，体积之比）边冲洗边进行离心分离（900g，20min）。分离两次后将液相合并，在旋转蒸发器中于40℃下蒸发分离。提取物在室温下用0.3mol/L的NaOH水溶液水解。水解后，提取物用2mol/L的硫酸酸化至pH=3。在注入HPLC系统之前，样品用0.45μm的滤纸过滤。

最值得关注的是Heintzman Rick等人于2002年提出的“亚麻籽雌激素的提取和稳定化方法”。该方法的基本过程是：在脱脂亚麻籽粉中加入乙醇水溶液并不断搅拌，将乙醇水溶液和溶解的木脂素与亚麻籽粉分离，并过滤去除乙醇水溶液中的不溶性物质。乙醇水溶液经蒸发得到浓缩的、复杂形式的木脂素和其他化合物，如糖苷、氨基酸、小分子缩氨酸、糖和盐等。除了SDG以外，浓缩物中还包括苯乙烯酸糖苷和羟基甲基戊二酸两种木脂素。用碱将木脂素水解，然后用酸调至中性，最后得到简单形式的木脂素。这些简单形式的木脂素干燥后通过添加植物油进行稳定化处理。植物油可防止吸湿性木脂素从环境大气中吸收水分。为防止植物油氧化而导致木脂素再次吸潮降解，添加植物油后的木脂素可通过再次添加外生抗氧化剂（如维生素E等）而进行进一步的稳定化处理。经过稳定化处理的木脂素可直接食用，也可作成胶囊（软胶囊或硬胶囊）或用于制作功能饮料。

国内对亚麻籽木脂素研究得很少，目前只发现武汉工学院的刘大川及其合作者发表过木脂素提取方面的文章。他们的提取方法是首先将亚麻籽的乙醇提取物用旋转蒸发器浓缩成浆状，然后真空冷冻成固体。此干燥物用一定量的无水甲醇溶解，在溶液中加入三乙胺（三乙胺∶甲醇=1∶100，体积之比），溶液不断旋转碱解（8h）。碱解后溶液适当浓缩，用冰醋酸调节至pH=4。过滤后，对滤液进行分离和分析。柱色谱分离的洗脱液为甲醇/氯仿/冰醋酸，比例为50∶50∶3（体积之比）。

（2）超临界法　上面所采用的溶剂法虽然对提取工艺进行了简单的优化，简化了提取工艺和设备，并且使得提取物中的木脂素和有益化合物得到了最大限度的保留，但也存在着不足之处：

一是有机溶剂消耗量大。提取过程所需的溶剂与原料的比值为8～10，有时更高。这需要消耗大量的有机溶剂，增加了提取成本，又容易影响工作环境。

二是提取周期长。溶剂法提取木脂素的最佳周期为24h（纯提取时间），劳动强度大、生产率低。

三是附加劳动量大、环境污染严重。溶剂法提取后物料中的有机溶剂很难去除，而且需要增加其他辅助设备，如不去除物料中的有机溶剂又会造成环境污染，且影响物料的综合利用。另外，溶剂回收也需要消耗大量的时间。

超临界流体萃取（SFE）技术是近几年兴起的一门新技术，具有其他提取方法不可比拟的优点。有人提出使用超临界 CO_2 流体萃取技术进行植物雌激素提取，可避免使用有毒的有机溶剂，减少操作时间，提高提取效率。

① 超临界 CO_2 萃取的原理及夹带剂的作用　二氧化碳（CO_2）是最常用的超临界流体萃取溶剂。作为一种溶剂，它具有化学稳定、无毒、不易燃的特性，被公认为食品级的溶剂。这些优点正日益引起研究人员的兴趣，尤其是食品、医药和环境工程领域的研究人员。

纯 CO_2 的临界压力为7.3MPa，临界温度31.1℃，处于临界压力和临界温度以上状态的 CO_2 被称为超临界 CO_2。这是一种可压缩的高密度流体，是通常所说的气、液、固三态以外的第四态，超临界 CO_2 的分子间力很小，类似于气体，而密度却很大，接近于液体，是一种气液不分的状态，没有相态面，也就没有相际效应。有助于提高萃取效率并可大幅度节能。

超临界 CO_2 流体的物理化学性质与在非临界状态下的液体和气体有很大区别。由于密度、黏度、扩散系数分别是影响溶解能力、流体阻力、传质速率的主要参数，因而超临界 CO_2 流体的特殊性质决定了超临界 CO_2 流体萃取技术的一系列重要特点。超临界 CO_2 流体的黏度是液体的百分之一，自扩散系数是液体的100倍，因而具有良好的传质特性，可大大缩短相平衡所需要的时间，是高效传质的理想介质；具有比液体快得多的溶解溶质的速率，有比气体大得多的对固体物质的溶解和携带能力，具有不同寻常的巨大的压缩性，在临界点附近，压力和温度的微小变化会引起 CO_2 的密度发生很大的变化，所以可通过变换 CO_2 的压力和温度来调节它的溶解能力，提高萃取的选择性，通过降低体系的压力来分离 CO_2 和所溶解的产品，可省去从物料去除溶剂的工序。

超临界 CO_2 流体萃取的工艺过程为：将被萃取物料装入萃取釜中，采用超临界 CO_2 流体作为溶剂。CO_2 气体经过热交换器冷凝成液体，用加压泵把压力提升到工艺过程所需的压力（一般高于 CO_2 的临界压力，但与被萃取物料的性质有关），同时调节温度，使其成为超临界 CO_2 流体。超临界 CO_2 流体作为溶剂从萃取釜底部进入，与被萃取物料充分接触，选择性溶解出所需组分，经节流阀降压至CO_2的临界压力以下，进入分离釜。由于溶质在CO_2中的溶解度急剧下降而使溶质从CO_2流体中解析出来成为产品，定期从分离釜底部放出。解析出溶质后的CO_2经冷凝器冷凝成CO_2液体后再循环使用。

在传统的分离方法中，溶剂萃取是利用溶剂和各溶质间的亲和性（表现在溶解度）的差异来实现分离的，蒸馏是利用溶液中各组分的挥发度（蒸气压）的不同来实现分离的。而超临界CO_2萃取则是通过调节CO_2的压力和温度来控制溶解度和蒸气压这两个参数进行分离的，故超临界CO_2萃取综合了溶剂萃取和蒸馏的两种功能和特点，从它的特性和完整性来看，相当于一个新的单元操作。

但是超临界CO_2萃取技术也并不是万能的，CO_2的分子结构决定了它的局限性，对于烃类和弱极性的脂溶性物质的溶解能力较好，对于强极性的有机化合物则需加大萃取压力或使用夹带剂来实现分离。

夹带剂可从两方面影响溶质在SC-CO_2（supercritical-CO_2）中的溶解度和选择性，即CO_2的密度和溶质与夹带剂分子间的相互作用。通常夹带剂在使用中用量较少，对CO_2的密度影响不大。影响溶解度和选择性的决定因素就是夹带剂与溶质分子间的范德华力或夹带剂与溶质有特定的分子间作用，如氢键及其他各种作用力。另外，在溶剂的临界点附近，溶质溶解度对温度、压力的变化最为敏感，加入夹带剂后，能使混合溶剂的临界点相应改变，更接近萃取温度。增强溶质溶解度对温度、压力的敏感程度，使被分离组分通过温度、压力从循环气体中分离出来，以避免气体再次压缩的高能耗。

夹带剂的分子极性是影响SC-CO_2萃取的主要因素之一。单纯的CO_2只能萃取极性较低的亲脂性物质，对于极性较大的物质萃取效果不理想。使用极性较大的夹带剂可改善极性组分在SC-CO_2中的溶解度。原因是极性夹带剂的引入增大了溶剂的极性，从而增大了极性物质的溶解度，就其实质来说溶剂的溶解能力取决于夹带剂与极性溶质间的分子作用力的大小。极性夹带剂与极性溶质分子间既有瞬时偶极产生的色散力、固有偶极产生的取向力，又有诱导偶极产生的诱导力，这三个力与分子极性的强弱及分子的变形性有密切关系。因此夹带剂的极性越大，分子的变形性越大，夹带剂与溶质分子间的作用力就越强，溶质在含有夹带剂的SC-CO_2中的溶解度就越大，萃取效果就越理想。常见的具有较强极性的夹带剂有水、甲醇、乙醇、丙酮、乙酸和乙酸乙酯等。

一些学者在研究液体或固体物质在超临界流体中的溶解度时发现，如果向纯溶质和超临界CO_2所组成的二元体系中加入第三组分，则可改变原来溶质的溶解度。如Marentis等测定了在2×10^4kPa和70℃条件下，棕榈酸在超临

界 CO_2 中的溶解度为 0.25%；在同样条件下，在体系中加入 10%的乙醇，溶解度提高到 5.0%以上。进一步研究发现，这些组分的加入还可以有效改变超临界流体的选择性溶解作用，通常这类新加入的组分称为夹带剂或携带剂（也称其为调解剂）。由于 CO_2 自身的非极性特点，大大限制了其应用范围。为了有效提取那些非脂溶性的、强极性的重要的有效成分，常常在 CO_2 中加入夹带剂，以改变 CO_2 流体的极性。

夹带剂可以是一种纯物质，也可以是两种或多种物质的混合物。按极性的不同，可分为极性夹带剂和非极性夹带剂。夹带剂的作用如下。

a. 可以大大增加被分离组分在超临界流体中的溶解度，例如向气相中增加百分之几的夹带剂，可使溶质溶解度的增加与增加数百个大气压的作用相当。

b. 加入对溶质起特定作用的夹带剂，可使溶质的选择性大大提高。

c. 增加溶质溶解度对温度、压力的敏感程度，使被萃取组分在操作压力不变的情况下，适当提高温度，就可使溶解度大大降低并从循环气体中分离出来，以避免气体再次压缩的高能耗。

d. 能改变溶剂的临界常数，当萃取温度受到限制时（如对热敏性物质），溶质的临界温度越接近最高允许操作温度，则溶解度越高。用单一组分不能满足这种要求时，可以使用混合剂。

② 超临界 CO_2 萃取的优点及所存在的问题　超临界 CO_2 萃取技术的优点有以下几方面。

超临界流体萃取技术既利用了萃取剂和被萃取物质间的分子亲和力实现分离，又利用了混合物中各组分的挥发度的差别，因此具有较好的选择性。

超临界流体具有独一无二的优点，即其萃取能力与流体密度近似成平方比例，而密度很容易通过变温、变压进行调节。一种超临界流体萃取剂可以通过极性调节适应不同的处理对象，无需像传统萃取那样针对不同的萃取对象选择不同的萃取剂。

高沸点物质往往能大量地、有选择性地溶于超临界流体。由于超临界流体萃取操作条件一般比较温和，因此特别适合于分离受热易分解的热敏性物质。

超临界流体大多数是低分子气体，分离比较容易，基本上不会残留在被萃取物之中，因此超临界流体工艺中萃取剂回收简单。通常溶剂萃取后萃取剂需用蒸馏法进行回收，同时得到产品。这样一来，不仅能耗大、过程较为复杂，而且产品中常有不同程度的溶剂残留，热敏性物质还会发生一定程度的变性。而采用超临界流体回收溶剂只需小幅调温、调压即可实现溶剂回收。回收流程非常简单，不会导致产品变性，无溶剂残留。

超临界流体萃取技术能很好地解决大污染、高能耗问题。使用超临界

CO_2 作超临界萃取剂时会带来更多的优点。超临界 CO_2 萃取的温度接近室温，故萃取时无需大量供热以维持体系的温度，这就节省了大量的能量。对天然产物进行萃取时，由于操作温度接近产物生长环境的温度，加上 CO_2 的惰性保护作用、无毒、萃取后无有害物质残留，因而可以最大限度地保证产品的天然品质。同时，因为 CO_2 不燃烧，所以无需像通常的溶剂萃取那样要使用防爆设备。

超临界流体萃取技术目前已经取得了相当大的进展，但至今未获得大规模推广使用，这主要是因为该技术还处于成长阶段，还存在以下问题：

一是相平衡及传递研究不充分。目前有关超临界流体萃取的物性数据仍然很少，同时也缺乏能正确推算超临界流体萃取过程的基本热力学模型。由于人们对近临界点的压缩流体的行为不甚了解，目前的一些推算多为半定量性质，对传递性质的研究则更少。这些基本数据和理论的缺乏严重阻碍了超临界流体萃取过程的开发。

二是高压设备和泵的问题。工业生产中，高压操作是不可避免的。如何解决由于高压操作带来的不利因素，使得该技术可以可靠、安全地生产是非常重要的。超临界流体萃取需在相当高的压力下进行，压缩设备的投资比较大，在高压下操作会引起附加费用。用泵输送近临界区的具有压力梯度的高压流体也有较大的困难。如选用的萃取剂有腐蚀性，还需选用高级钢材，进一步提高了投资费用。此外，超临界流体萃取在连续化生产上还存在着工艺设备方面的困难。

亚麻籽木脂素超临界 CO_2 萃取提取工艺流程为：

原料→除杂→粉碎→脱脂→烘干→碱化→调酸→烘干→超临界 CO_2 萃取→收集萃取液

亚麻籽经除杂后粉碎过 20 目筛，用正己烷脱脂，条件是 1∶6（g/mL），室温振荡脱脂 12h 后在 35℃下烘干，将脱脂后的亚麻籽粉末用 2%的氨水按照 1∶2（g/mL）的比例进行碱化，静置过夜后再用 HCl 调酸至 pH 值 4～6，然后烘干备用。将处理好的亚麻籽粉末装入萃取釜中，调节萃取压力、温度，加入 70%乙醇作为夹带剂，萃取一定时间后收集萃取液。

（3）亚临界水提取　2006 年，Cacace 和 Mazza 采用性质与醇溶液相近的亚临界水来提取开环异落叶松树脂酚二葡萄糖苷（SDG），在优化的工艺条件下其提取得率可达到 90%～95%。但该工艺的操作条件较为苛刻（160℃，5.2MPa），其工业化应用还存在不少问题。

（4）超声波辅助提取　提取工艺流程：原料→除杂→粉碎→脱脂→烘干→超声波提取→离心→上清液浓缩→碱解→调酸→甲醇萃取。

亚麻籽木脂素提取工艺流程为：亚麻籽经除杂后进行粉碎过 20 目筛，用正己烷脱脂，条件是1∶6（g/mL），室温振荡脱脂12h后在35℃下烘干备用。称取处理好的亚麻籽粉末100g，采用乙醇浓度72.5%、超声时间21min、超声功率324W进行提取，取上清液，减压浓缩后的提取液用1mol/L的NaOH溶液调节溶液中NaOH的浓度为0.25～0.4mol/L，室温静置2～3h后，用HCl调pH值至4～6，最后用甲醇萃取。

2007年，江南大学的张文斌研究报道，在超声功率160W、时间30min、温度40℃的条件下进行超声辅助提取，SDG得率达到2.01g/100g脱脂亚麻籽壳粉。

（5）微波辅助提取　微波辅助技术是在传统加热基础上的强化传质、传热的物理过程，能够在瞬间产生高温，穿透细胞壁，从而释放提取的目标物质，具有速度快、效率高等优点，在活性成分提取中的应用越来越广泛。

2013年，黄丹妮等人采用微波辅助提取方法，通过单因素试验和正交试验，分别考察提取时间、料液比、乙醇体积分数和微波功率对亚麻木脂素得率的影响，优化微波辅助提取亚麻木脂素适宜工艺条件。结果表明，4个因素对亚麻木脂素得率影响的主次顺序为微波功率、乙醇体积分数、提取时间、料液比，其中乙醇体积分数和微波功率对亚麻木脂素得率有极显著的影响（$p<0.01$）。当乙醇体积分数为70%、提取时间6min、微波功率540W及料液比为1∶15时，亚麻木脂素得率最高，为10.05mg/g。

（6）微生物发酵法　微生物发酵法，即在以亚麻籽粉为主的基质中接种特定的微生物，通过它们的代谢等作用使亚麻籽发生深度的良性生理生化变化，经过微生物发酵后，不仅开环异落叶松树脂酚二葡萄糖苷（SDG）的得率有所提高，还增加了许多微生物代谢活性物质及微生物菌体本身等多种有效成分。

2009年，马莹莹等人用米曲霉（*Asp. oryzae* 39号）、黑曲霉（*Asp. niger* 848号）和酵母菌三种不同的菌种对脱脂亚麻籽粉进行接种发酵，研究发现，利用微生物发酵亚麻籽，使木脂素粗提物最大程度地游离出来，SDG的提取率比未经发酵的亚麻籽高出50%左右，达到1.6%～1.7%。亚麻籽经过微生物发酵后，还可以增加许多微生物代谢活性物质及微生物菌体本身等多种有效成分，对于这些还待进一步深入研究。通过实验确定的优化条件为：*Asp. oryzae* 39号菌、接菌量2.5%、发酵温度25～30℃、发酵时间120h。以亚麻籽粉为基准，SDG粗提物得率为21%～22%，SDG得率为1.6%～1.7%。

四、亚麻木脂素的纯化

亚麻籽中木脂素往往与其他化合物结合呈多聚体形式存在（Kamal-Eldin

等，2001；Struijs 等，2007，2008）。开环异落叶松树脂酚二葡萄糖苷（SDG）是亚麻籽中含量最高的木脂素，它通过酯键与 3-羟基-3-甲基戊二酸（3-hydroxyl-3-methyl-glutaric acid，HMGA）结合形成 SDG 多聚体的骨架（Kamal-Eldin 等，2001）。亚麻籽经碱水解后可产生游离的 SDG、阿魏酸苷（ferulic acid glucoside，FeAG）和对香豆酸苷（*p*-coumaric acid glucoside，CouAG）（Westcott 和 Muir，1996；Johnsson 等，2002；Struijs，2007，2008）。此外，在碱水解液中还存在少量的咖啡酸（Westcott 和 Muir，1996）和草棉素糖苷（herbacetin diglucoside，HDG）（Struijs 等，2007），它们都是 SDG 多聚体的组成部分。与 SDG 一样，HDG 与 HMGA 通过酯键相连接（Struijs 等，2007）。CouAG 与 FeAG 则通过酯键与 SDG 的糖基结合，CouAG 结合于 SDG 糖基的 6 位碳原子，FeAG 结合于 SDG 糖基的 2 位碳原子；FeAG 与多聚体间也通过酯键连接，但不能确定它是否与 SDG 糖基结合（Struijs 等，2008）。

纯化亚麻木脂素的目的一方面是为其生物活性研究提供原料，另一方面是为了除去其中可能含有的生氰糖苷物质。目前实验室研究中分离纯化亚麻木脂素的手段以 C_{18} 填充柱色谱、制备型 C_{18} 反相高效液相色谱和硅胶柱色谱为主，其产品纯度可达 90%以上。但这些方法不足之处在于纯化的规模小，成本较高。而且硅胶柱洗脱所用的溶剂毒性较大。如何克服这些问题，寻求可大批量分离纯化亚麻木脂素且纯度满足应用需求的方法是当前研究的热点。Andreas 等（2002）采用高速逆流色谱（HSCCC）对 SDG 提取物进行了纯化，产品纯度达 90%以上。鉴于粗提物中杂质种类较多，而 HSCCC 只能依靠溶剂系统的极性差异来实现分离，研究者采用大孔吸附树脂对粗提物预先进行富集，而后采用 HSCCC 来实现 SDG 的分离。目前，传统的固液色谱如大孔吸附树脂色谱、凝胶色谱等在亚麻木脂素的纯化中还占据主导地位。

大孔吸附树脂是从 20 世纪 60 年代开始发展起来的，用于分离、纯化的一种新型有机高聚物吸附剂，现在广泛应用于天然植物中活性成分如皂苷、黄酮、内酯、生物碱等大分子化合物的提取分离等方面研究。Shukula 等（2004）采用吸附树脂法对亚麻木脂素进行了分离纯化，但产品纯度较低，在 20%～45%之间，大孔吸附树脂价格相对较低，处理量较大，符合工业化生产要求。因此，在纯度得到提高的情况下，采用大孔吸附树脂分离纯化亚麻木脂素有很大的发展空间。

在柱色谱分离介质中，羟丙基化的葡聚糖凝胶——Sephadex LH-20 在分离黄酮类化合物中表现出优良的分离性能。由于交联了亲脂性的羟丙基基团，因此其洗脱剂既可以是水，又可以是甲醇、乙醇、丙酮等有机溶剂。Sephadex LH-20 的特征在于：①由于介质本身具有亲水和亲油双重特性，因而具有独特的色谱选择性；②待分离样品的洗脱特性基于样品的化学结构，容易预测；③介质化学稳定性和物理稳定性较好；④不同批次的介质间具有良好的重现性。虽然 Sephadex LH-20 通常被认为是一种凝胶过滤介质，但它除了可以根据被分离对象的分子大小和形状进行分离外，还可以根据被分离化合物与凝胶之间的氢键数量与质量或者被分离化合物在流动相（溶剂）和固定相（凝胶）之间的分配进行分离。因此，Sephadex LH-20 在天然产物的分析分离和工业分离上得到了广泛应用。

1. 硅胶色谱分离纯化亚麻木脂素

（1）硅胶柱填充　先将 80～100 目的硅胶在 110℃下加热 5h 活化，然后用无水乙醇分散，湿法装柱，开管柱（3.0cm×30cm）底部用玻璃棉和海砂铺垫，然后将硅胶浆料缓慢倒入加有一定乙醇的柱中，不时拍打以避免气泡产生，填充至离柱顶 5cm 左右停止。用乙醇洗脱两个床体积，洗脱液分管收集，每管 12mL，在 280nm 下比色确定基线是否平直。

（2）进样洗脱　亚麻木脂素粗提液减压蒸干后，复溶在水饱和的正丁醇中，采用氯仿萃取三次，然后合并正丁醇相，减压浓缩，复溶在少量甲醇中。

将硅胶柱中的溶剂放出直至液面和床面平齐，沿柱壁缓缓加入样品溶液 8mL，然后再次放出溶剂直至液面降低到床面水平，加入少量洗脱溶剂（氯仿∶甲醇∶水＝65∶35∶10，体积之比，混合溶剂的上层），再次放出溶剂直至液面降低到床面水平，然后加入洗脱溶剂至液面高出床面 2cm 左右。调节洗脱速度至 4mL/min，分管收集，280nm 处比色，绘制洗脱曲线。根据出峰情况合并相邻的收集管。将合并后得到的各组分浓缩，回收洗脱溶剂，各洗脱组分用甲醇复溶，适当稀释后进行波长扫描，根据紫外吸收情况确定目标组分。将目标组分再次进样，以氯仿∶甲醇（85∶15，体积之比）洗脱一个床体积，然后更换洗脱溶剂为氯仿∶甲醇（75∶25，体积之比）洗脱两个床体积，洗脱液分管收集，并在 280nm 下比色，绘制洗脱曲线。根据洗脱曲线出峰及波长扫描情况合并相邻的收集管，回收 SDG，采用高效液相色谱-脉冲电流分析（HPLC-PAD）检测纯度，计算回收率。

2. 大孔吸附树脂法分离纯化亚麻木脂素

（1）大孔吸附树脂的预处理　将 X-5、HPD-400、D3520、AB-8、NKA-9 和 NKA 大孔吸附树脂分别用无水乙醇浸泡 24h，充分溶胀，轻轻搅拌树脂分散体系，将上浮的小颗粒倾倒出去，换新的乙醇溶剂，然后湿法装柱。用 2.5～5 床体积的乙醇以每小时 2 倍床体积的流速通过树脂层，洗至流出液加水不呈白色浑浊为止。从柱中放出少量的乙醇，加三份水观察至无白色浑浊现象为止，再用蒸馏水洗至无醇，抽滤，室温下浸泡于水中备用。

（2）亚麻木脂素静态饱和吸附量、吸附率　精确称取经预处理的树脂各

10g（以干重计，同时取适量进行水分含量测定），置于50mL具塞磨口三角瓶中，加亚麻木脂素粗提液20mL，每隔5min振摇10s，持续2h。然后静置24h，使其达到饱和吸附，吸取上层液，测定亚麻木脂素的质量浓度，计算树脂饱和吸附量和吸附率。

$$饱和吸附量(mg/g)=\frac{初始质量浓度(mg/mL)-吸附后质量浓度(mg/mL)}{树脂质量(g)}\times 吸附液体积(mL) \tag{6-1}$$

$$吸附率(\%)=\frac{初始质量浓度(mg/mL)-吸附后质量浓度(mg/mL)}{初始质量浓度(mg/mL)}\times 100\% \tag{6-2}$$

（3）亚麻木脂素解吸率测定　将上述吸附饱和的大孔吸附树脂水洗去除树脂表面残留的溶液，准确加入70%乙醇20mL，振摇24h，过滤，测定洗脱液中亚麻木脂素的质量浓度，计算洗脱率。

$$洗脱率(\%)=\frac{洗脱液质量浓度(mg/mL)\times 洗脱液体积(mL)}{饱和吸附量(mg/g)\times 树脂质量(g)}\times 100\% \tag{6-3}$$

（4）大孔吸附树脂的上样洗脱　吸取100mL亚麻木脂素粗提液上柱（2.0cm×20cm），预吸附1h，用水洗至流出液在280nm下无吸收，然后依次用10%、20%、30%和95%的乙酸溶液进行梯度洗脱，在280nm下无检出时更换洗脱液，流速2.0mL/min，分部收集，每管10mL。以收集的管数目为横坐标、280nm下的吸光值为纵坐标，绘制洗脱曲线。对出峰的收集管进行波长扫描，与SDG的紫外吸收图谱相对照，确定SDG洗脱峰的位置。根据出峰情况及波长扫描结果合并相邻收集管，检测SDG的含量和纯度，计算回收率。

3. Sephadex LH-20凝胶柱分离纯化亚麻木脂素

（1）Sephadex LH-20柱的填充和平衡　将100g Sephadex LH-20柱材料（20～110μm）充分溶胀于95%乙醇中，制成50%左右的悬浮体系，50℃下浸泡过夜，脱气30min。将色谱柱（1.6cm×100cm）与地面垂直固定在架子上，下端流出口用夹子夹紧，柱顶安装一个较大的漏斗，柱内充满脱气的95%乙醇，轻轻搅拌，将凝胶浆液贴着漏斗壁缓慢加入，使凝胶下沉于柱内，待凝胶颗粒水平上升到10cm以后，打开下面的夹子并控制流速使凝胶缓慢沉积到离柱上端2～3cm的高度为止，放置一段时间，拆除漏斗。一次装入色谱柱内后以95%乙醇平衡色谱柱，流速为10mL/min。待基线平直后进样。在更换不同浓度乙醇进行洗脱时，必须逐步更换乙醇浓度并脱气，以免凝胶床层进气。

（2）进样、洗脱及清洗　打开柱下端出口，将柱中的溶剂放出，直至液面和凝胶床面平齐，沿柱壁缓缓加入经 0.45μm 过滤的亚麻木脂素粗提液 2～3mL，再次放出溶剂直至液面和凝胶床面平齐，加入少量洗脱溶剂并再次打开下端直至液面降低到床面水平，然后加入洗脱溶剂至液面高出床面 2cm 左右。分别采用乙醇、50%乙醇（体积分数）或水作为洗脱溶剂，室温下以 0.8mL/min 的流速洗脱。检测波长为 280nm，7.5min/管，以收集的管数目为横坐标、280nm 下的吸光值为纵坐标，绘制洗脱曲线。对 280nm 下有紫外吸收的组分进行波长扫描，将扫描结果与 SDG 紫外吸收特征对照，初步判定 SDG 的出峰位置。将与 SDG 吸收特征相近的相邻组分收集合并，浓缩后再次进 Sephadex LH-20 分离。将 SDG 组分进样至 HPLC-PAD-MS 进行确认并检测含量及纯度，计算回收率。

2010 年，西北大学沈晓东对比了 NKA-9、HPD-400、X-5 三种大孔吸附树脂对于亚麻木脂素的静态吸附饱和量和解吸附的量，得出 X-5 型大孔吸附树脂对于亚麻木脂素的吸附和解吸附效果都相对其他两种树脂较好。影响大孔树脂吸附性能的因素包括极性、比表面积、孔径大小和水分含量等。在确定了 X-5 型大孔吸附树脂为亚麻木脂素最佳分离纯化介质后，研究了亚麻木脂素的上样浓度、上样流速对动态吸附的影响，最终确定上样浓度为 10mg/mL、上样流速为 0.5mL/min。通过以上实验最终确定了纯化工艺，亚麻木脂素提取液以 0.5mL/min 的速度通过 X-5 大孔吸附树脂色谱柱，然后用 60mL 的 20%乙醇以 1mL/min 的流速洗脱，得到亚麻木脂素粗提物中木脂素的平均百分含量为 80.64%，平均得率为 9.35%。

五、亚麻木脂素的检测

木脂素的检测方法主要有以下几种：UV 和 LC-MS、核磁共振、高效液相色谱法（HPLC）、磷钼酸显色法和薄层色谱法。Westcott 和 Muir 最早用 UV 和 LC-MS 方法、HPLC 方法对洗脱峰物质进行鉴定，得出木脂素的出峰时间。Johnsson 等人用核磁共振（^{1}H-NMR）的方法鉴定柱色谱洗脱液中的溶解物质，最终确定为开环异落叶松树脂酚二葡萄糖苷（SDG），纯度大于 99%。另外，他们在 Muir 等人的高效液相结论的基础上，对比出峰图谱，得出木脂素的含量。张文斌等人则用磷钼酸显色法测定木脂素，先用甲醇溶解开环异落叶松树脂酚标准品，配制不同浓度的标准品工作液，然后用紫外可见分光光度计进行波长扫描，确定最大吸收波长，并在最大吸收波长下测定各管的吸光值，以浓度对吸光值做标准曲线，最后测定样品中木脂素的吸光度，从而计算出浓度。S. M. Willfor 等人用硅胶 60 PF-254 制板，用二氯甲烷和乙醇按照 93∶7（体积之比）的比例作为展开剂，用 10%的硫酸乙醇溶液作为显色剂，在 150℃下加热 2min，可以得出不同木脂素的不同颜色斑点，另外，磷钼酸的醇溶液也可以作为显色剂，对样品进行检测。

色谱法是检测木脂素含量的主要方法。具体色谱方法的选择一方面取决于仪器的灵敏度和生物基体的复杂性；另一方面还需考虑目标化合物的结构和含量高低（表 6-2）。

表 6-2　亚麻籽中木脂素的分析方法

化合物含量/(mg/kg)	前处理过程		分析方法	文献
	提取	水解		
SECO:3700① MAT:11①	—	酶水解+2.0mol/L HCl，100℃	ID-GC-MS	Mazur 等(1996)
SDG:6100～13300① SDG:11700～24100②	dioxane：95%EtOH=1∶1(体积之比)	0.3mol/L NaOH	HPLC-DAD	Johnsson 等(2000)
SECO+ASECO:4160～12617①	—	1.5mol/L HCl,100℃	GC-MS	Liggins 等(2000)
ASECO:5900①	70% CH_3OH	2.0mol/L HCl,100℃	HPLC-UV	Charlet 等 2002
SDG:2275①	70% CH_3OH	1.0mol/L NaOH	HSCCC	Degenhardt 等(2002)
SECO:4957～10062① CouA:107～232① FeA:102～259①	—	0.1mol/L 甲醇钠+纤维素酶水解	HPLC-CEAD	Kraushofer 和 Sontag(2002)
(+)SDG:11900～25900② (−)SDG:2200～5000② CouAG:1200～8500② FeAG:1600～5000②	—	2.0mol/L NaOH	HPLC-DAD	Eliasson 等(2003)
SDG:14150～17950①	—	0.1mol/L NaOH	HPTLC	Coran 等(2004)
SDG:45800② CouAG:9500② FeAG:6700②	—	2.0mol/L NaOH	HPLC-DAD	Frank 等(2004)
SECO:2942① MAT:6①	70% CH_3OH	0.3mol/L NaOH+β-葡糖醛酸酶/硫酸酯酶	HPLC-MS/MS	Milder 等(2005)
SECO:3237① MAT:52①	70% CH_3OH	0.3mol/L NaOH+β-葡糖醛酸酶/硫酸酯酶	ID-GC-MS	Peñalvo 等(2005)
SDG:14000①	70% CH_3OH	0.1mol/L NaOH	LC-ESI-MS	Hano 等(2006)
SDG:16300③ CouAG:3800③ FeAG:4400③	MAE+70% CH_3OH	0.1mol/L NaOH	HPLC-UV	Beegmohun 等(2007)
SDG:5670～12960①	60% CH_3OH	1.0mol/L NaOH	HPLC-PAD	Chen 等(2007)

续表

化合物含量/(mg/kg)	前处理过程		分析方法	文献
	提取	水解		
SECO:1658①	ASE+70% CH_3OH	0.3mol/L NaOH + 0.01mol/L HCl	HPLC-MS/MS	Smeds 等(2007)
木脂素多聚体:74750③ HDG:2000③	63% EtOH	75mmol/L NaOH	HPLC-MS	Stuijs 等(2007)

①mg/kg 整粒亚麻籽；②mg/kg 脱脂亚麻籽粉；③mg/kg 压缩亚麻籽饼。

注：ASE：快速溶剂萃取；MAE：微波辅助萃取；DAD：二极管阵列检测器；PAD：脉冲电流分析检测器；CEAD：电化学阵列检测器；ID-GC-MS：同位素稀释气相色谱质谱。

ASECO：A 开环异落叶松树脂酚；CouA：对香豆酸；FeA：阿魏酸；dioxane：二氧六环。

木脂素为水溶性，其中的芳香环结构使它能吸收 250～270nm 波长的紫外光。因此，高效液相色谱（HPLC）紫外吸收检测器（UV）和二极管阵列检测器（diode array detector，DAD）常用于检测木脂素（Eliasson 等，2003）。近年来又有新的分析技术涌现，如利用 HPLC 结合电化学阵列检测器（coulometric electrode array detection，CEAD）来分析木脂素含量。该检测器比紫外检测器灵敏度高，适用于检测木脂素含量较低的样品。Nurmi 等（2003）使用 HPLC-CEAD 检测器分析了葡萄酒中木脂素的含量，其检测限介于 0.24ng/mL（ILC）至 1.20ng/mL（ASECO、MAT）之间。HPLC-CEAD 检测器还被用于检测人尿液和血浆中的木脂素（Nurmi 等，2003；Peñalvo 等，2004）。色谱-质谱联用技术的发展为木脂素结构的鉴定和含量的测定提供了更为便利的技术。Fritsche 等（2002）利用液相色谱-核磁共振-质谱联用（LC-NMR-MS）技术分离并鉴定了亚麻籽中 SDG 的顺反异构体的结构。高效液相串联质谱（LC-MS-MS）的灵敏度更高，测定固体样品中木脂素含量时最低检测限为 4～10μg/100g 干重，液体样品木脂素含量测定的最低检测限为 0.2～10μg/100mL（Milder 等，2004）。

由于木脂素结构中至少含一个羟基，故在使用气相色谱（gas chromatography，GC）分析前必须将其衍生化成四甲基硅烷（TMS）衍生物，从而提高目标物的挥发性、热稳定性和检测灵敏度。气相色谱-质谱（GC-MS）与稳定同位素稀释技术相结合的方法适用于多种植物和动物木脂素含量的测定（Adlercreutz 等，1995；Mazur 等，1996；Peñalvo 等，2005），该方法具有稳定、定性定量准确及灵敏度高等优点，但稳定同位素标记的木脂素标准品不易获得，故该方法很难得到推广。

亚麻籽木脂素主要的分析检测方法是高效液相色谱法（HPLC）。HPLC 具有分离效能高、分析速度快、选择性高和检测灵敏度高等优点，是目前亚麻籽木脂素最重要的一种分析方法。

Thompson 等人采用体外发酵技术，即将亚麻籽置于试管中，接入结肠细菌，亚麻籽中的植物木脂素在细菌的作用下转化为动物木脂素肠二醇和肠内酯，然后用气相色谱法测定试管中 END 和 ENL 的含量，再用高效液相色谱法测定试管中开环异落叶松树脂酚的含量，从而可测定亚麻籽中木脂素的总含量（ENL＋END＋SECO）。

Obermeyer 将亚麻籽加入到乙酸钠溶液中均质化，加入 β-葡萄糖醛酸酶酶解掉葡萄糖，用 C_{18} 制备柱纯化，最后用高效液相色谱法分析 SDG 的含量。

Mazur 和 Adlercruetz 将亚麻籽 SDG 提取物进行酸水解，水解掉葡萄糖残基，然后用同位素标记的气相色谱与质谱联用的方法（ID/GC/MS）分析 SDG。

Thompson 分别用高效液相色谱法及体外发酵法测定开环异落叶松树脂酚二葡萄糖苷（SDG）的含量。研究表明，高效液相色谱法测定的 SDG 的含量与体外试管发酵实验测得的木脂素的含量呈现出很好的线性关系。所以高效液相色谱法可以作为定量测定木脂素的方法，并且高效液相色谱法是一个简便快捷的方法，它不需要特殊的技巧，很容易反复测量，且能自动化。此外，还有用高效液相色谱与质谱联用的方法测定 SDG。HPLC 分析亚麻籽木脂素的条件见表 6-3。

表 6-3　HPLC 分析亚麻籽木脂素的条件

序号	色谱柱	检测波长 λ/nm	流动相	流速 q /(mL/min)	柱温 θ /℃
1	Ubondapak™C_{18} (30cm×3.9mm)	254	A 为体积分数 0.2% 的冰醋酸水相体系，B 为无水甲醇。最初 $V_A:V_B=55:45$，时间为 19～20min 以后的 $V_A:V_B=33:67$，21min 以后的 $V_A:V_B=0:100$	0.60	室温
2	Lichrospher C_{18} (2.1mm×250mm)	280	A 为体积分数 1% 的醋酸水溶液，B 为甲醇，洗脱梯度为 0～40min，$V_A:V_B=5:95$，40～55min，$V_A:V_B=55:45$，55～60min，$V_A:V_B=5:95$	0.30	30
3	Supelocosil™C_{18} (4.6mm×250mm)	280	A 为体积分数 2% 的冰醋酸水溶液，B 为无水甲醇。洗脱梯度为 0～19min，$V_A:V_B=55:45$，19～20min 以后，$V_A:V_B=0:100$	1.0	26
4	Hypersil(R)ODS2C_{18} 反相柱 (4.6mm×250mm)	280	A 为体积分数 0.1% 的醋酸乙腈，B 为含有 0.1% 醋酸的水，0～5min 时 B 为 95%～85%，5～25min 时 B 为 85%～70%，25～40min 时 B 为 70%～30%	0.3	25

此外，亚麻籽木脂素也可采用紫外分光光度法分析，也可加入显色剂显色

后用可见分光光度法测定，分光光度法的优点是分析速度快、成本低，适用于木脂素提取工艺研究。

张文斌等人对木脂素提取液加入 3 倍的体积分数为 5% 的磷钼酸乙醇溶液，在温度 80℃水浴中蒸去溶剂，将各管移入沸水浴中加热 15min 后流水冷却，加入 10mL 水，振荡至完全溶解，然后在波长 700nm 处进行定量测定，通过开环异落叶松树脂酚标准曲线求出木脂素含量。标准曲线的线性范围为 0.50～4.00μg/mL，精密度试验测定 RSD 的结果为 0.42%，表明方法的精密性较高，平均回收率达到 98.5%±1.0%，说明测定方法是可靠的。

第三节　亚麻木脂素稳定化的研究

研究表明，食用含有木脂素的食物对人体健康非常有益。植物雌激素在食物中的浓度极低，因此，想要从食物中获取足够的木脂素从而得到这些益处是非常困难或不可能的，想要提取足够纯的稳定的木脂素用于营养补充和医疗之目的还做不到。相比之下，亚麻籽中木脂素的含量较高，因而许多研究人员把注意力集中到亚麻籽木脂素提取方面。

一份研究报告提出了用甲醇/二氧杂环乙烷、甲醇、乙醇/二氧杂环乙烷、乙醇等溶剂从亚麻籽中提取、水解木脂素的方法。结果表明，乙醇/二氧杂环乙烷的提取效率最高（3.2mg SDG/g 亚麻籽）。然而，二氧杂环乙烷是剧毒的，从安全性和溶剂残留的角度来讲，使用二氧杂环乙烷作为溶剂存在一定问题。

美国专利（专利号为 NO.5，705，618）中提出了一种从亚麻籽中提取木脂素的方法。该方法需要昂贵的设备和冗长的纯化步骤，而且按照该专利中所提出的方法得到的几种植物雌激素要么容易降解，要么失去雌激素作用，而专利中又没有提出如何使这些极易吸潮而丧失稳定性的木脂素在分离和纯化后进行稳定化处理。

干燥后的木脂素暴露于空气中极易吸潮而形成胶状物质，这种含水物质能促进细菌繁殖。吸潮后，由于细菌的作用，使得木脂素极难处理而失去雌激素作用。在所查阅的文献中，有关木脂素稳定化研究的报道很少。

一、添加稳定剂

2005 年，中国农业大学的杨宏志博士报道了一种利用植物油和抗氧化剂来保持亚麻籽木脂素稳定化的方法。该研究的处理过程如下。

按照固液比为 6～10（W/V）的比例将脱脂亚麻籽粉与乙醇水溶液混合，比较适宜的提取时间为 12～36h，温度为室温。

提取后，复杂形式的植物雌激素溶解于乙醇水溶液中，经过滤后固液分离。再经一系列的过滤后，去除溶液中的残留颗粒，得到黄色溶液。

黄色溶液在60℃下减压蒸发去除乙醇，得到含有木脂素的水溶液。

含有木脂素等成分的溶液经碱水解后得到简单形式的木脂素。水解时间为1～2h，pH＝12～13，温度为60℃。水解后在溶液中加入适量的酸，使pH值调整至7～8，得到黄褐色溶液。黄褐色溶液经冻干后得到黄色晶体粉末。

按上述方法得到的晶体粉末在自然状态下极易吸潮，很容易从大气中吸收水分。因为木脂素的这一特性，使得它很难在储存过程中不吸收水分，因而使得到的木脂素变得不稳定，很难用于食品或药品的配方之中。为了防止吸湿变潮，在晶体粉末中加入植物油之类的稳定剂。稳定剂的加入量为粉末重量的20％～25％。

为了防止稳定剂氧化降解失去对木脂素的稳定作用，在粉末中再加入外生抗氧化剂，以使木脂素得到进一步稳定处理。外生抗氧化剂包括α-硫辛酸、维生素E、生育三烯酚类、类胡萝卜素等。

木脂素稳定化方法的特点如下。

① 所使用的步骤和设备简单。

② 提取的产品中除含有SDG以外，还含有其他的木脂素和有益化合物，如苯丙烯酸（肉桂酸）糖苷、氨基酸、肽和白花丹素戊二酸等。

③ 可以防止得到的产品吸潮变性，也可以免受细菌污染。

木脂素稳定化具体步骤如下。

① 脱脂亚麻籽粉在室温下（20℃）与70％（体积分数）的水乙醇在密闭容器中连续混合24h。

② 悬浮液用真空过滤器去除亚麻籽粉。

③ 所得溶液用中空纤维超滤装置进行澄清。

④ 溶液转移到蒸发器中加热到60℃，蒸发掉乙醇，得到水溶液。

⑤ 得到的水溶液用氢氧化钠调制至pH＝12～13，在60℃下水解2h。

⑥ 加入HCl使溶液调制至pH＝7～8。

⑦ 水溶液冻干成粉。

⑧ 按粉：油＝20：1的比例加入植物油，得到粉油混合物。

⑨ 混合物再按维生素E：植物油＝1：10的比例加入维生素E。

⑩ 混合物用磨粉机磨成粉，置于冷藏柜中保藏（4℃以下）。

二、微胶囊化

微胶囊技术的研究大约开始于20世纪30年代，取得重大成果是在20世纪50年代。传统的微胶囊制备方法从原理上大致可分为化学方法、物理方法和物理化学方法三类。利用物理机械的方法制备微胶囊的先驱者是美国人D. E. Wurster，在20世纪40年代末他首先采用空气悬浮法制备微胶囊，并成功地运用到药物包衣方面。至今仍常把空气悬浮法称为Wurster法。美国的NCR（国家现金出纳）公司的B. K. Green是利用物理化学原理制备微胶囊的先行者，20世纪50年代初他发明了用相分离复合凝聚法制备含油明胶为胶囊，取得了专利，并应用于制备无碳复写纸，在商业上取得了极大成功，由此开创了以相分离为基础的物理化学制备微胶囊的新领域。20世纪50年代末到60年代，人们开始研究把合成高分子的聚合方法应用于微胶囊制备，发表了许多以高分子聚合反应为基础的用化学方法制备微胶囊的专利，其中以界面聚合反应的成功最引人注目。20世纪70年代微胶囊制备技术的工艺日益成熟，应用范围也逐渐扩大。20世纪80年代以来，微胶囊技术的研究取得了更大的进展，不仅发表了许多微胶囊合成技术新专利，而且开发出粒径在纳米范围的纳米胶囊。微胶囊的应用范围已从最初的药物包覆和无碳复写纸扩展到医药、食品、农药、饲料、涂料、油墨、黏合剂、化妆品、洗涤剂、感光材料、纺织等行业，取得了较广泛的应用。

1. 微胶囊的定义

微胶囊技术是一种用成膜材料包覆在固体（也可以是气体和液体）表面上形成微小粒子的技术，这样能够保护被包裹的物料，使之与外界不宜环境相隔绝，达到最大限度地保持原有的色香味、性能和生物活性，防止应用物质的破坏与损失。被包在微胶囊内部的物质称为芯材，其大小一般在微米和毫米范围内。包裹在微胶囊外部的材料称为壁材，其厚度一般在0.2～10μm范围内。

在食品工业中，凡食品中的必要成分或需要添加的材料，如需要改变形状并保持其特定性能，都可作为芯材，它是微胶囊中起主要功能的物质。它可以是单一的固体、液体或气体，也可以是固-液、液-液、固-固或气-液混合物。

壁材是构成微胶囊外壳的材料，食品微胶囊壁材首先应无毒，符合国家食品添加剂卫生标准。它必须性能稳定，不与芯材发生反应，且具有一定的强度，耐摩擦、挤压，耐热等性能。最常用的壁材是天然高分子材料，如各种淀粉、糖、蛋白质和胶。

2. 微胶囊技术原理

微胶囊技术又称微胶囊化，是用特殊手段将固体、液体或气体物质包裹在一微小的、半透性或封闭胶囊内的过程。微胶囊可简单地看做由芯材和壁材组成，食品工业中芯材的范围很广泛，如维生素、色素、挥发性香料、风味物质、油脂、抗氧化剂、防腐剂、缓冲盐及无机盐等；此外，食品中一些不易贮存的或对其他组分产生不良影响的物质均可作为芯材。常用的壁材物质有蛋白类、植物胶类、纤维素类、缩聚物类、油类、无机盐类等，这些壁材既可单独使用，又可混合使用，同时还可添加一些增塑剂、表面活性剂、色素等改良剂来提高品质。食品工业中，壁材的选用需根据产品的黏度、渗透性、吸湿性、溶解性及澄清度等因素来决定，并要求无毒、无臭，对芯材无不良影响。

3. 微胶囊的制备方法

用于微胶囊化的方法很多，但真正可用于食品工业的微胶囊方法则需符合以下条件。

① 能批量连续化生产。

② 生产成本低，能被食品工业接受。

③ 有成套相应设备可引用，设备简单。

④ 生产中不产生大量污染物，如含化学物或高浓度 COD、BOD 的废水。

⑤ 壁材是可食用的，符合食品卫生法和食品添加剂标准。

⑥ 使用微胶囊技术后确实可简化生产工艺，提高食品质量（外观、口感或延长货架期）。

因此，目前能在食品工业中应用的方法只有几种。

（1）喷雾干燥法　喷雾干燥是一种较早采用且实用的制备微胶囊的技术方法之一，是微胶囊技术中应用最广泛的方法，以致有人误把该方法视为微胶囊技术。其主要工艺方法是：首先将芯材物质分散在已经液化的壁材溶液中混合均匀，然后将此混合液送到喷雾干燥设备的雾化器中，分散液则被雾化成小液滴，液滴中所含溶剂迅速蒸发而使壁材析出成囊。

喷雾干燥法除具有成本低廉、工艺简单且易于实现大规模工业化生产，由于喷雾干燥的干燥速度快，而且物料的温度不会超过气流的温度，因此对一些热敏性物料很适用等特点外，还具有以下几个显著特点。

① 与其他方法相比，此法可连续生产，且批量可大可小，班产量可由数千克到数百千克，甚至以吨计。

② 生产操作简单，只有两三个关键工序，食品行业的技术及管理人员易于接受。

③ 全部生产设备是食品工业常用设备。无专用设备，很易实现生产。中小型奶粉厂略加改造即可投产。

④ 该方法是最简便经济的把液体原料粉末化的方法。食品工业中用量最大的粉末香精、粉末油脂都用此法生产，其他如维生素等材料也可用此法处理。

⑤ 该法生产过程中无废水、废物产生，是最符合环保要求的方法，而其他有些方法会产生含酸、醛等有机物的废水，增加了水处理费用。

喷雾干燥法最适用于亲油性液体物料的微胶囊化，芯材的憎水性越强，包埋效果越好。它的壁材易溶于水，所以复水后壁材立即溶解，芯材得以立即全部释放。它不适于缓释的要求。喷雾干燥过程很短，只有数秒，生产又是连续进行，产品可免于长时间受热，因而更适用于许多热敏性材料。

喷雾干燥法的主要缺点是：包埋率低，芯材有可能黏附在微胶囊颗粒的表面而影响产品的质量；设备造价高、耗能大。

尽管有这两方面的缺点，但由于它的突出特点，今后喷雾干燥法仍会占主导地位，而且经过不断研究开发，会有更多材料使用该法加工，壁材也会越来越丰富，促使该方法更广泛使用。

① 喷雾干燥法原理和工艺流程　在喷雾干燥时，低沸点物质会挥发，热敏物质会破坏而损失。实际上，只要工艺恰当，干燥过程可脱去90%的水而囊心物质几乎完全保留。

物料的干燥可分三个阶段，即极短的初期加热阶段：恒速干燥阶段、降速干燥阶段。在恒速干燥阶段，由于液滴表面为水蒸气所饱和，其表面温度不超过100℃；而且水分蒸发要吸收大量热量，因而使得囊心远远低于100℃。加之整个干燥时间只有数秒，因而囊心基本不会因为过热而损失。但是，囊心物质由于受热并且与表面存在浓度差，将会透过囊心物质向表面扩散，以致暴露热风中而蒸发损失；然而，当到达恒速干燥的终点时表面水分下降至7%～23%，表面将形成一个“硬壳”，它具有半透性，可以阻止大分子（囊心）物质的扩散，而水分却能通过它而继续蒸发，干燥。这一硬壳（微胶囊的壁）实际上是一种亚稳态的无定形结构（玻璃态）。处于玻璃态的壁对于囊心（有机物）无通透性。食品微胶囊的壁材中含有蔗糖和（或）高聚物，随着壁材水分含量的下降，其玻璃态相变温度也随之下降，并随着玻璃化相变过程形成无定形结构。玻璃态的壁对于有机物（囊心）及氧气（外部）的通透率极低，而对水分仍保持一定的通透性。这就是著名的“选择渗透理论”。这就使得囊心物不会向外扩散而损失，而外界的氧也不会扩散入囊心而造成氧化变质。同时也可发现，囊心的损失仅仅发生于恒速干燥阶段。因而可以通过控制工艺参数而尽可能缩短恒率干燥阶段。例如，可提高进料的固形物含量和黏度，这一方面降低了间质中水分含量，缩短干燥时间；同时，由于黏度增高，囊心物的扩散速度下降，也可以提高进风温度和出风温度。喷雾干燥法制备微胶囊的工艺流程如图6-11所示。

② 喷雾干燥微胶囊化工艺过程

a. 乳状液的制备　首先应选择合适的载体（壁材），壁材应具有如下特点：优良的乳化性质，成膜性能好；黏度低，吸湿性低，溶解或分散性好；味道平淡；价格便宜，来源广泛。使用最多的是一些食品级亲水胶体，如明胶、

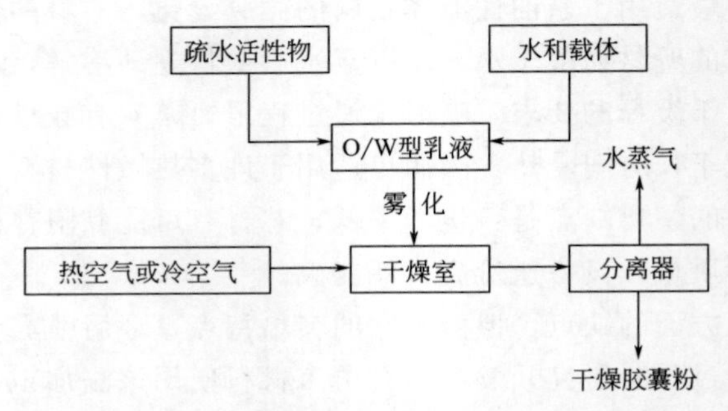

图 6-11　喷雾干燥法制备微胶囊的工艺流程

植物胶、变性淀粉、非凝胶蛋白和麦芽糊精等。然后将壁材溶于水中，尽可能使固形物浓度达到一最佳值（一般是达到最大溶解度）。因为当加入的固形物含量高时，将有利于提高干燥过程中囊心材料（特别是易挥发物）的保留率。一旦壁材溶解后，即可加入囊心材料。再加入乳化剂，经均质处理，制得稳定的分散体系（水包油乳状液），而且均质程度与囊心材料的保留率有直接关系。

b. 料液的雾化　常用的雾化器包括压力喷嘴式及离心转盘式两种。一般离心适用于高黏度物料，而压力式则可更灵活地处理较大粒径的液滴。雾化参数对于液滴及产品粉末的大小分布有重要影响。尽管在料液固形物含量很高时，液滴大小对于囊心保留率并无多大的影响，然而，为了改善流动性和可分散性，还是倾向于制取大颗粒的粉末，这可通过采用大孔喷嘴/低压（压力式）和高固形物含量、高黏度、低转速（离心式）来达到，必要时还可采用造粒技术。

c. 雾滴的脱水过程　雾滴在干燥塔内的气流中下降时（可假定其形状是球形的），间质（水相膜）中的水分受热蒸发而逐渐干燥。对于易挥发物，宜采用并流进风，以提高干燥速度，使囊心不过分受热。

d. 产品收集及造粒　干燥颗粒通过旋风分离器收集、过筛后，在防潮容器内保存。这样得到的产品粒子很细，一般小于 10μm，密度较低，给进一步的加工带来困难，且容易发生其他组分的“自分离”现象。因此，必要时可采用造粒工艺，将粉末置于不断振动的输送带上喷与蒸汽，粒子吸湿相互粘连聚集，再经过干燥，就可制得较大颗粒的微胶囊粉末。

影响微胶囊产品质量的工艺参数应包括以下各项：ⓐ料液的固形物含量；ⓑ囊心物质的分子量及蒸气压；ⓒ壁材的种类及分子量；ⓓ囊心物质的浓度；ⓔ进料的黏度；ⓕ热风速度；ⓖ进风、出风温度；ⓗ进风湿度；ⓘ雾滴大小；ⓙ进料温度等，尤其应注意避免产品表面开裂。因为大量的研究表明，微胶囊的表面油含量过高和风味物质保留率低的问题，主要原因是干燥过程中颗粒表面的收缩开裂。在实际生产中，必须适当地选择和控制相关的参数，以最终通过喷雾干燥制得满意的产品。

（2）喷雾冷却法　喷雾冷却的原理正好与喷雾干燥相反，它是将物料以微滴形式喷雾于冷却室中，利用冷空气使液体状态的壁材冷却，从而固化之后包裹在芯材外面形成微胶囊，一般用于喷雾冷却的壁材有蜡质固体脂等，芯材为油不溶性物质如矿物质、酶、水溶性维生素等。

（3）界面聚合法　将两种活性单体分别溶于不同的溶剂中，当一种溶液被分散在另一种溶液中时，相互间可发生聚合反应，该反应是在两种溶液界面间进行的，界面聚合法已成为一种较新的微胶囊化方法。利用界面聚合法可使疏水材料的溶液或分散液微胶囊化，也可使亲水材料的水溶性或分散液微胶囊化。界面聚合法微胶囊产品很多，例如微胶囊化甘油、药用润滑油、胺、酶、血红蛋白等产品。

（4）复凝聚法　用两种带有相反电荷的物质作壁材，芯材分散其中，改变pH值、温度或溶液浓度，使带异种电荷的两种胶体之间由于电荷的电中和作用而溶解度下降，凝聚成微胶囊析出。优点：对非水溶性芯材具有高效、高产的特点。缺点：成本高。适于非水溶性的固体粉末或液体的包囊。

（5）包接络合法　包接络合法又称分子包埋法，利用具有特殊分子结构的壁材进行包埋而成。如常用的β-环糊精进行分子包埋取得了令人满意的效果。β-环糊精是由7个吡喃型葡萄糖分子以α-1,4-糖苷键连接成环状化合物，其外形成圆台状，亲水性基团分布在表面而形成亲水区，内部的中空部位则分布着疏水性基团（疏水中心），疏水中心可与许多物质形成包接络合物，将外来分子置于中心部位而完成包埋过程。

包接络合法的方法较简单，一般将β-环糊精配制成饱和溶液，加入等物质的量的芯材，混合后充分搅拌30min，即得到所需络合物。对一些溶解度大的芯材分子，其络合物在水中的溶解度也比较大，可加入有机溶剂促使析出沉淀，对不溶于水的固体芯材，需先用少量溶剂溶解后，再混入β-环糊精的饱和溶液中。

（6）空气悬浮法　空气悬浮法又称硫化床法或喷雾包衣法，其工作原理是将芯材颗粒置于硫化床中，冲入空气使芯材随气流做循环运动，溶解或熔融的壁材通过喷头雾化，喷洒在悬浮上升的芯材颗粒上，并沉积于其表面。这样经过反复多次的循环，芯材颗粒表面可以包上厚度适中且均匀的壁材层，从而达到微胶囊化的目的。

2008年，张旭等人选用明胶、阿拉伯胶、大豆分离蛋白、β-环糊精等四种材料作为主要壁材，利用喷雾干燥的方法对提取得到的五味子木脂素进行了微胶囊化处理。实验得到五味子木脂素微胶囊配方最佳参数为β-环糊精/阿拉伯胶为1∶2、芯材/壁材为2∶1、总固形物含量为30%。经优化的配方和工艺制成的五味子木脂素微胶囊，喷雾干燥过程中无粘壁现象，芯材的包埋率为75.6%；气味纯正，无异味；颜色呈浅褐色；颗粒细腻、均匀，大多呈球状；不结块，水分含量为1.83%，流动性好，溶解度为97.8%。

第四节　亚麻木脂素的应用

一、亚麻木脂素在食品中的应用

研究表明，木脂素特别是开环异落叶松树脂酚和马台树脂醇具有消炎或防衰老性能的功效，可作为一种健康的食品添加剂。从亚麻籽中提取的木脂素以粉末、片剂或糖浆、果汁的形式作为蛋黄酱、冰激凌、奶油代用品；也可在含抗皱剂的保健饮料、运动饮料、巧克力、糖果、烘焙食品以及汤、谷物、调味料等的添加剂和作为食品表皮的抗皱剂包衣等方面有独特的应用。食品中加入这些木脂素不仅可使产品质量，特别是这些产品的稳定性（抗氧化性能）提高，同时可改善食品的口味（固有风味）和物理结构（交联），使其营养价值也得到提高。目前荷兰联合利华有限公司已就木脂素在生产具有消炎或防衰老性能的食品中的用途申请专利。WO 99/07239 提出将亚麻籽木脂素用于旨在减轻与绝经妇女有关的问题的功能食品中。WO 00/19842 公开了亚麻籽富含木脂素的摩擦碎片用于食品中，可以改变该食品的口味、结构或色彩，同时可增加人体对纤维的摄取。可见木脂素在功能食品中的应用前景十分乐观。

二、亚麻木脂素在临床医学中的应用

由于木脂素具有抗病毒活性、抗有丝分裂活性和杀真菌活性以及强的抗氧化特性，对减少激素依赖的癌症（如乳腺癌、前列腺癌、结肠癌）、心血管疾病（动脉粥样硬化）及Ⅰ型、Ⅱ型糖尿病均有预防或抑制作用。它可以有效遏制促使癌生成的有害化学物质，抑制人体乳房癌、结肠癌、前列腺癌细胞的生长，减少肿瘤的大小和减少其产生的概率，在临床上从亚麻籽中提取的SDG用于抗肿瘤以及预防结肠癌、前列腺癌、胸腺癌、糖尿病、狼疮性肾炎、动脉硬化，特别是动脉粥样硬化以及Ⅰ型和Ⅱ型糖尿病、妇女激素紊乱包括绝经妇女出现的骨质疏松症、高血压、抑郁症、肥胖、潮热等症状的辅助治疗。艾尔康母生物技术株式会社已申请专利用于预防和治疗神经变性疾病的含二苯并环辛烷木脂素衍生物的药物制剂。盐野义制药株式会社也已申请了专利生产木脂素类化合物及其胺盐，用于治疗动脉硬化，特别是动脉粥样硬化。US 5837256 公开了开环异落叶松树脂酚和开环异落叶松树脂酚二糖苷以基本上纯的形式用于治疗狼疮性肾炎、患者免疫系统攻击其自身器官的自身免疫疾病的

用途。US 6039955 公开了用于治疗炎症的试剂中木脂素去甲二氢愈创木酸（NDGA）。EP. A. 906761 公开了木脂素用于预防结肠癌、前列腺癌、胸腺癌以及降低潮热、预防骨质疏松症、抗病毒活性、抗有丝分裂活性和杀真菌活性的用途，所有这些研究为 SDG 在医学领域的应用提供了理论依据和实践基础。

三、亚麻木脂素在化妆品中的应用

在化妆品方面的应用，主要是应用木脂素具有强的抗氧化特性。木脂素作为化妆品中的媒介物或抗老化活性剂在防止或治疗肌肤老化，特别是肌肤松弛、缺乏弹性、减少皱纹形成，使肌肤更富弹性以及防止或治疗肌肤干燥，保持肌肤润泽，改善皮肤外表的化妆品方面应用前景广阔。法国 OREAL、RENAULTBEATRICE、CATROUX PHILIPPE 联合申请了专利，着手这一领域的开发。

第七章

亚麻籽的脱毒

第一节　亚麻籽毒素成分

一、引言

亚麻籽是我国的大宗油料作物之一，富含 α-亚麻酸和木脂素等功能因子，是一种优质的蛋白质资源。但以生氰糖苷为主的抗营养因子限制了亚麻蛋白在食品和饲料工业中的应用，长期进食亚麻籽或亚麻粕，这些抗营养因子将对人体和家畜产生不利的影响。亚麻籽中的抗营养因子包括生氰糖苷（在适宜条件下释放 HCN）、亚麻亭（一种维生素 B_6 抑制剂，会造成体内维生素 B_6 的缺乏）、一种产氨基乙酸的胰蛋白酶抑制剂、植酸（一种金属离子螯合剂）和酚类化合物（与蛋白质不可逆转的结合，从而降低蛋白质的消化性能）等抗营养因子或毒性物质。正是因为生氰糖苷和抗维生素 B_6 的存在限制了亚麻籽在食品和家禽饲料方面的应用。生氰糖苷有较好的水溶性，容易水解，水浸可去除产氰食物的大部分毒性，因此类似杏仁的核仁类食物及豆类在食用前大都需要较长时间的浸泡和晾晒。在完整的植物体内，生氰糖苷不会受到水解酶的作用，不会形成游离的氢氰酸，当植物组织受到损伤或被动物采食咀嚼破碎后，生氰糖苷与其水解酶接触，遂发生酶促水解反应，产生毒性物质氢氰酸。因此，研究人员已经进行了许多研究以去除亚麻籽中的生氰糖苷。另外，亚麻籽产生的毒性化合物中的抗维生素 B_6 可通过添加维生素 B_6 而使其毒性得以抑制。因此，如何降低亚麻籽中生氰糖苷的含量便成为亚麻籽脱毒的主要目的。

二、生氰糖苷的组成、含量及结构特性

生氰糖苷（cyanogenetic glycosides）亦称氰苷、氰醇苷，是由氰醇衍生

物的羟基和D-葡萄糖缩合形成的糖苷。生氰糖苷的种类很多，迄今已报道的多达75种，常见的有亚麻苦苷（linamarin）、蜀黍苷（durrin，或称叶下珠苷）、百脉根苷（lotaustralin）、巢菜苷（vicianin，或称野豌豆苷、毒蚕豆苷）、苦杏仁苷（amygdalin）等。生氰糖苷主要存在于亚麻籽的壳和仁中，亚麻籽中的总生氰糖苷含量高达365～550mg/100g。亚麻籽中的生氰糖苷主要有二糖苷（bioside）和单糖苷（monoglycoside）两类，其中二糖苷为β-龙胆二糖丙酮氰醇（linustatin，LN）和β-龙胆二糖甲乙酮氰醇（neolinustatin，NN），单糖苷为亚麻苦苷（linamarin）和百脉根苷（lotaustralin）。亚麻籽中二糖苷含量较多，分别为0.17%和0.19%，单糖苷含量较少。亚麻籽中生氰糖苷的含量与亚麻品种、种植方式、气候等因素有关。完全成熟的籽极少或完全不含亚麻苦苷；油用亚麻籽亚麻苦苷含量较少；纤维用亚麻籽由于其收获较早（一般在籽成熟前收获），其籽中亚麻苦苷含量较高。亚麻籽含油越多，生氰糖苷含量越少；含油越少，生氰糖苷含量越高。据Oomah等人对10个亚麻籽品种的测定，亚麻籽中的亚麻苦苷、β-龙胆二糖丙酮氰醇、β-龙胆二糖甲乙酮氰醇的含量分别为13.8～31.9mg/100g、213～352mg/100g、91～203mg/100g。Smith等人用NMR对亚麻籽生氰糖苷成分进行分析得出了各组分的分子结构，结果表明各组分均含有一个氰基。亚麻苦苷、β-龙胆二糖丙酮氰醇、β-龙胆二糖甲乙酮氰醇的结构如图7-1所示。

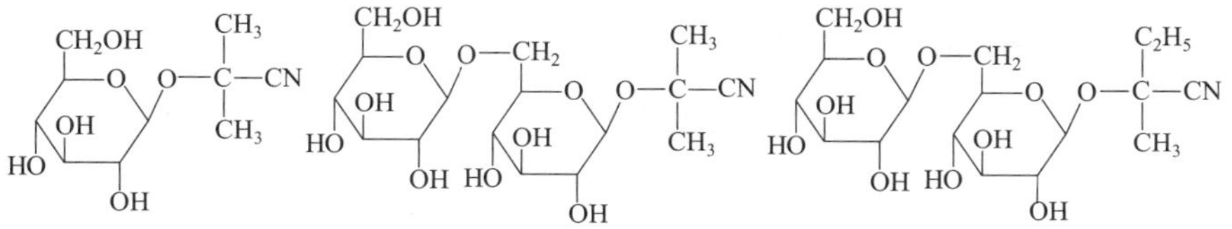

亚麻苦苷　　β-龙胆二糖丙酮氰醇　　β-龙胆二糖甲乙酮氰醇

图7-1　亚麻籽中生氰糖苷各组分的分子结构

三、生氰糖苷的理化性质

生氰糖苷多数溶于水，容易水解。其中β-龙胆二糖丙酮氰醇的熔点为123～125.5℃；β-龙胆二糖甲乙酮氰醇的熔点为190～192℃；从木薯中分离出的亚麻苦苷为无色晶体，熔点为139～141℃。生氰糖苷本身不呈现毒性，在完整的植物体内，生氰糖苷不会受到水解酶的作用形成游离的氢氰酸。但含有生氰糖苷的植物被动物采食、咀嚼后，植物组织的结构遭到破坏，在适宜的条件下（有水存在，pH值为5左右，温度40～50℃），生氰糖苷经过与其共存的水解酶的作用，水解产生氢氰酸（HCN）而引起动物中毒。

生氰糖苷的水解反应通常由酶催化进行，在含有生氰糖苷的植物中都存在能水解生氰糖苷的酶，即β-葡萄糖苷酶和α-羟腈裂解酶。前者的最适pH值为4.0～6.2，等电点为pH 4.0～5.5；后者的最适pH值为5.0～6.5，等电点为pH 3.9～4.8。在正常情况下，生氰糖苷和水解酶存在于不同的部位，并不能接触，因此不会引起氢氰酸的释放。生氰糖苷产生氢氰酸的反应由两种酶共同作用（见图7-2），首先由β-葡萄糖苷酶水解生氰糖苷的β-糖苷键，生成α-羟腈和葡萄糖。随后，α-羟腈在α-羟腈裂解酶作用下水解，产生羟腈酸及相应的羰基化合物（醛或酮）。在α-羟腈的α-碳原子上，由于同时连有羟基（—OH）和氰基（—CN）这两个电负性很强的基团，所以是不稳定的，可自动分解产生氢氰酸和羰基化合物。α-羟腈不但可以自动分解，而且α-羟腈裂解酶可以加速反应的进行。据研究，α-羟腈在pH 1～5时很容易自行分解，但如果pH>6.0，则很难分解。组织捣碎后匀浆的pH值为5.0，因此在生氰作用中需要羟腈裂解酶。对于生氰糖苷的水解反应，一般可用光谱分析法测定反应中产生的羰基化合物，也可用β-葡萄糖苷酶作用后，再通过葡萄糖氧化酶测定反应中释放的葡萄糖。只有在生氰植物的组织破坏后，使生氰糖苷与其水解酶接触，生氰糖苷水解速度才比较明显。这就暗示在完整的植物体内，生氰糖苷与水解它的酶存在着空间上的隔离。如果底物和酶都缺乏，则压碎的组织就不产生氢氰酸。在某些情况下，只有生氰糖苷存在于某些植物中，一旦有促使其分解的因子（酶或化学因子），生氰糖苷便会分解，释放出氢氰酸，这便是食用新鲜植物引起氢氰酸中毒的原因。

$$\text{生氰糖苷} + H_2O \xrightarrow{\beta\text{-葡萄糖苷酶}} \alpha\text{-羟腈} + \text{葡萄糖}$$

$$\alpha\text{-羟腈} \xrightleftharpoons{\alpha\text{-羟腈裂解酶}} HCN + \text{羰基化合物}$$

图7-2　生氰糖苷产生氢氰酸的过程

Haisman和Butler指出，作用于生氰糖苷的β-葡萄糖苷酶对配糖体具有高度的底物专一性。例如，作用于芳香族生氰糖苷（如prunasin和durrin）的酶对脂肪族生氰糖苷（如linamarin和lotaustralin）的活性就很低。生氰糖苷除可进行酶解外，还可进行化学水解。生氰糖苷的β-葡萄糖苷对酸是不稳定的，在达到裂解温度后，稀酸就可将此键破坏，产生糖和特定的α-羟腈。不稳定的α-羟腈又解离产生氰糖苷和相应的羰基化合物。稀酸的水解产物与酶解产物是相同的。例如amygdalin在1mol/L盐酸中，温度大于60℃时便很快水解。在温和的碱性条件下，生氰糖苷水解成糖苷酸和氨（NH_3）。但durrin对稀碱不稳定，在室温下迅速分裂成氢氰酸、葡萄糖和对羟基苯甲醛。这个反应可用于测定高粱和苏丹草中含氰势的高低。生氰糖苷的α-碳原子是不对称碳原子，在碱性条件下很容易发生构型转化，所以在分离提取时要很小心。

四、生氰糖苷的代谢

现在已知，几乎所有的生氰糖苷都是从 5 种蛋白质氨基酸（L-苯丙氨酸、L-酪氨酸、L-缬氨酸、L-异亮氨酸和 L-亮氨酸）转化形成的。从前体和产物的关系中可知，氨基酸在形成生氰糖苷的过程中，失去了羧基碳原子，氨基氧化形成氰基（—CN），β-碳原子被羟化后又糖苷化，这是通过用^{14}C和^{15}N标记氨基酸进行研究得出的结论。目前，对生氰糖苷的生物合成途径还不完全清楚，在植物体内，生氰糖苷的代谢转化非常活跃。Abrol 和 Conn 以^{14}C标记的氨基酸饲喂生氰植物，发现^{14}C大量结合到天冬酰胺的酰胺碳原子中，这表明生氰糖苷既在合成又在分解，在完整的植物体内产生的氢氰酸又经 β-腈丙氨酸合成酶和 β-腈丙氨酸水解酶的顺序作用转化成天冬酰胺。β-腈丙氨酸合成酶在氢氰酸的解毒中起着重要的作用。Miller 和 Conn 在 16 种生氰和非生氰的植物中测定了 β-腈丙氨酸合成酶、甲酰水解酶和硫氰酸酶的含量（这三种酶均以 HCN 为底物），结果发现在所测定的植物中都有 β-腈丙氨酸合成酶，在强生氰的种内其含量显著较高，但发现非生氰植物也含有此酶。在 4 个种内有硫氰酸酶，但只有其中 2 个是生氰的。在所测定的植物中是否有甲酰水解酶，还不能肯定。这些结果暗示在生氰植物中，β-腈丙氨酸合成酶在 HCN 的解毒上起着很重要的作用。但非生氰的植物也含有此酶，原因不详。

五、生氰糖苷的致毒作用

生氰糖苷的毒性主要是氢氰酸（HCN）和醛类化合物的毒性。HCN 是一种具有苦杏仁味的无色易挥发性有毒化合物，熔点－14℃，沸点 26℃。易溶于水或乙醇，可溶于醚。它的水溶液呈弱酸性，通常称之为氢氰酸或普鲁士蓝酸，它的盐被称为氰化物。氢氰酸可直接由氨和一氧化碳合成，或由氨、氧及空气合成。它是用煤生产焦炭过程中的一种副产品，可从焦炭炉的排出气体中得到（通常伴有硫化氢）。还可通过使氰化物（如氰化钙等）与强酸（如硫酸）之间的反应而得到，也可通过甲酰胺的热分解而得到。因为不纯的氰化氢会自发地产生爆炸性聚合而分解，所以要在其中加入少量的稳定剂（通常是磷酸）。氢氰酸通常用于丙烯腈、甲基丙烯酸盐和己二腈等有机化合物的生产，这些化合物可用于生产合成纤维和合成塑料。氢氰酸一般用于实验室，也可作为熏剂用于农业。在自然界中，氢氰酸存在于某些植物材料中，如苦杏仁、桃核、樱桃和月桂树叶及高粱属植物等。它通常与糖苷分子结合，在代谢中通过酶的裂解作用而得以释放。氢氰酸被吸收后，随血液循环进入组织细胞，并透过细胞膜进入线粒体。氢氰酸的毒性作用在于氰离子（CN^-）能迅速与氧化型细胞色素氧化酶的三价铁（Fe^{3+}）结合，生成非常稳定的高铁细胞色素氧化酶，使其不能转变为具有二价铁（Fe^{2+}）的还原型细胞色素氧化酶，致使细胞色素氧化酶失去传递电子、激活分子氧的功能，使组织细胞不能利用氧，形成"细胞内窒息"，导致细胞中毒性缺氧症。由于中枢神经系统对缺氧最为敏感，而且氢氰酸在类脂质中溶解度较大，容易透过血脑屏障，所以中枢神经系统首先受害，尤以呼吸中枢及血管动物中枢为甚，临床上表现为先兴奋后抑制。呼吸麻痹是氢氰酸中毒的最严重的表现和致死的主要原因。目前已发现 CN^- 可抑制 40 多种酶的活性，其中大多数酶的结构中都含有铁和铜，因为 CN^- 与铁离子、铜离子有高度亲和力。但以细胞色素氧化酶对 CN^- 最敏感，由于组织细胞中毒性缺氧，组织细胞不能从毛细血管的血液中摄取氧，这时静脉和动脉的血氧差自正常的 4%～5%降至 1%～1.5%，因此，静脉血和动脉血一样呈现红色，故在中毒初期，动物的可视黏膜呈鲜红色。如果病程延长，呼吸受到抑制和氧的摄取受到限制，血液才变成暗红色，此时才出现可视黏膜发绀，这一点在临床上具有诊断价值。

生氰糖苷的急性中毒症状包括心律紊乱、肌肉麻痹和呼吸窘迫。在急性中毒情况下，氰化物（HCN 或 KCN）是由哺乳动物的上消化道迅速吸收到体内的，一旦进入血液循环，就可能造成中毒死亡。这是由于氰化物与细胞呼吸有关的酶有很强的亲和力。当细胞色素氧化酶与氰化物结合时，就不能再与 O_2 起反应了，导致细胞有氧呼吸中止，缺氧造成死亡，其中中枢神经是最敏感的部位。口服氢氰酸，对人的致死剂量为 0.5～3.5mg/kg 体重，如为 KCN，则为 1.0～7.0mg/kg 体重。服用剂量较大时，几分钟内即可使人死亡。

氢氰酸除能引起急性中毒外，长期少量摄入含氰苷的食物也能引起慢性中毒，主要表现为甲状腺肿大及生长发育迟缓。在非洲，由于大量食用含氰的木薯制品，造成当地人甲状腺肿大和侏儒症，其中毒机理是由于 CN^- 在动物体内经硫氰酸酶的催化作用转化为硫氰酸盐。硫氰基（SCN^-）由于和碘离子（I^-）有相似的摩尔体积及电荷，在甲状腺腺泡细胞聚碘过程中可与 I^- 竞争，从而减少了甲状腺腺泡细胞对碘的浓聚，导致机体甲状腺激素的合成和分泌减少。根据甲状腺机能调节系统（下丘脑-腺垂体-甲状腺轴）的调节机制，当血液中甲状腺激素的浓度降低时，通过负反馈作用，使腺垂体分泌大量促甲状腺激素（TSH）。TSH 持续不断地作用于甲状腺，从而使甲状腺腺泡细胞呈现增生性变化，形成甲状腺肿。

六、生氰糖苷的生物合成

1960 年，Akazawa 等在高粱中发现了生氰糖苷生物合成途径，随后在海韭菜、木薯、日本百脉根等植物中也发现了此合成途径。Bak 等之后在白花菜目中发现了硫代葡萄糖苷（glucosinolate）途径和烯氰糖苷（cyanoalkenyl glucoside）途径，硫代葡萄糖苷和烯氰糖苷是生氰糖苷的重要衍生物，功能相似。生氰糖苷合成过程中涉及了三大类酶，分别属于 CYP79、CYP71 家族的两种细胞色素 CYP450（也称 P450）及葡萄糖转移酶 UGT85B1。CYP450 是一类以还原态与 CO 结合后在波长 450nm 处有吸收峰的含血红素的单链蛋白质。CYP450 基因是一类古老的基因超家族，根据 CYP450 氨基酸序列的相似性分类命名为家族（CYP1，2）、亚家族（A，B）、单个基因（A1，2），所编码的氨基酸序列同源性分别为大于 40%、55%和 97%。在模式植物高粱中，生氰糖苷的合成途径为：在 CYP79A1 的催化下，L-酪氨酸（L-tyrosine）的氮端被羟基化，经脱水和脱羧化反应生成相应的乙醛肟，即对羟基苯乙醛肟（phydroxyphenylacetaldoxime）；在 CYP71E1 的催化下，对羟基苯乙醛肟经脱水反应及碳端羟基化后转变为醇腈，即对羟基苯乙醇腈（*p*-hydroxymandelonitrile），随后经过糖苷转移酶 UGT85B1 糖基化为蜀黍苷。

CYP79A1 活性低于 CYP71E1，表明 CYP79A1 催化蜀黍苷生物合成具有限速作用。CYP71E1 不稳定，容易在室温下降解，因此通常需在低转速情况下被分离。并且对底物的要求不是很严，能有效地代谢芳香族氧化物，但对脂肪族氧化物代谢较慢。UGT85B1 为 UDP-葡萄糖基转移酶（UDP-glucosyltransferase），在生氰糖苷合成过程中，UGT85B1 能把有毒的对羟基苯乙醇腈迅速糖基化，防止其分解成氰化氢和对羟基苯甲醛（phydroxybenzaldehyde）。

不同植物中，催化生氰糖苷生物合成的酶是不同的，但都是由 CYP79 同源基因编码，并与高粱上的 CYP79A1 具有功能上的相似性。如在木薯中，催化生氰糖苷合成第一步的酶是 CYP79D1 和 CYP79D2，在日本百脉根中则是 CYP79D3 和 CYP79D4，两种酶在同一植物中有相同的催化参数并进行共表达。海韭菜中的 CYP79E1 和 CYP79E2 生成两种生氰糖苷——红豆杉氰苷（taxiphyllin）和海韭菜苷（triglochinin）。不同植物中合成生氰糖苷的部位有所差异。例如高粱 CYP79A1 主要表达于幼苗；日本百脉根 CYP79D3 主要表达在叶子，而 CYP79D4 在根组织上表达相对低，表明生氰糖苷的积累发生在顶端组织。在木薯中，生氰糖苷先在地上部分合成，随后运送到根部贮存，第一片展开的叶子和叶柄具有最高的生氰糖苷生物合成活性。在叶肉细胞和韧皮部细胞周围的组织，在维管束之间维管组织的软组织细胞区域，特别是在原生木质部和次生木质部之间的细胞，CYP79D1 和 CYP79D2 具有较高的表达。CYP79D1 和 CYP79D2 在表皮和皮层细胞及叶肉细胞周围表达，表现出生氰糖苷作为生化杀虫剂的功能。

七、转基因生氰植物的应用研究

将高粱中编码 CYP79A1、CYP71E1 和 UGT85B1 的基因转入拟南芥，转基因拟南芥形成了生氰糖苷合成途径，可生成积累达4%干重的酪氨酸衍生的生氰糖苷黍蜀苷。当只转录CYP79A1和CYP71E1可导致植株矮小，且积累许多生物合成中间体的新糖苷，并会丢失十字花科本身独特的紫外保护剂芥子酰基葡萄糖（sinapoyl glucose）和芥子酰基苹果酸（sinapoyl malate），表明生氰糖苷正常表达还需要UGT85B1的表达。而只转入CYP79A1，则会出现与下游硫代葡萄糖苷合成酶高效相互作用的过程，即积累大量的对羟苯基硫代葡萄糖苷。将高粱的上述3种基因转入葡萄，转基因葡萄同样表达生氰糖苷生物合成途径。木薯CYP79D2对缬氨酸和异亮氨酸有相同的催化效率，可生成比例大约为1∶1的亚麻苦苷和百脉根苷。日本百脉根CYP79D3对异亮氨酸的催化效率比缬氨酸高6倍。将木薯中的CYP79D2转入日本百脉根，转基因日本百脉根催化了更多的缬氨酸，积累更多的亚麻苦苷，从而接近木薯中的亚麻苦苷和百脉根苷比例。木薯CYP79D2异源表达也可用来改变拟南芥的硫代葡萄糖苷状况。催化生成生氰糖苷的酶基因转入其他植物后，转基因植物可通过生氰糖苷的合成途径，积累生氰糖苷，达到阻止昆虫危害的目的。如将高粱中催化生成生氰糖苷的3种酶基因转入拟南芥，结果检测发现拟南芥生成了蜀黍苷类物质，专食十字花科植物的跳蚤甲虫对含有黍蜀苷的拟南芥避而远之。另有研究将高粱的3个基因转入葡萄后，以葡萄根为食的昆虫根瘤蚜不再吃转基因葡萄根。这显示了基因工程在农作物抗病虫害改良方面的巨大潜力。

八、生氰植物分布

生氰植物是指能在体内合成生氰化合物，经水解后释放氢氰酸（HCN）的植物，这种由生物体制造和产生氢氰酸的现象称为生氰作用（cyanogenesis）。能产生生氰化合物的大部分是植物，低等动物和细菌只占少数。生氰化合物可分为生氰糖苷和生氰脂两大类，前者占大多数。目前已知的二十七种生氰化合物中，就有二十三种是生氰糖苷，生氰脂只有四种。

生氰植物的数量很大，其中高粱、白三叶草和苏丹草是常用的青饲料和牧草。由于这些植物含氰，所以容易引起食草动物（尤其是反刍动物）中毒死亡。金合欢和蔷薇科的某些植物（如野樱桃、美国稠李和山桃）的叶子含氰很高，牲畜吃了也会中毒。木薯、利马豆、竹笋、扁桃、杏仁、桃仁和白果也是含氰的，人食用后也能引起中毒。木薯含氰是比较高的，虽然是经过加工的制品，仍含有一定量的HCN。就目前所知，在110个科中至少有2050种植物是生氰的，其中包括蕨类植物、裸子植物以及被子植物中的单子叶植物和双子叶植物。在这些植物中大部分只观察到了其生氰现象，而对其生氰物质的性质却知道甚少，目前只约有200种植物的生氰物质的性质已为人所了解。生氰植物主要集中在以下科内：蔷薇科（105种），豆科（125种），禾本科（100种），天南星科（50 种）和西番莲科（30 种）。

蔷薇科的许多植物，如苹果、梨、杏和樱桃等，其果肉是可食的，但种子和其他组织则是含氰的，且含氰势各不相同，应防止牲畜吃这些植物的叶片。美国东部牲畜的中毒可能是由几个野樱桃品种引起的。这些植物中的生氰糖苷是 amygdalin。苦扁桃中 amygdalin 的含量约为 100μmol/g，杏仁中为 20～80μmol/g。由于结晶状的 amygdalin 是苦的，因而使苦扁桃和苦杏仁具有苦味。

利马豆型的豆类是重要的食用豆，利马豆的各个部位包括发育的豆荚，都可能是生氰的。成熟种子的含氰势则随豆的颜色、形状和大小而变化。小而黑的中美洲利马豆的生氰糖苷（主要是 linamarin）含量最高，达 70～140μmol/g，相当于 190～380mg HCN/100g（从 25g 这样的豆子中释放的氢氰酸就可使一个体重 70kg 的人丧生）。栽培的利马豆（又称奶油豆）较大，色白，其 linamarin 的含量只有野生型的 1%～2%。豆的大小和颜色处于两者之间的，其生氰糖苷的含量也处于中间水平。这种豆子在热带国家的市场上容易买到。由于含氰的利马豆具有特殊的风味，当地人对生氰利马豆的嗜好甚于非生氰利马豆。

木薯中的生氰糖苷是 lotaustralin 和 linamarin，后者占 95%。像其他生氰植物一样，氢氰酸是在加工木薯时释放出来的。将木薯磨碎或捣碎时，生氰糖苷与其水解酶混合而被水解。虽然用水浸泡可除去部分氢氰酸，阳光晒也可使一部分氢氰酸挥发，但木薯制品中氢氰酸的含量仍很高。在非洲，按每人每天吃 750g 这种木薯制品，就相当吞下 35mg HCN，这等于致死剂量的一半，虽然人体能解毒，但长期食用还是会引起慢性中毒，并因此引起许多疾病。在我国，小孩误食苦杏仁、桃仁而中毒的例子也有发生。

白三叶草（trifolium repens）也是生氰的，但它又是一种主要的牧草。产量高、生长时间较长的白三叶草，其生氰糖苷的含量也比较高，主要含 lotaustralin 和 linamarin（两者含量比例为 4∶1）。这种牧草在新西兰和澳大利亚分布比较广。在白三叶草中生氰糖苷的量虽不致引起急性中毒，但会造成羊的甲状腺肿大，这是由于释放出的氢氰酸经硫氰酸酶（rhodanese）作用后转化为硫氰酸造成的。Bulter 发现，增加血清硫氰酸的含量就会引起羊的甲状腺肿大。

在许多国家被视为上品的嫩竹笋在某些情况下也会引起人中毒。从 *Bambusa vulgaris* 中分离到的生氰糖苷为 taxiphyllin。在 pH 2.2（0.2mol/L 磷酸中）时，100℃下此糖苷的半衰期为 6min，分解成氢氰酸、葡萄糖和对羟基苯甲醛。此外，竹笋在水中煮 30～40min 即可使这个糖苷破坏。如果在烹调时除去了被放出的氢氰酸，则食用是安全的。

第二节　亚麻籽毒素检测

一、引言

亚麻籽毒素主要为生氰糖苷，生氰糖苷在人体内可经酶解产生 HCN，HCN 在体内释放 CN^- 能迅速与氧化型细胞色素氧化酶中的 Fe^{3+} 结合，引起细胞窒息；另外，氰化物对中枢神经系统具有直接损伤作用。毒性数据表明 HCN 是剧毒物质，口服致死量为 50～100mg，空气中浓度为 200mg/m^3 时，人吸入 10min 即可致死。因此在生产实践中测定植物组织中的氰化物含量对于实施安全农产品战略具有重要意义。

亚麻籽中毒素的检测主要针对生氰糖苷的检测，生氰糖苷的检测可分为定性检测和定量检测两种。定性检测主要是利用产生的 HCN 与苦味酸等化学物质发生反应产生颜色来检测。定量检测氰化物的常用方法有硝酸银滴定法、氰离子选择电极法和比色法。硝酸银滴定法为国家标准法，也是美国分析化学家协会（association of official analytical chemists，AOAC）推荐方法。其原理是：以氰苷形式存在于植物体内的氰化物经水浸泡水解后，进行水蒸气蒸馏，蒸馏出的氢氰酸被碱液吸收，在碱性条件下，以碘化钾为指示剂，用硝酸银标准溶液滴定定量。滴定法适用于分析液浓度在 1mg/kg 以上。氰离子选择电极法原理为：在 pH 值为 12、硝酸钾浓度为 0.1mol/L 的介质中，氰离子浓度在 10^{-6}～10^{-1}mol/L 之间，电位值与氰离子浓度负对数呈直线关系，故可以求出样品中氰化物的含量，该方法分析浓度范围为 0.05～10mg/kg。比色法的灵敏度较高，其分析液浓度下限为 0.02mg/kg。高浓度时，取部分分析液稀释之。比色法又分苦味酸比色法和吡啶-巴比妥酸比色法。氰化钠在酸性条件下，水解生成氢氰酸，遇碳酸钠生成氰化钠，再与苦味酸反应生成异氰紫酸钠，呈玫瑰红色，于波长 538nm 处测定吸光度，以吸光度为纵坐标、氰离子浓度为横坐标，绘制标准曲线或计算回归方程，然后根据样液的吸光度求样液中氰离子的含量；同样，氰化钠在酸性条件下，可与溴反应，生成溴化氰，再与吡啶作用生成 5-羟基戊二烯醛，后者与巴比妥酸反应生成紫红色化合物，于波长 580nm 处测定吸光度，以吸光度为纵坐标、氰离子浓度为横坐标，绘制标准曲线或计算回归方程，根据样液的吸光度求样液中氰离子的含量。

国外对植物中生氰糖苷的测定方法研究及应用较国内深入、透彻。除了 AOAC 推荐方法外，国外使用的方法有：①将样品用酸水解，然后用巴比妥酸-嘧啶复合物染色，再用比色法测定或者用嘧啶-吡唑啉酮染色。②将样品用

β-葡（萄）糖苷酸酶水解，用苦味酸吸收 HCN，测定光密度。③Tatsuma 等（2000）研制出一种快速测定生氰糖苷及氰化物的一次性比色板，其原理是酪氨酸酶能将 L-酪氨酸氧化成黑色物质，但这一反应能被 HCN（来自生氰糖苷分解产生）阻断，用比色法可定量测定氰化物生成量，测量范围为 3μmol/L 到 0.1mmol/L；如果将酪氨酸酶、β-葡（萄）糖苷酸酶、L-酪氨酸、聚乙烯氧化物涂在一张薄膜上，只要将其与待测物浸提液接触，就可根据出现的颜色与标准比色板作出比较，进而得出其氰化物含量，测量范围在 10μmol/L 到 10mmol/L 之间。④色谱分析法：这种检测手段在国外应用最为普遍，如气相色谱法、薄层色谱法、反相 HPLC、离子色谱法等。应用色谱法可将亚麻籽中生氰糖苷各组分含量分别测出，然后可按化学计量关系转化成 HCN 的量。特别是高效液相色谱，如果各种条件都满足，则重复性很好，回收率也很高，但其缺点受很多因素影响，如柱子、溶剂的不同都影响其准确度。

二、生氰糖苷的定性检测

1. 普鲁士蓝试验

（1）原理　氰化物在酸性条件下水解产生氢氰酸（HCN），HCN 在碱性溶液中与亚铁离子作用生成亚铁氰化钠，用盐酸酸化，进一步与三氯化铁反应，生成蓝色的亚铁氰化铁（普鲁士蓝），借以鉴定氰化物的存在。

（2）试剂

溶液Ⅰ：10%$FeSO_4$（用前配制）。

溶液Ⅱ：5%$FeCl_3$ 溶液。取样品粉末 0.5g 置于试管中，加水湿润，立即用经 10%NaOH 溶液湿润的滤纸将管口用橡皮筋扎紧，于热水溶液上加热 10min 后，在滤纸上加溶液Ⅰ、稀盐酸和溶液Ⅱ各 1 滴，滤纸显蓝色为阳性，说明有氰化物存在。

（3）检测方法　亚麻籽除杂后，采用上海医用设备制造有限公司生产的 DJ 灵巧型高速粉碎机粉碎 1min，再经 20 目、40 目、60 目筛筛选除去大部分的亚麻壳后，得 60 目亚麻粉。称取亚麻籽粉 0.5g 装入试管中，于 55℃水浴放置 10min，检验为阳性反应，说明有氰化物存在。

2. 苦味酸试纸法

除了普鲁士蓝试验外，HCN 还能与苦味酸试纸作用，生成红色的异氰紫酸钠，也可作定性鉴定。

（1）原理　氰化物遇酸产生氢氰酸，氢氰酸与苦味酸钠作用，生成红色异氰紫酸钠。

（2）试剂　酒石酸；碳酸钠溶液（100g/L）；苦味酸试纸：取定性滤纸剪

成长7cm、宽0.3～0.5cm的纸条，浸入饱和苦味酸-乙醇溶液中，数分钟后取出，在空气中阴干，贮存备用。

(3) 仪器　取200～300mL锥形瓶，配备一适宜的单孔软木塞或橡皮塞，孔内塞以内径0.4～0.5cm、长5cm的玻璃管，管内悬一条苦味酸试纸，临用时，以碳酸钠溶液（100g/L）湿润。

(4) 分析步骤　迅速称取5g试样，置于100mL锥形瓶中，加20mL水及0.5g酒石酸，立即塞上悬有苦味酸并以碳酸钠湿润的试纸条的木塞，置40～50℃水浴中，加热30min，观察试纸颜色变化。如试纸不变色，表示氰化物为负反应或未超过规定；如试纸变色，说明有氰化物存在，需再做定量试验。

三、生氰糖苷的定量检测

目前生氰糖苷的定量测定方法主要是测定生氰糖苷的降解产物氢氰酸（HCN），该方法主要采用蒸馏后产生氢氰酸，而后用水或者缓冲盐等物质吸收，再用碱滴定或比色法来测定氢氰酸，从而间接测得生氰糖苷的含量。我国进行氰化物的检测主要依据国标HJ 484—2009（代替GB 7486—87和GB 7487—87），粮油食品中氰化物的测定主要用异烟酸-吡唑啉酮分光光度法，水质氰化物的测定用异烟酸-吡唑啉酮分光光度法、吡啶-巴比妥酸分光光度法和硝酸银滴定法。其中硝酸银滴定法检出限为0.25mg/L，测定下限为1.00mg/L、测定上限为100mg/L；异烟酸-吡唑啉酮分光光度法检出限为0.004mg/L，测定下限为0.016mg/L、测定上限为0.25mg/L；异烟酸-巴比妥酸分光光度法检出限为0.001mg/L，测定下限为0.004mg/L、测定上限为0.45mg/L；吡啶-巴比妥酸分光光度法检出限为0.002mg/L，测定下限为0.008mg/L、测定上限为0.45mg/L。我国食品卫生标准（GB 2715—81）规定：原料中氰化物（以HCN计）允许量小于5mg/kg。

1. 氰化物检测的国家标准（HJ 484—2009）

国标HJ 484—2009标准规定了地表水、生活污水和工业废水中氰化物的样品采集与制备及容量法和分光光度法样品分析方法。该标准分为两部分：第一部分为样品的采集与制备；第二部分为样品分析方法，具体包括4个分析方法：硝酸银滴定法、异烟酸-吡唑啉酮分光光度法、异烟酸-巴比妥酸分光光度法、吡啶-巴比妥酸分光光度法。

(1) 样品的采集与制备

① 测定中的相关术语　总氰化物（total cyanide）：在pH<2介质中、磷酸和EDTA存在下，加热蒸馏，形成氰化氢的氰化物，包括全部简单氰化物（多为碱金属和碱土金属的氰化物、铵的氰化物）和绝大部分络合氰化物（锌

氰络合物、铁氰络合物、镍氰络合物、铜氰络合物等），不包括钴氰络合物。

易释放氰化物：在 pH 4 介质中、硝酸锌存在下，加热蒸馏，形成氰化氢的氰化物，包括全部简单氰化物（多为碱金属和碱土金属的氰化物）和锌氰络合物，不包括铁氰化物、亚铁氰化物、铜氰络合物、镍氰络合物、钴氰络合物。

② 氰化氢的释放和吸收

a. 原理　总氰化物：向水样中加入磷酸和 EDTA 二钠（EDTA-2Na），在 pH<2 条件下，加热蒸馏，利用金属离子与 EDTA 络合能力比与氰离子络合能力强的特点，使络合氰化物离解出氰离子，并以氰化氢形式被蒸馏出，用氢氧化钠溶液吸收。

易释放氰化物：向水样中加入酒石酸和硝酸锌，在 pH 4 条件下，加热蒸馏，简单氰化物和部分络合氰化物（如锌氰络合物）以氰化氢形式被蒸馏出，用氢氧化钠溶液吸收。

b. 试剂和材料　本标准所用试剂除非另有说明，分析时均使用符合国家标准的分析纯化学试剂，实验用水为新制备的不含氰化物和活性氯的蒸馏水或去离子水。氨基磺酸（NH_2SO_2OH）；磷酸（H_3PO_4，1.69g/mL）；1%氢氧化钠溶液：称取 10g 氢氧化钠溶于水中，稀释定容至 1000mL，摇匀，贮于聚乙烯塑料容器中；4%氢氧化钠溶液：称取 40g 氢氧化钠溶于水中，稀释定容至 1000mL，摇匀，贮于聚乙烯塑料容器中；10%乙二胺四乙酸二钠盐（$C_{10}H_{14}N_2O_8Na_2 \cdot 2H_2O$，EDTA-2Na）溶液：称取 10.0g 乙二胺四乙酸二钠盐（EDTA-2Na）溶于水中，稀释定容至 100mL，摇匀；15%酒石酸溶液：称取 15.0g 酒石酸（$C_4H_6O_6$）溶于水中，稀释定容至 100mL，摇匀；10%硝酸锌溶液：称取 10.0g 硝酸锌溶于水中，稀释定容至 100mL，摇匀；1.26%亚硫酸钠（Na_2SO_3）溶液：称取 1.26g 亚硫酸钠溶于水中，稀释定容至 100mL，摇匀；0.02mol/L 硝酸银（$AgNO_3$）溶液：称取 3.4g 硝酸银溶于水中，稀释定容至 1000mL，摇匀，贮于棕色试剂瓶中；1+5 硫酸（H_2SO_4）溶液；乙酸铅试纸：称取 5g 乙酸铅［$Pb(CH_3O_2)_2 \cdot 3H_2O$］溶于水中，并稀释至 100mL，将滤纸条浸入上述溶液中，1h 后，取出晾干，贮于广口瓶中，密塞保存；碘化钾-淀粉试纸：称取 1.5g 可溶性淀粉，用少量水搅成糊状，加入 200mL 沸水，混匀，放冷。加入 0.5g 碘化钾（KI）和 0.5g 碳酸钠（Na_2CO_3），用水稀释至 250mL，将滤纸条浸渍后，取出晾干，贮于棕色瓶中，密塞保存；0.5g/L 甲基橙（$C_{14}H_{14}N_2NaO_3S$）指示剂：称取 0.05g 甲基橙指示剂溶于水中，稀释至 100mL，摇匀，变色范围为 pH3.2～4.4。

c. 仪器装置　500mL 全玻璃蒸馏器；600W 或 800W 可调电炉；250mL 量筒；仪器装置如图 7-3 所示。

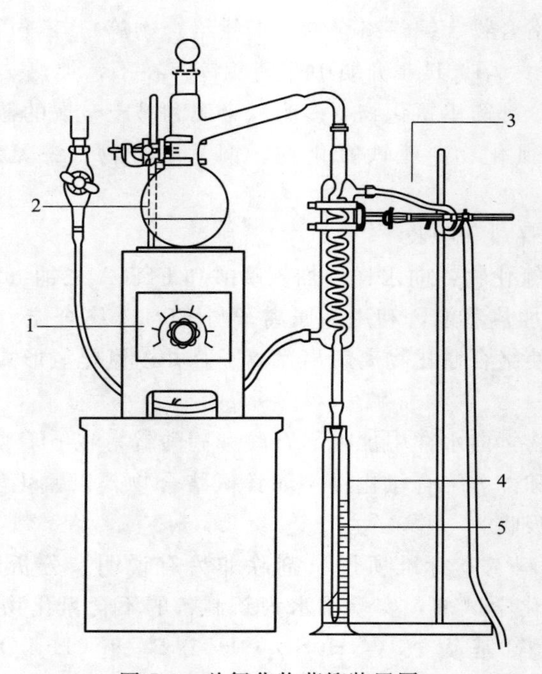

图 7-3　总氰化物蒸馏装置图

1—可调电炉；2—蒸馏瓶；3—冷凝水出口水；4—接收瓶；5—馏出液导管

③ 采样和样品

a. 采集的水样需贮存于用无氰水清洗并干燥后的聚乙烯塑料瓶或硬质玻璃瓶中。现场采样时需用所采水样淋洗 3 次后再采集水样 500mL，供实验室分析用。样品采集后必须立即加氢氧化钠固定，一般每升水样加 0.5g 固体氢氧化钠。当水样酸度高时，应多加固体氢氧化钠，使样品的 pH＞12。

b. 采集的样品应及时进行测定。如果不能及时测定，必须将样品在 4℃以下冷藏，并在采样后 24h 内分析。

c. 当样品中含有大量硫化物时，应先加碳酸镉或碳酸铅固体粉末，除去硫化物后，再加氢氧化钠固定。因为在碱性条件下，氰离子和硫离子作用形成硫氰酸离子而干扰测定。

注：检验硫化物方法，可取 1 滴水样或样品，放在乙酸铅试纸上，若变黑色（硫化铅），说明有硫化物存在。

④ 样品制备的操作步骤

a. 氰化氢的释放和吸收

ⓐ 参照图 7-3，将蒸馏装置连接。用量筒量取 200mL 样品，移入蒸馏瓶（图 7-3 中 2）中（若氰化物浓度高，可少取样品，加水稀释至 200mL），加数粒玻璃珠。

ⓑ 往接收瓶（图 7-3 中 4）内加入 10mL 氢氧化钠溶液（1%）作为吸收液。当样品中存在亚硫酸钠和碳酸钠时，可用氢氧化钠溶液（4%）作为吸收液。

ⓒ 馏出液导管（图 7-3 中 5）上端接冷凝管的出口，下端插入接收瓶的吸收液中，检查连接部位，使其严密。蒸馏时，馏出液导管下端要插入吸收液液面下，使吸收完全。如在试样制备过程中，蒸馏或吸收装置发生漏气现象，氰化氢挥发，将使氰化物分析产生误差且污染实验室环境，对人体产生伤害，所以在蒸馏过程中一定要时刻检查蒸馏装置的严密性并使吸收完全。

b. 样品的制备步骤

ⓐ 总氰化物样品的制备步骤　将 10mL EDTA-2Na 溶液加入蒸馏瓶内。再迅速加入 10mL 磷酸，当样品碱度大时，可适当多加磷酸，使 pH<2，立即盖好瓶塞，打开冷凝水，打开可调电炉，由低挡逐渐升高，馏出液以 2～4mL/min 速度进行加热蒸馏。

ⓑ 易释放氰化物样品的制备步骤　将 10mL 硝酸锌溶液加入蒸馏瓶内，加入 7～8 滴甲基橙指示剂。再迅速加入 5mL 酒石酸溶液，立即盖好瓶塞，使瓶内溶液保持红色。打开冷凝水，打开可调电炉，由低挡逐渐升高，馏出液以 2～4mL/min 速度进行加热蒸馏。

注：蒸馏时需使用 600W 或 800W 可调电炉，不能使用电热套。

ⓒ 接收瓶内试样体积接近 100mL 时，停止蒸馏，用少量水冲洗馏出液导管，取出接收瓶，用水稀释至标线，此碱性试样“A”待测。

⑤ 干扰物的排除

a. 若样品中存在活性氯等氧化剂，在蒸馏时，氰化物会被分解，使结果偏低。可量取两份体积相同的试样，向其中一份试样投加碘化钾-淀粉试纸 1～3 片，加硫酸酸化，用亚硫酸钠溶液滴至碘化钾-淀粉试纸由蓝色变为无色为止，记下用量。另一份样品，不加碘化钾-淀粉试纸，仅加上述用量的亚硫酸钠溶液，然后按样品的制备步骤ⓐ至ⓒ操作。

b. 若样品中含有大量亚硝酸离子将干扰测定，可加入适量的氨基磺酸分解亚硝酸离子，一般 1mg 亚硝酸离子需要加 2.5mg 氨基磺酸，然后按样品的制备步骤ⓐ至ⓒ操作。

c. 若样品中含有少量硫化物（S^{2-} <1mg/L），可在蒸馏前加入 2mL 0.02mol/L 硝酸银溶液。若样品中有大量硫化物存在，将 200mL 试样过滤，沉淀物用氢氧化钠（1%）洗涤，合并滤液和洗涤液，然后按样品的制备步骤ⓐ至ⓒ操作。

d. 少量油类对测定无影响，中性油或酸性油大于 40mg/L 时干扰测定，可加入水样体积的 20%量的正己烷，中性条件下短时萃取，分离出正己烷相后，水相用于蒸馏测定。

⑥ 空白试验　用实验用水代替样品，按样品的制备步骤ⓐ至ⓒ操作，得到空白试验试样“B”待测。

（2）硝酸银滴定法

① 原理　经蒸馏得到的碱性馏出液“A”，用硝酸银标准溶液滴定，氰离子与硝酸银作用生成可溶性的银氰络合离子 $[Ag(CN_2)]^-$，过量的银离子与试银灵指示剂（对二甲氨基亚苄基罗丹宁，paradimethylaminobenzalrhodanine）反应，溶液由黄色变为橙红色。本方法检出限为 0.25mg/L，测定下限为 1.00mg/L、测定上限为 100mg/L。

② 试剂

a. 所需试剂　除非另有说明，分析时均使用符合国家标准的分析纯化学试剂，实验用水为新制备的不含氰化物和活性氯的蒸馏水或去离子水。试银灵指示剂：称取 0.02g 试银灵溶于 100mL 丙酮中，储存于棕色瓶并于暗处可稳定一个月；铬酸钾（K_2CrO_4）指示剂：称取 10.0g 铬酸钾溶于少量水中，滴加硝酸银标准溶液至产生橙红色沉淀为止，放置过夜后，过滤，用水稀释至 100mL；氯化钠标准溶液（0.01mol/L）：将氯化钠置瓷坩埚内，经 500～600℃灼烧至无爆烈声后，在干燥器内冷却，称取 0.5844g 于烧杯中，用水溶解，移入 1000mL 容量瓶，稀释至标线，混合摇匀；硝酸银标准溶液（0.001mol/L）：称取 1.699g 硝酸银溶于水中，稀释定容至 1000mL，储于棕色试剂瓶中，摇匀，待标定后使用。

b. 硝酸银溶液的标定

ⓐ 吸取 0.01mol/L 氯化钠标准溶液 10.00mL 于 150mL 具柄瓷皿或锥形瓶中，加 50mL 水，同时另取一具柄瓷皿或锥形瓶，加入 60mL 水作空白试验。

ⓑ 向溶液中加入 3～5 滴铬酸钾指示剂，在不断搅拌下，从滴定管加入待标定的硝酸银溶液，直至溶液由黄色变成浅砖红色为止，记下读数（V）。同样滴定空白溶液，读数（V_0），硝酸银浓度 c_1（mol/L）按下式计算：

$$c_1=\frac{c\times 10.00}{V-V_0} \tag{7-1}$$

式中　c_1——硝酸银标准溶液浓度，mol/L；

c——氯化钠标准溶液浓度，mol/L；

V——滴定氯化钠标准溶液时硝酸银溶液的用量，mL；

V_0——滴定空白溶液时硝酸银溶液的用量，mL。

③ 仪器　10mL 棕色酸式滴定管；150mL 具柄瓷皿或 250mL 锥形瓶。

④ 步骤

a. 测定　取100mL馏出液“A”（如试样中氰化物含量高时，可少取试样，用水稀释至100mL）于具柄瓷皿或锥形瓶中，加入0.2mL试银灵指示剂，摇匀。用硝酸银标准溶液滴定至溶液由黄色变为橙红色为止，记下读数（V_a）。

注：用硝酸银标准溶液滴定试样前，应以pH试纸试验试样的pH值。必要时应加氢氧化钠溶液调节至pH>11。

b. 空白试验　另取100mL空白试验馏出液“B”于锥形瓶中，以同样方法进行滴定，记下读数（V_0）。

注：若样品氰化物浓度小于1mg/L，可用0.001mol/L硝酸银标准溶液滴定。

⑤ 结果计算　氰化物质量浓度c_2（mg/L）以氰离子（CN^-）计，按下式计算：

$$c_2=\frac{c\times(V_a-V_0)\times 52.04\times\frac{V_1}{V_2}\times 1000}{V} \tag{7-2}$$

式中　c_2——氰化物的质量浓度，mg/L；

c——硝酸银标准溶液浓度，mol/L；

V_a——滴定试样时硝酸银标准溶液的用量，mL；

V_0——滴定空白试验时硝酸银标准溶液的用量，mL；

V——样品的体积，mL；

V_1——试样（试样“A”）的体积，mL；

V_2——试样（滴定时，所取试样“A”）的体积，mL；

52.04——氰离子（$2CN^-$）的摩尔质量，g/mol。

（3）异烟酸-吡唑啉酮比色法

① 方法原理　在中性条件下，样品中的氰化物与氯胺T反应生成氯化氰，再与异烟酸作用，经水解后生成戊烯二醛，最后与吡唑啉酮缩合生成蓝色染料，其颜色与氰化物的含量成正比。在波长638nm处测量吸光度。本方法检出限为0.004mg/L，测定下限为0.016mg/L、测定上限为0.25mg/L。

② 试剂与材料

a. 所需试剂　所用试剂除非另有说明，分析时均使用符合国家标准的分析纯化学试剂，实验用水为新制备的不含氰化物和活性氯的蒸馏水或去离子水。0.1%氢氧化钠溶液；1%氢氧化钠溶液；2%氢氧化钠溶液；磷酸盐缓冲溶液（pH 7）：称取34.0g无水磷酸二氢钾（KH_2PO_4）和35.5g无水磷酸氢二钠（Na_2HPO_4）于烧杯内，加水溶解稀释至1000mL，摇匀，存于冰箱；1%氯胺T溶液：临用前，称取1.0g氯胺T（$C_7H_7ClNNaO_2S\cdot 3H_2O$，chloramines-T）溶于水，并稀释至100mL，摇匀，储存于棕色瓶中。

异烟酸-吡唑啉酮溶液：

ⓐ 异烟酸溶液　称取1.5g异烟酸（$C_6H_6NO_2$，*iso*-nicotinic acid）溶于24mL 2%氢氧化钠溶液中，加水稀释至100mL（注：氯胺T发生结块不易溶解，可致显色无法进行，必要时需用碘量法测定有效氯浓度。氯胺T固体试剂应注意保管条件，以免迅速分解失效，勿受潮，最好冷藏）。

ⓑ 吡唑啉酮溶液　称取0.25g吡唑啉酮（3-甲基-1-苯基-5-吡唑啉酮，$C_{10}H_{10}ON_2$，3-methyl-1-phenyl-5-pyrazolone）溶于20mL *N*,*N*-二甲基甲酰胺［$HCON(CH_3)_2$，*N*,*N*-dimethyl formamide］，临用前，将吡唑啉酮溶液和异烟酸溶液按1∶5混合（注：异烟酸配成溶液后如呈现明显淡黄色，使空白值增高，可过滤。为降低试剂空白值，实验中以选用无色的*N*,*N*-二甲基甲酰胺为宜）；0.01mol/L硝酸银（$AgNO_3$）标准溶液；试银灵指示剂（配制同硝酸银滴定法）。

b. 氰化钾（KCN）标准溶液

ⓐ 氰化钾储备溶液的配制和标定　称取0.25g氰化钾（KCN，注意剧毒！避免尘土的吸入或与固体或溶液的接触）于100mL棕色容量瓶中，溶于氢氧化钠（0.1%）并稀释至标线，摇匀，避光贮存于棕色瓶中，4℃以下冷藏至少可稳定2个月。本溶液氰离子（CN^-）质量浓度约为1g/L，临用前用硝酸银标准溶液（0.01mol/L）标定其准确浓度。

吸取10.00mL上述氰化钾储备溶液于锥形瓶中，加入50mL水和1mL 2%氢氧化钠，加入0.2mL试银灵指示剂，用硝酸银标准溶液滴定，溶液由黄色刚变为橙红色为止，记录硝酸银标准溶液用量（V_1）。同时另取10.00mL实验用水代替氰化钾储备液作空白试验，记录硝酸银标准溶液用量（V_0），氰化物贮备溶液质量浓度（c_3，mg/mL）以氰离子（CN^-）计，按下式计算：

$$c_3=\frac{c\times(V_1-V_0)\times 52.04}{10.00} \tag{7-3}$$

式中 c_3——氰化物贮备溶液质量浓度，g/L；

c——硝酸银标准溶液浓度，mol/L；

V_1——滴定氰化钾贮备溶液时硝酸银标准溶液用量，mL；

V_0——空白试验硝酸银标准溶液用量，mL；

52.04——相当于1L的1mol/L硝酸银标准溶液的氰离子（$2CN^-$）的质量，g；

10.00——氰化钾储备液体积，mL。

ⓑ 氰化钾标准中间溶液（$[CN^-]=10.00$mg/L）　先按式(7-4)计算出配制500mL（1.00mL含10.00μg氰离子）氰化钾标准中间溶液中，应吸取氰化

钾贮备溶液的体积 V（mL）：

$$V=\frac{10.00\times 500}{T\times 1000} \tag{7-4}$$

式中　V——吸取氰化钾贮备溶液体积，mL；

$T\times 1000$——1mL 氰化钾贮备溶液中氰化物含量，μg；

10.00——1mL 氰化钾标准中间溶液含 10.00μg 氰离子；

500——氰化钾标准中间溶液体积，mL。

准确吸取 VmL 氰化钾贮备溶液于 500mL 棕色容量瓶中，用氢氧化钠溶液稀释至标线，摇匀。

ⓒ 氰化钾标准使用溶液（$[CN^-]=1.00$mg/L）　临用前，吸取 10.00mL 氰化钾标准中间溶液于 100mL 棕色容量瓶中，用氢氧化钠溶液稀释至标线，摇匀，避光，用时现配。

③ 仪器和设备　本标准均使用经检定为 A 级的玻璃量器。分光光度计或比色计；恒温水浴装置，控温精度±1℃；250mL 锥形瓶；25mL 具塞比色管。

④ 分析步骤

a. 标准曲线的绘制

ⓐ 取 8 支具塞比色管，分别加入氰化钾标准使用溶液 0.00mL、0.20mL、0.50mL、1.00mL、2.00mL、3.00mL、4.00mL 和 5.00mL，再加入氢氧化钠溶液（0.1%）至 10mL，氰化物含量依次为 0.00μg、0.20μg、0.50μg、1.00μg、2.00μg、3.00μg、4.00μg 和 5.00μg。

ⓑ 向各管中加入 5mL 磷酸盐缓冲溶液，混匀，迅速加入 0.20mL 氯胺 T 溶液，立即盖塞子，混匀，放置 3～5min（注：当氰化物以 HCN 存在时易挥发，因此，加入缓冲溶液后，每一步骤操作都要迅速，并随时盖紧塞子）。

ⓒ 向各管中加入 5mL 异烟酸-吡唑啉酮溶液，混匀，加水稀释至标线，摇匀，在 25～35℃的水浴中放置 40min，立即比色。

ⓓ 在 638nm 波长下，以水作参比，用分光光度计测定吸光度，以氰化物的含量为横坐标，扣除试剂空白的吸光度为纵坐标，以最小二乘法绘制标准曲线。

b. 试样的测定

ⓐ 氰化氢的释放和吸收　称取 10.00g 亚麻籽粉样品，置于 500mL 蒸馏瓶中，加适量水使样品全部浸没。加 20mL 100g/L 乙酸锌溶液，加 1～2g 酒石酸，迅速连接好全部装置，冷凝管下端插入盛有 5mL 10g/L 氢氧化钠溶液的 100mL 容量瓶中的液面下，缓缓加热，通水蒸气进行蒸馏，收集蒸馏液近 100mL，取下容量瓶，加水至刻度，此碱性馏出物“A”待测定总氰化物用。

ⓑ 分别吸取 10.00mL 馏出液“A”和 10.00mL 空白试验馏出液“B”于

具塞比色管中，按分析步骤中ⓑ～ⓓ进行操作。

ⓒ 从标准曲线上查出相应的氰化物含量（注：当用较高浓度的氢氧化钠溶液作为吸收液时，加缓冲溶液前应以酚酞为指示剂，滴加盐酸溶液至红色褪去。同时需要注意绘制标准曲线时，和水样保持相同的氢氧化钠浓度）。

ⓓ 空白试验　另取10.00mL空白试验试样“B”于具塞比色管中，按分析步骤中ⓑ～ⓓ进行操作。

⑤ 结果计算

a. 计算方法　总氰化物含量 c_4（mg/L）以氰离子（CN^-）计，按式(7-5)计算：

$$c_4=\frac{A-A_0-a}{b}\times\frac{V_1}{V_2\times V} \tag{7-5}$$

式中　c_4——氰化物质量浓度，mg/L；

A——试样的吸光度；

A_0——试剂空白的吸光度；

a——标准曲线截距；

b——标准曲线斜率；

V——预蒸馏的取样体积，mL；

V_1——馏出液（试样“A”）的体积，mL；

V_2——测定时所取试样（比色时所取试样“A”）的体积，mL。

b. 精密度与准确度　6个实验室测定氰化物质量浓度0.022～0.032mg/L实际水样的相对标准偏差为7.4%；6个实验室测定氰化物质量浓度0.206～0.236mg/L实际水样的相对标准偏差为1.8%。实际水样加标回收率为92%～97%。

(4) 异烟酸-巴比妥酸分光光度法

① 方法原理　在弱酸性条件下，水中氰化物与氯胺T作用生成氯化氰，然后与异烟酸反应，经水解生成戊烯二醛，最后再与巴比妥酸作用生成紫蓝色化合物，在一定浓度范围内，其色度与氰化物含量成正比，可进行光度法测定。本方法检出限为0.001mg/L，测定下限为0.004mg/L、测定上限为0.45mg/L。

② 试剂和材料　所用试剂除非另有说明，分析时均使用符合国家标准的分析纯化学试剂，实验用水为新制备的不含氰化物和活性氯的蒸馏水或去离子水。0.1%氢氧化钠溶液；1.5%氢氧化钠溶液；1%氯胺T溶液；磷酸二氢钾缓冲溶液（pH 4）：称取136.1g无水磷酸二氢钾（KH_2PO_4）溶于水，稀释定容至1000mL，加入2.00mL冰醋酸（$C_2H_4O_2$）摇匀；异烟酸-巴比妥酸显色剂：称取2.50g异烟酸（$C_6H_6NO_2$）和1.25g巴比妥酸（$C_4H_4N_2O_3$）溶

于氢氧化钠溶液（1.5%），稀释定容至100mL，用时现配；氰化钾（KCN）标准溶液：称取0.25g氰化钾（KCN，注意剧毒！避免尘土的吸入或与固体或溶液的接触）于100mL棕色容量瓶中，溶于氢氧化钠（0.1%）并稀释至标线，摇匀，避光贮存于棕色瓶中，4℃以下冷藏至少可稳定2个月，本溶液氰离子（CN^-）质量浓度约为1g/L，临用前用硝酸银标准溶液标定其准确浓度。

③ 仪器及器皿　分光光度计或比色计；25mL具塞比色管。

④ 分析步骤

a. 标准曲线的绘制

ⓐ 取8支具塞比色管，分别加入氰化钾标准使用溶液0.00mL、0.20mL、0.50mL、1.00mL、2.00mL、3.00mL、4.00mL和5.00mL，再加入氢氧化钠溶液（1.5%）至10mL，其氰化物含量依次为0.00μg、0.20μg、0.50μg、1.00μg、2.00μg、3.00μg、4.00μg和5.00μg。

ⓑ 向各管中加入5.0mL磷酸二氢钾缓冲溶液，混匀，迅速加入0.30mL氯胺T溶液，立即盖塞子，混匀，放置1～2min（注：当氰化物以HCN存在时易挥发，因此，加入缓冲溶液后，每一步骤操作都要迅速，并随时盖紧塞子）。

ⓒ 向各管中加入6.0mL异烟酸-巴比妥酸显色剂，加水稀释至标线，混匀。于25℃显色15min（15℃显色25min，30℃显色10min）。

ⓓ 分光光度计在600nm波长处，用10mm比色皿，以水作参比，测定吸光度，以氰化物含量为横坐标，扣除试剂空白的吸光度为纵坐标，以最小二乘法绘制标准曲线。

b. 试样的测定　吸取10.00mL试样“A”于具塞比色管中，按ⓑ至ⓓ进行操作。从标准曲线上计算出相应的氰化物含量。

c. 空白试验　另取10.00mL空白试验试样“B”于具塞比色管中，按ⓑ至ⓓ进行操作。

⑤ 结果计算　氰化物质量浓度 c_5（mg/L）以氰离子（CN^-）计，按式(7-6)计算：

$$c_5=\frac{A-A_0-a}{b}\times\frac{V_1}{V_2\times V} \tag{7-6}$$

式中　c_5——氰化物质量浓度，mg/L；

A——试样的吸光度；

A_0——试剂空白的吸光度；

a——标准曲线截距；

b——标准曲线斜率；

V——预蒸馏的取样体积，mL；

V_1——馏出液（试样“A”）的体积，mL；

V_2——测定时所取试样（比色时，所取试样“A”）的体积，mL。

⑥ 精密度和准确度　8 个实验室测定 0.188mg/L±0.015mg/L 的氰化物标准样品，平均结果是 0.188mg/L，实验室内相对标准偏差为 0.6%，实验室间相对标准偏差为 4.2%。实际水样加标回收率为 93.4%～102.6%。

(5) 吡啶-巴比妥酸分光光度法

① 方法原理　在中性条件下，氰离子和氯胺 T 的活性氯反应生成氯化氰，氯化氰与吡啶反应生成戊烯二醛，戊烯二醛与两个巴比妥酸分子缩合生成红紫色化合物，在波长 580nm 处测量吸光度。本方法检出限为 0.002mg/L，测定下限为 0.008mg/L、测定上限为 0.45mg/L。

② 试剂和材料　所用试剂除非另有说明，分析时均使用符合国家标准的分析纯化学试剂，实验用水为新制备的不含氰化物和活性氯的蒸馏水或去离子水。氢氧化钠溶液（0.1%）；盐酸（HCl）溶液：（1+3）稀释；0.5mol/L 盐酸溶液：量取 45mL 浓盐酸（1.19g/L）缓慢注入水中，放冷后，稀释至 1000mL；1% 氯胺 T 溶液；吡啶-巴比妥酸溶液：称取 0.18g 巴比妥酸（$C_4H_4N_2O_3$），加入 3mL 吡啶（C_5H_5N）及 10mL 盐酸溶液（1+3），待溶解后，稀释定容至 100mL，摇匀，贮于棕色瓶中，用时现配（注意：本溶液若有不溶物可过滤，存于暗处可稳定 1d，存放于冰箱内可稳定一周。吡啶有毒，此操作必须在通风橱内进行）；磷酸盐缓冲溶液（pH 7）；氰化钾（KCN）标准溶液（配制与标定方法同异烟酸-吡唑啉酮分光光度法）；0.1% 酚酞指示剂：称取 0.10g 酚酞指示剂溶于 95% 乙醇中，稀释至 100mL，摇匀。变色范围为 pH8.0～10.0。

③ 仪器和设备　本标准均使用经检定为 A 级的玻璃量器。分光光度计或比色计；恒温水浴装置，控温精度±1℃；25mL 具塞比色管。

④ 分析步骤

a. 标准曲线的绘制

ⓐ 取 8 支具塞比色管，分别加入氰化钾标准使用溶液 0.00mL、0.20mL、0.50mL、1.00mL、2.00mL、3.00mL、4.00mL 和 5.00mL，再加入氢氧化钠溶液 10mL，氰化物含量依次为 0.00μg、0.20μg、0.50μg、1.00μg、2.00μg、3.00μg、4.00μg 和 5.00μg。

ⓑ 向各管中加入 1 滴酚酞指示剂，用盐酸溶液调节至溶液红色刚消失为止。

ⓒ 向各管中加入 5.0mL 磷酸盐缓冲溶液，混匀，迅速加入 0.20mL 氯胺 T 溶液，立即盖塞子，混匀，放置 3～5min。注意：当氰化物以 HCN 存在时

易挥发，因此，加入缓冲溶液后，每一步骤操作都要迅速，并随时盖紧塞子。

ⓓ 向各管中加入 5.0mL 吡啶-巴比妥酸溶液，加水稀释至标线，混匀。在 40℃的水浴装置中放置 20min，取出冷却至室温后立即比色。

ⓔ 分光光度计在 580nm 波长处，用 10mm 比色皿，以试剂空白（零浓度）作参比，测定吸光度，以氰化物含量为横坐标、吸光度为纵坐标，以最小二乘法绘制标准曲线。

b. 试样的测定　吸取 10.00mL 试样“A”于具塞比色管中，按ⓑ至ⓔ进行操作。从标准曲线上计算出相应的氰化物含量。

c. 空白试验　另取 10.00mL 空白试验试样“B”于具塞比色管中，按ⓑ至ⓔ进行操作。

⑤ 结果计算　氰化物质量浓度以氰离子（CN^-）计，按式(7-7) 计算：

$$c_6=\frac{A-A_0-a}{b}\times\frac{V_1}{V_2\times V} \tag{7-7}$$

式中　c_6——氰化物质量浓度，mg/L；

A——试样的吸光度；

A_0——试剂空白的吸光度；

a——标准曲线截距；

b——标准曲线斜率；

V——预蒸馏的取样体积，mL；

V_1——馏出液（试样“A”）的总体积，mL；

V_2——测定时所取试样（比色时，所取试样“A”）的体积，mL。

⑥ 精密度和准确度　实验室间测定氰化物质量浓度 0.020～0.025mg/L 实际水样的相对标准偏差为 4.9%；实验室间测定氰化物质量浓度 0.148～0.153mg/L 实际水样的相对标准偏差为 1.5%。实验室间测定 0.040mg/L 氰化物标准样品，相对标准偏差为 1.2%，相对误差为 0.3%。

2. 银离子选择性电极法

(1) 原理　当被测试样中加入一定量的 $Ag(CN)_2^-$ 溶液（指示剂）后，溶液中的银氰络离子存在如下平衡：

$$Ag(CN)_2^- \rightleftharpoons Ag^+ + 2CN^-$$

试样中 CN^- 的含量将影响 $Ag(CN)_2^-$ 的离解平衡，从而定量地改变溶液中 Ag^+ 的活度。Ag^+ 与 CN^- 的活度之间存在关系：

$$a_{Ag^+}=\frac{K_{离解}\cdot a_{Ag(CN)_2^-}}{a_{CN^-}^2}$$

由于 $Ag(CN)_2^-$ 的 $K_{离解}$ 极小，因此 $a_{Ag(CN)_2^-}$ 可认为是恒定的。上式可改写成：

$$a_{Ag^+}=K/a_{CN^-}^2 \tag{7-8}$$

由此可见，当a_{CN^-}变化10倍时，a_{Ag^+}将相应变化100倍。用硫化银电极作指示电极，甘汞电极作参比电极，电极电位可表达为：

$$E=E^\circ+S_1\log a_{Ag^+} \tag{7-9}$$

将式(7-8) 代入式(7-9) 得：

$$E=E^\circ+S_1\log K/a_{CN^-}^2=E^\circ+S_1\log K[rc_{CN^-}]^2$$

在离子强度恒定时，活度系数r亦恒定，可并入常数项得：

$$E=E^\circ-2S_1\log c_{CN^-}=E^\circ-S_2\log c_{CN^-} \tag{7-10}$$

从而可以间接测得CN^-的浓度（c_{CN^-}）。在25℃时该电极对CN^-响应的理论斜率S_2为118mV。

（2）主要仪器及试剂　SL-1A型数字式离子计；Ag_2S选择性电极；217型双盐桥饱和甘汞电极（外套充入饱和KNO_3溶液和0.01mol/L KOH等体积混合液）；KCN标准溶液（经标定）；$KAg(CN)_2$指示剂（用电位滴定方法制备）；离子强度调节剂：内含1.5mol/L KNO_3，10^{-5} mol/L $KAg(CN)_2$，0.05mol/L EDTA-2Na，0.03mol/L柠檬酸钠。

（3）操作步骤　测定实际斜率：将活化后洗至－150mV以下的电极依次插入10^{-7} mol/L（0.0026mg/L）、10^{-6} mol/L（0.026mg/L）、10^{-5} mol/L（0.26mg/L）氰标准溶液中，保持一致的搅拌速度，搅拌15min左右，分别记下毫伏值，计算出各浓度级下电极的实际斜率。

测定水样：水样按常规采集并固定。如含有S^{2-}可先用铅盐除S^{2-}后过滤备用。如有较多的还原性物质时，可先滴加$KMnO_4$，再用抗坏血酸回滴后待用。

取50mL上述水样，加入1mL离子强度调节剂，插入清洗好的电极，保持一定的搅拌速度，使之平衡15min左右，记下E_0（mV）。然后按照水样的估计浓度，在试样中加入0.5mL CN^-标准溶液，再动态平衡5～10min，记下E_1。

根据一次标准加入法公式计算水样的浓度c_0。

$$c_0=\frac{1}{\text{antilog}\Delta E/S-1}\cdot\frac{V_S c_S}{V_0} \tag{7-11}$$

式中　c_0——水样的浓度，mg/L；

V_0——水样体积，mL；

V_S——添加的CN^-标准溶液的体积，mL；

c_S——添加的CN^-标准液的浓度，mg/L；

ΔE——$|E_1-E_0|$；

S——实测斜率。

3. 离子色谱间接法

现有的氰化物分析方法主要是硝酸银滴定法和异烟酸-吡唑啉酮光度法，这两种方法都要求先将氰化物转化成氰化氢并用碱液吸收，这一前处理过程比较难于操作，况且存在在蒸馏密闭不当导致氰化氢泄漏的严重安全隐患，尤其对于高含量样品，还可能存在碱液吸收不完全，这又是一较大的安全隐患，危险性更大。除此之外，分析所用的吡啶、*N*,*N*-二甲基甲酰胺等试剂皆具有较强的毒性，同时也难于降解，易污染环境，分析速度较慢、灵敏度较低是它们的另一个缺点。与此相比，离子色谱法作为一种先进的仪器分析方法，具有操作简便、快速，选择性好，中间过程不用有毒试剂，减少了二次污染等诸多优点，已被广泛应用于环境、电厂、半导体、食品卫生、医疗、石油化工和生命科学等领域。近年来，离子色谱法测定氰化物正逐步成为标准分析方法，如美国材料与试验协会（ASTM）已将离子色谱法确定为测定水中氰化物的标准分析方法。离子色谱法测定氰化物分为直接法和间接法，直接法多使用安培检测器直接测定溶液中的氰化物，间接法则多使用紫外检测器，但这两种方法由于受仪器或检测灵敏度的限制而难以应用在常规实验室中。汪国权等提出采用离子色谱间接法测定水和食品中氰化物的方法，通过对氰化物进行氧化还原反应后，采用离子色谱/电导检测器，间接测定饮用水中氰化物，最低检出浓度达0.25mg/L，该方法精密度高且操作简便快速。

（1）反应机理　一般离子色谱的电导法适用于离解常数 $pK_a<7$ 的各类阴离子的直接测定，如 F^-、Cl^-、SO_4^{2-} 等，而 CN^- 的 pK_a 为 9.3，不宜用电导法直接测定。但 CN^- 又具有较强的还原电位，遇较强氧化剂易氧化成 CNO^-，而 CNO^- 的 pK_a 为 3.66，就能为电导检测器检测。基于这一原理，可以利用次氯酸盐（ClO^-）将水中的 CN^- 氧化为氰酸根（CNO^-）后进行测定。

（2）仪器　DX-500 离子色谱仪；ASRS-ULTRA 抑制器；ED40 电导检测器；AS40 自动进样器；高速离心机；0.45μm 过滤器（Dionex）；石墨化炭黑柱（ENVl-CARB）（Supelco）。

（3）试剂　0.025mol/L NaOH 溶液：称取 0.50g NaOH，用纯水定容至500mL。氰化钠（NaCN）标准溶液（1mg/mL）：称取 NaCN 标准品（分析纯）10.0mg，用 0.025mol/L NaOH 溶液定容至 10mL。NaCN 标准系列：0.25mg/L、5.0mg/L、20.0mg/L、50.0mg/L、100mg/L。次氯酸钠（NaClO）溶液（化学纯）[中国医药（集团）上海化学试剂公司]：吸取 15.0mL，用纯水定容至 100mL。7%硫代硫酸钠溶液（$Na_2S_2O_3$）（分析纯，浙江省兰溪市化工试剂厂）：称取 7.0g，用纯水定容至 100mL；石油醚（分析纯）；超纯水

(Milliopore)。

(4) 色谱条件 IonPac AS11 分析柱（4mm×250mm）(Dionex)；IonPac AG11 保护柱（4mm×50mm）(Dionex)；淋洗液：3.5mmol/L Na_2CO_3/1.0mmol/L $NaHCO_3$：H_2O（20：80）；淋洗液流速：1.2mL/min；进样体积：25μL。

(5) 测定方法

① 水中氰化物测定 将石墨化炭黑柱用5mL纯水洗涤后，将样品溶液上柱，弃去前2mL流出液，收集剩余过柱样品溶液。吸取4.0mL样品溶液，加入0.10mL NaClO溶液，混匀，反应5min后加入7% $Na_2S_2O_3$ 溶液0.10mL，混匀，经0.45μm过滤器过滤后分析。

② 食品中氰化物测定 称取1.0g样品，加入50mL NaOH溶液提取，调节pH 12以上，于高速离心机（12000r/min）离心20min，取上清液10.0mL，加3mL石油醚，振荡脱脂，重复两次，弃有机相，收集水溶液。将石墨化炭黑柱用5mL纯水洗涤后，将样品溶液上柱，弃去前2mL流出液，收集剩余过柱样品溶液。吸取4.0mL样品溶液，加入0.10mL NaClO溶液，混匀，反应5min后加入7% $Na_2S_2O_3$ 溶液0.10mL，混匀，经0.45μm过滤器过滤后分析。

(6) 影响因素 采用离子色谱的分离过程中，淋洗液中的盐浓度或洗脱强度对各种离子的保留时间存在明显影响。由于 Cl^- 和 CNO^- 出峰时间较为接近，为减少高浓度 Cl^- 在测定过程中对低浓度 CNO^- 的干扰，在兼顾样品分析时间和检测灵敏度的要求条件下，汪国权等重点对色谱峰的保留时间和淋洗液的强度关系进行了优化研究，通过选择淋洗液与水进行配比的方式，即用洗脱液中盐溶液3.5mmol/L Na_2CO_3/1.0mmol/L $NaHCO_3$ 和纯水比例为20：80时，对 CNO^- 进行洗脱，采用梯度洗脱方式以缩短样品分析时间。通过这种方式，Cl^- 和 CNO^- 基本能达到基线分离，同时又缩短了日常工作应用于中毒检测时流动相的快速切换和平衡。在此分析条件下，即使当样品溶液中 Cl^- 浓度为150μg/mL、CNO^- 浓度为0.25μg/mL，两者相差600倍时，Cl^- 与 CNO^- 也能分离良好。

NaClO与NaCN氧化反应后的产物为 Cl^- 和 CNO^-，ClO^- 含量过大，Cl^- 浓度过高，都会掩蔽低浓度 CNO^-，反之，检测范围受到限制。因此，NaClO反应量在本反应中是很关键的。此外，NaClO为强氧化剂，直接进样分析，对色谱柱和抑制器会造成损害。研究人员采用加入过量还原剂 $Na_2S_2O_3$ 的方法，以改善样品溶液的过氧化性，保护和延长色谱柱和抑制器的使用寿命。同时为了防止反应试剂的加入造成样品稀释效应，提高检测灵敏度，在确保反应量的前提下，通过提高氧化剂和还原剂浓度，减少其加入量的方式来减小稀释效应，降低其检测下限。实验结果表明，本法对水中氰根离子的实际最低检出浓度可达 0.10μg/mL，最高检出浓度达 100μg/mL，线性范围达 10^3，最低检出限达到比色法检测下限水平。

4. 其他氰化物测定技术

Haque 等报道了采用苦味酸盐（picrate method）法测定植物和食品中总氰化物的方法。总氰化物测定步骤如下：

① 称取 100g 亚麻籽粉放入平底塑料瓶中；

② 加入定量的 0.01mol/L 的磷酸盐缓冲溶液（pH6）；

③ 将 1 条贴在塑料条上的黄色苦味酸盐纸放入瓶中（苦味酸盐纸一定不要接触瓶中的液体），立即盖上盖子；

④ 按照上述步骤再准备 1 份不含亚麻籽粉的样品作为空白；

⑤ 作为该方法的控制（或标准），把一个装有缓冲液和亚麻苦苷酶（用黑点标记）的滤纸圆盘放进一个塑料瓶，加入粉红色亚麻苦苷纸，再加 0.5mL 水和一块黄色苦味酸盐纸，立即盖上盖子；

⑥ 瓶子在室温下（20～35℃）放置 24h；

⑦ 从苦味酸盐纸上去除塑料衬条；

⑧ 把苦味酸盐纸蘸入 0.5mL 的水中，缓慢地摇动 30min；

⑨ 取出空白苦味酸盐纸，去除塑料衬条，将其蘸入 0.5mL 的水中，缓慢摇动 30min；

⑩ 在 510nm 下测定步骤⑧中苦味酸盐溶液的吸光率，与⑨中的空白溶液的吸光度做比较；

⑪ 计算总氰质量分数（mg/kg），总氰化物含量计算如下：

$$\text{总氰化物含量(mg/kg)}=\frac{396\times\text{吸光度值}\times100}{\text{亚麻籽粉粉末的质量(mg)}} \tag{7-12}$$

此外，近年来氰化物的分析方法还有色谱法、离子选择电极法、荧光法、原子吸收光度法、极谱法、流动注射分析（FIA）法等。

（1）气相色谱法　气相色谱（gas chromatography）主要用于测定简单氰化物及包含部分络合物在内的总氰化物，通过将简单氰化物及部分金属氰化络合物转化为氰化氢或某种特定氰化物（如氯化氰）后直接或间接测定。

气相色谱主要应用于测定废水、空气和血液中的氰化物。例如，武和平等采用衍生化顶空进样技术对空气中的氰化物进行了定量测定，其原理过程为：氰化物用过量氢氧化钠溶液吸收采集，之后加入 0.2mol/L 盐酸将样品调至中性，再加入 1% 氯胺-T 及 0.2mol/L 盐酸，在酸性环境中与氯胺-T 反应生成氯化氰（常温常压下为气态，沸点为 14℃），在 40℃水浴条件下平衡 40min，顶空法进样，气相色谱仪 ECD 检测器定量测定。该方法的最低检出量为

0.028μg，若取空气3L，该方法检出限为0.009mg/m^3，加标回收率为96%～102%，操作简便，抗干扰能力强，线性范围宽，检测限低，适用大气或车间空气中氰化物的测定。该原理亦可用于血液中氰化物的测定，其最低检测限为0.01mg/L。另外，亦可以加入内标的方法测定氰化物。如以邻二甲苯为内标，氰化物在铜离子的催化作用下，与苯胺和亚硝酸钠的生成物进一步反应生成苯腈。用苯萃取后，通过内装涂有1%有机皂土+1%聚乙二醇上101白色担体（60～80目）的色谱柱分离测定其氰化物，该法检测限为0.03mg/L。

气相色谱还与质谱联用测定血液和尿中的氰化物。Murphy将血液样中加入一定量的标准$K^{13}C^{15}N^+$，在磷酸的作用下生成$^1H^{13}C^{15}N^+$，血液中氰化物则生成$^1H^{12}C^{15}N^+$，通过GC-MS测定其比值，进而测定血液中氰化物的含量。每个样品分析时间为15min，能够准确且快速地测定血液中ng/g至μg/g的氰离子含量。Liu等以固载液-液萃取（solid-supported liquid-liquid extraction，SLE）技术为基础采用气相色谱质谱联用两步分离测定血浆和尿中的氰化物，其回收率分别为90.6%～115.6%和93.01%～114.6%，最低检测限分别为0.04mg/L、0.01mg/L。每个样品分析总时间为25min，方法简便、准确，适于临床和法医方面对血液和尿中氰化物的测定。

（2）高效液相色谱法　高效液相色谱不仅能够测定简单氰化物，而且能测定络合氰化物，尤其是梯度洗脱技术和衍生技术的发展，使液相色谱能够完成对氰化络合物的测定。样品通过梯度洗脱或者衍生，使不同形态氰化物依次通过色谱柱，进入检测器而分离测定。

高效液相色谱能测定食品、环境、生物等样品中的游离氰化物。Ni(Ⅱ)在氨水存在的条件下能与游离氰离子生成稳定的$Ni(CN)_4^{2-}$络合物，$Ni(CN)_4^{2-}$对267nm紫外线有很强的吸收，采用高效液相色谱紫外检测法（HPLC-UV）进行检测。该法检出限为4.0μg/L，线性范围0.014～0.540mg/L。该方法简便快速，抗干扰能力强，灵敏度高。

由于金属氰化络合物易分解，在特定的环境条件下才能较稳定存在。目前，液相色谱对金属氰化络合物的测定多集中于金矿提取过程产生的各级浸取液和废水样品中金属氰化络合物的测定。例如，Giroux等利用高效液相色谱测定了金矿浸取液中的金属氰化络合物。该法能高效稳定地分离测定Ag(Ⅰ)、Cu(Ⅰ)、Au(Ⅰ)、Ni(Ⅱ)、Co(Ⅲ)、Fe(Ⅱ)、Fe(Ⅲ)的氰化络合物，每个样品的测定时间在15min之内，部分金属氰化络合物的最低检测限达0.1mg/L。河水中金属氰化络合物亦可以采用柱后衍生高效液相色谱荧光测定，$Fe(CN)_6^{4-}$、$Fe(CN)_6^{3-}$、$Ni(CN)_4^{3-}$的检测限为0.01mg/L，检测范围为0.02～0.5mg/L，$Co(CN)_6^{3-}$光解效率低，其检测限为0.053mg/L，检测范围为0.15～1mg/L。若使用柱前浓缩，则能进一步降低金属氰化络合物的检测限。例如，Haddad 等使用液相色谱紫外检测器（214nm）测定 $Fe(CN)_6^{4-}$、$Cu(CN)_4^{3-}$、$Fe(CN)_6^{3-}$、$Co(CN)_6^{3-}$、$Ni(CN)_4^{3-}$ 和 $Cr(CN)_6^{3-}$，以甲醇、四氢呋喃、磷酸盐（pH 7.9）（25∶1∶74，体积之比）含 5mmol/L 四丁基氢氧化铵为流动相，检测限为 0.01～0.5mg/L。若采用自动在线柱前浓缩后，除 $Fe(CN)_6^{4-}$ 和 $Cu(CN)_4^{3-}$ 外，检测限可降至 0.08×10^{-3}～1.58×10^{-3}mg/L。

(3) 荧光光度法　荧光光度法测定氰化物是基于氰化物能和各种醌类化合物以及邻苯二甲醛（OPA）等物质发生 Konig 反应制成荧光物质。荧光光度法测定氰化物，简便快捷，灵敏度高，无须蒸馏即可直接测定水样。20 世纪 50 年代，Hanker 就曾利用乙酰胺与 CNCl 生成荧光化合物来测定氰。贾秀莲等基于无色荧光素钠在铜离子和氰化物存在的条件下能生成荧光素的原理，以 pH 9.0 的硼酸盐为缓冲溶液，测定了水中痕量氰化物。该方法 CN^- 含量在 0.0～0.01mg/L 范围内线性关系良好，最低检测限为 0.4×10^{-3}mg/L，加标回收率为 92%～100%。该法也可用于酒精中氰化物的测定，其检测下限为 6.8×10^{-6}mg/L，同一样品 8 次测定相对标准偏差为 1.61%，5 个不同样品加标回收率在 93.6%～101.0%。此外，也可利用 Hg^{2+} 与 CN^- 形成稳定络合物而使加入的乙酸汞的荧光强度减弱的原理来测定氰化物。

(4) 原子吸收分光光度法　其原理是利用氰离子与过渡金属离子形成稳定络合物，分离后使用原子吸收分光光度法（AAS）测定溶液中过剩的金属离子或络合物的浓度，从而间接测定样品中的氰化物。例如，汪明礼利用石墨炉原子吸收法间接测定了水中氰化物。氰化物与铜离子生成络合物，将络合物用正丁醇萃入有机相，再测定络合物中铜的含量，进而测定氰化物的含量，其检测限为 0.05×10^{-3}mg/L，加标回收率为 97.6%～102.4%。此外，还可利用过量 $HgCl_2$ 溶液吸收空气中的氰化物，形成稳定的配合离子 $Hg(CN)_4^{2-}$，然后利用 $SnCl_2$ 能还原游离汞离子而不能还原配合状态汞的特点，测定吸收后 $HgCl_2$ 溶液中残余的游离汞离子，进而计算出配合状态的汞量，间接测得空气中氰化物的含量，其最低检测限为 1.54×10^{-4}mg/L，加标回收率为 94%～108%。

(5) 流动注射分析技术　流动注射分析（flow injection analysis，FIA）是 1975 年丹麦化学家 Ruzicka 和 Hansen 提出的一种新型的连续流动分析技术，其原理是把一定体积的试样溶液注入一个流动着的、非空气间隔的试剂溶液（或水）载流中，被注入的试样溶液流入反应盘管，形成一个区域，并与载流中的试剂混合、反应，再通过流通检测器进行测定分析及记录。该技术分析速度快、样品试剂消耗少、精密度高、自动化程度高，广泛应用于各水样和金矿液中氰化物的测定及监测。

地下水、地表水、饮用水及污水中的总氰化物均可用流动注射法在线测定。水样与磷酸混合于加热块加热至140℃，释放简单氰化物，然后经过紫外灯裂解金属氰化络合物和有机复合物，产生的氰化氢气体穿过气液分离膜被氢氧化钠溶液吸收，吸收液中氰在磷酸盐缓冲溶液存在下，先与氯胺-T生成氯化氰，氯化氰与吡啶反应产物与两个巴比妥酸分子缩合生成红紫色颜料，在570nm处比色测定，该法检测限为0.63×10^{-3}mg/L，加标回收率为90.8%～102%，每小时可测定约20个样品，相对标准偏差小于3%。亦可在酸性条件下125℃在线蒸馏，蒸馏后的氰化物和氯胺反应生成氯化氰，然后与异烟酸及1,3-二甲基巴比妥酸反应生成红色络合物，在600nm处检测，每小时可测定约30个样品。此外，流动注射法也应用于测定"弱酸可解离氰化物"，前处理需去除硫离子的干扰。

顺序注射仪还可与分光光度计、原子吸收分光光度计等联用测定氰化物。顺序注射仪与分光光度计联用不仅能测定饮用水、电镀废水中的氰化物，还应用于金矿液中氰化物的监测，监控矿液中氰化物与金的质量浓度，实现在线取样、长时间连续监测、自动化操作，但部分方法检测下限略高，达0.2mg/L。

综上所述，离子选择电极、荧光法、原子吸收光度法、极谱法多用于简单氰化物和包含部分络合氰化物的总氰化物的测定，方法成熟，检测限多在μg/L级，各方法的优缺点对比如表7-1所示。流动注射分析（FIA）具有快速、自动化的特点，将更多地应用于废水或者环境中氰化物的自动在线监测。色谱法能测定简单氰化物、总氰化物和络合氰化物，尤其对络合氰化物的测定具有优势，以氰化钠等有毒试剂作流动相实现无毒化操作及无毒废液的排放，更符合未来分析发展的趋势。其他方法还有容量法等测定高浓度的氰化物，但这些方法由于需要大量耗时手工操作，需要格外小心，将渐被更安全快捷的方法取代。

表7-1 不同氰化物分析方法优缺点对比

方法技术	应用范围及测定指标	优点	缺点
气相色谱法	废水、空气、血液、尿液；测定简单氰化物为主	操作快速，灵敏度高，干扰少，分离效果好	对设备及人员技术要求较高
液相色谱	食品、酒、废水、矿液，固体废弃物；可测定简单氰化物、金属氰化物络合物	操作快速，干扰少，分离效果好，能分离测定不同形态的络合氰化物	对设备及人员技术要求较高，目前络合氰化物检测限高
光度法	土壤、动植物、焦炉煤气、金精矿；测定简单氰化物及包含部分络合物的总氰化物	应用广泛，测定简单，灵敏度高，多被推荐为标准方法	前处理过程繁琐，对设备及人员技术要求较高
电化学法	土壤、水、食品、矿液；测定简单氰化物及包含部分络合物的总氰化物	灵敏度高，快速、联用流动注射，能在线测定	离子选择电极和极谱法前处理繁琐、流动注射分析成本较高

第三节　亚麻籽脱毒工艺

一、亚麻籽脱毒工艺的研究进展

亚麻籽具有较高的利用价值，但因其毒性物质和抗营养因子，如抗维生素 B_6 因子、生氰糖苷等的存在，尤其是生氰糖苷的毒性限制了亚麻籽的使用和用量。对其毒性进行研究，寻找一种有效的脱毒方法，研究其脱毒机理，为工业生产提供经验数据和理论基础，使其成为安全性好、适口性好、营养价值高、成本低的食品和饲料来源，对亚麻籽的开发具有重要的研究和现实意义。迄今为止，各国科研人员已对生氰糖苷脱毒开展了大量的研究，建立了多种方法。物理方法主要有水煮、挤压、微波、烘烤和高压蒸煮；化学方法主要是溶剂脱毒法；生物方法主要有酶法和微生物发酵法。

水煮法是利用生氰糖苷可溶于水，经糖苷酶催化或与稀酸作用而水解成 HCN 这一特性，对亚麻籽进行水浸泡后再加热蒸煮而使 HCN 挥发，从而达到脱去生氰糖苷的目的。该方法由 Madhusudhan 等首次提出并应用，亚麻籽经水煮法处理后检测不到生氰糖苷的存在。张郁松在浸提试验的基础上，根据各工艺参数和生氰糖苷去除量之间的关系，确定了水煮法的最佳温度为 80℃、最合适的溶剂倍量为 10 倍和浸提时间 120min。但在试验中只去除了 88.12% 的生氰糖苷，推测其原因可能是脱毒工艺上存在着差异，或是测定方法不同所致。

挤压法具有高压、高温、剪切和热处理以及短时强烈挤压的功能，使亚麻籽中毒素物质生氰糖苷的化学结构受到破坏，从而起到降低甚至完全失去毒性的目的。中国农业大学吴敏等采用挤压法对亚麻籽脱毒工艺进行了优化研究，在最优条件下，脱氰率可达 90% 以上；在不影响生产效率的前提下，实际脱氰率也可达 83.32%。宋春芳等采用 SLG67-18.5 双螺杆挤压机对亚麻籽脱毒工艺进行了优化，通过频数分析得出，在膨化温度为 147～153℃，亚麻籽含水率为 13.8%～17.6%，螺杆转速为 186～211r/min，喂料速度为 61.7～74.0kg/h 的条件下，亚麻籽中 HCN 去除率高于 90% 的概率为 95%。李次力等采用双螺杆挤压机对亚麻籽粕中生氰糖苷的脱除进行了研究，结果表明，HCN 去除率可以达到 96%。挤压法具有物料作用时间短、营养损失小等优点，但需挤压膨化机等专门仪器和挤压过程难以控制及油脂浪费等缺点。

与挤压法原理相反，微波法主要利用微波加热促进生氰糖苷降解酶活性升高这一特点，达到对亚麻籽中生氰糖苷脱毒的目的。高活性的糖苷酶能使亚麻籽中的生氰糖苷迅速转化成氰醇，继而分解成 HCN，并在高温条件下迅速从亚麻籽中释放出来。杨宏志等采用2450MHz频率的家用微波炉，将亚麻籽粕平铺于塑料托盘上，对生氰糖苷脱毒进行研究。结果显示，在输出功率为750W的条件下加热4min后，生氰糖苷的去除率达到82%。此后，杨宏志等又考察了输出功率和烘烤温度对脱毒效果的影响关系，确定了微波加热烘烤法的输出功率和烘烤时间的最佳值分别为640W和2.0min，在此条件下微波法的最大生氰糖苷去除率为89.9%。汤华成等的研究也表明，微波烘烤法对HCN的去除量可达95.57%。

1993年，Wanasundara提出了“溶剂法”。该方法以甲醇、乙醇、异丙醇和氨、水、正己烷等溶剂相混合组成不同的溶剂系统对亚麻籽粉进行提取，在提取油脂的同时也进行了脱毒。试验结果表明，对生氰糖苷最有效的提取条件是当极性相为含有10g/100mL（质量浓度）氨的95%（体积分数）的甲醇时，可以将亚麻籽粉中的生氰糖苷去除50%以上。再加入一定量的水可以提高生氰糖苷的去除率，而且增加提取次数也可有效地提高生氰糖苷的去除率。杨宏志等的研究表明，溶剂法处理1次可去除试样中52%的HCN，经过2次和3次处理后，HCN的去除率分别达到了80%和89%；汤华成等在对亚麻籽三种脱毒方法的比较中也得到了相同的结果。

1998年，张建华等人用水煮法和正己烷-极性溶剂浸出脱毒法对亚麻籽进行了脱毒研究。研究结果表明，水煮法具有良好的脱毒效果，但对其中的蛋白质和氨基酸有一定的影响。蛋白质分子发生解离，低分子蛋白质含量有所提高。水煮后，因蛋白质变性和抗营养因子的去除使体外消化率由61%提高到84%，但可利用赖氨酸下降了30%。对正己烷-极性溶剂浸出脱毒法而言，极性溶剂为醇类（甲醇、乙醇、异丙醇）并在极性溶剂中添加适量的氨水或NaOH（较氨水更安全）有利于提取生氰糖苷。水和氨的添加量增加则亚麻籽粕中蛋白质的含量增加，生氰糖苷的去除更彻底。但水的量达到50%以上时，提取粕呈凝胶状，较难与溶剂分离，使粕的得率和蛋白质的含量下降。一般10%的水和5%～10%的氨即可有效去除粕中生氰糖苷，再提高其添加量则无实际意义。生氰糖苷的去除受静置时间和溶剂比的影响，多次提取去除更彻底，其处理粕甚至可以用于食品中。甲醇-氨-水组成的溶剂系统可有效地提取可溶性酚酸和不溶性（结合）酚酸，但不能有效地去除游离酚酸。

冯定远等比较了微波法、加压蒸煮法、烘烤法和高温高压挤压法的脱毒效果，研究结果表明，所采用的几种加工方法都能对亚麻籽进行脱毒，但各种方法的效力不同。在不影响营养成分的前提下，微波加工法对生氰糖苷的去除效力是最高的。相比之下，烘干法对生氰糖苷的去除效果最差。虽然增加溶剂提取次数才能达到好的脱毒效果，但溶剂加工法比微波加热法更易于实现规模化生产。高温高压挤压法虽然略优于烘干法，但需要专用设备。烘烤、高压蒸煮等其他物理方法也都存在各自的缺点，或脱毒效果不理想，或脱毒成本高，或设备尚未完善，或脱毒过程中会导致亚麻籽中的不饱和脂肪酸等营养成分受到破坏，大大降低了亚麻籽的营养价值。

与物理、化学脱毒法相比，酶法和微生物法具有脱毒成本低、作用条件温和和安全高效等优点。前人研究表明，将木薯粉与一定量的水充分混合后，利用内源β-葡萄糖苷酶的作用，在阳光下发酵脱毒2h，木薯粉中生氰糖苷的含量降低3～6倍。该方法不能完全去除生氰糖苷的原因可能是植物细胞壁非常坚硬，并不能完全被机械破坏，导致植物中生氰糖苷与内源β-葡萄糖苷酶不能完全接触所致。Sornyotha等利用纤维素酶和木聚糖酶降解植物细胞的细胞壁，促进内源β-葡萄糖苷酶从细胞薄壁组织中释放，可明显提高生氰糖苷的脱毒效率。然而，由于内源β-葡萄糖苷酶在高温等条件下容易失活，使得经过高温脱脂后的亚麻籽粕或其他失去内源酶活性的植物材料无法通过自身发酵进行脱毒。这些植物材料需要按一定比例添加新鲜材料或外源β-葡萄糖苷酶才能发酵脱毒。目前，研究人员已成功分离出能分泌β-葡萄糖苷酶的乳酸杆菌、酵母和霉菌；利用这些天然存在的微生物在发酵过程中产生的β-葡萄糖苷酶，来降解植物中的生氰糖苷。这些天然微生物在自然发酵脱毒过程中，由于自身的新陈代谢和繁殖需要，很可能会产生新的人体有害物质并且降低植物的营养价值。研究发现，使用单一的酶制剂对亚麻籽生氰糖苷进行脱毒，脱毒前后的营养成分保持不变。因此，直接利用酶制剂对生氰糖苷脱毒是含氰苷植物脱毒的一种可行方式。

迄今为止，所有生氰糖苷脱毒方法最后均产生氢氰酸，然后采用不同方法将其释放到大气中。这些方法一旦用于大规模生产，势必对空气造成污染，也对工作人员的身体健康造成威胁。有研究表明，氰化物水合酶能催化氰根生成甲酰胺，Basile等也成功从氰化物耐受微生物中成功克隆表达氰化物水合酶基因。然而，未见将该酶应用于生氰糖苷脱毒的研究报道。随着基因工程技术的普及，研究人员开始尝试构建基因工程菌株以实现对亚麻籽的脱毒处理。吴酬飞利用基因工程技术成功构建出毕赤酵母分泌表达载体pPIC9K-Ch和pPIC9K-Glu，通过载体与基因组DNA同源重组，首次成功构建可同时体外分泌表达氰化物水合酶和人β-葡萄糖苷酶的毕赤酵母工程菌株GS115-Ch-Glu。以此菌株进行亚麻籽发酵脱毒实验和对发酵条件进行研究，在发酵温度46.8℃、起始pH值调至6.3，发酵48h后亚麻籽中生氰糖苷降解率高达99.26%，氰根残留量可降至0.015mg/g。其实验结果表明，发酵法能够显著降低亚麻籽中生氰糖苷的含量，可以作为食用，适用于那些以含氰糖苷类作物为原料，发酵制备可食性发酵产物的工艺脱毒，应用空间广阔。全生物发酵脱毒法具有高效、节能、安全、环保等优越性，是亚麻籽生氰糖苷脱毒的一个发展趋势。

亚麻籽脱毒方法虽很多，但各自都有其缺点。水煮法亚麻籽品质难以保证，溶剂法脱毒溶剂残留问题值得探讨，微波法实现产业化困难，挤压膨化脱毒法挤压过程难以控制及油脂浪费，这些问题使亚麻籽脱毒至今尚未能得到很好解决，也相应限制了亚麻籽产品开发。如何实现亚麻籽产业化生产，如何将亚麻籽脱毒工艺与实际食品与饲料生产工艺相结合，以提高亚麻籽利用价值，是研究者还需努力的方向。目前，我国是世界亚麻籽产量最高的国家，每年都有成千上万吨的亚麻籽粕被当做动物饲料原料，亚麻籽的潜在价值远没有得到开发利用。迄今为止，国内外科研人员已对生氰糖苷脱毒开展了大量的研究工作，常用的亚麻籽脱毒方法有物理方法、化学方法和生物方法。物理方法主要包括水煮法、挤压法、微波法、烘烤法和高压蒸煮法；化学方法主要是溶剂脱毒法；生物方法主要有酶法和微生物发酵法。

二、亚麻籽脱毒的主要工艺方法

1. 水煮法

（1）工艺原理　1986 年，Madhusudhan 等首次提出用水煮方法将亚麻籽脱毒，水煮法是利用亚麻籽中的主要毒性成分生氰糖苷可溶于水，经糖苷酶催化或与稀酸作用而水解成 HCN 这一特性，对亚麻籽进行水浸泡后再加热蒸煮而使 HCN（沸点为 25.7～26.5℃）挥发，从而达到脱去生氰糖苷的目的。亚麻籽脱毒通常利用水煮，即将饼粕或油籽用水浸泡后煮熟，使氢氰酸挥发。

（2）主要材料、仪器设备　亚麻籽；家用咖啡磨；增力搅拌器；真空泵；真空恒温干燥箱；砂芯漏斗；抽滤瓶；恒温振荡水浴锅；电子天平。

（3）工艺步骤　水煮法的基本工艺流程为：煮沸→冷却→加水→离心→沉淀→真空干燥→过筛（60 目）。具体工艺步骤为：将亚麻籽粉加入沸水中，粉与水比例为 1/5（质量之比），在沸腾状态下连续煮 15min。当浆状物冷却到 50℃时，再加入 15 倍于亚麻籽粉重量水，使粉与水总比例达到 1/20。浆液在 12000r/min 转速下离心分离，得到浆体在 40℃下真空干燥，然后过筛。研究表明，这种脱毒方法可达到令人满意的脱毒效果，经处理后亚麻籽饼粕中生氰糖苷未检出。此后，一些研究也表明水煮法可以达到令人满意的脱毒效果。

（4）水煮法主要影响因素

① 水煮温度对亚麻籽脱毒效果的影响　杨宏志等研究表明，当水煮温度为 60℃、70℃、80℃、90℃、100℃，料水比 1/20（系统中水的总体积与亚麻籽重量的比值），水煮时间为 10min、15min、20min 时，随着水煮温度的升高，亚麻籽粉中 HCN 的含量越来越少，即生氰糖苷的去除率越来越高。这是因为生氰糖苷溶于水，随着温度的升高生氰糖苷的溶出速率增加。亚麻籽经粉

碎后其中的β-糖苷酶被释放出来，与溶出的生氰糖苷相互作用产生氢氰酸。氢氰酸的沸点为26.3℃，随着温度的升高，系统中产生的HCN的散失量逐渐增加。但是，当温度超过40℃以后生氰糖苷的去除率逐渐降低，当接近60℃时，去除率甚至出现减少现象，超过60℃时，生氰糖苷的去除率继续增加，达到80℃以后去除率趋于稳定。因为温度升高后，部分蛋白质开始变性，使系统黏度增加，而且温度达到60℃时，系统中亚麻胶的溶出率最高，因而抑制了生氰糖苷的溶出。超过60℃时，出胶率下降，系统黏度降低，因而生氰糖苷的溶出率也增加。达到100℃时虽然仍可提高生氰糖苷的去除率，但亚麻籽中的蛋白质和氨基酸均会有一定的损失。综合考虑以上因素，确定用水煮法对亚麻籽进行脱毒时，最佳温度为80℃。

② 加水倍量对亚麻籽脱毒效果的影响　同一温度下，使用不同的加水倍量，对生氰糖苷的去除效率不同。加水倍量为6时，生氰糖苷的残余量最高，脱毒效果最差；加水倍量为8时次之；加水倍量为10时，生氰糖苷的去除效率最高，超过10以后生氰糖苷的去除量基本不变。这是因为系统中溶出的亚麻胶及产生的磷脂相对减少，对生氰糖苷的抑制作用降低的缘故，当加水倍量为10、12和14时，脱毒效果非常相近。而温度超过80℃以后脱毒效果几乎相等，其原因可能是系统的阻力与生氰糖苷的溶出动力基本达到平衡，此时改变搅拌条件可以在一定程度上改变脱毒效果。综合考虑以上因素，确定较合适的溶剂倍量为10。

③ 水煮时间对亚麻籽脱毒效果的影响　随着水煮时间的延长，亚麻籽粉中的生氰糖苷含量逐渐减少，当时间达到20min以后，亚麻籽粉中的生氰糖苷含量基本不变。这是因为20min之前，体系中溶出的亚麻胶含量比较少，对生氰糖苷的浸提阻力小，表明扩散动力即浓度梯度的变化与当时浸提液中的亚麻胶浓度有关。20min以后，生氰糖苷的浓度梯度变小，同时亚麻胶的浓度增大，对生氰糖苷的溶出阻力加大，使得浸出速率降低，甚至不发生变化，因此确定20min为最佳水煮时间。另外，浸提温度不同，在相同的浸提时间内生氰糖苷的去除量也不相同，100℃时生氰糖苷的去除量最高，80℃时次之，60℃时去除量最小。浸提时间超过90min以后，80℃和100℃的浸提曲线变化趋势及同一时间生氰糖苷的去除量基本相同，不过浸提温度达到100℃时亚麻籽中的蛋白质和氨基酸会有一定程度的损失。

（5）水煮法存在的问题分析　由于水煮法一般需要高温或沥滤，而这样的处理方法使粕中蛋白质回收量降低，对粕质量会产生不利影响，尽管水煮法可以有效去除亚麻籽中的生氰糖苷，但是应用该法会使水煮前后亚麻籽的组分发生变化。如：脂肪因与蛋白质结合形成不能提取的复合物，而使得测定值下降；糖类、胶等物质的浸出使粗纤维含量增加，但两者蛋白质含量差别不大。

氨基酸组成方面，除水煮后的亚麻籽粕中的谷氨酸略有增加外，其他变化不大。凝胶过滤、DEAE-Sephadex离子交换色谱、超离心分离等方法的分析结果表明，水煮后的亚麻籽中蛋白质分子发生解离，低分子蛋白质含量有所提高。水煮后，因蛋白质变性和抗营养因子的去除使体外消化率由61%提高到84%，但可利用赖氨酸下降30%。水煮对蛋白质功能特性的影响表现在水煮后因蛋白质变性而使氮溶解度下降、等电点变宽（pH 3.0～8.0）、疏水基团暴露以及碳水化合物凝胶化和粗纤维吸水性、蛋白质吸水性下降等方面。

2. 挤压法

挤压膨化加工技术属于高温高压食品加工技术，特指利用螺杆挤压技术，通过压力、剪切力、摩擦力、加温等作用形成的对于固体食品原料的破碎、捏合、混炼、熟化、杀菌、预干燥、成型等加工处理，完成高温高压的物理变化及生化反应，最后食品物料在机械作用下强行通过模口，得到一定形状和组织形态的产品。采用挤压膨化对亚麻籽脱毒是一种可行的方式，因为挤压膨化温度都在100℃以上，其中生氰糖苷和绝大部分酶已遭破坏，使亚麻籽中氢氰酸产生量很低；同时随着膨化压力突然释放，氢氰酸也会随水分蒸发而挥发掉。如果在物料中加入一定量脱毒剂，脱毒剂同时与生氰糖苷反应，在这种综合条件下亚麻籽脱毒效果将会更好。双螺杆挤压机是挤压法的关键设备，它是集输送、混合、加热和加压等多种化工单元操作于一体的连续式反应器，在挤压膨化过程中，由于温度升高及其螺杆的剪切、挤压作用，加快了生氰糖苷的水解，再加上膨化压力突然释放，水分蒸发的同时，氢氰酸也随之挥发，能将生氰糖苷的含量降到安全标准，物料的作用时间短、营养损失小。挤压膨化脱毒亚麻籽与其他脱毒方法相比，具有以下优点：①经过膨化加工，可使亚麻籽细胞壁破裂，细胞内含的营养物质充分释放，极大地提高了亚麻籽的消化吸收率。膨化加工使得蛋白质变性，发生组织化，从而使得蛋白酶更容易进入蛋白质内部，扩大了蛋白质消化酶与蛋白质的接触面积，从而使得其更易于被动物消化吸收。②膨化后的亚麻籽具有浓厚的膨化焦香味道和特有的亚麻籽油味，适口性好，畜禽的采食量和采食速度明显提高。③膨化具有熟化功能，会破坏物料中的抑制生长因子。膨化加工是在极短时间内，于无氧状态下完成加工，这样有助于保存蛋白质和能量，而且也能限制产品发生美拉德反应。④原料在膨化加工过程中，在高温（120～180℃）、高压（4～6MPa）的工况下，经过摩擦、剪切和挤压，可杀死物料中的沙门杆菌、大肠杆菌，减少畜禽的发病率，提高饲料的卫生品质。⑤生产效率高，挤压膨化工艺集供料、混合、输送、加热、熟化为一体，又是连续生产，生产效率高。生产能力可在较大范围内调整，小型膨化机生产能力为每小时几十千克，而大型挤压膨化机生产能力可达几十吨以上，而且能耗降低。⑥挤压膨化能够降低物料含水量，有时可使含水率降低50%，对于贮存非常有用。⑦挤压膨化工艺生产周期短，可操作性好，设备投资小，原料的利用率高，无“三废”排出，不会造成环境污染。

膨化加工技术最早应用于塑料制品加工，大规模应用于饲料生产始于20世纪50年代末和60年代初，主要用于加工宠物食品，对动物饲料进行预处理以改进消化性、适口性和生产反刍动物蛋白补充饲料等。在过去的十几年中，挤压技术的进步尤为显著，目前已达到很高的水平，成为国外发展速度最快的饲料加工技术。该技术的发展为宠物饲料、水产饲料及其他动物饲料的生产带来了革命性的变革，同时在资源的开发利用上也越来越显示出其重要性。

(1) 工艺原理　挤压膨化加工就是利用相变和气体的热压效应原理，使被加工物料内部的液体迅速升温汽化、增压膨胀，并且依靠气体的膨胀力，带动组分中高分子物质的结构变化，从而使之成为具有蜂窝状组织结构特征、定型的多孔状物质的过程，依靠该工艺过程生产的食品统称为膨化食品。为研究分析方便，将整个膨化过程分为三个阶段。第一阶段为挤压段，此时物料内部的液体因吸热或过热发生汽化；第二阶段为高温高压段，汽化后的气体快速增压并开始带动物料膨胀；第三阶段为模板固化段，当物料内部的瞬间增压达到和超过极限时，气体迅速外溢，内部因失水而被高温干燥固化，最终形成泡沫状的膨化产品。

对于含有淀粉或蛋白质的原料，在膨化腔内由转动的螺杆进行输送、挤压，物料在此过程中获得和积累能量而达到高温高压、带有流动性的凝胶状态。此时所有的成分均积累了大量的能量，水分呈过热状态，当骤释至常压时，这两种高能状态体系即朝向混乱度增大（即熵值增大）的方向进行，从而发生膨化。膨化使过热状态的水分瞬间汽化而发生强烈爆炸，水分子约膨胀2000倍，物料组织受到强大的爆破伸张作用而形成无数细致多孔的海绵体，体积增加几倍到几十倍，组织结构和理化性质也发生了变化。高温、高压和机械剪切力的联合作用，使淀粉糊化、蛋白质变性、酶钝化，同时也使杀菌充分。在挤压膨化时，物料的温度甚至可以高达180～200℃，而物料在膨化机中的滞留时间仅为5～10s，物料被送入膨化机中，螺杆螺旋推动物料形成轴向流动。同时，由于螺旋与物料、物料与机筒以及物料内部的机械摩擦，物料被强烈地挤压、搅拌、剪切，其结果是物料进一步细化、均化。随着压力的逐渐加大，温度相应升高。在高温、高压、高剪切条件下，物料的物性发生变化，由粉状变成糊状，蛋白质变性，淀粉糊化，纤维质部分降解、细化，致病菌被杀死，卫生指标提高，有毒成分失活。当糊状物料从模孔喷出的瞬间，在强大的压力差作用下，游离水分急骤汽化，物料被膨化、失水、降温，使得膨化产品结构疏松、多孔、酥脆，且有较好的适口性和风味。

（2）主要仪器设备　挤压膨化机是挤压法的关键设备，按照螺杆数量分类，主要分为单螺杆挤压机和双螺杆挤压机。在食品加工中，最常用的是同向、完全啮合的平行双螺杆挤压机。下面以德国 Brabender 公司生产的 DSE-25 型双螺杆挤压机为例进行介绍。

DSE-25 型双螺杆挤压机由驱动单元、组合式套筒和同向双螺杆及喂料器组成，并配有不同形状和规格的模头（图 7-4）。套筒分为喂料区、混合区、剪切区和泄压区 4 个区，各区长度依次为 100mm、150mm、150mm、150mm。螺杆由输送螺旋、剪切螺旋、反向螺旋和混合螺旋四种结构和功能各异的螺旋组合而成。加工温度、螺杆转速和喂料速度均为无级可调。检测区配有温度、压力探测器和传感器，可通过计算机进行全程控制，直接读取膨化加工过程中的扭矩、压力和各区温度等参数。其主要技术参数为：螺杆直径 25mm，螺杆长径比（L/D）16～48，螺纹深度 4mm，驱动功率 12kW，最大转速 315r/min，扭矩 2×90N·m，套筒最高温度 400℃，最高熔体压力 3×10^{7} Pa，产量 0.6～50kg/h。

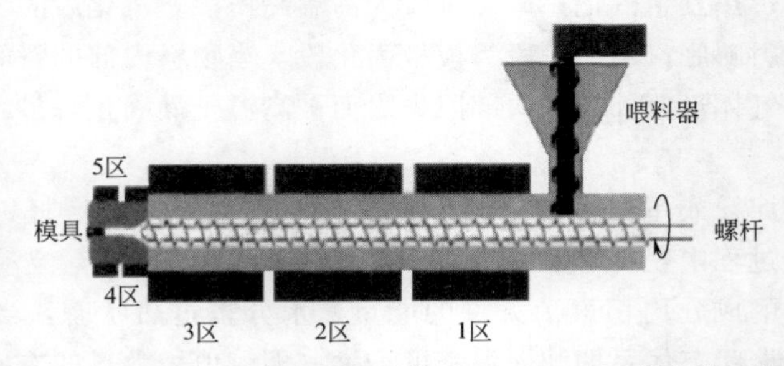

图 7-4　德国 Brabender 公司生产的 DSE-25 型双螺杆挤压机

（3）双螺杆挤压法的工艺步骤　双螺杆挤压法的基本工艺为：原料过筛→调节水分→螺旋喂料→挤压膨化→取样→冷却→产品。具体步骤为：将完全干燥的亚麻籽粉碎，过 80 目的筛后调配成一定的水分含量（20%～30%）。开启通电预热后的双螺杆挤压机，设置不同喂料速度、螺杆转速、套筒各段加工温度［1 区温度—2 区温度—3 区温度—4 区温度—5 区温度，如图 7-4 所示，加工温度 80℃（喂料区）→90℃（混合区）→110℃（剪切区）→95℃（泄压区）］等，待空载运转正常，先加入预备原料使挤压机稳定工作，保持预热段和挤压段温度，再加入亚麻籽在试验条件下稳定挤压。在挤压机出口取样，冷却后测定生氰糖苷含量，扭矩（N·m）、4 区压力（Pa）、5 区压力（Pa）等系统参数在挤压过程中可从计算机直接读取。

（4）主要影响因素

① 水分含量对氰化物脱除率和系统参数的影响　挤压过程中生氰糖苷酶

降解或热降解脱除的化学本质都是水解反应，因此，一定的水分活度是生氰糖苷降解的必要条件。原料水分含量为20%～30%已能保证生氰糖苷降解脱除对水分的需要，此时，生氰糖苷脱除率均大于95%。当水分含量再增加，挤压物料塑性和流动性有较大提高，加快了挤出速率，使亚麻籽在挤压套筒内停留时间缩短，降解反应不够充分，挤压后残余生氰糖苷增多，生氰糖苷脱除率开始明显下降。当水分含量为35%时，生氰糖苷脱除率已降至80%以下。同时，随着水分含量升高，由于物料中含水量增加，物料与机筒、螺杆之间的摩擦阻力减小，受到的剪切作用减弱，扭矩变小，使物质降解速度变慢，造成扭矩、4区压力、5区压力呈下降趋势。

② 温度对氰化物脱除率和系统参数的影响　生氰糖苷脱除率与挤压温度呈正相关，加工温度达到T5（100℃—130℃—160℃—170℃—180℃）时，生氰糖苷脱除率可接近100%。随着挤压温度的提高，模口汽提水分挥发率明显提高，这种汽提作用对生氰糖苷降解物脱除是十分重要的；但是温度过高，产品色泽也加深，即发生剧烈的美拉德反应，有效氨基酸（如赖氨酸）损失多，从外观上也降低了产品的商品价值。随着加工温度升高，亚麻籽粕中纤维素发生降解反应，蛋白质变性，分解反应加剧，导致产品中水溶性物质增多，造成扭矩、4区压力、5区压力均呈下降趋势。因此，应当寻求在较低温度下提高生氰糖苷脱除率的加工条件，加工温度一般可选择T3（90℃—120℃—140℃—150℃—160℃）。

③ 螺杆转速对氰化物脱除率和系统参数的影响　螺杆转速直接影响到物料在挤压机套筒内的压力和时间，其大小也决定了挤压机的生产率。生氰糖苷脱除率与螺杆转速呈负相关，随着螺杆转速的提高，亚麻籽中氰化物脱除率降低，螺杆转速超过130r/min后，氰化物脱除率下降速率增大，这是由于转速提高，加速了挤压物料在挤压套筒内的推进速度，缩短了亚麻籽粕在挤压膛内的停留时间，从而使部分生氰糖苷未能降解。随着螺杆转速的升高，螺杆对物料剪切作用加剧，更多的机械能转化为化学能，物料液化程度加剧，流体流动性增强，使得物料黏度下降，扭矩变小，同时4区压力、5区压力增大。

④ 喂料速度对氰化物脱除率和系统参数的影响　随着喂料速度的加快，生氰糖苷脱除率先增加后降低，这可能是因为提高喂料速度，物料受到的剪切作用程度减弱，模口处物料黏度较大，同时水蒸气获得的能量较少，在冲出模口时不能大量汽化，因而产品中残留的水分较高。当喂料速度达到18r/min时，残留水分恰好能使生氰糖苷脱除率达到最高。如果残留水分过多，由于亚麻籽在挤压套筒内停留时间缩短，降解反应不够充分，使得生氰糖苷脱除率开始下降。随着喂料速度增加，加强了对物料的输送作用，提高了剪切区和螺杆前端混合区的压力，因此随着喂料速度的升高，螺杆旋转时受到的阻力增大，

最终会导致扭矩增加。同时，随着喂料速度升高，在螺杆输送能力的范围内，输送能力提高，增大了螺杆前端混合区的填充度，阻力增大，使得4区压力、5区压力呈上升趋势。

(5) 亚麻籽挤压脱毒工艺条件的优化　由于水分含量、加工温度、螺杆转速、喂料速度是亚麻籽生氰糖苷脱除率的主要影响因素，为了考察这些因素的协同作用，李次力等对上述4个因素设置3个不同水平，进行$L_9(3^4)$正交实验优化脱毒工艺条件。实验结果表明，加工温度对生氰糖苷脱除率影响最大，水分含量和螺杆转速次之，喂料速度的影响最小，亚麻籽粕脱毒的最优水平为$A_3B_2C_2D_1$，即水分含量30%、加工温度80℃—120℃—130℃—140℃—150℃、螺杆转速120r/min、喂料速度18r/min。尽管随着加工温度的增大，生氰糖苷脱除率显著提高，但是出于对赖氨酸等热敏性营养素的保护，加工温度不应过高，故选用80℃—120℃—130℃—140℃—150℃；螺杆转速提高，有利于提高加工能力，减少加工电耗，故选用120r/min；水分含量选用30%，喂料速度选用18r/min，在上述条件下生氰糖苷脱除率可以达到96.59%，即生氰糖苷残留量为8.79mg/kg，这说明亚麻籽粕在该条件下经挤压膨化处理后生氰糖苷含量显著降低。

(6) 挤压膨化处理对亚麻籽粕理化性质的影响

① 挤压膨化对亚麻籽粕中蛋白质和氨基酸的影响　亚麻籽粕中蛋白质占总重量的38.1%，这些蛋白质富含18种氨基酸，具有高支链氨基酸（branched chain amino acid，BCAA：缬氨酸、亮氨酸、异亮氨酸）、低支链氨基酸和芳香族氨基酸（aromatic amino acid，AAA），其Fischer比率，也即支/芳比值（BCAA/AAA）较高，是优质的植物蛋白质。Dev等人研究发现，亚麻籽蛋白质与大豆蛋白相比，具有高的BCAA和Fischer比率，这可为患有癌症、烧伤、外伤和肝炎等营养不良的病人提供能产生特殊生理功能的食品。挤压后亚麻籽粕的蛋白质含量比膨化前略有减少，氨基酸也有部分损失，但氨基酸总量有所增加。因为高温、高压、高剪切作用使蛋白质的三级和四级结构的结合力变弱，蛋白质分子结构发生伸展、重组，分子表面的电荷重新分布趋向均匀化，分子间氢键、二硫键部分断裂，导致蛋白质不可逆变性，一部分蛋白质裂解为多肽和氨基酸，使蛋白质的消化率提高。一些氨基酸（如赖氨酸、蛋氨酸、精氨酸等）的减少，主要来源于美拉德反应，也与挤压加工条件有关。

② 挤压膨化对亚麻籽粕中膳食纤维的影响　亚麻籽粕中纤维素含量较高，总膳食纤维达44.7%左右，其中约7.1%为可溶性膳食纤维。根据报道，可溶性膳食纤维的主要成分是亚麻胶，由酸性多糖和中性多糖组成，其中中性多糖为高度支化的阿拉伯木聚糖；酸性多糖含有鼠李糖、半乳糖、岩藻糖和半乳糖

醛酸。另外，亚麻籽纤维里富含一种活性物质——木酚素（SDG 和 MAT），在体内兼性需氧微生物的作用下可转化为哺乳动物木酚素。通过比较亚麻籽粕在挤压前后的数据变化，发现在挤压后总膳食纤维的含量显著减少，可溶性膳食纤维含量增加。这主要是由于高温、高压、高剪切的综合作用使纤维分子间化学键裂解，导致分子的极性发生变化所致。挤压膨化时，物料内部过热状态的水分在瞬间汽化蒸发，产生很大的膨化压力，这破坏了颗粒的外部状态和内部的分子结构，将部分不溶纤维断裂形成可溶性纤维，使总膳食纤维含量下降，使物料最终形成多孔状结构。

③ 挤压膨化对亚麻籽粕中生氰糖苷的影响　李次力等研究表明，经过挤压处理后，亚麻籽粕中的生氰糖苷含量减少了 93%，因此生氰糖苷可以较好地被脱除。亚麻籽粕中含有的生氰糖苷主要是 β-龙胆二糖丙酮氰醇、β-龙胆二糖甲乙酮氰醇、亚麻苦苷、百脉根苷及生氰糖苷酶，在榨油时，亚麻籽中的这些有毒成分原封不动地残留在饼粕中。而生氰糖苷在机体内能通过 β-糖苷酶的酶解作用释放氢氰酸（HCN），再与含酶金属卟啉进行络合而产生强烈的抑制呼吸作用，使机体发生中毒。由于这些毒素的存在使亚麻粕的应用受到很大限制，只能作为反刍动物的饲料原料。挤压处理具有高温、高压、短时强烈挤压、剪切处理和热处理的功能，不仅能保持物料的营养成分很少甚至不被破坏，且生氰糖苷的化学结构受到破坏失去毒性，并使其含量降到安全标准，从而起到脱毒的作用。

④ 挤压膨化对亚麻籽粕中脂肪的影响　亚麻籽粕经过挤压处理后的脂肪含量比膨化前有所减少。这是因为在挤压膨化过程中，脂肪发生部分水解生成甘油单酯和游离脂肪酸，这两种产物与直链淀粉、蛋白质形成了复合物，从而降低挤出物中游离脂肪的含量。而且脂肪对产物质构重组、成型、口感及形成风味物质具有很大的作用。

⑤ 挤压膨化对亚麻籽粕中其他成分的影响　亚麻籽粕经过挤压膨化后，水分含量减小，这是水分受热蒸发，而经挤压处理后原料易于较长时间的贮存；淀粉含量降低，因为在高温、高压、高剪切力环境下，淀粉分子间的氢键断裂，淀粉发生糊化、降解，生成小分子量物质，糊精和还原糖显著增加；风味成分发生变化：部分香味物质随水蒸气挥发而被闪蒸，另一方面新风味物质由美拉德反应形成；大多数维生素受热不稳定，挤压处理一般对维生素影响较小。

⑥ 挤压膨化对亚麻籽粕水溶性指数和吸水性指数的影响　亚麻籽粕经过挤压膨化处理，并与未处理的相比较，可得出水溶性指数升高、吸水性指数下降的结论。这可能是由于亚麻籽粕中的不溶性纤维断裂发生结构变化而形成孔状结构，不溶性纤维断裂转变成可溶性纤维导致水溶性指数升高，同时产生松

散无序的疏松结构就使吸水性指数下降。

⑦ 挤压膨化对亚麻籽结构的影响　通过挤压工艺流程在相应的参数下对亚麻籽粕（80 目）进行膨化处理，从处理前、后所得产物的微观结构变化可以明显看出：未挤压亚麻籽粕呈紧密有序的结合态，且比较细碎、大小不均匀；亚麻籽粕经过挤压处理以后，挤出物的表面形成了很多分布均匀、整齐的微孔、气室，而且在其周围形成了明显的丝状、纤维状，呈完整、连续的表面质构特征，具有孔状的纤维结构。以上变化是由于物料在套筒内被挤压、剪切作用和挤出物出模孔的瞬间压力骤降，物料中的水分迅速蒸发导致形成的，挤压膨化后亚麻籽粕呈松散无序的疏松结构，这种变化有利于酶的进一步作用，空间位阻减小，提高原料的利用程度。组织化后的亚麻籽粕分子内部，形成了较完整的定向排列结构，蛋白质和纤维构成了连续基质和“骨架”结构，碳水化合物则定向包埋于其中。

3. 烘烤法

(1) 工艺原理　烘烤法可以分为两种主要方式：传统烘烤法和微波烘烤法。传统烘烤法就是采用干燥箱等干燥设备对亚麻籽加热进行脱毒的方式，通过热处理可以改变细胞内部结构，使生氰糖苷与相应的水解酶接触，而一定的温度可以促使这种水解作用，从而达到脱毒的效果。微波烘烤法是借助于微波炉等设备对亚麻籽进行加热脱毒的方式，微波处理由于红光波长范围外的电磁射线被物料所吸收，这种射线波容易引起分子之间的共振，结果使细胞内部迅速摩擦加热和水蒸气压力升高，导致细胞内结构膨胀和破裂，使生氰糖苷和水解酶接触发生水解作用，所产生的 HCN 随着水蒸气的逸失而挥发，从而达到脱毒的目的。

(2) 主要仪器设备　家用咖啡磨，增力搅拌器，真空泵，真空恒温干燥箱，离心分离机，恒温振荡水浴锅，微波炉，电子天平。

(3) 工艺步骤

烘烤法：亚麻籽经筛选去除杂质后用咖啡磨磨碎，置于真空恒温干燥箱中进行干燥，考察不同烘烤时间、烘烤温度等条件下对亚麻籽的脱毒效果。

微波法：将 200g 亚麻籽放在 20cm×20cm 的塑料托盘上，在输出功率为 750W 的微波炉中加热 4min。

(4) 烘烤法的主要影响因素

① 烘烤时间对亚麻籽脱毒效果的影响　在给定的温度条件下（40℃、60℃、80℃、100℃和 120℃）烘烤，HCN 含量随烘烤时间延长而减少。这是因为在一定的温度下存在于亚麻籽中的 β-糖苷酶的活性增加，使得烘烤初期 HCN 的转化率增大。在 30min 之前，HCN 的减少速率较大，当 30min 以后

HCN的减少速率变小，尤其是温度较高时（80℃以上）更加明显。当烘烤时间达到40min时，HCN的含量几乎不再变化，这可能是烘烤时间延长使得亚麻籽中的水分变少，酶的活性降低，因而生氰糖苷与氢氰酸之间的转化率降低，因此烘烤时间选择30min比较合适。

② 烘烤温度对亚麻籽脱毒效果的影响　温度对亚麻籽的脱毒效果影响比较明显，升高温度能增加脱毒效果的原因主要有两个：一方面是因为升高温度可以使β-糖苷酶的活性增加，加快了生氰糖苷向氢氰酸的转化速率，另一方面温度升高使水分的蒸发速率提高，从而可以携带HCN从亚麻籽中逸出。但温度过高时（大于100℃），生氰糖苷的去除速率呈减缓趋势，尤其是烘烤时间比较长时更是如此，如：当温度达到100℃以后，由于蛋白质及亚麻胶变性，使得亚麻籽表面形成一层硬壳，增大了氢氰酸的逸出阻力，脱毒效果不佳，另外也会造成蛋白质的大量损失。相比之下，烘烤30min时这种现象就不是很明显，综合考虑脱毒效果与对营养成分的破坏作用两方面的影响，选定100℃作为烘烤温度。

（5）微波加热法的主要影响因素

① 加热时间对亚麻籽脱毒效果的影响　研究表明，在选定微波炉输出功率下（320W、480W和640W）均能起到一定的脱毒效果。因为水的耗损因子比其他介质的要大，所以在微波加热时水吸收能量最快，因而升温也快，这样就不会导致其他物质升温过快，即“调平”作用。由于微波加热的调平作用，使得亚麻籽中的水分（约含8.7%的水分）迅速升温，从而激活了糖苷酶的活性（糖苷酶也升温，只是速度比水慢而已），迅速使生氰糖苷转化成氰醇，继而裂解成HCN，形成的HCN与蒸发的水分一道被释放出来。另外，由于微波加热具有使被加热物质里外同时加热的特点，这使得亚麻籽物料的外表面不会首先形成焦煳坚硬的外壳，从而使水分和生成的HCN能比较容易地释放出来。试验表明，当烘烤时间达到2min以后脱毒效果没有明显增加，因此，为防止营养成分受到破坏，烘烤时间选定2min。

② 输出功率对亚麻籽脱毒效果的影响　研究表明，当输出功率从160W开始每升高160W，在所选取的3个烘烤时间内对应的氢氰酸的去除量（mg/kg）分别为：烘烤时间为1min，30.434、54.964、14.264、6.210；烘烤时间为1.5min，24.719、50.273、5.763、4.977；烘烤时间为2min，25.031、38.754、4.893、3.532。在输出功率达到480W之前，生氰糖苷的去除速率远远大于480W以后的去除速率。当输出功率达到640W以后，虽然生氰糖苷的含量继续降低，但幅度已经很小；当输出功率达到800W时，在不到2min的时间内亚麻籽就出现焦煳状态（表7-2），因此，为了保证脱毒效果又防止出现过热状态，选定输出功率为640W。

表 7-2　微波烘烤法不同功率下亚麻籽中的 HCN 含量　　单位：mg/kg

输出功率/W	160	320	480	640	800
1min	110.732	80.298	25.334	11.070	4.860
1.5min	90.112	65.393	15.120	9.357	4.380
2min	75.663	50.634	11.880	6.987	3.455

4. 蒸煮法

(1) 工艺原理　蒸煮法是将亚麻籽放在高压锅内，在高压（一般为 1.62MPa）条件下蒸煮进行脱毒的方法。采用蒸煮法处理亚麻籽，在一定的温度下使 β-糖苷酶活性增加，这有利于生氰糖苷转化成 HCN，并使之释放。同时，水蒸气的存在也可以促进酶促反应或提高其传送 HCN 的能力。此外，高压作用也能使生氰糖苷以及其他抗营养因子的化学结构受到破坏甚至失去毒性，从而起到脱毒的作用。

(2) 主要仪器和设备　手提式消毒器（CRMOX-280 型），真空恒温干燥箱（DZ-3BC），电子天平（JA5003）。

(3) 工艺流程　将亚麻籽放在高压锅内的不锈钢圆盘上（料层厚度 3cm），在压力为 1.62MPa、温度 120 ℃的条件下进行蒸煮 15min。

(4) 蒸煮法主要影响因素

① 不同蒸煮温度下蒸煮时间对亚麻籽脱毒效果的影响　杨宏志等利用蒸煮法考察了不同蒸煮温度下（118℃、123℃、126℃）蒸煮时间对脱毒效果的影响（表 7-3）。在蒸煮 5min 时，118℃、123℃和 126℃三种温度条件分别使亚麻籽中的氢氰酸含量从未加工亚麻籽的 157.68mg/kg 降低至 12.909mg/kg、10.913mg/kg 和 9.874mg/kg，表明蒸煮法脱毒效果十分理想。高压作用能够使生氰糖苷以及其他的抗营养因子的化学结构受到破坏甚至失去毒性，从而起到脱毒的作用。随着时间的增加，脱毒速率逐渐下降。这是因为亚麻籽中的 β-糖苷酶逐渐在高温、高压下被钝化而失去活力，从而不能有效地使生氰糖苷转化成 HCN 并使之释放。因此，继续增加蒸煮时间并不能显著地增加脱毒效果。根据以上结果，推荐选用 25min 作为蒸煮时间。

表 7-3　蒸煮不同的时间后亚麻籽中的 HCN 含量　　单位：mg/kg

蒸煮时间	5min	10min	15min	20min	25min
118℃	12.909	11.393	10.226	9.854	9.037
123℃	10.913	9.686	9.166	8.876	8.576
126℃	9.874	8.868	8.637	8.375	8.024

② 不同蒸煮温度对亚麻籽脱毒效果的影响　在不同的蒸煮时间（15min、20min 和 25min），杨宏志等考察了蒸煮温度对亚麻籽脱毒效果的影响，发现

提高蒸煮温度能有效地减少亚麻籽中的HCN含量，但是随着温度和压力的增加，由于亚麻籽中的β-糖苷酶逐渐在高温、高压下被钝化而失去活力，不能有效地使生氰糖苷转化成HCN并使之释放，脱毒效果逐渐下降（表7-4），考虑到继续提高蒸煮温度需要增加压力，推荐选用123℃作为蒸煮温度。

表7-4　不同蒸煮温度下HCN的含量　　单位：mg/kg

蒸煮温度	108℃	113℃	118℃	123℃	126℃
15min	18.987	12.743	10.226	9.166	8.637
20min	15.732	11.030	9.854	8.876	8.375
25min	13.374	10.009	9.037	8.576	8.024

5. 溶剂脱毒法

当前，在国内的大宗油料作物中，一些有毒物质的存在使得加工工艺趋向复杂化，如棉籽中的棉酚、菜籽中的硫苷、茶籽中的皂素和亚麻籽中的生氰糖苷，这些有毒物质限制了粕的使用，萃油后脱毒处理又增加了工艺的复杂性。从工艺优化观点来看，若能一步提取油脂同时获得脱毒粕是最理想的加工方法。近二十年来，科技研究人员进行了不懈的努力，提出了各种各样的加工流程，以达到一步萃油脱毒的目的。相对来说，加拿大多伦多大学开发的双液相（TPS）浸出技术综合指标最优，并在棉籽和菜籽的同时提油脱毒应用中取得了很好的效果。

Wanasundara等人采用由烷醇-氨和己烷组成溶剂系统来脱除亚麻籽中的生氰糖苷（见表7-5），在分别用甲醇、异丙醇和乙醇这几种有效烷醇进行的实验中发现，不同的浸取系统有同时脱生氰糖苷和提高亚麻粕中蛋白质含量的双重效果，提高系统中溶剂与原料的比率、萃取时间、萃取级数和水的比例都有增强亚麻粕中生氰糖苷的脱除效果。当极性相为含有10g/100mL氨的95%（体积分数）的甲醇时取得最佳的生氰糖苷去除效果，亚麻籽粉中的生氰糖苷去除达50%以上。再加入一定量水可提高生氰糖苷去除率；而且，增加提取次数也可有效提高生氰糖苷去除率。该法使亚麻籽中β-龙胆二糖丙酮氰醇和β-龙胆二糖甲乙酮氰醇均有显著降低，同时有利于最大限度保持粕中粗蛋白含量。此外，张建华等（1998）用水煮法和正己烷-极性溶剂浸出脱毒法对亚麻籽进行脱毒研究，结果表明，水煮法具有良好脱毒效果，但对其中蛋白质和氨基酸有一定影响，蛋白质分子会发生解离，低分子蛋白质含量有所提高。对正己烷-极性溶剂浸出脱毒法而言，极性溶剂为醇类（甲醇、乙醇、异丙醇）并在极性溶剂中添加适量氨水或NaOH（较氨水更安全）有利于提取生氰糖苷。水和氨添加量增加，则亚麻籽粕中蛋白质含量增加，生氰糖苷去除则更彻底。但水量达到50%以上时，提取粕呈凝胶状，较难与溶剂分离，使粕得率和蛋白质含量下降。一般10%的水和5%～10%的氨即可有效去除粕中生氰糖苷，再提高其添加量则无实际意义。生氰糖苷去除受静置时间和溶剂比影响。

表7-5 混合溶剂浸出对粕中生氰糖苷含量的影响 单位：mg/kg

溶剂	LN	NN	HCN
正己烷	4.42	1.90	0.41
甲醇-正己烷	4.26	1.81	0.40
甲醇-水-正己烷	2.69	1.19	0.25
甲醇-NaOH-正己烷	3.26	1.39	0.31
甲醇-氨水-正己烷	1.92	0.81	0.18
乙醇-氨水-正己烷	3.99	1.79	0.38
异丙醇-氨水-正己烷	3.36	1.31	0.31

注：LN为β-龙胆二糖丙酮氰醇，NN为β-龙胆二糖甲乙酮氰醇。

双液相混合溶剂浸出技术作为一种新的油脂加工技术，正受到越来越多的关注，它较好地解决了含毒油料加工中的取油和得粕的矛盾，可同时获得高质量的植物油和脱毒饼粕，是一种“双赢”的工艺路线；同时，低温工艺避免了现行预榨浸出工艺油料经多次高温处理，粕中赖氨酸含量下降、蛋白质过度变性使得可溶性蛋白质含量降低、粕的适口性变差。高质量的粕为分离蛋白的提取提供了优质原料，可以使亚麻籽的经济价值得到最大程度的挖掘。将双液相技术应用于亚麻籽加工业，在低温浸出油脂的同时，脱除亚麻粕中的生氰糖苷等抗营养因子，获得高品质的亚麻油和脱毒粕，最大限度地保持亚麻蛋白的原有功能特性，解决亚麻籽蛋白资源开发利用的瓶颈问题，实现亚麻籽资源的深度开发和综合利用，提高亚麻籽产业的经济效益，对我国亚麻籽产业的持续稳定健康发展具有深远的意义。

（1）双液相混合溶剂浸出工艺的原理　混合溶剂浸取就是用两种或两种以上的溶剂混合液进行选择性浸取，利用不同溶剂具有不同的极性，产生各自不同的作用，以达到预定的浸油和饼粕去毒的双重功效。双液相混合溶剂浸取采用的工艺过程是用溶剂混合液一次浸出，完成各自的任务后再分离。近20年来，各国科技人员进行了不懈的努力提出了各种各样的加工流程，如：丙酮-己烷-水混合溶剂浸出法、乙醇-己烷-水混合溶剂浸出法、甲醇-己烷-水混合溶剂浸出法、甲醇-石油醚-水混合溶剂浸出法、乙醇-异己烷混合溶剂浸出法、乙醇-水溶液浸出法、异丙醇-水溶液浸出法等。

① 丙酮-己烷-水混合溶剂浸出法　King和Kuck报道1961年美国农业部南部研究中心用丙酮-己烷-水混合溶剂对棉仁生坯浸出，丙酮：己烷：水＝54：44：3（质量之比），其恒沸温度为49℃。间歇式浸出的生坯：溶剂＝1：1（W/V）浸出5次，总计3h。新鲜溶剂连续流过料床进行浸出，浸出时

间则长达24h。该混合溶剂浸出获得的棉籽粕含有较低的游离棉酚（0.03%以下）和总棉酚（0.25%～0.40%），而且蛋白质中的有效赖氨酸未遭破坏。刘大川和阎杰等用丙酮-己烷-水非均相混合溶剂浸取冷榨棉饼提油脱棉酚，调节生坯的水分使冷榨棉饼含水13%左右，丙酮-己烷-水非均相混合溶剂配比为50∶50∶6（体积之比），浸出温度47℃，溶剂∶饼=5∶1（mL/g），浸出时间150min。在此条件下可使棉籽粕中残留的游离棉酚小于0.045%，总棉酚小于0.61%，残油率小于1.0%。另外，胡云梯等采用丙酮-己烷混合溶剂对加水5%～9%、润湿后的预榨棉饼进行了浸出脱毒研究，但此工艺存在毛油质量差、粕黑和适口性差的缺点。

② 乙醇-己烷-水混合溶剂浸出法　刘复光等研究的乙醇-己烷浸出法，是利用己烷和乙醇分别浸出棉油和棉酚。以90%的含水乙醇∶己烷=30∶70（体积之比）组成混合溶剂，在室温下它们互不相溶，形成两层；但在50～55℃的浸出温度下，两者互溶形成一相。用该混合溶剂于50～55℃下浸出棉仁生坯，所得混合油冷却后又形成两层，这时棉油溶入上层己烷相中，而棉酚、游离脂肪酸、磷脂等则溶于下层乙醇相中。己烷相用水洗涤上层残留的乙醇后，即进行蒸发、汽提获得毛棉油。经该工艺生产的脱毒棉籽粕残油率小于2%，残留总棉酚在0.8%以下，游离棉酚含量为0.03%以下。

③ 甲醇-己烷-水混合溶剂浸出法　Rubin和Diosaday报道，以甲醇-水-NH_3和己烷组成的双液相混合溶剂体系进行破碎油菜籽的提油脱硫苷，在室温条件下进行浸提得到高品质的菜油和粕，菜油浸出率达97%，粕得率为90%，硫苷脱除率达到90%。包宗宏和童玲等人报道用并流的双液相溶剂一步从油菜籽中同时提取油和硫苷是可行的，可大大简化流程。在温度40～50℃，经四级浸出，在己烷相溶剂比2（L/kg），甲醇相溶剂比5（L/kg），甲醇相水含量10%（体积之比）的条件下，菜粕中的残油和硫苷可分别降到1%和30μmol/g以下。史美仁和沈式泉等人报道以少量助剂（0.02%～0.32%）代替氨，进行菜籽双液相萃取，在得到高质量毛油与无毒饼粕的同时，又避免由氨引起的一切麻烦，产品质量更是现有预榨浸出法无法比拟的，饼粕不仅无毒，达到饲料级，蛋白质含量也提高3%～5%，且色浅、味淡、流动性好（粉状），毛油中磷和游离脂肪酸含量均较低，色泽也浅得多，对下一步精制极为有利。

④ 甲醇-石油醚-水混合溶剂浸出法　徐世前和史美仁以中国宁油七号菜籽为对象，考察了双液相（极性相：甲醇/氨/水，非极性相：石油醚）技术萃取菜籽的脱毒效果。双液相萃取技术处理中国双高菜籽品种较合适的操作条件为极性相含氨10%（质量之比），甲醇含水5%（体积之比），溶剂比6.7（mL/g），粒度中值0.21mm（磨120s），静置时间20～30min，混合时间2min，加石油

醚后混合时间 15min。按此条件，粕中硫苷含量可降到 3mg/g 以下，符合饲料级要求。

⑤ 乙醇-异己烷混合溶剂浸出法 Kulk 和 Hron 用乙醇：异己烷＝25：75 的混合溶剂对含水分 9.5％、厚度为 0.25mm 的棉仁生坯进行浸出。原料生坯中含总棉酚 1.05％、游离棉酚 1.03％，浸出后所得棉籽粕的残留总棉酚为 0.60％、游离棉酚为 0.11％，提油率为 27.7％，与 100％异己烷或正己烷的浸出出油率相同。

⑥ 乙醇-水溶液浸出法 Abraham 和 Hron 等用 95％的乙醇水溶液先在室温下浸提棉酚，然后再用 95％的乙醇水溶液升温到 78℃浸出棉油，此工艺用单一溶剂在不同的温度下依次提取棉酚和棉油，粕中游离棉酚可降至 70～110mg/kg。但此方法存在溶剂溶解度低，浸出温度高接近乙醇沸点，对设备要求高增加添置费用，浸出理论级数多，循环量大，粕残油高的缺点。

⑦ 异丙醇-水溶液浸出法 Lusas 和 Watkin 等人用 93％～96％的异丙醇水溶液浸取棉仁，棉仁经二级膨化再进行溶剂浸取，粕中游离棉酚为 300～500mg/kg。

(2) 主要仪器设备

① 醇类-氨水-水-正己烷双液相技术 家用咖啡磨，增力搅拌器，真空泵(SHB-95 型循环水式多用真空泵)，真空恒温干燥箱，离心分离机，恒温振荡水浴锅，电子天平。

② 正己烷-乙醇-水双液相技术 CS501 型超级恒温水浴，SXJQ-1 型数显直流无级调速搅拌器，UV-2102 PCS 型紫外可见分光光度计，SHB-Ⅲ型循环水式多用途真空泵，灵巧型中草药粉碎机，302-A 型恒温干燥箱，AB104-N 电子天平。

(3) 双液相混合溶剂浸出工艺 亚麻籽生氰糖苷是一类极性物质，易溶于极性溶剂，因此，采用双液相技术进行亚麻籽同时萃油脱生氰糖苷具有很强的可行性，目前国内已报道的采用双液相混合溶剂浸出技术进行亚麻籽脱毒的方法有两种：

① 醇类-氨水-水-正己烷双液相技术 将 75g 亚麻籽粉与 500mL 体积分数 95％的甲醇混合，加入 10％（质量分数）的氨水，在一定转速下搅拌 2min，然后静置 15min。再加入 500mL（正）己烷，10000r/min 搅拌混合 2min 后，用 Whatman No. 41 滤纸真空过滤，滤渣部分用总量为 125mL 的甲醇（体积分数 95％）冲洗 3 次后放入真空干燥箱内在 40℃下过夜烘干。

② 正己烷-乙醇-水双液相技术 将三口瓶置于水浴中和冷凝管固定在铁架台上，插好搅拌桨和温度计，水浴升温到所需温度。打开冷却水，按设定料液比向三口瓶中加入正己烷-乙醇-水三元溶剂，搅拌预热。准确称取 20g 经粉碎

的亚麻仁（精确到0.001g），加入三口瓶中，启动搅拌，开始计时浸取。到达设定时间后停止搅拌，取下温度计、冷凝管和三口瓶，将反应混合物倒入放好滤纸的布氏漏斗中（滤纸首先用乙醇水溶液润湿），用少量己烷和乙醇水溶液分别洗涤三口瓶三次，洗液倒入布氏漏斗中。先自然过滤一段时间，待滤饼层形成后，打开循环水真空泵进行抽滤。真空度由小到大，逐渐上升，以避免有细小颗粒透过滤纸。充分抽滤后，取滤渣测定氰化物含量。

（4）主要影响因素

① 醇类-氨水-水-正己烷双液相脱毒技术影响因素

a. 溶剂的选择及系统中加水量的影响　杨宏志等研究表明，甲醇、乙醇和异丙醇三种溶剂系统的脱毒效果基本相同，而甲醇、异丙醇会对工作环境造成污染，还可能在产品中产生有害溶剂残留，因此最好选用乙醇溶剂系统作为脱毒溶剂。另外，从经济的角度来讲，选用乙醇溶剂系统更为合适，因为乙醇的价格要比甲醇和异丙醇的低很多。溶剂系统中加入水可以改善脱毒效果，其原因是因为生氰糖苷是极性分子，易溶于醇类和水，加水后溶剂的极性增加，浸出的生氰糖苷量也增加，然后经氨水解释放出氢氰酸，从而达到脱毒的目的。但从试验结果（表7-6）还可以看出，当溶剂系统中的含水量增加到10%以上时，生氰糖苷的去除率反而降低，这可能是因为含水量增加会使更多的亚麻胶溶出，再加上磷脂沉积，使系统的黏度增加，从而抑制生氰糖苷的溶出。根据上述分析，溶剂法中由乙醇（85%）+氨水（5%）+水（10%）（体积之比）组成的溶剂系统用于去除亚麻籽中的生氰糖苷是最合适的。

表7-6　甲醇、乙醇、异丙醇三种溶剂系统中不同加水量浸提后HCN的含量　单位：mg/kg

溶剂加水量/%	0	5	10	20	30
甲醇	103.350	87.782	79.412	79.587	83.521
乙醇	110.742	98.432	75.680	84.258	84.885
异丙醇	118.360	92.130	78.260	77.130	80.732

b. 温度对脱毒效果的影响　当浸提温度低于40℃时，随着温度升高，样品中的残余HCN量逐渐减少（表7-7）。这是因为温度较低时，亚麻籽中的高分子多糖溶解度小，主要浸提小分子低黏度成分，浸提出来的亚麻胶的平均分子量小，黏度低，因而对生氰糖苷的浸出阻力小；而随着温度的升高（高于40℃），高分子多糖的溶解性加大，亚麻胶多糖的分子量构成逐渐发生变化，平均分子量增大，表现出黏度逐渐增大，因而，超过40℃以后生氰糖苷的溶出阻力增大，导致脱毒效果变差。但当温度继续升高时，会导致胶体高分子降解，又会使系统的黏度下降。尽管会出现蛋白质变性现象，但系统的综合黏度

基本不变或变化很小，因而，对生氰糖苷的溶出阻力也变化不大。在加热作用下，胶体中高分子化合物的糖苷键、肽键会因水解而断裂，导致胶体平均分子量降低，胶体黏度发生不可逆的下降；另一方面，加热作用还会加剧高分子的氧化降解。因此加热尤其是长时间高温加热，必然使亚麻胶中的高分子多糖发生降解，生成小分子多糖化合物，从而导致黏度降低。所以，确定溶剂系统的最佳温度为40℃。

表7-7 不同浸提温度浸提后HCN的含量 单位：mg/kg

浸提温度/℃	20	30	40	50	60
甲醇	105.420	79.412	68.858	71.587	73.216
乙醇	120.882	75.680	72.983	74.223	78.969
异丙醇	112.417	78.260	70.664	73.789	71.511

c. 浸提次数对脱毒效果的影响　杨宏志等研究表明，增加提取次数能够增加生氰糖苷的去除率，浸提三次的总时间为72h，但去除了总生氰糖苷的89%；相比之下，连续浸提96h却只去除了82%的生氰糖苷（表7-8）。这是因为溶剂浸提到一定时间后生氰糖苷的扩散速率降低，加之物料系统中亚麻胶的溶出和磷脂的沉积，使得生氰糖苷更难浸出。增加浸提次数，可以改变体系状态，同时在两次浸提之间使亚麻籽颗粒内部的生氰糖苷向外自动扩散，从而达到新的分布形式，使下一次的提取速率提高。尽管随着提取次数的增加，亚麻籽中残留的生氰糖苷的数量越来越少，即去除的生氰糖苷的总量越来越多，但每一次去除的生氰糖苷的数量却越来越少。第一次去除了总生氰糖苷的52%，第二次去除了28%，第三次去除了9%，第四次只去除了0.35%。表明随着浸提次数的增加，生氰糖苷的去除效率越来越低（表7-8）。因此，推荐浸提次数为3次是比较适当的。

表7-8 不同浸提次数后HCN的含量变化

溶剂浸提次数	0	1	2	3	4	1①
HCN/(mg/kg)	157.68	75.680	31.540	17.340	16.795	28.382
HCN去除率/%	0	52.00	80.00	89.00	89.35	82.00

① 浸提时间为96h，其他条件相同。表中数据为3次测定值的平均值。

注：浸提时间为24h，固液比为100g粉/1000mL总溶剂，溶剂由85%乙醇+5%氨水+10%水（体积之比）组成，浸提温度40℃。

② 正己烷-乙醇-水双液相脱毒技术影响因素　李高阳等考察了温度、时间、原料与乙醇相之比（料醇比）、原料与正己烷相之比（料烷比）、NaOH添加量、乙醇浓度对正己烷-乙醇-水三元双液相溶剂体系萃油率和脱生氰糖苷率的影响，结果表明，料烷比对生氰糖苷脱除率影响不大，生氰糖苷脱除率随着料烷比的增大呈现下降的趋势，但下降不明显（98.6%～98.2%）；随着浸

出时间的延长，生氰糖苷脱除率不断增加，在时间20min内速率脱除率可达90%以上；生氰糖苷脱除率随着乙醇浓度的升高逐渐降低，在浓度大于80%以后下降趋势比较明显，这一结果与Amarowicz等人的研究相符（即：80%乙醇萃取亚麻籽中的生氰糖苷效果最好）；料醇比对亚麻籽粕中生氰糖苷的脱除率具有明显的影响，随着料醇比的增大，脱除率逐渐升高（达99%），从快速趋向平缓；而随着温度的升高，生氰糖苷的脱除率亦呈现上升趋势，从50℃后趋向平缓；生氰糖苷的脱除率随着碱浓度的升高呈现出一个先升后降再升的趋势。

为综合考虑各因素对亚麻籽提油率和脱毒率的影响，在单因素实验的基础上，李高阳等根据中心组合设计（central composite design，CCD）原理，以提油率和脱毒率为优化指标，对密切相关的料烷比（W/V）、料醇比（W/V）、NaOH浓度（体积以体系中的乙醇水溶液计）和浸出时间（min）四个因素进行优化设计，通过SAS RSREG数据分析软件对料醇比、料烷比、时间和碱浓度四因素对氰苷脱除率的影响进行回归分析，并对数据按标准二次多项式回归，得亚麻籽正己烷-乙醇-水三元双液相系统氰苷脱除率的回归方程为：

$$Y_2=0.980267-0.015025x_1+0.000375x_2-0.004058x_3-0.001367x_4-0.003994x_1\times x_1-0.000488x_2\times x_1-0.000269x_2\times x_2+0.000375x_3\times x_1-0.000025x_3\times x_2-0.002056x_3\times x_3+0.000312x_4\times x_1-0.0000875x_4\times x_2+0.000175x_4\times x_3-0.001056x_4\times x_4 \quad (7\text{-}13)$$

式中，x_1、x_2、x_3、x_4分别代表双液相浸出体系的料醇比、料烷比、时间和NaOH浓度。

方差分析结果表明，以上方程很好地拟合了实验数据。其中方程的决定系数R^2为0.92，说明92%的实验数据可用这个方程解释。T检验表明：对方程，x_1、x_3、$x_1\times x_1$项都在$p<0.01$水平上影响显著；$x_3\times x_3$项在$p<0.05$水平上影响显著。$p>0.05$的项对提油率的影响不大，可以忽略不计，回归方程可简写为：

$$Y_2=0.980267-0.015025x_1-0.004058x_3-0.003994x_1\times x_1-0.002056x_3\times x_3 \quad (7\text{-}14)$$

在双液相体系进行亚麻籽去生氰糖苷过程中，在NaOH浓度为0.1g/100mL，料醇比为1∶3（W/V）时提油率较高。另外，随着时间的延长提油率也逐渐提高，因此考虑生产实际与尽可能高的生氰糖苷脱除率来确定时间和料醇比。经测定，原材料中生氰糖苷含量（以氰离子浓度计）为31.89mg/kg，而国家对亚麻粕饲料中氰化物的允许含量为5mg/kg，也就是说，如果生氰糖苷脱除率达到85%以上就符合国家标准。在中心组合设计实验中，亚麻粕中氰苷的浓度都低于国家标准。在亚麻油的双液相优化提取条件下，亚麻生氰糖苷脱除率达95%以上，远低于国家标准。从而在中心设计组合的范围内进行提油率和生氰糖苷脱除率的因素优化时，主要考虑亚麻仁的提油率，主要影响因素是料烷比和时间，碱浓度也有一定的影响。所以，确定亚麻籽双液相萃油脱生氰糖苷的优化条件为：料醇比1∶3.4（W/V）；料烷比1∶5.4（W/V）；提取时间78.5min；NaOH浓度0.12g/100mL；温度55℃；乙醇浓度85%（质量分数）。以上述优化条件进行亚麻籽双液相萃油脱氰苷，测得亚麻籽提油率为45.1%，生氰糖苷脱除率为96.8%。

6. 生物脱毒技术

（1）生物脱毒技术原理　生物脱毒技术分为酶法脱毒技术和微生物发酵技术，具有脱毒成本低、作用条件温和和安全高效等优点。酶法脱毒技术的原理是借助添加糖苷酶或者发酵微生物胞外酶或者利用细胞内自身糖苷酶的作用将生氰糖苷降解为氢氰酸和醛类或者酮类的一系列反应过程。微生物发酵脱毒技术是一种采用乳酸菌、霉菌、酵母等单一菌株或混合菌株以及采用基因工程菌株进行固体发酵进行脱毒的方法。

Sornyotha用木聚糖酶和纤维素酶处理木薯后，其生氰糖苷（亚麻仁苦苷）含量降低到较低的水平，亚麻仁苦苷的去除率为96%，辅助添加酶处理技术很大程度上提高了亚麻仁苦苷的去除率，处理时间短，是较为理想的一种方法。有研究也表明，使用单一的酶制剂对亚麻籽生氰糖苷进行脱毒，脱毒前后的营养成分保持不变，因此，直接利用酶制剂对生氰糖苷脱毒是含氰苷植物脱毒的一个研究方向。然而，由于内源β-葡萄糖苷酶在高温等条件下容易失活，使得经过高温脱脂后的亚麻籽粕或其他失去内源酶活性的植物材料无法通过自身发酵进行脱毒，这些植物材料需要按一定比例添加新鲜材料或外源β-葡萄糖苷酶才能发酵脱毒。目前，研究人员已成功分离出能分泌β-葡萄糖苷酶的乳酸杆菌、酵母和霉菌，利用这些天然存在的微生物在发酵过程中产生的β-葡萄糖苷酶，来降解植物中的生氰糖苷。需要注意的是，在这些天然微生物在自然发酵脱毒过程中，由于自身的新陈代谢和繁殖需要，可能会产生新的人体有害物质和降低植物的营养价值。

随着基因工程技术的普及，研究人员开始尝试将作物内的生氰糖苷表达基因进行剔除或者构建基因工程菌株实现对亚麻籽的脱毒处理。吴酬飞利用基因工程技术成功构建出毕赤酵母分泌表达载体pPIC9K-Ch和pPIC9K-Glu，通过载体与基因组DNA同源重组，首次成功构建可同时体外分泌表达氰化物水合酶和β-葡萄糖苷酶的毕赤酵母工程菌株GS115-Ch-Glu。用此菌株进行亚麻籽发酵脱毒实验和对发酵条件进行研究，在发酵温度46.8℃、起始pH值调至

6.3、发酵48h后亚麻籽中生氰糖苷降解率高达99.26%，氰根残留量可降至0.015mg/g。其实验结果表明，发酵法能够显著降低亚麻籽中生氰糖苷的含量，可以作为食用，适用于那些以含氰糖苷类作物为原料，发酵制备可食性发酵产物的工艺脱毒，应用空间广阔。

（2）主要材料与仪器设备

① 混合菌株微生物发酵脱毒法

菌株：酿酒酵母（*Saccharomyces cerevisiae*，CICC31077），枯草芽孢杆菌（*Bacillus subtilis*，ACCC01183），米曲霉（*Aspergillus oryzae*），黑曲霉（*Aspergillus niger*）；

培养基：酵母浸出粉胨葡萄糖培养基，牛肉膏蛋白胨培养基，牛肉膏蛋白胨酵母膏培养基，马铃薯培养基，麦芽汁培养基；

仪器设备：微型植物粉碎机FZ102型（天津市美斯特仪器有限公司）；凯氏定氮仪（上海精隆科学仪器有限公司）；Milli-Q纯水处理系统（美国Millipore公司）；电子天平（瑞士METTLER TOLEDO）。

② 基因工程菌株发酵脱毒法

菌株：*Bacillus* sp. CN-22（CCTCC AB 2011127）；大肠杆菌宿主菌DH5α和毕赤酵母GS115；毕赤酵母表达载体pPIC9K（Invitrogen公司）。

仪器设备：梯度PCR仪；纯水机；人工气候箱；高速冷冻离心机；凝胶成像系统；电热鼓风干燥箱；恒温摇床；电子天平（德国赛多利斯）。

（3）工艺流程

① 混合菌株微生物发酵脱毒法　微生物发酵脱毒的基本工艺过程为：菌种扩大培养→加入亚麻籽后发酵→烘干。具体的脱毒工艺为：把20g亚麻饼粕粉碎，按50%的含水量和3%的接种量接入酿酒酵母、枯草芽孢杆菌、米曲霉和黑曲霉，搅拌均匀，考察发酵时间、发酵温度、接种量、含水量等因素对生氰糖苷降解的影响。

② 基因工程菌株发酵脱毒法

a. 表达载体pPIC9K-Ch的构建　提取氰化物降解菌*Bacillus* sp. CN-22的基因组DNA后，采用引物CHp1、CHp2经PCR反应扩增氰化物水合酶基因*Ch*，将氰化物水合酶基因*Ch*与表达载体pPIC9K经限制性内切酶*Sna*B Ⅰ和*Avr* Ⅱ双酶切后，采用T_4DNA连接酶进行连接，生成表达载体pPIC9K-Ch。

b. 表达载体pPIC9K-Glu的构建　以正常人肝脏总RNA为材料，首先通过反转录PCR合成β-葡萄糖苷酶基因第一链cDNA，然后通过PCR获得全长β-葡萄糖苷酶基因*Glu*，然后将β-葡萄糖苷酶基因*Glu*与表达载体pPIC9K经限制性内切酶*Sna*B Ⅰ和*Avr* Ⅱ双酶切后，采用T_4DNA连接酶进行连接，生成表达载体 pPIC9K-Glu。

c. 毕赤酵母工程菌株 GS115-Ch-Glu 的构建　GS115-Ch-Glu 菌株的构建主要分两步进行。第一步是将毕赤酵母表达载体 pPIC9K-Ch 线性化并转化 GS115 菌株，并通过氰化钾平板等筛选方法得到含有 *Ch* 基因的毕赤酵母工程菌株 GS115-Ch；第二步是将表达载体 pPIC9K-Glu 线性化，转化工程菌株 GS115-Ch 感受态细胞，最终得到基因工程菌株 GS115-Ch-Glu。

d. 基因工程菌株 GS115-Ch-Glu 发酵脱毒条件的优化　最优脱毒体系为：25.0g 亚麻籽，1.27g 酶制剂，8.0g 灭菌水，$MgCl_2$ 和 $MnCl_2$ 各 50mg 于 250mL 广口锥形瓶内充分混合。在该脱毒体系中，将起始 pH 值调节为 6.0 左右，40℃下密封静置发酵脱毒 48h 后，生氰糖苷降解率高达 96.91%，氰根残留量可降至 0.077mg/g。

在最优发酵体系的基础上，研究人员采用中心组合设计进一步对发酵脱毒条件进行优化。亚麻籽最优脱毒条件为：发酵温度为 46.8℃和起始 pH 值为 6.3。通过对发酵脱毒体系和条件的优化研究，获得实测的生氰糖苷降解率高达 99.26%，而对应的氰根残留量的实测值低至 0.015mg/g，该结果与模型预测值（99.36%和 0.017mg/g）非常接近。

（4）主要影响因素

① 混合菌株微生物发酵脱毒法的主要影响因素

a. 发酵时间对生氰糖苷脱除率的影响　在 4%的接种量、50%的含水量、发酵温度 28℃的条件下考察发酵时间对生氰糖苷脱除率的影响，结果表明，生氰糖苷的脱除率随发酵时间的增加而增大，当发酵 72h 时增长缓慢。可能随着时间的增长，微生物对生氰糖苷的降解已经达到临界值，考虑生产成本问题，发酵时间选 72h 为宜。

b. 接种量对生氰糖苷脱除率的影响　在 50%含水量、发酵温度 28℃、发酵 72h 的条件下，接种量分别为 2%、3%、4%、5%、6%，考察接种量对生氰糖苷脱除率的影响，结果表明，当接种量为 4%时，生氰糖苷的脱除率达到最大值。当接种量继续增加，生氰糖苷脱除率有所降低，可能接种量过高，不利于酿酒酵母的生长，影响 β-葡萄糖苷酶的活性，故接种量选 4%为宜。

c. 含水量对生氰糖苷脱除率的影响　在 4%接种量、发酵温度 28℃、发酵 72h 的条件下，含水量分别为 40%、45%、50%、55%、60%，考察含水量对生氰糖苷脱除率的影响，结果表明，生氰糖苷的脱除率随着含水量的上升而增加，50%达到最大值。如果高于 50%，则脱除率下降。在含水量为 45%～55%发酵时，菌体能够很好地生长，利于生氰糖苷的降解，因此，含水量选 50%为宜。

d. 发酵温度对生氰糖苷脱除率的影响　在 4%的接种量、50%的含水量、发酵 72h 的条件下，发酵温度分别为 20℃、24℃、28℃、32℃、36℃，考察发酵温度对生氰糖苷脱除率的影响，结果表明，生氰糖苷脱除率随着发酵温度的上升而增加，28℃达到最大值。高于 32℃，开环异落叶松树脂酚二葡萄糖苷（SDG）提取率下降。在 24～32℃，菌体能够很好地生长，利于 SDG 的释放。因此，发酵温度选 28℃为宜。

在单因素试验的基础上，梅莺等又以发酵时间、接种量、含水量和发酵温度 4 个因素进行正交试验设计，选用 $L_9(3^4)$ 进行正交试验，正交实验结果表明，生氰糖苷微生物降解的最佳发酵条件为：$A_2B_1C_2D_2$。各种因素对脱除率影响的主次顺序为：发酵时间（A）＞发酵温度（D）＞接种量（B）＞含水量（C）。通过方差分析检验可知，发酵时间、发酵温度和接种量的影响较为显著。优化得到酿酒酵母发酵最佳条件为接种量为 3%，含水量为 50%，发酵温度 28℃，发酵时间 72h。根据正交试验确定的提取条件，进行 3 次平行实验，生氰糖苷的脱除率为 76.91%，均高于其他各组试验结果，正交试验结果可信。

② 基因工程菌株发酵脱毒法的主要影响因素　预实验结果显示，在 2g 酶制剂中加入辅酶因子 $MgCl_2$ 和 $MnCl_2$ 各 50mg 时，酶制剂脱毒效果最好；高于 50mg 的辅酶因子的加入对脱毒效果无显著增强作用。由于优化体系加入的酶制剂均少于 2g，以及辅酶因子对其他组分没有协同作用，故本实验仅对发酵脱毒体系中的酶制剂和加水量进行响应面优化。采用 Design Expert 软件，通过发酵体系优化的实验结果，对发酵体系优化方程进行最小二乘法拟合，获得生氰糖苷降解率（%）和氰根残留量对编码自变量酶制剂和加水量的如下二次多项回归方程：

$$Y_1=95.02-2.98A-0.73B-2.20A_2-2.39B_2+2.92AB \quad (7\text{-}15)$$

$$Y_2=0.100+0.046A+0.017B+0.034A_2+0.035B_2-0.033AB \quad (7\text{-}16)$$

式中，Y_1 和 Y_2 分别代表生氰糖苷降解率（%）和氰根残留量；A 为酶制剂；B 为加水量。

通过方程式(7-13) 和式(7-14) 绘制的响应曲面表明，酶制剂和灭菌水对生氰糖苷降解率和氰根残留量具有交互影响效应。在相同的加水量条件下，生氰糖苷降解率随酶制剂用量的增大先升后降，且用不同加水量时呈现出不同的规律。因此，灭菌水和酶制剂对生氰糖苷降解率具有一定的交互影响。同时，在相同的酶制剂条件下，氰根残留量随加水量的增加先降后升，且在不同酶量时呈现不同的变化规律。因此，灭菌水和酶制剂对氰根残留量也具有一定的交互影响。为了获得最优的脱毒体系，本实验将生氰糖苷的降解率设为最大值，氰根残留量设为最小值，综合二次多项回归方程式(7-13) 和式(7-14) 计算得到的最优脱毒体系为：25.0g 亚麻籽、1.27g 酶制剂、8.0g 灭菌水、$MgCl_2$ 和

$MnCl_2$ 各 50mg 于 250mL 广口锥形瓶内充分混合。在该脱毒体系中，将起始 pH 值调节为 6.0 左右，40℃下密封静置发酵脱毒 48h 后，生氰糖苷降解率高达 96.91%，氰根残留量可降至 0.077mg/g。

在最优发酵体系的基础上，研究人员采用中心组合设计继续对发酵脱毒条件进行优化，采用与发酵脱毒体系相同的计算方法，得到生氰糖苷降解率和氰根残留量对编码自变量起始 pH 值和发酵温度的二次多项回归方程：

$$Y_1 = 96.49 + 1.26C + 1.15D + 2.59CD \quad (7\text{-}17)$$

$$Y_2 = 0.068 - 0.022C - 0.020D - 0.047CD \quad (7\text{-}18)$$

式中，Y_1 和 Y_2 分别代表生氰糖苷降解率和氰根残留量；C 为发酵温度；D 为起始 pH 值。

通过方程式(7-16) 和式(7-17) 绘制的响应曲面表明，发酵温度和起始 pH 值对生氰糖苷降解率和氰根残留量不具有交互影响效应。在一定的反应起始 pH 值条件下，生氰糖苷降解率随温度的升高而下降；反之，在一定的发酵温度下，生氰糖苷降解率同样随起始 pH 值的升高而降低。因此，起始 pH 值与发酵温度对生氰糖苷降解率无交互影响。而在不同的起始 pH 值条件下，氰根残留量随发酵温度的变化规律不同；在不同的发酵温度条件下，氰根残留量与起始 pH 值关系也是如此。因此，起始 pH 值和发酵温度对氰根残留量具有显著的交互影响。

将生氰糖苷降解率设为最大值，氰根残留量设为最小值，综合二次多项回归方程式(7-16) 和式(7-17) 计算得到的亚麻籽最优脱毒条件为：发酵温度 46.8℃和起始 pH 值 6.3。通过对发酵脱毒体系和条件的优化研究，获得实测的生氰糖苷降解率高达 99.26%，而对应的氰根残留量的实测值低至 0.015mg/g。显然，该结果与模型预测值（99.36%和 0.017mg/g）非常接近；同时也说明该优化方法得到的最优条件是可靠的。

(5) 固态发酵脱毒对亚麻籽活性成分的影响　由于不饱和脂肪酸和木酚素是亚麻籽中最主要的功能活性成分，故亚麻籽发酵脱毒必须确保不破坏这些功能活性成分。Yamashita 等首次利用新鲜亚麻籽内源 β-葡萄糖苷酶对亚麻籽粕进行发酵脱毒，并对发酵后总蛋白、脂肪酸、纤维素和木酚素含量的变化进行比较分析。然而，Yamashita 等则未对 α-亚麻酸等多种不饱和脂肪酸进行测定，而只对总油脂的变化进行了比较。试验采用 HPLC 方法和 GC-MS 方法，对发酵前后亚麻籽粉中脂肪酸组成和木酚素含量进行了定量分析。研究结果表明，用酶制剂对亚麻籽进行发酵脱毒能确保亚麻籽样品中功能活性成分的稳定性，而直接使用毕赤酵母工程菌株进行发酵脱毒则会引起功能活性成分的显著下降（表 7-9）。造成上述结果的原因可能与微生物在发酵脱毒过程中自身代谢活动有关。因此，使用酶制剂对亚麻籽进行发酵脱毒明显优于直接使用微生物发酵脱毒。α-亚麻酸（$C_{18:3}$）是最重要的不饱和脂肪酸，发酵脱毒前后亚麻籽样品中其含量均为总油脂的50%以上（表7-9），这与已报道的新鲜亚麻籽中油脂含量测定结果一致。α-亚麻酸作为人体的必需脂肪酸，需每天得到适量补充，以调整人体摄入脂肪酸的组成。发酵得到的无毒亚麻籽粉可作为功能食品的配料，满足人体补充α-亚麻酸的需求。此外，亚麻籽是具有双重活性的植物雌激素的主要来源，可调节人体的内分泌系统，并能抑制激素依赖型肿瘤（如乳腺癌、前列腺癌和子宫癌）的发生。因此，经酶制剂处理得到的无毒亚麻籽粉可开发成具有多重保健功效的保健食品，从而降低由雌激素失衡引起的肿瘤发生的风险。

表7-9　亚麻籽样品中氰化物、木酚素和脂肪酸组分的分析结果变化

单位：mg/kg

组分	未处理样品	酶处理样品①	菌处理样品②
氰化物(以氢氰酸计)	1.156±0.008	0.015±0.003	0.013±0.005
木酚素	20.26±0.31	18.77±0.42	11.61±0.29
$C_{16:0}$	20.28±0.21	17.44±1.33	12.52±2.70
$C_{18:0}$	13.91±0.96	12.53±0.81	7.88±1.32
$C_{18:1}$	68.82±4.19	60.21±3.80	39.54±4.46
$C_{18:2}$	64.53±6.65	56.05±3.13	35.55±3.79
$C_{18:3}$	170.46±19.19	148.96±9.30	99.83±8.76

① 酶制剂包括12.5%人肝脏β-葡萄糖苷酶和8.9% *Bacillus* sp. CN-22 氰化物水合酶；

② 菌为毕赤酵母工程菌株GS115-Ch-Glu。

注：$C_{16:0}$、$C_{18:0}$、$C_{18:1}$、$C_{18:2}$和$C_{18:3}$分别表示软脂酸、硬脂酸、油酸、亚油酸和亚麻酸。

（6）亚麻籽发酵脱毒的优越性　发酵脱毒法已成功用于可食性植物的脱毒。前人已得到多株能高效降解棉籽粕中棉酚的降解菌，且通过响应面方法优化了固态发酵条件，使棉酚降解率高达90%以上，脱毒后的棉籽粕中游离棉酚低于50mg/kg，达到饲用的质控标准。叶龙祥等采用霉菌和酵母菌混合固态发酵方法对菜籽粕中硫苷进行了脱毒试验，取得了良好效果，即发酵87h后，硫苷降解率高达90%。然而，由于微生物自身代谢作用会消耗亚麻籽中生物活性物质（特别是木酚素和不饱和脂肪酸），直接采用微生物发酵脱毒会明显降低亚麻籽的营养价值。因此，可不采用微生物直接发酵脱毒，而用酶制剂进行脱毒。人肝脏β-葡萄糖苷酶能迅速分解生氰糖苷，且具有高度的底物特异性和降解能力，从而确保亚麻籽中生氰糖苷能充分降解。*Bacillus* sp. CN-22菌的氰化物水合酶能将生氰糖苷通过β-葡萄糖苷酶分解得到的有毒氰根转化成甲酰胺，确保了亚麻籽的食用安全性。考虑到酶制剂生产成本和人β-葡萄糖苷酶表达后能够准确进行糖基化等修饰，吴酬飞等采用毕赤酵母分泌表达系统，通过分泌型表达载体pPIC9K-Ch和pPIC9K-Glu的同源重组，将人肝脏β-

葡萄糖苷酶和 *Bacillus* sp. CN-22 菌氰化物水合酶基因同时整合到毕赤酵母基因组中，构建能同时分泌表达β-葡萄糖苷酶和氰化物水合酶的工程菌株，并将该工程菌株诱导表达得到的含 12.5% β-葡萄糖苷酶和含 8.9%氰化物水合酶的酶制剂直接用于发酵脱毒实验，而不对混合酶中的β-葡萄糖苷酶和氰化物水合酶进行纯化，这样可大大降低脱毒成本，使该方法能进行工业化生产。在响应面优化得到的发酵条件基础上，采用该方法能使亚麻籽中生氰糖苷的降解率高达 99.26%，氰根残留量低至 0.015mg/g。这些数据表明，采用发酵脱毒的方法进行亚麻籽脱毒是切实可行的。与传统物理、化学脱毒法相比，发酵脱毒的条件温和，无需消耗大量能源，这可大大降低脱毒成本。采用目标酶高效分泌表达系统和直接应用粗酶制剂进行发酵脱毒，更进一步降低生产成本，使该方法适宜于大规模的工业化生产。酶具有高效性和高度底物特异性，这就使得发酵脱毒过程不仅能迅速降解专一性底物生氰糖苷，而且还不会对亚麻籽中的生物活性物质造成破坏。因此，采用酶制剂进行发酵脱毒的特异性更强，更能确保亚麻籽的功能活性成分。由于本实验所建立的全发酵脱毒法是利用氰化物水合酶的催化作用，直接将氢氰酸转化成甲酰胺，从而回避了传统亚麻籽脱毒时将氢氰酸直接排放于大气的做法，有利于环境保护和生产安全。

7. 不同亚麻籽脱毒方法之间的比较

李次力等通过 6 种不同脱毒方法（挤压法、微波法、压热法、微生物法、水煮法、溶剂法）进行了试验研究，并比较探讨各方法的脱毒效果和机理。结果表明（表 7-10），所采用的 6 种处理方法都能对亚麻籽进行去毒，但各种方法对 HCN 脱除的量不同，其中水煮法对 HCN 的脱除率最高（96.81%），其次为挤压处理、微波处理、溶剂处理 3 次、溶剂处理 2 次、压热法、微生物法，脱除 HCN 含量最低的是溶剂处理 1 次（37.92%）。所以，水煮法对亚麻籽粕的脱毒效果最好，但易造成部分营养成分损失和功能性质变化。Madhusudha 等报道水煮脱毒使亚麻籽粕中的蛋白质分子发生解离，可利用赖氨酸含量下降 30%，但蛋白质体外消化率提高 38%；相比未处理的亚麻籽粕，水煮处理的亚麻籽粕氮溶解度、吸油能力、起泡性、泡沫稳定性和乳化性均下降，吸水能力升高。

表 7-10　不同处理方法对亚麻籽粕中 HCN 含量的影响

处理方法	HCN 含量/(mg/kg)	脱除率/%
未处理样品	257.85	
挤压	18.58	92.79
微波	26.72	89.64
压热	93.94	63.57
微生物发酵	105.69	59.01

续表

处理方法	HCN 含量/(mg/kg)	脱除率/%
水煮	8.23	96.81
溶剂处理 1 次	160.08	37.92
溶剂处理 2 次	73.51	71.49
溶剂处理 3 次	40.17	84.42

所采用的 6 种处理方法对亚麻籽粕脱毒效果明显不同，这归因于各方法的脱毒原理不同。挤压法具有高温、高压、短时强烈挤压、剪切处理和热处理的功能，使生氰糖苷以及其他抗营养因子的化学结构受到破坏甚至失去毒性，从而起到脱毒的作用。微波加热由于其选择性吸收特点，使得亚麻籽粕中的水迅速升温（水的升温速度较糖苷酶的快）从而激活了糖苷酶的活性，使生氰糖苷迅速转化成氰醇继而裂解成 HCN，形成的 HCN 与水一道被蒸发释放出来。另外，微波加热均匀性好，可避免亚麻籽粕物料的外表面硬化，使水和 HCN 较易地释放出来。压热处理是在一定的温度下酶活性增加，这有利于生氰糖苷转化成 HCN，并使之释放，水蒸气的存在可以促进酶反应或提高其传送 HCN 的能力；高压作用也能使生氰糖苷以及其他抗营养因子的化学结构受到破坏甚至失去毒性，达到脱毒的效果。微生物法是霉菌在发酵过程中产生少量糖苷酶，并降解亚麻籽粕中的生氰糖苷达到脱毒的目的，但是微生物产生酶的活力低，所以脱毒效果较差。水煮法脱毒是亚麻籽粕在足量的水中使其中的糖苷酶充分地发挥效力，最终使生氰糖苷转化成 HCN 并得以释放。溶剂法（甲醇-氨-水/正己烷系统）去除亚麻籽粕中 HCN 是因为氰化物易溶于甲醇和水，氨水的作用是使复杂形式的氰化物水解成简单形式，最后以 HCN 的形式释放出来。

通过采用挤压法、微波法、压热法、微生物法、水煮法、溶剂法等 6 种不同的方法对亚麻籽粕进行脱除生氰糖苷实验，结果表明，不同的方法对亚麻籽粕的脱毒效果和机理均不同，并且综合考虑各方面的因素，只有挤压处理与微波处理能较好地脱除生氰糖苷，脱除率分别达到 92.79%和 89.64%，而且两者可以使亚麻籽粕脱毒后降到安全标准，实现工业化生产亚麻食品。

第八章

亚麻籽壳仁分离

第一节　亚麻籽壳仁分离方法

一、引言

亚麻籽是一种经济价值较高的作物，分油用亚麻、纤用亚麻及油纤兼用亚麻。在我国，亚麻籽从古至今主要用作榨油，近年来在食品和工业上也有应用。在国外，许多亚麻功能食品相继问世，亚麻胶和亚麻纤维在工业上的应用也越来越多，而国内的超市、食品店里很少看见亚麻方面的食品。随着我国经济的发展，人们更加重视食品营养价值，普遍希望吃的放心、吃的健康、吃的有营养。而亚麻籽功能食品都满足以上要求。近几年亚麻籽在医学上的应用价值也越来越大，亚麻籽在食品、工业和医学上都有着巨大的经济价值，亚麻研究已在我国兴起。

亚麻籽呈扁卵形，前端稍尖且弯曲，从外至内是胶质薄膜、种皮、胚乳、子叶四部分构成。亚麻籽的各种有益成分存在于不同的部分，因此，要对亚麻籽各种物质有效地进行综合开发利用，更好、更充分地研究亚麻，首先要解决亚麻籽壳仁分离问题，然而，如上所述，亚麻籽的形状既非圆形、又非椭圆形，从立体角度看属于不规则形；含油率又高，而亚麻籽皮坚硬厚实又光滑，皮仁所占比例相当，种种因素决定亚麻籽脱皮难度非常大。国内外文献资料报道甚微。亚麻籽脱皮分离技术是亚麻籽高效综合利用的关键，籽仁制取油脂可大大减轻后续精炼负荷，提高饼粕蛋白质含量；籽皮制胶和亚麻木酚素能提高产品质量，降低能源消耗等。因此，亚麻籽脱壳机械的发展显得十分重要，分析当前国内外亚麻籽脱壳机械的发展状态和存在的问题，对我国亚麻籽脱壳机械的发展和产业化有着重要的作用。

二、亚麻籽脱壳技术及研究现状分析

1. 亚麻籽脱壳机械的发展

亚麻籽脱壳机械是将亚麻籽壳仁分离的机械。亚麻外壳坚硬且与仁结合紧密，要想达到高效的脱壳效果只能将亚麻含水率降到一定程度后再进行脱壳。我国对亚麻的研究起步较晚，近 20 年才对亚麻进行各项研究。在关于亚麻成分提取、营养价值、工业应用研究方面都比较多；但关于亚麻籽脱壳机械方面的研究、论文和专利在国内外都很少。当前，国内还处于实验阶段，还没有生产专用的亚麻籽脱壳机的厂家。

2. 亚麻脱壳机械的研究应用现状

（1）脱壳原理

① 撞击法脱壳　撞击法脱壳（碰撞脱壳）工作原理：物料籽粒在高速运动时突然受到碰撞阻碍而产生碰撞力，利用这个碰撞力使物料籽粒外壳破碎，达到脱壳的目的。碰撞脱壳法典型的设备为利用离心力碰撞脱壳的离心脱壳机，其由 1 个高速转动的甩料盘和固定在甩料盘四周的阻板组成。当亚麻籽进入甩料盘，将获得一个较大的离心力，在离心力的作用下亚麻籽高速碰撞壁面，其外壳因碰撞而产生裂缝。当亚麻籽弹开壁面时，由于亚麻籽外壳和亚麻仁本身的物理弹性不同，从而获得不同的运动速度，亚麻仁的弹性小获得速度小，亚麻外壳弹性大获得速度大，亚麻仁和壳之间有速度差，亚麻仁阻止了亚麻外壳迅速向外运动，亚麻仁会在裂缝处裂开，从而壳仁分离，实现亚麻籽的脱壳。此法适用于仁壳结合力小、仁壳间隙大且外壳较脆的籽粒。影响碰撞脱壳法的因素有籽粒的水分含量、甩料盘的转速以及甩料盘的结构特点等。

② 碾搓法脱壳　碾搓法脱壳（摩擦脱壳）原理：运用磨料在摩擦物料时产生的摩擦力与剪切力使物料外壳破碎，达到脱壳的目的。当前碾搓法脱壳典型的设备为碾米机，是由 1 个固定的筛网和 1 个转动的磨石组成。当物料籽粒经过进料口进入筛网和磨石之间的间隙中，磨石转动会使物料籽粒在筛网的作用下受到因磨石重力给物料的挤压力、因磨石转动给物料的摩擦力和因磨石上的磨纹给物料的剪切力，物料籽粒外壳在挤压力、摩擦力和剪切力的共同作用下产生裂纹直到破裂，最后壳仁脱离，进而达到脱壳的目的。碾搓法脱壳的影响因素有物料籽粒的水分含量、磨石的材料、磨石转速、磨石和筛网的工作间隙、磨石上磨纹的形状和物料籽粒的均匀度等。

（2）亚麻脱壳机的研究

① 亚麻撞击法脱壳机　由山西省农业科学院农产品综合利用研究所李群等人自行研究的亚麻脱壳机械为亚麻撞击法脱壳机。其原理为：亚麻籽经干燥

烘烤后，含水量降低，亚麻籽皮仁结合部分离；再利用高速旋转产生的离心力，把从脱壳机上面输入的亚麻籽籽粒横向高速撞击在脱壳机挡壁上，使亚麻籽皮仁分离；接下来亚麻籽的皮仁混合物经过大小合适的筛子筛分，未脱掉壳的亚麻籽留在筛子上面，筛子下面的混合物通过运输带运输（在运输带上面有6000～10000V 的静电）；在静电场作用下，将未撞开的籽粒与皮、已撞开的仁与皮都分离开；最后，未撞开的籽粒进入下一次脱壳循环。

② 亚麻碾搓法脱壳机　国外，由崔武卫教授研究的依靠碾搓法来脱壳亚麻的技术，获得了美国、加拿大及国际专利。

（3）亚麻脱壳机械存在的问题　目前国内只是在撞击法上研究了亚麻脱壳技术，脱壳原理较单一。国外对于亚麻脱壳机械的研究也比较少，也只是研究了碾搓法的亚麻脱壳技术。国内外关于亚麻籽脱壳的脱壳原理也只是应用了传统的机械法脱壳，在亚麻脱壳技术方面都处在起步阶段。目前亚麻脱壳机械在技术性能和作业环节上存在以下问题：①亚麻脱壳后籽粒破损率高，效率低，损失消耗较大；②研究少，脱壳原理单一；③脱壳和分离在两个机械上完成，成本高，连续性差；④亚麻脱壳机处在实验阶段，没有进行大量生产性考核和示范应用；⑤目前亚麻脱壳机是单机制造，脱壳的工艺水平较低，同时能耗较高。

3. 亚麻脱壳机械研究的建议

针对当前亚麻籽脱壳技术存在的优点与不足，结合亚麻脱壳机械在实验应用中的经验，对未来亚麻脱壳机械研究提出以下几点建议。

（1）利用新型机械原理　目前，试验研制的亚麻脱壳机的脱壳原理还停留在传统的脱壳机方面，影响因素多、效率低且破损率高。因此，应研究如微波法、高压膨胀法和高真空度法等物理类的脱壳原理。

（2）提高脱壳率，降低破损率　当前亚麻脱壳设备脱壳率低而破碎率高一直是影响亚麻籽脱壳设备的关键点，应用现代的知识理论技术对亚麻脱壳的脱壳机构和分离部件进行重点攻关，改良过去的脱壳结构，应用新的脱壳机理，优化结构设计，进一步完善和提高整体机理，达到提高脱壳效率、降低破损率的目的。

（3）向产业化方向发展　目前国内外的亚麻籽脱壳机械仍处在实验阶段，脱壳工艺水平低下，脱壳机械产业化生产和产业化的脱壳工艺都尚未建立。研究亚麻籽脱壳机产业化生产将关系到其是否能走向市场。随着国内外高新技术的快速发展，许多传统复杂笨重的机械机构和动力传递逐渐被结构简单轻便的传动部件取代；笨重的材料被轻便环保而且更可靠的新材料所取代；落后的工艺被简化操作、减少辅助工作时间的优化工艺所取代。目前，液压技术、电子技术、控制技术发展迅猛，如何将这些高新技术更好地应用在亚麻脱壳机械中，也是亚麻脱壳机械需要尽快解决的问题。

4. 亚麻脱壳机械应用前景展望

我国有着极丰富的亚麻籽资源，年产量约62万吨。利用亚麻籽为原料而进行的亚麻功能食品研究是新型工业，也是热门工业。同时，亚麻籽更是顺应了食品绿色、环保、营养的发展方向，这也为开发亚麻籽功能性食品创造了有利条件。因此，开发研究亚麻脱壳机械，不仅会推动亚麻种植业的发展，而且必将推动亚麻在工业、食品和医学上的应用。研究亚麻壳仁分离技术可解决亚麻籽难以综合利用的难题，得到经济和营养价值较高的功能产品，可大大提高亚麻籽经济附加值，改善目前国内亚麻籽生产设备缺乏、利用率低、工艺条件不理想和应用受限等现状。其将对亚麻籽综合开发利用技术发展具有强劲带动作用，对推进我国亚麻籽加工产业的升级，大力促进可持续发展、实现重点跨越具有重要的现实意义。

第二节　亚麻籽壳仁分离工艺及其装置

一、引言

随着人类对营养价值的重视和追求，亚麻籽的市场供应量不断增加。而对亚麻籽壳仁分离的研究也随之成为我国高校、科研机构及相关企业新的热点之一。对其的分离技术和装置专利开始涌现。结合使用机械法脱皮和静电分离壳仁的方法比较常见。已投入生产的机器有撞击式粉碎机、锤击式粉碎机、搓擦式粉碎机，其中搓擦式粉碎机效果较好。

二、亚麻籽脱皮工艺及装置

1. 亚麻籽离心撞击静电法脱皮工艺及装置

(1) 脱皮工艺　通过烘烤降低亚麻籽含水量，并且使仁皮结合部实现初步分离，利用旋转产生的离心力，把从脱皮机上面输入的籽粒横向高速撞击在脱皮机挡壁上使亚麻籽仁皮分离；皮仁混合物经过筛分，在静电场作用下，将未撞开的籽粒与皮、已撞开的仁与皮分离，未撞开的籽粒进入下一次脱皮循环，直至分离过程结束。

脱皮率测定：称取脱皮后的皮仁混合物10g ($W_{总}$)，挑出皮仁未分离的整粒及半粒籽称重 ($W_{籽}$)，重复两次，脱皮率 T (%)$=(1-W_{籽}/W_{总})\times100$。

粉末度测定：称取脱皮后的皮仁混合物100g ($W_{总}$)，过36目筛，称36

目筛下的粉末重量（$W_{粉}$），重复两次，粉末度 F（%）=($W_{粉}/W_{总}$)×100。

仁中含皮率：称取脱皮后的皮仁混合物10g（$W_{仁}$），挑出其中的皮称重($W_{皮}$)，重复两次，仁中含皮率（%）=($W_{皮}/W_{仁}$)×100。

皮中含仁率：称取脱皮后的皮仁混合物10g（$W_{皮}$），挑出其中仁称重($W_{仁}$)，重复两次，皮中含仁率（%）=($W_{仁}/W_{皮}$)×100。

① 烘烤温度与脱皮率、粉末度和含水量之间的关系　将亚麻籽（含水量为5.73%）分别在60℃、80℃、100℃、120℃、140℃、160℃下用烘箱烘烤10min，分别测定它们的含水量，并及时地在脱皮机以1000r/min下脱皮，测定脱皮率，试验结果见表8-1。

表8-1　烘烤温度、脱皮率、粉末度和含水量之间的关系

烘烤温度/℃	含水量/%	脱皮率/%	粉末度/%
60	4.76	31.37	4.66
80	4.44	32.72	4.82
100	4.31	43.25	6.31
120	4.22	50.30	6.47
140	3.31	51.84	7.41
160	3.29	57.25	9.87

由表8-1可以看出，随着烘烤温度的提高，含水量降低，脱皮率和粉末度同时上升。对含水量与脱皮率进行相关分析，相关系数 $r=0.8729$，查相关系数显著性测验表可知，$r_{0.05}=0.8114$，$r_{0.01}=0.9172$，$r>r_{0.05}$，故亚麻籽的脱皮率与含水量呈显著负相关。对脱皮率与粉末度进行相关分析，相关系数 $r=0.9211$，$r>r_{0.01}$，故亚麻籽的脱皮率与粉末度呈极显著正相关。综合分析脱皮率、粉末度两个指标，烘烤温度140℃、含水量小于4%为亚麻籽较适宜的脱皮条件。

② 脱皮机转速与脱皮率、粉末度的关系　将亚麻籽均匀摊平在瓷盘内，厚度为2kg/m^2，在140℃下放入烘箱烘烤10min，把脱皮机的转速调至500r/min、1000r/min、1500r/min、2000r/min、2500r/min、3000r/min、3500r/min、4000r/min进行脱皮试验，每个样处理200g，分别测定它们的脱皮率和粉末度，试验结果如表8-2所示。

表8-2　脱皮机转速与亚麻籽脱皮率和粉末度的关系

脱皮转速 n/(r/min)	脱皮率/%	粉末度/%
500	53.34	5.34
1000	54.57	8.29
1500	63.77	11.78
2000	46.81	5.27

续表

脱皮转速 n/(r/min)	脱皮率/%	粉末度/%
2500	47.68	7.60
3000	50.58	7.95
3500	50.98	7.82
4000	48.63	7.84

由表 8-2 可以看出，亚麻籽在 140℃烘烤 10min 后脱皮，其脱皮率、粉末度与脱皮机的转速密切相关。当脱皮机转速在 1500r/min（包括 1500r/min）以下时，随着转速的加快，脱皮率有所提高，粉末度也在增加，说明随着转速的提高，籽粒撞到脱皮机挡壁上的线速度随着角速度的提高而加快了，碰撞力随之加大，从而提高了脱皮率和粉末度；当脱皮机转速达到 2000r/min（包括 2000r/min）以上时，脱皮率和粉末度就没有明显的变化了，认为脱皮机达到一定转速后，空气阻力开始影响籽粒撞到脱皮机挡壁上的线速度，转速越快阻力越大，籽粒到挡壁碰撞力变化就不明显了。因此，籽粒的脱皮率和粉末度与转速的变化相关性小了，转速在 2000～4000r/min，籽粒的脱皮率和粉末度均无显著变化。

③ 皮仁分离试验　调节皮仁分离系统的静电场强度、皮仁混合物传输速度及振荡频率、静电场与皮仁混合物之间的距离等参数，选择最佳的分离条件，即静电在 6000～11000V、静电吸附面与皮仁混合物距离在 3～5cm，皮仁混合物在传输带上铺得薄而均匀，使皮仁分离达到最佳的效果，试验结果见表 8-3。

表 8-3　最佳分离条件时亚麻籽皮中含仁率和仁中含皮率的测定结果

亚麻籽皮、仁混合物质量/g	亚麻皮质量/g	亚麻仁质量/g	仁中含皮/%	皮中含仁/%
161.5(＞18 目且＜12 目)	70.3	91.2	2.92	1.08
160.2(＞18 目且＜12 目)	68.6	91.6	2.79	0.89
95.2(＞36 目且＜18 目)	39.7	55.5	4.21	1.71
94.6(＞36 目且＜18 目)	40.2	54.4	4.64	1.88

由表 8-3 可以看出，在最佳分离状态下，亚麻籽的仁皮分离可达到：大于 18 目且小于 12 目的皮仁混合物，仁中含皮率可达到小于 3%，皮中含仁率可达到小于 1%；大于 36 目且小于 18 目的皮仁混合物，仁中含皮率可达到小于 5%，皮中含仁率小于 2%。

从以上试验可以看出，亚麻籽脱皮率与脱皮前处理烘烤的温度关系很大，亚麻籽脱皮的含水量应小于 4%，籽粒的粉末度与脱皮率呈正比关系。选择 140℃的脱皮前烘烤处理较为适宜。脱皮机在 1500r/min 时一次脱皮率可达到 63.77%，但粉末度偏高。为减少粉末度，提高半成品生产的稳定性以及从设备长时间运行考虑，转速选在2000～3000r/min较好，这样虽然一次脱皮率只有50%左右，但只要循环几次便能实现最终目的。在最佳分离状态下，亚麻籽的仁皮分离效果可达到皮中含仁率小于1%，仁中含皮率小于3%。

此外，从表8-1～表8-3所得的技术参数还可以看出脱皮率低而破碎率高；在壳仁分离上，因为采用了先进的静电分离，所以分离比较彻底。

(2) 脱皮装置　如图8-1所示为亚麻籽离心脱皮静电分离装置示意图。首先将亚麻籽干燥至含水率为2%～4%；然后连续不断地送入一个旋转着的离心脱皮机内，使亚麻籽脱皮形成壳皮与籽仁的混合物；将壳皮与籽仁混合物通过一个静电场使两者分离。实现亚麻籽脱皮及分离方法的装置，包括离心脱皮机，在离心脱皮机的出料侧接有筛网设备，在筛网设备的出料侧接有输送带，在输送带前部落料端的上方有静电吸附装置。该设备采用离心脱皮方法，使得亚麻籽脱皮实现连续大量的工业化作业。由于采用静电分离方法，使得壳皮与籽仁分离得较为彻底，而效率却较高，亚麻籽从进料脱皮至分离出料的工艺时间缩短了80%，整体成本下降了50%，并且不产生任何环境废料。该亚麻籽离心脱皮静电分离装置的详细工作过程如下所述。

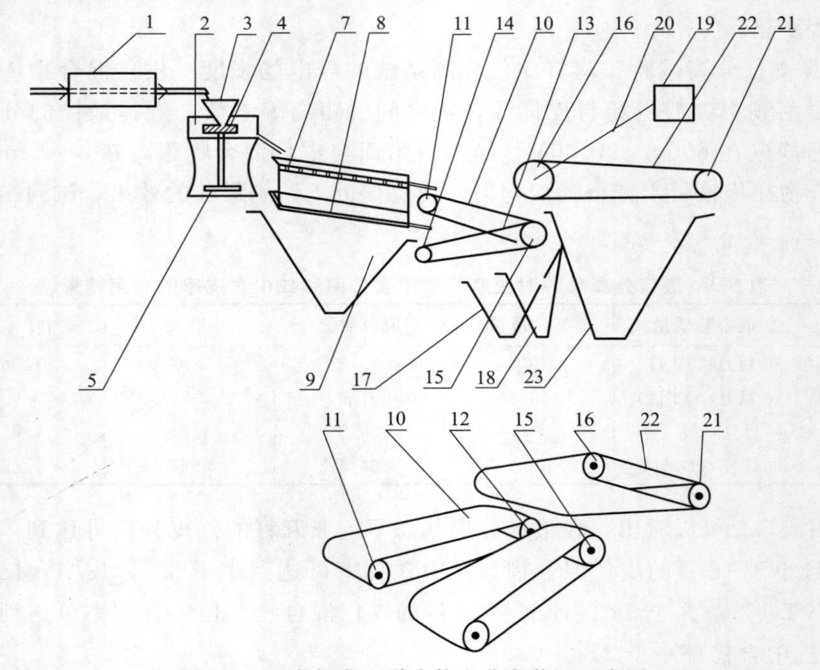

图8-1　亚麻籽离心脱皮静电分离装置示意图

1—干燥箱；2—离心脱皮机；3—料斗；4—加速转筒；5—转速调节器；7—上层筛网；8—下层筛网；9—粉末收集器；10—第一输送带；11—第一主动轮；12—从动轮；13—第二输送带；14—第二主动轮；15—第二从动轮；16—静电辊筒；17—整籽仁收集器；18—未破碎籽粒收集器；19—静电发生器；20—电缆；21—驱动轮；22—输送带；23—壳皮收集器

经清选后的亚麻籽经干燥箱1干燥，使亚麻籽的含水率降到5%以下，最好在2%～4%之间。亚麻籽粒从干燥箱1出来通过料斗3进入离心脱皮机中的加速转筒4内，加速转筒4的筒壁上有圆孔，进入高速旋转的加速转筒内的亚麻籽粒在由中心向四周筒壁运动过程中被加速，然后从筒壁的圆孔上高速射出，与离心脱皮机壳体内壁相碰撞，干燥且坚硬的亚麻籽外壳被撞裂，从而实现壳皮与籽仁分离。加速转筒的转速在2000～3500r/min之间，可以由转速调节器5连续调整。脱皮后的壳皮与籽仁混合物被送入一个振动筛上进行筛分，振动筛倾斜设置，倾角在1°～8°之间可调，在振动电机的作用下作往复式筛理运动，对物料进行筛分。设备采用了由两层筛网构成的振动筛，上层筛网7与下层筛网8孔径不同，其中上层筛网7采用10～15目的网，使碎壳皮与粉末落下而将未脱皮的整粒和脱皮的整皮筛出并落入第一输送带10上。下层筛网8采用24～30目的网。将碎壳皮筛出落入第二输送带13上，使粉末漏下落入粉末收集器9。第一输送带10由第一主动轮11和从动轮12支撑，第二输送带13由第二主动轮14和第二从动轮15支撑，主动轮11和14由电机经减速机构驱动，从动轮12和从动轮15与静电辊筒16之间的距离通常在3～7cm之间，操作时由调节器进行调节。从上层筛网7送到第一输送带10上的混合物料由未脱皮的整粒和整皮组成，经静电辊筒16吸附后，整皮被吸走，整籽粒掉入第一输送带10下面的整籽仁收集器17中，重新送入离心脱皮机进行脱皮。从下层筛网8送到第二输送带13上的混合物料是除整籽粒和粉末外的籽仁、碎壳皮的混合物料，经静电滚筒吸附后，碎壳皮被吸走，籽仁落入第二输送带13下面的未破碎籽粒收集器18中。静电发生器19通过电缆20将静电接到静电滚筒16内的静电网上，静电滚筒16由驱动轮21带动，两者之间由绝缘材料做成的传输带22连接。当静电发生器19通电后，静电滚筒16上便产生静电，静电滚筒逆时针转动，把输送带（10、13）送来的物料中的壳皮吸附到与滚筒相连的输送带22上，当输送带22吸附壳皮的部分转离静电滚筒时，静电吸附力减弱，吸附在输送带22上的壳皮落入壳皮收集器23中。

2. 亚麻籽离心撞击摩擦法脱皮工艺及装置

（1）脱皮工艺　将干燥后的亚麻籽连续送入一个旋转着的离心脱皮机内，使亚麻籽脱皮形成壳皮与籽仁的混合物，再送入旋转减速器减速，之后进入分选箱。在风力的作用下，整籽、仁、皮受到的风作用力的大小不同，分别依次从三个不同出口中流出；在籽、仁的两个出口下方设有摩擦分离机，摩擦分离机的传送带的倾角调整到正好整籽粒从传送带上滑下来，而仁粒则附着在带上向前上方运行，从而达到进一步分离的效果。该设备采用离心分离机脱皮，解决了亚麻脱皮工业化连续作业，由于使用分离箱重力分离后，再使用摩擦分离机分离，设备操作简单、脱皮分离效果好。

（2）脱皮装置　如图 8-2 所示为亚麻籽离心脱皮摩擦分离装置示意图。该亚麻籽离心脱皮摩擦分离装置的详细工作过程如下。

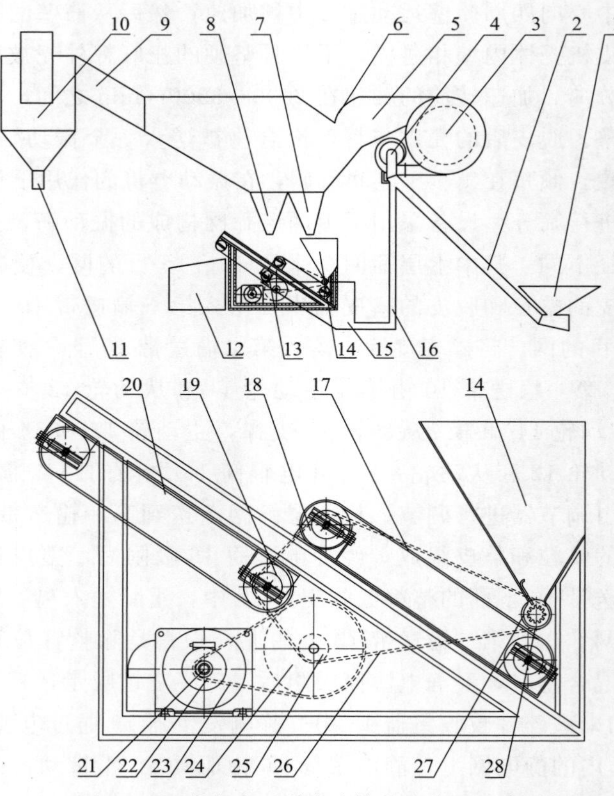

图 8-2　亚麻籽离心脱皮摩擦分离装置示意图

1—料斗；2—进料管；3—旋转减速器；4—离心脱皮机；5—分选箱；6—弧形挡板；7—整籽出口；8—整仁出口；9—皮出口；10—旋风分离器；11—出料口；12—盛料箱；13—摩擦分离机；14—料斗给料机；15—返料斗；16—返料管；17—第一级皮带输送机；18—传动链轮；19—传动链；20—第二级皮带输送机；21—调速电机；22—小三角皮带轮；23—三角带；24—大三角皮带轮；25—变速链轮；26—链条；27—花辊传动链轮；28—拨料花辊

将干燥后的亚麻籽连续不断地送入一个旋转着的离心脱皮机 4 内，亚麻籽随风机叶片旋转产生的离心力甩向风机壳而破裂，从而使亚麻籽脱皮形成壳皮与籽仁的混合物，壳皮甩破后的混合物经离心脱皮机 4 高速吹出。为了降低其速度达到较好的风选效果，将经离心脱皮机 4 高速吹出的壳皮与籽仁的混合物送入旋转减速器 3 减速，经若干次沿壁旋转，由于摩擦力使其速度降低，进入分选箱 5，在风力的作用下，与弧形挡板 6 碰撞，按整籽、仁、皮在风力作用下受力的大小不同依次从三个出口 7、8、9 中流出；皮从分选箱 5 的后面皮出口 9 经旋风分离器 10 和空气分离，之后皮从旋风分离器 10 的下端分离出来，整籽、仁从分选箱 5 下面的整籽、仁两个出口 7、8 分离。然而，从出口 7 流出的整籽中含有少量整仁，从出口 8 流出的仁粒中亦含有小量的整籽，为了进一步彻底分离，在籽、仁的两个出口 7、8 下方设有摩擦分离机 13，摩擦分离机 13 根据整籽和仁的摩擦系数不同，同时它们的堆积角又有区别，采用两级分离。整籽出口 7 下方对着第一级皮带输送机 17，整仁出口 8 下方对着第二级皮带输送机 20，第一级分离后的较纯的仁粒落在二级分离带上，带上出来的仁粒落入盛料箱 12 后为成品。大量的整籽粒从一级分离带上落下，集中在返料斗 15 中通过返料管 16 吸入离心脱皮机 4 重新被甩破，第二级分离后的大量的仁粒落入盛料箱 12 后为成品，少量的整籽粒从二级分离带上落下，也集中在返料斗 15 中通过返料管 16 吸入离心脱皮机 4 中重新被甩破。

3. 亚麻籽摩擦脱壳、风力及筛网分离工艺及装置

（1）脱皮工艺　首先对亚麻籽进行干燥处理，减少其水分含量，降低到 4%以下，这样使得亚麻壳仁之间的结合力变小，有利于亚麻籽的脱壳。然后，将干燥后的亚麻籽连续地送入料仓，因砂轮与刀片的作用使亚麻籽受到剪切摩擦挤压从而达到破壳。从亚麻混合物出口中流出来的亚麻混合物包含：壳皮、仁和未破壳的亚麻，亚麻混合物进入风力分离器的亚麻混合物入口，使亚麻皮在风力的作用下从亚麻壳皮出口流出，剩下的亚麻仁和亚麻整籽从亚麻整籽/仁出口流出。在亚麻整籽/仁出口下面设置有筛网，摇杆共设置两对，其一端连接筛网、一端连接机架，通过调整两对摇杆与机架连接的位置来调整筛网角度。曲柄设置于筛网侧壁，曲柄做偏心轮圆周转动，转速为 60r/min 到 600r/min，曲柄带动连杆做往复活塞运动，使筛网沿连杆所导引的方向往复振动。筛网倾斜角度为 5°～30°，且以一定频率振动，使掉落到上面的亚麻仁和未破壳的亚麻在其作用下分离，亚麻仁从筛网的缝隙中掉落到钢板之上，而未破壳的亚麻整籽留在筛网上面，在通过筛网的倾斜角度作用下，流入亚麻整籽收集箱，亚麻仁掉落在倾斜钢板上通过亚麻仁收集箱进行收集。

（2）脱皮装置　亚麻籽摩擦脱壳、风力及筛网分离装置如图 8-3 所示，包括机架及设置于该机架上的摩擦脱壳器 100、风力分离器 200 和筛网分离器 300。摩擦脱壳器 100 包括：设置于料仓顶部的进料斗 1、刀片 2、砂轮 3、设置于料仓底部的亚麻混合物出口 4 和料仓 15。风力分离器 200 包括：设置于风力分离仓上的亚麻混合物入口 5、挡板 6、亚麻壳皮出口 7、亚麻整籽/仁出口 8、进风口 16 和风力分离仓 17。筛网分离器 300 包括：筛网 9、摇杆 10、曲柄 11、钢板 13 和连杆 18。亚麻混合物入口和亚麻整籽/仁出口分别对应设置于风力分离仓的顶部和底部，且亚麻混合物入口正对亚麻混合物出口，进风口设置于风

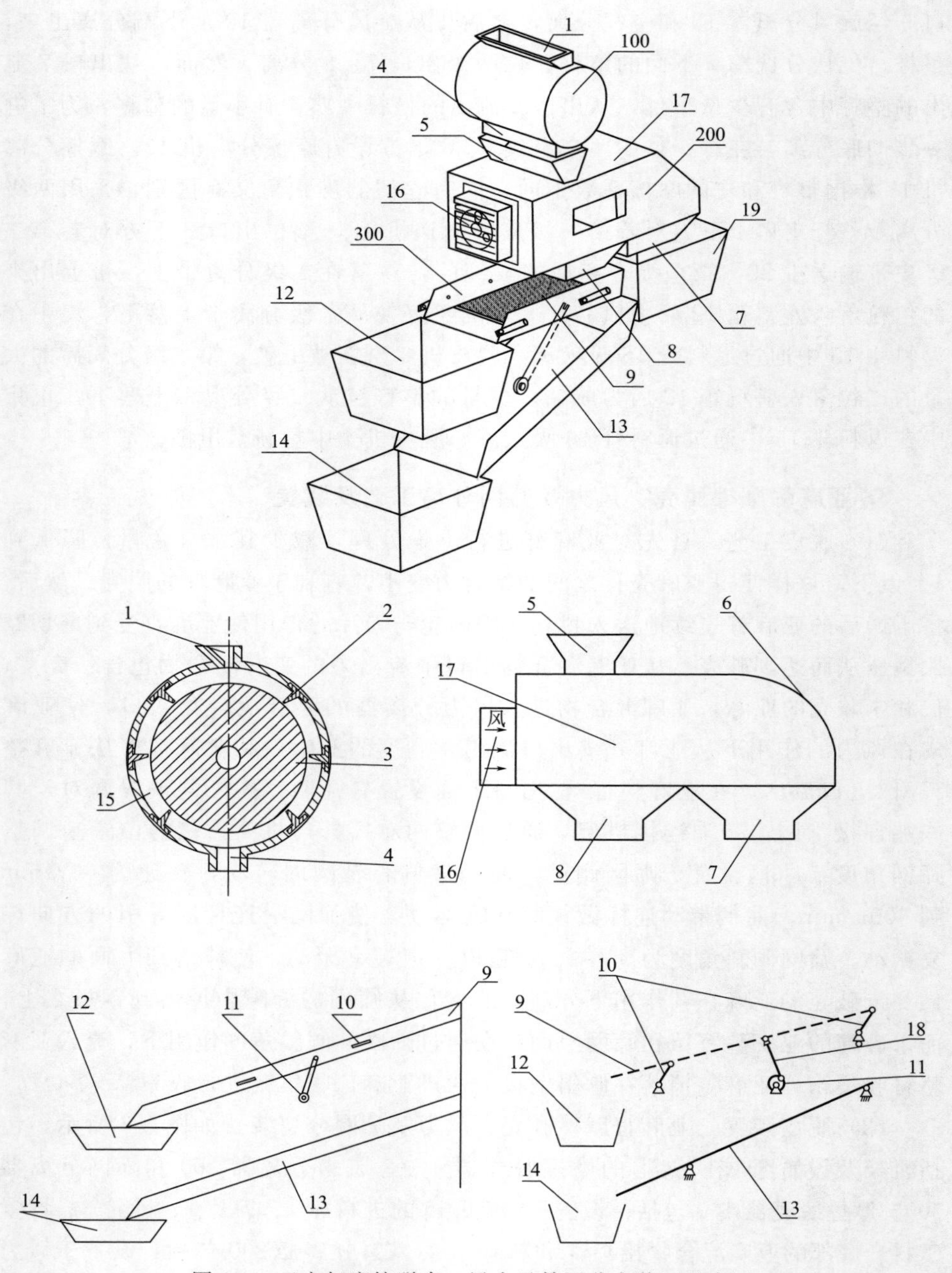

图 8-3　亚麻籽摩擦脱壳、风力及筛网分离装置示意图

1—进料斗；2—刀片；3—砂轮；4—亚麻混合物出口；5—亚麻混合物入口；6—挡板；7—亚麻壳皮出口；8—亚麻整籽/仁出口；9—筛网；10—摇杆；11—曲柄；12—亚麻整籽收集箱；13—钢板；14—亚麻仁收集箱；15—料仓；16—进风口；17—风力分离仓；18—连杆；19—亚麻壳皮收集箱；100—摩擦脱壳器；200—风力分离器；300—筛网分离器

力分离仓的侧部，亚麻壳皮出口设置于风力分离仓的底部；筛网分离器包含一倾斜设置的筛网和连接该筛网的一振动装置，筛网对应亚麻整籽/仁出口设置。

该亚麻籽摩擦脱壳、风力及筛网分离工艺装置的工作过程为：亚麻籽经过摩擦脱壳器 100 摩擦脱壳后，所得亚麻混合物先通过风力分离器 200 分离出亚麻壳皮，最后经过筛网分离器 300 分离出亚麻整籽和亚麻仁。详细过程表述如下。

经干燥处理的待脱壳亚麻籽通过进料斗 1 进入料仓 15 内，通过砂轮 3 的转动与刀片 2 的共同摩擦剪切达到脱壳，经过脱壳的亚麻壳仁混合物流入风力分离器 200 的入口中。在实施案例中，设置 6 个刀片 2 固定于料仓 15 的内壁，砂轮 3 表面与刀片 2 刀面之间的距离约为 2.5～3.5mm，需要保证亚麻整籽可以恰好停留在砂轮 3 与刀片 2 之间进行摩擦剪切，并使脱壳后的亚麻仁可以在重力作用下从亚麻混合物出口 4 流出。刀片的切割面形状为梯形。亚麻混合物入口 5 正对亚麻混合物出口 4，由亚麻混合物入口 5 进入风力分离仓 17 的亚麻混合物在风力作用下分离，亚麻整籽和仁在重力作用下从正对的亚麻整籽/仁出口 8 流出，亚麻壳皮在风力作用下被吹到位于进风口 16 较远处的亚麻壳皮出口 7 上方，并在挡板 6 的遮挡作用下，下落流出亚麻壳皮出口 7，并流入亚麻壳皮收集箱 19 进行收集。倾斜设置的筛网 9 一端连接于机架、另一端连接于亚麻整籽收集箱 12，在筛网 9 的下方有倾斜设置的钢板 13，钢板的一端连接于机架、另一端连接于亚麻仁收集箱 14，亚麻仁和亚麻整籽混合物通过筛网 9 以一定倾斜角度和振动频率进行分离。

4. 亚麻籽碾搓法脱壳分离设备

亚麻籽碾搓法脱壳分离设备包括外壳、进料斗、排料斗，进料斗连接在外壳顶部，排料斗连接在外壳的底部，在进料斗、排料斗中安装有转轴，进料口、排料口连接在转轴上。外壳内部设有圆齿式砂碾和凸凹式筛网，筛网设在外壳和砂碾之间。设备利用圆齿式砂碾和凸凹式筛网之间摩擦的方法，通过电子控制器对月牙形进料口和半圆形排料口进出料速度进行控制，亚麻籽脱皮率可以达到 90%，亚麻籽仁和皮的分离率可达 99%。

该设备如图 8-4 所示，其工作过程如下：把预先准备好的亚麻籽放入进料斗 2 中，进料斗每隔 120s 旋转一次，从而将亚麻籽倒入圆齿式砂碾 7 和凸凹式筛网 6 之间（砂碾 7 和筛网 6 之间的间距为 10mm），亚麻籽在圆齿式砂碾和凸凹式筛网之间摩擦而进行脱皮，脱皮完成后，亚麻籽进入排料口，排料口每隔 118s 旋转一次进行排料。

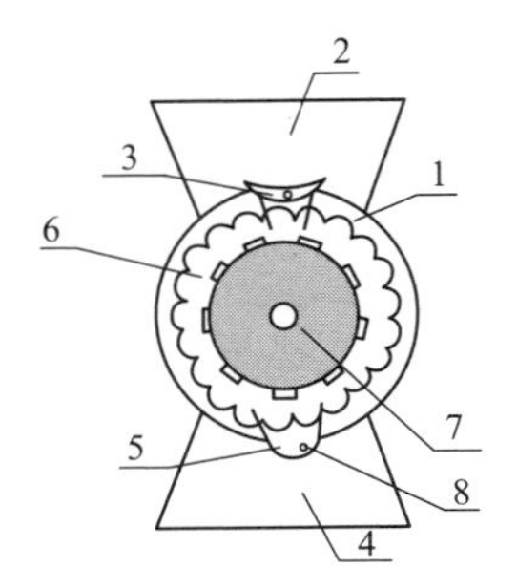

图 8-4　亚麻籽碾搓法脱壳分离装置示意图

1—外壳；2—进料斗；3—进料口；4—排料斗；5—排料口；6—筛网；7—砂碾；8—转轴

参 考 文 献

[1] 马养民，杜小晖，冯成亮．α-亚麻酸提取纯化方法的研究进展［J］．油脂工程技术，2008，(10)：69-72.

[2] 刘峰，王正武，王仲妮．α-亚麻酸的分离技术及功能［J］．食品与药品，2007，9（8）：61-62.

[3] 李加兴，李忠海，刘飞．α-亚麻酸的生理功能及其富集纯化［J］．食品与机械，2009，25（5）：174-175.

[4] 任飞，韩发，石丽娜．超临界 CO_2 萃取技术在植物油脂提取中的应用［J］．油脂加工，2010，35（5）：14-18.

[5] 李晶，贾君．超临界 CO_2 从松子仁中萃取亚麻酸油的工艺研究［J］．食品科技，2004，(6)：21-22.

[6] 崔振坤，杨国龙，毕艳兰．α-亚麻酸的纯化［J］．油脂工程技术，2007：83-85.

[7] 许松林．分子蒸馏提纯 α-亚麻酸的研究［J］．化学工业与工程，2004，21（1）：26-28.

[8] 胡晓军，郭忠贤，赵毅．冷冻丙酮法提纯 α-亚麻酸的研究［J］．中国麻业，2005，27（2）：89-92.

[9] 司秉坤，赵余庆．硝酸银络合法提纯亚麻子中 α-LNA 的工艺研究［J］．亚太传统医药，2005，3：93-95.

[10] 张氽，阚建全，陈宗道．硝酸银-硅胶纯化 α-亚麻酸的研究［J］．离子交换与吸附，2005，21（1）：47-53.

[11] 毛爱民．以膜分离技术从植物油中提取 α-亚麻酸的工艺方法：中国，CNl41080A［P］．2003-4-30.

[12] 牛跃庭，刘彩丽等．棕榈油中间分提物（PMF）在冰激凌中应用研究［J］．粮食与油脂，2012，(02).

[13] 刘爱国，杨明．冰激凌配方设计与加工技术［M］．北京：化学工业出版社，2008.

[14] 刘梅森，何唯平．油脂种类对软冰激凌品质影响研究［J］．食品科学，2007，(08).

[15] 冰洁如．日本和美国的冰激凌市场［J］．食品工业，1993，(4).

[16] 蔡云升．新版冰激凌配方［M］．北京：中国轻工业出版社，2002.

[17] 杨晓波，刘丹，王晓英等．油脂对冰激凌抗融性的影响［J］．食品工业，1998，(1)：7-8.

[18] 王小英，顾虹，林婉君．植物油脂在冰激凌中的应用［J］．食品工业科技，2003，24（3）：36-37.

[19] 许晖，郑桂富．金属离子和 pH 对亚麻蛋白溶解性和持水性的影响［J］．食品工业科技，2003，4.

[20] 许晖，孙兰萍．亚麻籽胶的研究进展及在食品工业中的应用［J］．中国调味品，2008，3.

[21] 狄济乐．亚麻籽作为一种功能食品来源的研究［J］．中国油脂，2002，27（4）：55-57.

[22] 李高阳，丁宵霖．亚麻籽双液相萃油脱氰苷及蛋白特性研究［D］．无锡：江南大学博士学位论文，2006.

[23] 许晖，孙兰萍等．亚麻籽蛋白质流变学特性研究［J］．油脂开发，2008，16.

[24] 内蒙古金宇集团生物制品有限公司．亚麻籽胶和亚麻蛋白在低温制品中的应用［J］．肉类研究，2002，4.

[25] 张建华，倪培德，华欲飞．亚麻蛋白功能特性研究［J］．中国油脂，1997，22（2）.

[26] Holy Nadia Rabetafika，Vinciane Van Remoortel，et al. Flaxseed proteins：food uses and health

benefits [J]. Food Science&Technology，2011，46：221-228.
[27] 陈海华．亚麻籽的营养成分及开发利用 [J]. 中国油脂，2004，34（6）：72-75.
[28] 吴素萍．亚麻籽中 α-亚麻籽蛋白的保健功能及提取技术 [J]. 中国酿造，2010，(2)：7-9.
[29] 孙爱景，刘玮．亚麻籽功能成分提取及其应用 [J]. 粮食科技与经济，2010，35（1）：44-45.
[30] 郭永利，范丽娟．亚麻籽的保健功效和药用价值 [J]. 中国麻业科学，2007，29（3）：147-149.
[31] 张金．胡麻籽的营养保健价值与产业前景 [J]. 中国食品工业，2006，(3)：33-34.
[32] Madhusudha K T，Singh N. Effect of detoxification treatmenton the physico chemical properties of Linseed proteins [J]. Journal of Agricultural and Food Chemistry，1985，33：1219-1222.
[33] Mazza G，Biliaderis C G. Functional properties of flaxseed mucilage [J]. Food Science，1979，54：1302-1305.
[34] Mandokhot V M，Singh N. Studies on Linseed（*Linum usitatissmum*）as a protein source for poultry. I. Process of demucilaging and dehulling of linseed and evaluation of processed material by chemical analysis and with ratsandchicks [J]. Food Science Technology，1978，16：25-31.
[35] 施树，赵国华．胡麻分离蛋白的提取工艺研究 [J]. 粮食与油脂，2011，(1)：23-26.
[36] 胡晓军，李群．亚麻籽脱皮及亚麻仁酱的研究 [J]. 粮油食品科技，2008，16（1）：36-38.
[37] 陈海华，许时婴，王璋．亚麻籽胶与肉蛋白相互作用的研究 [J]. 食品与发酵工业，2004，07：62-66，72.
[38] 刘跃泉，陈涛，赵百忠．亚麻籽胶对淀粉与水结合能力影响的研究 [J]. 肉类研究，2006，01：46-48.
[39] 陈海华，许时婴．亚麻籽胶的乳化性质 [J]. 食品与生物技术学报，2006，01：21-26.
[40] 陈海华，许时婴，王璋等．亚麻籽胶对面团流变性质的影响及其在面条加工中的应用 [J]. 农业工程学报，2006，04：166-169.
[41] 张文斌，许时婴．亚麻籽粘质物的脱除工艺 [J]. 食品与生物技术学报，2006，03：93-97，108.
[42] 陈海华，许时婴，王璋．亚麻籽胶的成膜性和起泡性 [J]. 食品与发酵工业，2006，06：34-36，40.
[43] 陈海华，许时婴，王璋等．亚麻籽胶在低脂午餐肉中的应用 [J]. 农业工程学报，2007，01：254-258.
[44] 陈海华，许时婴，王璋．亚麻籽胶中的中性多糖 NFG-1 一级结构的研究 [J]. 食品与生物技术学报，2007，01：65-70.
[45] 陈海华，许时婴，王璋．亚麻籽胶与盐溶肉蛋白的作用机理的研究 [J]. 食品科学，2007，04：95-98.
[46] 韩建春，闫莉丽，陈成．亚麻籽胶对鱼丸品质的影响 [J]. 肉类工业，2007，11：30-32.
[47] 陈元涛，郭智军，张炜等．亚麻籽胶为壁材制备亚麻油微胶囊 [J]. 食品科学，2013，04：80-82.
[48] 杨金娥，黄庆德，黄凤洪等．打磨法提取亚麻籽胶粉的工艺 [J]. 农业工程学报，2013，13：270-276.
[49] 秦卫东，陈学红．亚麻籽胶改善蛋糕品质的研究 [J]. 食品工业科技，2004，02：126-127.
[50] 陈海华，许时婴，王璋．亚麻籽胶的流变性质 [J]. 无锡轻工大学学报，2004，01：30-35.
[51] 王霞，王鹏，孙健等．亚麻籽胶在乳化肠中添加方式的研究 [J]. 肉类研究，2012，05：1-5.
[52] 孙健，冯美琴，王鹏等．猪肉肠中亚麻籽胶、大豆分离蛋白、酪蛋白的相互作用研究 [J]. 食品

科学，2012，15：19-23.
[53] 赵谋明，孔静，刘丽娅等．离子强度对亚麻籽胶-酪蛋白乳液稳定性影响［J］. 四川大学学报（工程科学版），2012，05：173-178.
[54] 肖江，陈元涛，张炜等．酶法脱除亚麻籽胶的工艺研究［J］. 食品科技，2012，12：151-154.
[55] 王霞，王鹏，周光宏．添加亚麻籽胶对卡拉胶乳化肠品质的影响［J］. 食品与发酵工业，2012，10：47-51.
[56] 孙健，冯美琴，王鹏等．亚麻籽胶对玉米淀粉糊化特性的影响［J］. 食品科学，2012，23：8-12.
[57] 杨玉玲，周光宏，徐幸莲等．亚麻籽胶对低温鸡肉火腿肠质构特性的影响［J］. 食品科学，2009，05：115-119.
[58] 叶垦，张铁军，张存劳．用浸提法提取亚麻籽胶的中试研究［J］. 中国油脂，2001，04：8-9.
[59] 孙晓冬，史峰山，赵秀峰等．亚麻籽胶性能研究——亚麻籽胶的粘度和乳化性［J］. 中国食品添加剂，2001，04：7-11.
[60] 王琴声，孙晓冬，史峰山等．亚麻籽胶在食品中的应用——在果冻和冰激凌中的应用［J］. 中国食品添加剂，2001，05：51-53.
[61] 汪岩，赵百忠，陈涛．亚麻籽胶在高温火腿肠中应用性能的研究［J］. 肉类研究，2005，08：43-46.
[62] 郭志刚，赵百忠，陈涛．亚麻籽胶在盐水火腿中的应用研究［J］. 肉类研究，2005，09：40-43.
[63] 刘跃泉，陈涛，赵百忠．亚麻籽胶对提高肉制品中脂肪稳定性的研究［J］. 肉类研究，2005，12：39-42.
[64] 孙晓冬，史峰山，杜平等．亚麻籽胶在斩拌型肉肠中的应用研究［J］. 食品科学，2003，11：88-90.
[65] 胡国华，陈明．亚麻籽胶的特性及其在冰激凌中的应用研究［J］. 食品科学，2003，11：90-93.
[66] 胡国华，陈明．亚麻籽胶的特性及其在冰激凌中的应用［J］. 冷饮与速冻食品工业，2003，04：23-25.
[67] 陈海华，许时婴．亚麻籽胶中多糖含量的测定［J］. 粮油加工与食品机械，2003，10：116-117.
[68] 王琴，白卫东，王辉等．亚麻籽胶流变特性初探［J］. 仲恺农业技术学院学报，2003，04：46-50.
[69] 孙晓冬，史峰山，杜平等．亚麻籽胶在面制品中的应用［J］. 中国食品添加剂，2003，03：64-65，97.
[70] 李向东，吕加平，夏志春等．亚麻籽胶在搅拌型酸奶加工中的应用研究［J］. 食品科学，2008，12：331-335.
[71] 王宏霞．亚麻籽胶对玉米淀粉糊化和老化特性的影响以及在乳化肠中的应用［D］. 南京农业大学，2010.
[72] 张泽生，张兰，徐慧等．亚麻粕中亚麻胶提取与纯化［J］. 食品研究与开发，2010，09：234-237.
[73] 郭项雨，孙伟，任清．亚麻饼粕中亚麻胶的提取及其理化性质研究［J］. 北京工商大学学报（自然科学版），2010，04：31-35.
[74] 梁霞，李群，许光映．亚麻胶浸提工艺研究［J］. 食品工程，2011，02：11-13.
[75] 谭鹤群，毛志怀，杨宏志．亚麻胶喷雾干燥的试验研究［J］. 农业工程学报，2004，06：197-200.

[76] 孙勇，江贤君，庹斌等．亚麻胶的应用研究 [J]. 食品工业，2002，03：22-23.
[77] Chappellaz A，Alexander M，Corredig M. Phase separation behavior of caseins in milk containing flaxseed gum and κ-carrageenan：a light-scattering and ultrasonic spectroscopy study. Food biophysics，2010，5 (2)：138-147.
[78] Chen H H，Xu S Y，Wang Z. Interaction between flaxseed gum and meat protein. Journal of food engineering，2007，80 (4)：1051-1059.
[79] Cui W，Mazza G. Physicochemical characteristics of flaxseed gum. Food Research International，1996，29 (3)：397-402.
[80] Cui W，Mazza G，Biliaderis C. Chemical structure，molecular size distributions，and rheological properties of flaxseed gum. Journal of Agricultural and Food Chemistry，1994，42 (9)：1891-1895.
[81] Diederichsen A，Raney J P，Duguid S D. Variation of mucilage in flax seed and its relationship with other seed characters. Crop science，2006，46 (1)：365-371.
[82] Drew M，Borgeson T，Thiessen D. A review of processing of feed ingredients to enhance diet digestibility in finfish. Animal Feed Science and Technology，2007，138 (2)：118-136.
[83] Garden-Robinson J. Flaxseed gum：extraction，composition and selected applications. Proceedings of the 55th Flax Institute of the United States，Fargo，ND，1994：154-165.
[84] Goh K K，Pinder D N，Hall C E，Hemar Y. Rheological and light scattering properties of flaxseed polysaccharide aqueous solutions. Biomacromolecules，2006，7 (11)：3098-3103.
[85] Haihua C，Shiying X，Zhang W，Yuxian L. Application of flaxseed gum in low-fat luncheon meat. Transactions of the Chinese Society of Agricultural Engineering，2007，23 (1).
[86] Ivanov S，Rashevskaya T，Makhonina M. Flaxseed additive application in dairy products production. Procedia Food Science，2011，1：275-280.
[87] Khalloufi S，Corredig M，Goff H D，Alexander M. Flaxseed gums and their adsorption on whey protein-stabilized oil-in-water emulsions. Food hydrocolloids，2009，23 (3)：611-618.
[88] Kuhn K R，Cavallieri Â L F，Da Cunha R L. Cold-set whey protein - flaxseed gum gels induced by mono or divalent salt addition. Food Hydrocolloids，2011，25 (5)：1302-1310.
[89] Marpalle P，Sonawane S K，Arya S S. Effect of flaxseed flour addition on physicochemical and sensory properties of functional bread. LWT-Food Science and Technology，2014，58 (2)：614-619.
[90] Mazza G，Biliaderis C. Functional properties of flax seed mucilage. Journal of Food Science，1989，54 (5)：1302-1305.
[91] Oomah B，Mazza G. Flaxseed products for disease prevention. Functional Foods. USA：Technomic Publishing Co. Inc. Lancaster Basel，1998：91-138.
[92] Oomah B D，Mazza G. Bioactive components of flaxseed：occurrence and health benefits. Phytochemicals and phytopharmaceuticals，2000：105-120.
[93] Oomah B D，Mazza G. Optimization of a spray drying process for flaxseed gum. International journal of food science & technology，2001，36 (2)：135-143.
[94] Orczykowska M，Dziubiński M. Influence of Drying Conditions on the Structure of Flaxseed Gum. Drying Technology，2014 (just-accepted).
[95] Paquot M，Emaga T H，Blecker C S，Rabetafika N. Kinetics of the hydrolysis of polysaccharide galacturonic acid and neutral sugars chains from flaxseed mucilage. Base，2012.

[96] Qian K, Cui S, Wu Y, Goff H. Flaxseed gum from flaxseed hulls: Extraction, fractionation, and characterization. Food Hydrocolloids, 2012, 28 (2): 275-283.
[97] Singh K, Mridula D, Rehal J, Barnwal P. Flaxseed: a potential source of food, feed and fiber. Critical reviews in food science and nutrition, 2011, 51 (3): 210-222.
[98] Wang Y, Li D, Wang L J, Adhikari B. The effect of addition of flaxseed gum on the emulsion properties of soybean protein isolate (SPI). Journal of Food Engineering, 2011, 104 (1): 56-62.
[99] Wang Y, Li D, Wang L J, Xue J. Effects of high pressure homogenization on rheological properties of flaxseed gum. Carbohydrate Polymers, 2011, 83 (2): 489-494.
[100] Wang Y, Li D, Wang L J, Yang L, Özkan N. Dynamic mechanical properties of flaxseed gum based edible films. Carbohydrate Polymers, 2011, 86 (2): 499-504.
[101] Wang Y, Lin X, Wang L J, Li D. Rheological Study and Fractal Analysis of Flaxseed Gum-Whey Protein Isolate Gels. Journal of Medical and Bioengineering Vol, 2013, 2 (3).
[102] Wang Y, Wang L J, Li D, Xue J, Mao Z H. Effects of drying methods on rheological properties of flaxseed gum. Carbohydrate Polymers, 2009, 78 (2): 213-219.
[103] Ziolkovska A. Laws of flaxseed mucilage extraction. Food hydrocolloids, 2012, 26 (1): 197-204.
[104] 杨宏志．亚麻籽脱毒和木脂素提取工艺研究．北京：中国农业大学，2005.
[105] 于炎湖．合理利用含生氰糖苷的饲料．武汉：华中农业大学，2006.
[106] Oomah B D, Mazza G, Kenaschuk E O. Cyanogenic compounds in flaxseed. Journal of Agricultural and Food Chemistry, 1992, 40: 1346-1348.
[107] 周小洁，车向荣，于霏．亚麻籽及其饼粕的营养学和毒理学研究进展．饲料工业，2005，26 (19): 46-50.
[108] 杨晓泉，卞华伟．食品毒理学．北京：中国轻工业出版社，1999: 62-63.
[109] Conn E E. Biosynthesis of cyanogenic glycosides. Naturwissenschaften, 1979, 66 (1): 28-34.
[110] Abrol Y P, Conn E E, Stoker J R. Identification, biosynthesis, and metabolism of a cyanogenic glucoside in Nandina domestica. Phytochemistry, 1966, 5: 1021-1027.
[111] 张建华，倪培德，华欲飞．亚麻籽中的生氰糖苷．中国油脂，1998，22 (5): 58-60.
[112] Magalhaes C P, Xavier J, Camops A P. Biochemical basis of the toxicity of manipueira (liquid extract of cassava roots) to nematodes and insects. Phytochemical Analysis, 2000, 11 (1): 57-60.
[113] Kolodziejczyk P. Processing flaxseed for human consumption. In Flaxseed in Human Nutrition. Cunnane S C, Thompson L U, Eds. AOCS Press, 1995: 261-280.
[114] Chadha R K, Lawrence J F, Ratnayake W M. Ion chromatographic determination of cyanide released from flaxseed under autohydrolysis conditions. Food Addit Contam, 1995, 12 (4): 527-533.
[115] 李高阳．亚麻籽双液相萃油脱氰苷及蛋白特性研究 [D]. 江南大学，2006.
[116] Wu M, Wang L J, et al. Extrusion detoxification technique on flaxseed by uniform design optimization. Separation and Purification Technology, 2008, 61 (1): 51-59.
[117] 宋春芳，李栋，王曙光等．亚麻籽挤压膨化脱毒的工艺优化．农业工程学报，2006，22 (10): 130-133.
[118] 李次力，缪铭．双螺杆挤压亚麻籽粕脱除生氰糖苷的研究．食品与发酵工业，2006，32 (11): 63-67.

[119] 张郁松．水煮法对亚麻籽脱毒的工艺研究．食品科技，2008，33（1）：109-111.
[120] 赵清华，杨宏志，孙伟洁等．亚麻籽微波脱毒与挤压膨化脱毒工艺研究．中国粮油学报，2008，23（5）：103-106.
[121] 杨宏志，毛志怀．不同处理方法降低亚麻籽中氰化氢含量的效果．中国农业大学学报，2004，9（6）：65-67.
[122] 汤华成，赵蕾．三种脱毒方法降低亚麻籽中氰化氢含量的效果比较．中国农学通报，2007，23（7）：139-142.
[123] Yamashita T，Sano T，Hashimoto T，et al. Development of a method to remove cyanogen glycosides from flaxseed meal. International Journal of food science & Technology，2007，42（1）：70-75.
[124] Watanabe A，Yano K，Ikebukuro K，et al. Cloning and expression of a gene encoding cyanidase from *Pseudomonas stutzeri* AK61. Appl Microbiol Biotechnol，1998，50（1）：93-97.
[125] Basile L，Willson R C，Sewell B T，et al. Genome mining of cyanide-degrading nitrilases from filamentous fungi. Appl Microbiol Biotechnol，2008，80（3）：427-435.
[126] 吴酬飞．高效降解生氰糖苷的工程菌株构建于亚麻籽发酵脱毒研究．广州：中山大学，2012.
[127] 李次力，缪铭．亚麻籽粕不同脱毒方法的比较研究．食品科学，2006，27（12）：280-282.
[128] 宋春芳．亚麻籽挤压膨化脱毒工艺与机理的研究．北京：中国农业大学，2006.
[129] 陈海华，许时婴，王璋．亚麻籽胶中酸性多糖和中性多糖的分离纯化．食品与发酵工业，2004，30（1）：96-100.
[130] Johnsson P，Peerlkamp N，Kamal-Eldin A，et al. Polymeric fractions containing phenol glucosides in flaxseed. Food chemistry，2002，76（2）：207-212.
[131] Wanasundara P，Amarowicz R，Kara M T. Removal of cyanogenic glycosides of flaxseed meal. Food chemistry，1993，48（3）：263-266.
[132] 李次力，缪铭．挤压膨化处理对亚麻籽粕理化性质的影响．食品科学，2007，28（2）：105-108.
[133] 谭鹤群．亚麻胶浸提与喷雾干燥工艺研究［D］．北京：中国农业大学，2004.
[134] Amarowicz R，Chong X，Shahidi F. Chromatographic techniques for preparation of linustatin and neolinustatin from flaxseed：standards for glycoside analyses. Food chemistry，1993，48（1）：99-101.
[135] 梅莺，黄庆德，邓乾春等．亚麻饼粕微生物脱毒工艺．食品与发酵工业，2013，39（3）：111-114.
[136] Muralikrishna G，Salmath P V，Thamnathan R N. Structural features of an arabinoxylan and rhamnogalacturonan derived from linseed mucilage. Carbohydrate Research，1987，161（2）：265-271.
[137] 蔡智勇，李树君，赵凤敏等．亚麻籽脱壳技术应用与研究现状［J］．农机化研究，2013，11：247-249.
[138] 胡晓军，李群，梁霞．亚麻籽脱皮及亚麻仁酱的研究［J］．粮油食品科技，2008，16（1）：36-38.
[139] 梁霞，胡晓军，李群．亚麻籽脱皮关键技术研究［J］．农产品加工学刊，2007，（1）：19-23.
[140] 梁霞，胡晓军，李群．亚麻籽脱皮分离技术研究［J］．中国油脂，2006，31（10）：35-38.
[141] 邓占国．一种亚麻籽脱皮分离方法及设备［P］：中国 ZL201110044700.7，2011.
[142] 山西省农业科学院农产品综合利用研究所．亚麻籽脱皮分离方法及设备［P］：中国

ZL200610012938.0，2006.
［143］ 郝俊毅．亚麻籽脱皮机［P］：中国 ZL201320777001.8，2013.
［144］ 中国农业科学院油料作物研究所．一种生产亚麻籽胶和亚麻籽仁的方法［P］：中国 ZL201110374506.5，2011.
［145］ 中国农业机械化科学研究院．一种亚麻籽脱壳分离装置［P］：中国 ZL 201320633590.2，2013.